普通高等教育机电类系列教材

液压传动与控制

主　编　王同建
副主编　张　萃　陈　伟
参　编　陈晋市　王　昕　宁　悦
主　审　刘昕晖

机械工业出版社

本书主要介绍液压传动与控制的基础知识，及其新技术的发展趋势。全书共分9章，第1章主要介绍液压传动的发展概况、工作原理与特征、优缺点、工作介质及其污染与控制；第2章至第5章主要介绍液压元件的工作原理、性能、特点；第6章对基本液压回路进行了介绍；第7章针对典型液压系统进行了分析；第8章介绍液压系统的设计；第9章对电液伺服与电液比例控制进行了简要的介绍。本书各章后配有习题。

本书可作为普通高等院校机械类和近机械类各专业本科生的教材，也可作为其他各类成人高校、电大、自学考试相关专业的教材，并可供从事液压技术研究的科研工作者及企事业单位技术人员参考。

图书在版编目（CIP）数据

液压传动与控制/王同建主编. —北京：机械工业出版社，2014.7
（2023.8重印）
普通高等教育机电类系列教材
ISBN 978-7-111-47119-6

Ⅰ.①液… Ⅱ.①王… Ⅲ.①液压传动-高等学校-教材②液压控制-高等学校-教材 Ⅳ.①TH137

中国版本图书馆 CIP 数据核字（2014）第 134170 号

机械工业出版社（北京市百万庄大街22号　邮政编码100037）
策划编辑：刘小慧　责任编辑：刘小慧　李　超　卢若薇
版式设计：霍永明　责任校对：张晓蓉　肖　琳
封面设计：张　静　责任印制：邓　博
北京盛通商印快线网络科技有限公司印刷
2023年8月第1版第6次印刷
184mm×260mm・15.75印张・382千字
标准书号：ISBN 978-7-111-47119-6
定价：42.00元

电话服务　　　　　　　　　网络服务
客服电话：010-88361066　　机　工　官　网：www.cmpbook.com
　　　　　010-88379833　　机　工　官　博：weibo.com/cmp1952
　　　　　010-68326294　　金　书　网：www.golden-book.com
封底无防伪标均为盗版　　　机工教育服务网：www.cmpedu.com

前　言

由于液压传动与其他传动相比有其独特的优点，因而其在各个领域得到越来越普遍的应用，特别是近一二十年来的快速发展，扩大了其应用领域，如工程机械、数控加工中心、航空航天、冶金自动线等。采用液压传动的程度已成为衡量一个国家工业水平的重要标志之一，这充分显示了液压传动的重要性。

本书广泛参考了国内外同类教材、产品样本及其他相关文献，主要介绍液压传动与控制的基础知识，常用工业液压元件与传动系统的结构、工作原理，元件选用与系统设计的基本方法。在内容编排上加强了针对性和实用性，讲解通俗易懂，所选内容在较大程度上反映了液压传动与控制技术的发展与应用状况，并增加了新技术的介绍。

本书不仅适用于普通高等院校的学生，也适用于从事液压技术研究的科研工作者及企事业单位技术人员。

本书由王同建任主编，张萃、陈伟任副主编，陈晋市、王昕、宁悦参加编写。王同建编写第1章、第4章；张萃编写第6~8章；陈伟编写第3章；陈晋市编写第2章、9.2节；王昕编写第5章、9.1节；宁悦负责附录、习题的编写及插图的绘制；王同建、张萃进行统稿。吉林大学刘昕晖教授担任主审。

本书出版得到了吉林大学"十二五"规划教材项目的资助，在此表示感谢。

由于编者水平有限，书中难免出现疏漏和错误，敬请读者批评指正。

编　者
吉林大学

目　　录

前言
第1章　绪论 1
1.1　液压传动的发展概况 1
　　1.1.1　液压传动的发展历史 1
　　1.1.2　我国液压行业的历史与现状 2
　　1.1.3　应用领域 3
　　1.1.4　发展趋势 4
1.2　液压传动的工作原理、特征及组成 5
　　1.2.1　液压传动的工作原理与特征 5
　　1.2.2　液压传动装置的组成 7
1.3　液压传动的优缺点 8
　　1.3.1　液压传动的主要优点 8
　　1.3.2　液压传动的主要缺点 8
1.4　液压传动的工作介质 9
　　1.4.1　液压工作介质的种类 9
　　1.4.2　液压油的物理性质 9
　　1.4.3　液压油的选用 13
1.5　液压油的污染与控制 14
　　1.5.1　液压油污染的原因 14
　　1.5.2　液压油污染的控制 14
　　1.5.3　油液污染度 15
　　习题 16
第2章　液压动力元件 17
2.1　液压泵概述 17
　　2.1.1　液压泵的工作原理与特点 17
　　2.1.2　液压泵的主要性能参数 18
2.2　齿轮泵 20
　　2.2.1　齿轮泵的工作原理 20
　　2.2.2　齿轮泵的流量和脉动率 21
　　2.2.3　齿轮泵存在的问题 21
　　2.2.4　内啮合齿轮泵 24
2.3　叶片泵 25
　　2.3.1　单作用叶片泵 25
　　2.3.2　双作用叶片泵 27
　　2.3.3　双级叶片泵和双联叶片泵 30
　　2.3.4　限压式变量叶片泵 31
2.4　螺杆泵 32
2.5　柱塞泵 34
　　2.5.1　径向柱塞泵 34
　　2.5.2　轴向柱塞泵 35
　　2.5.3　柱塞泵的变量控制方式 39
2.6　液压泵的选用 45
　　习题 46
第3章　液压执行元件 47
3.1　液压缸 47
　　3.1.1　液压缸的分类与工作特点 47
　　3.1.2　液压缸组件的构造 55
3.2　液压马达 61
　　3.2.1　概述 61
　　3.2.2　齿轮马达 63
　　3.2.3　叶片马达 64
　　3.2.4　柱塞马达 65
　　3.2.5　变量马达的变量控制方式 67
　　习题 71
第4章　液压控制元件 73
4.1　概述 73
　　4.1.1　功能 73
　　4.1.2　液压阀的分类 73
　　4.1.3　液压阀的基本参数和特点 74
4.2　方向控制阀 75
　　4.2.1　单向阀 75
　　4.2.2　换向阀 80
4.3　压力控制阀 95
　　4.3.1　溢流阀 95
　　4.3.2　减压阀 102
　　4.3.3　顺序阀 106
　　4.3.4　压力继电器 110
4.4　流量控制阀 110
　　4.4.1　节流阀 111
　　4.4.2　调速阀 113
　　4.4.3　分流阀 116
4.5　叠加阀 119
4.6　插装阀 120
　　4.6.1　二通插装阀 120

4.6.2 螺纹插装阀 …………………… 123	6.2.3 增速回路 …………………………… 164	
习题 ………………………………………… 124	6.2.4 速度换接回路 ……………………… 166	
第 5 章　液压辅助元件 …………… 126	6.3 方向控制回路 ………………………… 167	
5.1 管路与管接头 ………………………… 126	6.3.1 换向回路 …………………………… 167	
5.1.1 管路 ………………………………… 126	6.3.2 锁紧回路 …………………………… 167	
5.1.2 管接头 ……………………………… 127	6.3.3 缓冲回路 …………………………… 168	
5.1.3 管夹 ………………………………… 131	6.3.4 回转回路 …………………………… 169	
5.2 过滤器 ………………………………… 131	6.4 多执行元件控制回路 ………………… 169	
5.2.1 过滤器的功用和主要参数 ………… 131	6.4.1 顺序动作回路 ……………………… 170	
5.2.2 过滤器的种类与典型结构 ………… 133	6.4.2 同步动作回路 ……………………… 171	
5.2.3 过滤器在液压系统中的安装	6.4.3 互不干扰回路 ……………………… 174	
位置 ………………………………… 134	6.5 液压马达控制回路 …………………… 175	
5.3 油箱 …………………………………… 135	6.5.1 液压马达串、并联回路 …………… 175	
5.3.1 油箱的作用和容积 ………………… 135	6.5.2 液压马达制动回路 ………………… 175	
5.3.2 油箱的基本要求与主要组成	习题 ………………………………………… 177	
部分 ………………………………… 136	**第 7 章　典型液压系统分析** ……… 180	
5.4 热交换器 ……………………………… 137	7.1 组合机床液压系统 …………………… 180	
5.4.1 对冷却器的要求和种类 …………… 138	7.1.1 概述 ………………………………… 180	
5.4.2 冷却器的常见安装方式 …………… 138	7.1.2 YT4543 型组合机床动力滑台液压	
5.4.3 加热器 ……………………………… 139	系统的原理 ………………………… 181	
5.5 蓄能器 ………………………………… 140	7.1.3 工作过程分析 ……………………… 181	
5.5.1 蓄能器的工作原理与功用 ………… 140	7.1.4 YT4543 型组合机床动力滑台液压	
5.5.2 蓄能器的种类和性能 ……………… 140	系统的特点 ………………………… 183	
5.5.3 蓄能器的计算与使用 ……………… 141	7.2 液压机的液压系统 …………………… 183	
5.6 密封装置 ……………………………… 143	7.2.1 概述 ………………………………… 183	
5.6.1 对密封装置的要求 ………………… 144	7.2.2 YA32-315 型液压机液压系统的	
5.6.2 密封装置的类型和特点 …………… 144	原理 ………………………………… 184	
5.7 传感器及检测元件 …………………… 146	7.2.3 YA32-315 型液压机工作过程	
5.7.1 压力的测量 ………………………… 147	分析 ………………………………… 185	
5.7.2 流量的测量 ………………………… 148	7.2.4 YA32-315 型液压机液压系统的	
习题 ………………………………………… 149	特点 ………………………………… 186	
第 6 章　基本液压回路 …………… 150	7.3 工业机械手的液压系统 ……………… 187	
6.1 压力控制回路 ………………………… 150	7.3.1 概述 ………………………………… 187	
6.1.1 调压回路 …………………………… 150	7.3.2 JS01 型工业机械手液压系统的	
6.1.2 减压回路 …………………………… 151	原理 ………………………………… 187	
6.1.3 增压回路 …………………………… 153	7.3.3 JS01 型工业机械手工作过程	
6.1.4 卸荷回路 …………………………… 154	分析 ………………………………… 187	
6.1.5 保压回路 …………………………… 156	7.3.4 JS01 型工业机械手液压系统的	
6.1.6 平衡回路 …………………………… 157	特点 ………………………………… 191	
6.1.7 卸压回路 …………………………… 157	7.4 汽车起重机的液压系统 ……………… 192	
6.2 速度控制回路 ………………………… 158	7.4.1 概述 ………………………………… 192	
6.2.1 节流调速回路 ……………………… 158	7.4.2 QY12 型汽车起重机液压系统的	
6.2.2 容积调速回路 ……………………… 162	原理 ………………………………… 193	

7.4.3　QY12 型汽车起重机工作过程分析 …………………………… 194
7.4.4　QY12 型汽车起重机液压系统的特点 …………………………… 198
习题 …………………………………………… 198

第 8 章　液压系统的设计 …………… 201
8.1　液压系统的设计要求与工况分析 …… 202
 8.1.1　液压系统的设计要求 ………… 202
 8.1.2　工况分析 ……………………… 202
8.2　液压系统原理图设计 ………………… 204
 8.2.1　系统类型、回路形式的确定 … 204
 8.2.2　液压系统参数的确定及主要元件的选型计算 ………………… 205
8.3　液压系统技术性能验算 ……………… 207
 8.3.1　液压系统压力损失的验算 …… 207
 8.3.2　系统发热温升的验算 ………… 207
8.4　施工图设计与技术文件编制 ………… 209
 8.4.1　施工图的设计 ………………… 209
 8.4.2　技术文件的编制 ……………… 210
8.5　液压系统设计实例 …………………… 210
 8.5.1　设计要求 ……………………… 210
 8.5.2　设计过程 ……………………… 210
习题 …………………………………………… 215

第 9 章　电液伺服与比例控制 ……… 217
9.1　电液伺服阀 …………………………… 217
 9.1.1　伺服控制原理 ………………… 217
 9.1.2　电液伺服阀的组成和分类 …… 218
 9.1.3　电-机械转换器 ……………… 220
 9.1.4　液压放大器 …………………… 222
 9.1.5　典型电液伺服阀 ……………… 224
 9.1.6　电液伺服阀的性能指标 ……… 226
9.2　电液比例阀 …………………………… 229
 9.2.1　概述 …………………………… 229
 9.2.2　比例电磁铁 …………………… 230
 9.2.3　电液比例压力阀 ……………… 231
 9.2.4　电液比例流量阀 ……………… 233
 9.2.5　电液比例方向阀 ……………… 233
习题 …………………………………………… 237

附录　液压控制元件图形符号 …………… 238

参考文献 …………………………………… 245

第1章 绪 论

> **内容提要**：本章主要介绍液压传动与控制技术的发展概况及趋势、应用领域、工作原理与特征、优缺点、工作介质的性质以及液压油的污染与控制。通过对本章的学习，要求重点掌握液压传动的工作原理与特征、工作介质的性质以及液压油的污染与控制。

1.1 液压传动的发展概况

1.1.1 液压传动的发展历史

液压传动是根据1650年帕斯卡提出的流体静压力传递原理（即帕斯卡原理）而发展起来的一门技术。英国人约瑟夫·布拉曼（Joseph Bramah）于1795年首次在伦敦用水作为工作介质，以水压机的形式将其应用到工业中。在这里，柱塞与缸筒间的填料和密封问题的正确解决是一个重要的技术突破。这种水压机在榨油厂、毛纺厂，尤其在木材加工厂和造船厂曾经是很有效的工具。

但这一技术在此后的一百多年里没有得到很大的发展，其主要原因是采用水作为工作介质，密封、腐蚀、润滑等问题不能得到很好的解决，同时还有一个原因是电气技术的发展和竞争。直到20世纪初石油工业的兴起和耐油橡胶的出现，这种情形才开始有所改观，并且这一技术得以迅猛发展。具有润滑性质的油液作为工作介质起到了重要的作用，同时耐油橡胶的出现很好地解决了密封问题。

战争和军事需要（航海和航空）刺激了液压新技术新工艺的研究开发投入，20世纪30年代中期，以先导式溢流阀为代表的压力控制阀等高压元件问世，20世纪40年代出现了电磁阀和电液换向阀，20世纪50年代初出现了电液伺服阀，20世纪60年代后期出现了电液比例阀等自动控制元件。战后，在航空航天、国防工业以及汽车和机床工业的广泛应用中，液压技术经受了考验，西方各国相继成立了行业协会和专业学会，液压传动和控制被作为新兴技术得到重视，这一时期也称得上是液压工业的黄金岁月。

20世纪70年代液压元件开始向标准化、集成化、小型化方向发展。由于爆发了二次能源危机，节能压力迫使液压技术寻求高水基或合成液介质，同时为满足工业生产高效率、大功率的要求，二通插装阀在联邦德国问世。电液比例控制在20世纪80年代成为液压技术研究发展的热点，液压与电子技术的竞争与合作引起广泛关注。20世纪90年代以后随着绿色和环保成为全球共识，水压技术特别是纯水介质及其元件工艺的研究又得到重视。

液压技术的应用程度已经成为衡量一国工业水平的重要标志之一。发达国家95%的工程机械、90%的数控加工中心、95%以上的自动线都采用了液压传动技术。全球液压产品2010年的总销售量为259.08亿美元，比2009年增长24%，终止了金融危机造成的紧急下滑，但还没有达到2008年327.79亿美元的历史最高值，如图1-1所示。

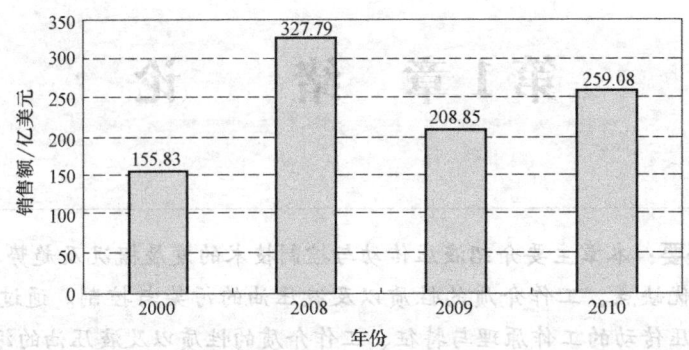

图 1-1　全球液压产品销售额

1.1.2　我国液压行业的历史与现状

我国液压行业起步较晚，20 世纪 50 年代初到 60 年代为起步阶段，当时大部分机床厂都有专门的液压车间生产液压件，自产自用。60～70 年代，液压技术的应用逐渐从机床行业推广到农业机械和工程机械等领域，原来附属于机床厂的液压车间逐步独立出来，成为液压件专业生产厂。80～90 年代为快速发展阶段。

近几年，在主机行业技术进步需求的带动下，液压行业的产品结构、组织结构不断进行调整，行业得到很大发展。总的来说，我国液压工业的发展与整个国家的发展是一致的，但增长率更高。

液压工业在 2000～2010 年，年产值年年增长的只有中国一家，我国 2010 年液压工业的营业额是 2000 年的 9.6 倍，平均年增长率为 25.5%，而世界平均年增长率仅为 5.3%。图 1-2 所示为 1999～2011 年我国液压工业的年产值。

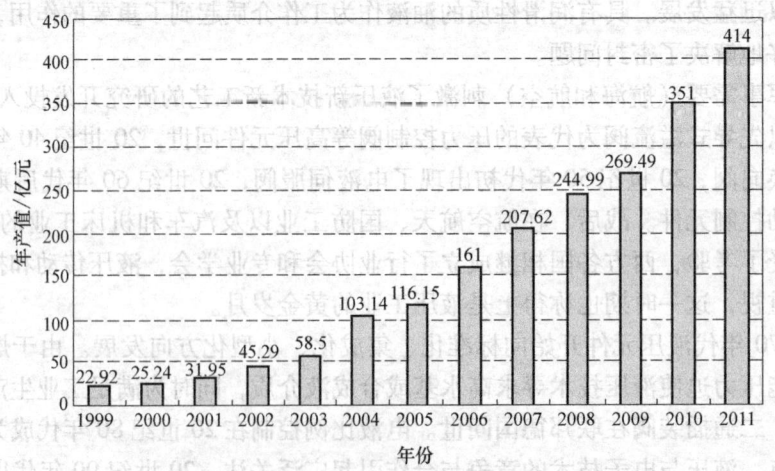

图 1-2　1999～2011 年我国液压工业的年产值

在国外，液压工业的发展速度高于机械工业。据统计，各国液压工业产值约占机械工业产值的 2%～3%，而我国的液压气动行业占国民经济的比例却很小，这充分说明我国液压技术的使用率还很低，需努力扩大其应用领域。图 1-3 所示为 2000～2007 年我国液压气动元件制造业在国民经济中的地位。

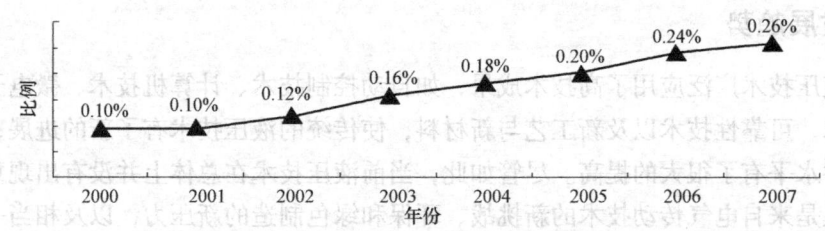

图1-3 2000～2007年我国液压气动元件制造业在国民经济中的地位

总体来说，我国在液压元件产品领域中仍处于落后和被动状态，与国际液压强国有明显的差距。正如"十一五规划"指出："这种差距已越来越成为制约装备工业总水平提高的突出矛盾之一。"我国液压行业主要产品为20世纪80年代引进消化吸收的产品和其后跟踪开发的产品，基本能适应国产主机的一般配套要求，对重大成套工程配套品种的满足率约70%左右。我国的液压元件尽管产值产量不低，但高端产品几乎全部由国外占据，同时许多液压元件属于国外技术保密领域，也无法获得，而且这一差距似乎有增大趋势。

1.1.3 应用领域

由于液压传动与其他传动相比有其独特的优点，因而在各个领域得到了越来越普遍的应用。特别是近一二十年来发展很快，扩大了应用领域，充分显示了液压传动的优越性，而且将会得到进一步发展。

在工程机械中，如挖掘机、装载机、推土机、压路机、起重机等，广泛采用了液压传动。

在冶金工业中，如高炉的炉顶上料、平炉的加料、转炉的炉体倾动、电炉的炉体旋转、电梯升降的控制等都越来越广泛地采用了液压传动和控制。在轧钢设备中，凡是对轧件进行拉、推、升、降、摆动、旋转等动作的部位，都采用了液压传动以代替复杂的机械传动。

在农业机械中，液压传动广泛地用于拖拉机的农具悬挂系统和联合收割机的控制系统。

在轮船上，液压舵机、液压传动消摆装置也已较普遍采用。现代货轮上采用液压传动的甲板机械也越来越多。

在动力机械中，如水轮机和汽轮机，其调节也普遍采用液压传动和控制。

在机床行业中，液压传动应用得更为普遍，如数控机床、仿形机床、车床、拉床、磨床、刨床、铣床、冲床、锻压机床、组合机床、单机自动化和自动线等都有采用。此外，由液压缸和液压马达驱动的各种机械手还能灵活地完成较复杂的动作，它能够代替人进行一部分频繁而笨重的劳动，并能在条件恶劣的、人们无法工作的环境中工作（如高温、放射性、污染、有害气体等环境）。

在汽车、拖拉机工业中，有液压无级变速的液压传动汽车、液压自卸式汽车、液压高空作业车、液压驱动的拖拉机等。

在轻工业中，有采用液压传动的塑料注射机、橡胶硫化机和造纸机等。

在国防工业中，如飞机、坦克、火炮等，普遍采用了液压传动和液压控制。

正如路甬祥院士所说：由于流体特性及其应用领域的多样化及复杂性，流体传动与控制技术在未来有着无穷无尽的研究领域和无止境的应用范围。

1.1.4 发展趋势

由于液压技术广泛应用了高技术成果，如自动控制技术、计算机技术、微电子技术、摩擦磨损技术、可靠性技术以及新工艺与新材料，使传统的液压技术有了新的进展，也使液压系统和元件水平有了很大的提高。尽管如此，当前液压技术在总体上并没有出现重大的突破性创新。但是来自电气传动技术的新挑战、环保和绿色制造的新压力，以及相当一部分液压元件的产品生命周期的问题，仍在导致液压技术的革新和变化。

其主要的发展趋势集中在以下几个方面。

1. 继续与信息、数字、智能及网络技术相结合

从全局上更进一步和广泛地采用同电子组件集成、融入高精度的传感器和检测器，并越来越多地实现规模性的总线连接技术，通过诸如电液坐标轴、复合变量控制的伺服电动机、变量泵组合等和现场总线系统与中央计算机连接，在智能化的软硬件配合下，明显提高液压元件和系统的效率以及工作可靠性。通过现代的闭环控制技术集成来提高控制系统的动态特性和灵敏度，因此，当前的液压传动与控制技术中电液技术的发展趋势进一步被加强和居于突出的地位，甚至在欧洲已经倾向于直接把液压传动与控制技术称为电液传动控制技术。

2. 模块化电液传动与控制技术

电液传动与控制技术产品的方案和配置中，产品和技术的模块化趋势以及基于计算机的变型和配置技术，已成为新型电液传动与控制技术和产品的最基本、最重要的技术特征之一，发展模块化电液传动与控制技术和产品已成为21世纪传动与控制技术中的企业竞争前沿。

3. 小型化和集成化

随着纳米技术和微电子机械系统的发展及其在信息通信、生物制药和生物仪器等领域应用的不断扩大，流体传动和控制技术的小型化向接近厘米、毫米、微米甚至纳米方向发展，其应用领域包括MEMS、SOC、生化仪器等微机械微流体系统。

4. 极端环境中的应用领域

在实际应用中遇到的深海、太空失重、深层地下、核反应堆，以及其他环境，如超高压、超强磁场、超高/低温，对流体传动与控制技术都是很大的挑战。

5. 更为严格的环保标准

随着环保标准的提升，为了更好地为环保工业服务，要求流体动力传动和控制技术提高原材料、元件、系统及其功能所采用的标准。

6. 仿生学流体技术的开发

通过对生物多样性和生物进化过程的学习，人类能够对仿生的或生物模拟的流体技术和系统进行研究和开发来模拟大自然。

7. 纯水液压技术

直接应用水作为液压系统的传动介质，具有价格低廉、来源广泛、无需运输仓储、无环境污染、阻燃性好、安全性好、易维护保养、系统响应快、稳定性好、结构简化等优点。

但水所具有的粘度低、润滑性差、导电性强、汽化压力高等特点，也给该项技术的研究带来了困难。

8. 向着高压化、高速化、集成化、大流量、大功率、高效率、长寿命、低噪声方向发展

提高液压系统的工作压力，既能减小整个装置的尺寸和质量，又能提高系统的快速性。统计资料表明，系统压力由28MPa提高到35MPa，整个系统减重10%左右。

1.2 液压传动的工作原理、特征及组成

一部完整的机器都是由三部分组成的，即原动机、传动装置和工作机构。其中原动机是能源装置，是主动的部分；传动装置传递或控制原动机的能量并给予工作机，因此，传动装置包括传动与控制机构；工作机构是机器直接对外做功的部分。

工作机构为了完成机器的任务，一般都对力、速度或位置有一定的要求，若用原动机直接驱动则难以实现这些要求。传动机介于它们之间，正是用来解决这些矛盾的，它能将原动机的功率在损失最小的条件下，转变为工作机所需范围内变化的力、速度或位置。

传动通常分为机械传动、电气传动和流体传动以及它们的组合——复合传动等。

机械传动是通过齿轮、带、链条、钢丝绳、轴和轴承等机械零件传递能量的，这是发展最早、目前应用最普遍的传动形式。它具有传动准确可靠、制造简单、设计及工艺都比较成熟、受负荷及温度变化的影响小等优点，但与其他传动形式比较，则显得结构复杂而笨重、远距离操纵困难、安装位置自由度小等，也是它的突出缺点。

电力传动在有交流电源的场合得到了广泛的应用，但交流电动机难以实现无级调速；直流电动机虽可无级调速，但直流电来之不易，因而限制了其应用范围。近年发展起来的晶闸管技术使电力传动的无级变速大大简化，但在大功率及低速大转矩的场合普及使用尚有一段距离。在车辆上，由于电源困难且结构笨重，目前很少采用电力传动。

流体传动是以流体为工作介质进行能量的转换、传递和控制的传动。包括液体传动和气体传动。液体传动是以液体为工作介质的，包括液压传动和液力传动。液压传动利用液体的压力势能，液力传动则主要利用液体的动能。

气体传动以压缩空气为工作介质，通过调节供气量，很容易实现无级调速，而且结构简单、操作方便、高压空气在流动过程中压力损失少，同时空气从大气中取得无供应困难，排气及漏气全部回到大气中去，无污染环境的弊病，对环境的适应性强。气体传动的致命弱点是由于空气的可压缩性致使无法获得稳定的运动，因此，一般只用于那些对运动均匀性无关紧要的地方，如气锤、风镐等。此外，为了减少空气的泄漏，气体传动系统的工作压力一般不超过0.8MPa，因而气动元件结构尺寸大，不宜用于大功率传动。

液力传动利用液体动能来传递能量，目前多在铲土运输机械中作为机械传动的一个环节，组成所谓"液力机械传动"而广泛应用，它具有自动无级变速的特点，无论机械遇到怎样大的阻力都不会使发动机熄火。但目前液力机械传动的效率比较低，同时它一般也不作为一个独立完整的传动系统应用。

以液体作为工作介质，并以其压力能进行能量传递的方式，即为液压传动。

1.2.1 液压传动的工作原理与特征

现以液压千斤顶为例说明液压传动的工作原理。如图1-4所示，液压千斤顶由小液压缸、大液压缸、单向阀1、2和管道组成。当手柄向上运动时，带动小活塞向上运动，使小

液压缸下腔的容积增大形成局部真空，此时单向阀2关闭，在大气压力作用下单向阀1打开，液体经吸油管道被压入小活塞的下腔内；当手柄向下运动时，小活塞也向下运动，腔内容积逐渐减小，腔内液体受小活塞挤压的压力升高，因而将单向阀1关闭，当压力升高到大于大活塞下腔的压力时，将单向阀2顶开，液体经单向阀2进入大液压缸的下腔，并推动大活塞向上运动，将重物顶起。

液压传动区别于其他传动方式主要有如下两个基本特征（由于传动中液体的压力损失相对工作压力比较小，为了揭示液压传动的本质，在讨论中忽略液体的压力损失和容积损失）：

特征一：力（或力矩）的传递是按照帕斯卡定律（静压传递定律）进行的。

观察手柄的力 F_1 传递给大活塞产生推力 F_2 的过程可以发现，小液压缸的压力油打开单向阀2之前，大液压缸和单向阀2组成一个封闭腔。在重物作用下，封闭腔内液体产生向上的力 F_2，使腔内到处作用着压力（即压强）p_2，且

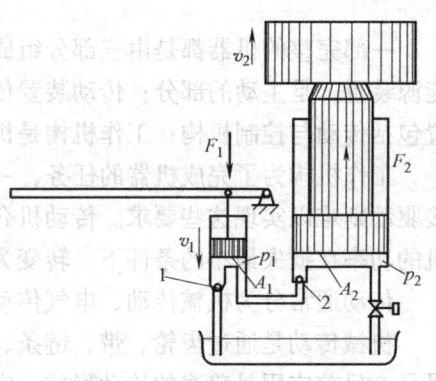

图1-4 液压传动工作原理图

$$p_2 = \frac{F_2}{A_2} \tag{1-1}$$

式中　p_2——大活塞下腔压力（Pa）；
　　　F_2——作用在大活塞上的力（N）；
　　　A_2——大活塞的面积（m²）。

当手柄向下运动使小液压缸中的压力 p_1 上升到 p_2 时，单向阀2处于开启状态，而使大液压缸、小液压缸组成一个封闭腔。此后，手柄继续下压，小液压缸中的油液被推入大液压缸中，使大活塞上移做功。在此过程中，从力 F_1 到力 F_2 的传递本质（忽略压力损失）来看，可以把大小活塞之间的封闭腔中的油液当成静止的理想流体来看，其内"静"压力 p 把小活塞的推力 F_1 传给了大活塞产生推力 F_2。这就是帕斯卡定律在"液压传动"中的应用，故而有人把液压传动称为"静压传动"。

由此可以得出如下结论：

1）活塞的推力等于油液压力与活塞面积的乘积。由式（1-1）得

$$F_2 = A_2 p_2 = A_2 p \tag{1-2}$$

2）油液压力 p 由外负载建立，由式（1-2）可知，当 $F_2 = 0$ 时，$p = p_2 = 0$。

初学者以为液压泵排出油液就一定有压力，这是错误的。

液压系统中的压力就是指压强，液体压力通常有绝对压力、相对压力（表压力）、真空度三种表示方法。因为在地球表面上，一切物体都受大气压力的作用，而且是自成平衡的，即大多数测压仪表在大气压下并不动作，这时它所表示的压力值为零，因此，它们测出的压力是高于大气压力的那部分压力。也就是说，它是相对于当地大气压（即以大气压为基准零值时）所测量到的一种压力，因此称它为相对压力或表压力。

压力的国际单位是帕斯卡（Pa），实际中常用兆帕（MPa）这一单位，1MPa = 10⁶Pa，

另外,在工程中也常用单位巴(bar),1bar=1kgf/cm² ≈0.1MPa,欧美国家习惯使用 psi 作为单位,1psi=0.069bar=0.0069MPa。

特征二:速度或转速的传递按"容积变化相等"的原则进行。这就是有人把"液压传动"称为"容积式传动"的原因。

由流体力学流量连续性方程得

$$v_1 A_1 = v_2 A_2 = q \tag{1-3}$$

式中 v_1、v_2——小、大活塞移动速度(m/s);
A_1、A_2——小、大活塞作用面积(m²);
q——流量(m³/s)。

所以

$$v_2 = \frac{q}{A_2} \tag{1-4}$$

由此可以得出如下结论:

1) 活塞移动的速度正比于进入其内的流量,与负载无关。也就是活塞的移动速度可以通过改变流量 q 的方法进行调节。

2) 活塞的速度反比于活塞的面积,可通过控制活塞面积来控制速度。如可以通过改变活塞杆的粗细,来控制双向液压缸的往返速度比等。

几点说明:

1) 当管道中的流速比较高时,会存在压力损失,在较复杂的液压系统中,压力在各区段也可能不同,故泵的出口压力 p_1 不会等于执行元件的进口压力 p_2,但执行元件的推力(或力矩)仍然是液体来传递的。在稳态下,图1-4中大液压缸下腔中,帕斯卡定律还是适用的。

2) 压力取决于负载,此"负载"应理解为综合阻力,即包括克服外负载的推力和各种流动阻力。

1.2.2 液压传动装置的组成

上述的液压千斤顶就是一个既简单又较完整的液压传动装置。由此可见液压传动装置由下面几部分组成:

(1) 动力元件 即各种泵,其功能是把机械能转换成液体压力能。如图1-4中的小液压缸和单向阀组成一个单缸液压泵。

(2) 执行元件 即液压缸(直线运动)和马达(旋转运动),其主要功能是把液体压力能转换成机械能。如图1-4中的大液压缸。

(3) 控制元件 即各种控制阀,其主要作用是通过对流体的压力、流量及流动方向的控制,来实现对执行元件的作用力、运动速度及运动方向等的控制;也用于实现过载保护、程序控制等。图1-4中的单向阀1、2即属控制元件。

(4) 辅助元件 上述三个组成部分以外的其他元件,如管道、接头、油箱、过滤器等,它们对保证系统正常工作是必不可少的。

(5) 工作介质 是用来传递能量的流体,即液压油。

1.3 液压传动的优缺点

1.3.1 液压传动的主要优点

1. 体积小、重量轻、能容量大

液压传动与电传动和气压传动相比，有重量轻、体积小的突出特点。如液压泵和液压马达单位功率的重量指标，目前是发电机和电动机的十分之一，液压泵和液压马达可小至 0.0025N/W（牛/瓦），发电机和电动机则约为 0.03N/W。而用于直线往复运动的电动加力缸，由于有传动机构，单位功率的重量比（0.35N/W）是液压缸（0.004N/W）的 87 倍。电动机受到磁饱和的限制，单位面积上的切向力不到 1MPa，而液压力可达 35MPa，所以液压泵（或马达）的能容量大。

2. 可方便地实现无级调速，调速范围大

借助阀或变量泵、变量马达，可以实现无级调速，这是一般机械传动（小功率的摩擦传动例外）无法实现的。液压传动的调速范围可达 1000:1，柱塞式液压马达的最低稳定转速为 1r/min，这是电传动很难达到的。

3. 可灵活方便地布置传动机构

借助油管的连接可以方便灵活地布置传动机构，这是比机械传动优越的地方，执行元件可以布置得离原动机较远，方位也不受限制。

4. 与微电子技术结合，易于实现自动控制

液压传动借助各种控制阀，可实现机器运行的自动化，特别是采用微电子技术电液联合控制以后，不但可实现更高程度的自动控制过程，而且可以实现远距离控制。

5. 可实现过载保护

液压系统借助安全阀等可自动实现过载保护，同时以油作介质时，相对运动表面间可自行润滑，故使用寿命长。

1.3.2 液压传动的主要缺点

1. 传动效率低，且有泄漏

由于液体流动的阻力损失和泄漏较大，因此液压传动的效率较低，如果处理不当，泄漏不仅污染场地，而且当附近有火种存在时，还可能引起火灾和爆炸事故。

2. 工作时受温度变化的影响大

温度变化引起液体粘性变化，随之泄漏发生变化。

3. 噪声较大

近年来正在研究降噪方法，某些泵的噪声值已下降到 70dB。

4. 对污染敏感

污染的液压油会使液压元件磨损和堵塞，性能变差，寿命缩短，甚至损坏。

5. 价格较贵

液压元件制造精度要求较高，因而价格较贵；使用和维修要求有较高的技术水平和一定的专业知识。

随着设计制造和使用水平的不断提高，有些缺点正在逐步加以克服，液压传动有着广泛的应用前景。

1.4 液压传动的工作介质

液压传动是用液体作为工作介质来传递能量的。在液压传动系统中，工作介质用来传递动力和信号，对于液压传动系统来说液压油还起到润滑、冷却和防锈等作用。液压传动系统能否可靠、有效地工作，在很大程度上取决于系统中所使用的工作介质。因此，必须对工作介质有清晰的了解。

1.4.1 液压工作介质的种类

液压传动系统中所使用的工作介质大多数是石油基液压油，石油基液压油是以精炼后的机械油为基料，按需要加入适当的添加剂而制成的。常用的添加剂有：

1. 增粘剂

随着液压技术的发展和广泛应用，对液压油粘温性质的要求越来越高。近年来，稠化油已开始进入液压领域。所谓稠化油就是用一种高分子聚合物作为增粘剂添加到低粘度的基础油中，使其达到需要的粘度，同时还在一定程度上保持原低粘度基础油的粘温性质。

目前常用的增粘剂有聚异丁烯、聚甲基丙烯酸酯和聚正丁基乙烯醚。

2. 消泡剂

消泡剂能使混入油中的微小气泡破裂、合并并迅速浮出油面而消除。常用的消泡剂有：二甲基硅酮胶，二烃基正磷酸盐，三烃基硫代磷酸盐；氟化后的油类，磺化后的脂性酸类及氨基盐；以及某些皂类。

3. 抗氧化剂

用来抑制油液的氧化过程，使油液的使用寿命得以延长。常用的抗氧化剂有：受阻酚、芳族胺、二烃基或二芳基二硫代磷酸锌盐等。

4. 防锈剂

能吸附于金属表面形成一层牢固的吸附膜使金属不与水及酸接触，从而达到防锈的目的。常用的防锈剂有：长链脂族脂类、低相对分子质量琥珀酰亚胺类、天然磺酸盐类、磷酸铵类等。

矿物油型液压油润滑性好，但抗燃性差。为此，又研制出难燃型液压油（乳化型、合成型等）用于轧钢机、压铸机或挤压机等来满足耐高温、热稳定、不腐蚀、无毒、不挥发、防火等要求。液压传动的工作介质见表1-1。

1.4.2 液压油的物理性质

1. 密度

液压油的密度是随温度和压力而变化的，但在通常使用的温度和压力范围内这种变化很小，所以在一般计算中可以近似地把它们看作常数。对于常用的矿物油，密度 $\rho = 850 \sim 950 \text{kg/m}^3$。

表1-1 液压传动的工作介质

组别符号	应用范围	特殊应用	更具体应用	组成和特性	产品符号 ISO-L	典型应用	备注
H	液压系统	流体静压系统		无抑制剂的精制矿油	HH		
				精制矿油,并改善其防锈和抗氧性	HL		
				HL油,并改善其抗磨性	HM	高负荷部件的一般液压系统	
				HL油,并改善其粘温性	HR		
				HM油,并改善其粘温性	HV	建筑和船舶设备	
				无特定难燃性的合成液	HS		特殊性能
			用于要求使用环境可接受液压油液的场合	甘油三酸酯	HETG	一般液压系统(移动式)	每个品种的基础液的最小含量应不低于70%(质量分数)
				聚乙二醇	HEPG		
				合成酯	HEES		
				聚α烯烃和相关烃类产品	HEPR		
			液压导轨系统	HM油,并具有抗粘-滑性	HG	液压和滑动轴承导轨润滑系统合用的机床在低速下使振动或间断滑动(粘-滑)减为最小	这种液体具有多种用途,但并非在所有液压应用中皆有效
			用于使用难燃液压液的场合	水包油型乳化液	HFAE		通常含水量大于80%(质量分数)
				化学水溶液	HFAS		通常含水量大于80%(质量分数)
				油包水乳化液	HFB		
				含聚合物水溶液	HFC[①]		通常含水量大于35%(质量分数)
				磷酸酯无水合成液	HFDR[①]		
				其他成分的无水合成液	HFDU[①]		
			自动传动系统		HA		与这些应用有关的分类尚未进行详细研究,以后可以增加
			耦合器和变矩器		HN		

① 这类液体也可以满足 HE 品种规定的生物降解性和毒性要求。

2. 可压缩性

液体的可压缩性是表示液体在温度不变的情况下,压力增加后其体积会缩小、密度会增大的特性。液体可压缩性的大小可用体积压缩系数 k 来表示。体积为 V 的液体,当压力变化量为 Δp 时,体积的绝对变化量为 ΔV,液体在单位压力变化下的体积相对变化量为

$$k = -\frac{1}{\Delta p}\frac{\Delta V}{V} \tag{1-5}$$

因为压力增大时液体的体积减小,所以上式的右边加一负号,以便使液体的体积压缩系

数 k 为正值。

液体体积压缩系数的倒数称为液体的体积弹性模量，简称体积模量，用 K 表示。即

$$K = -\frac{V}{\Delta V}\Delta p \tag{1-6}$$

体积弹性模量表示液体产生单位体积相对变化量时所需要的压力增量。在使用中，可用 K 值来说明液体抵抗压缩能力的大小。一般矿物油型液压油的体积弹性模量为 $(1.4 \sim 2) \times 10^3 \mathrm{MPa}$，它的可压缩性是钢的 50~100 倍。但在实际使用中，由于在液体内不可避免地会混入空气等原因，使其抗压缩能力显著降低，这会影响液压系统的工作性能。因此，在有较高要求或压力变化较大的液压系统中，应尽量减少油液中混入的气体及其他易挥发性物质（如煤油、汽油等）的含量。由于油液中的气体难以完全排除，在工程计算中常取液压油的体积弹性模量为 700MPa 左右。

液压油液的体积弹性模量与温度、压力有关。温度增高时，K 值减小，在液压油液正常的工作温度范围内，K 值会有 5%~25% 的变化。压力增大时，K 值增大，反之则减小，但这种变化由于液压油的可压缩性很小，所以一般可以忽略不计。但在有些情况下，例如在研究液压传动中的动态特性，包括计算液流的冲击力、抗振稳定性、工作的过渡过程以及计算远距离操纵的液压机构时，往往必须考虑液压油的可压缩性。

3. 液体的膨胀性

液体的膨胀性是表示液体在压力不变的情况下，温度升高后其体积会增大、密度会减小的特性。膨胀性的大小可用热膨胀系数 α（$\mathrm{℃}^{-1}$）表示，其定义为：当液体的温度改变 1℃ 时，其体积 V 的相对变化值，即

$$\alpha = \frac{1}{\Delta t}\frac{\Delta V}{V} \tag{1-7}$$

式中　Δt ——温度变化值（℃）；

V ——液体膨胀前的体积（m^3）；

ΔV ——液体膨胀后体积的增加值（m^3）。

常用液压油的热膨胀系数为 $(8.5 \sim 9.0) \times 10^{-4} \mathrm{℃}^{-1}$。

4. 粘度

液体受外力作用而流动或有流动趋势时，液体内分子间的内聚力要阻止液体分子的相对运动，由此产生一种内摩擦力。液体内部产生摩擦力或切应力的性质，称为液体的粘性。液体流动时才会出现粘性，静止不动的液体不呈现粘性。粘性所起的作用是阻止液体内部的相互滑动。粘性的大小可用粘度来表示，粘性是液体最重要的特性之一，是流动液体最基本的物理性质。粘度是液压系统中选择液压油的主要指标，粘度大小会直接影响系统的正常工作、效率和灵敏性。

常用的表示粘度大小的单位制有动力粘度、运动粘度和相对粘度。

(1) 动力粘度（绝对粘度）　根据牛顿内摩擦定律（见流体力学）而导出的粘度称为动力粘度，通常以 μ 表示。其法定计量单位为 $\mathrm{Pa \cdot s}$（$1\mathrm{Pa \cdot s} = 1\mathrm{N \cdot s/m^2}$），工程中常用单位还有泊（P）和厘泊（cP），$1\mathrm{P} = 10^{-1}\mathrm{Pa \cdot s}$，$1\mathrm{cP} = 10^{-3}\mathrm{Pa \cdot s}$。

(2) 运动粘度　运动粘度没有特殊的物理意义，只是因为在许多方程（如纳维-斯托克

斯方程、雷诺方程）中出现动力粘度 μ 与密度 ρ 的比值，于是流体力学中就把同一温度下的这一比值定义为运动粘度，用 ν 表示。即

$$\nu = \frac{\mu}{\rho} \tag{1-8}$$

因为它的单位只有长度和时间的量纲，类似于运动学的量，所以被称为运动粘度。它的法定计量单位为 m^2/s，工程中常用单位还有斯［托克斯］(St) 和厘斯 (cSt)，$1St = 10^{-4} m^2/s$，$1cSt = 10^{-6} m^2/s = 1mm^2/s$。

我国液压油的牌号就是用它在温度为 40℃ 时的运动粘度平均值来表示的。例如 32 号液压油，就是指这种油在 40℃ 时的运动粘度平均值为 $32mm^2/s$。

（3）相对粘度（条件粘度） 动力粘度和运动粘度是理论分析和计算时经常使用到的粘度，但它们都难以直接测量。因此，在工程上通常使用特定的粘度计在规定的条件下测量出它的相对粘度后，再根据相应的关系式换算出运动粘度或动力粘度。

（4）压力和温度对粘度的影响 当液体所受的压力加大时，分子之间的距离缩小，内聚力增大，其粘度也随之增大。在一般情况下，压力对粘度的影响比较小，在工程中当压力低于 5MPa 时，粘度值的变化很小，可以不考虑。但在压力很高以及压力变化很大的情况下，粘度值的变化就不能忽视。

液压油粘度对温度的变化是十分敏感的，当温度升高时，其分子之间的内聚力减小，粘度就随之降低。不同种类液压油的粘度随温度变化的规律也不同。常用粘温特性曲线表示油液粘度随温度变化的关系。图 1-5 所示为几种常用液压油的粘温特性曲线。

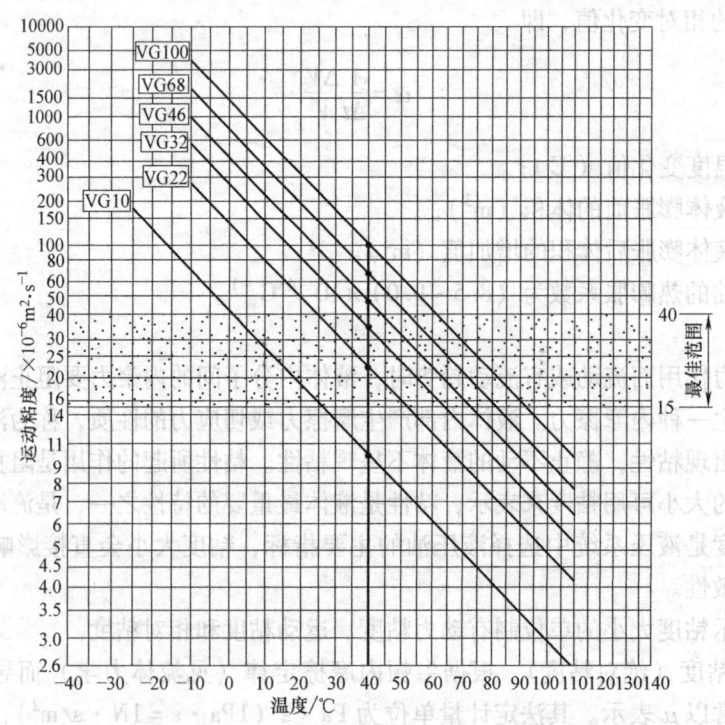

图 1-5 几种常用液压油的粘温特性曲线

1.4.3 液压油的选用

液压油是液压传动系统的重要组成部分，是用来传递能量的工作介质。除了传递能量外，它还起着润滑运动部件和保护金属不被锈蚀的作用。液压油的质量及其各种性能将直接影响液压系统的工作，所以为了保证工作状态的稳定，应长期保持液压油的性能稳定。

一般使用的液压油应满足下列要求：

1) 适宜的粘度和良好的粘温性能。一般液压系统所用的液压油其粘度范围为 15～40mm^2/s。

2) 具有良好的润滑性能和足够的油膜强度，使系统中的各摩擦表面获得足够的润滑而不致磨损。

3) 热膨胀系数低，比热容高，热导率高，闪点和燃点高。一般液压油闪点在 130～150℃之间。

4) 具有良好的化学稳定性，能抗氧化、抗水解、在储存和使用过程中不变质。

5) 不得含有水蒸气、空气及容易汽化和产生气体的杂质，否则会起气泡。气泡是可压缩的，而且在其突然被压缩时会放出大量的热，造成局部过热，使周围的油迅速氧化变质。气泡还是产生剧烈振动和噪声的主要原因之一。

6) 不含有水溶性酸和碱等，以免腐蚀机件和管道，破坏密封装置。

7) 凝固点低，流动性好。为了保证能够在寒冷气候情况下正常工作，需要液压油的凝固点低于工作环境的最低温度，保证低温流动性，能够正常工作。

正确而合理地选用液压油，是保证液压设备高效率正常运转的前提。在选用液压油时，粘度是一个重要的参数。粘度的高低将影响运动部件的润滑、缝隙的泄漏以及流动时的压力损失、系统的发热温升等。

1. 选择液压油的种类

每种液压油都有其特性，选用液压油主要是依据液压系统的工作环境、工况条件及液压油的特性，选择合适的液压油品种和粘度。

1) 根据液压系统的环境和工况条件选择液压油。

2) 根据液压泵的类型选油，一般而言，齿轮泵对液压油的抗磨要求比叶片泵、柱塞泵低，因此齿轮泵可选用 HL 或 HM 油，而叶片泵、柱塞泵一般则选用 HM 油。

3) 根据液压油的特性及液压元件的材质选油。

2. 选择液压油的粘度

在选择完品种后，需要确定其使用粘度级别。粘度选择太大，液压传动损失大，系统效率低，液压泵吸油困难。粘度太小，液压泵内渗漏量大，容积损失增加，同样会使系统效率降低。因此必须针对系统、环境选择一个适宜的粘度，使系统在容积效率和机械效率间求得最佳的平衡。

3. 液压油的性质

液压油的性质主要包括油品的理化指标、使用性能和特点等。

4. 经济性

经济性主要包括油品的价格、使用寿命等。

1.5 液压油的污染与控制

液压油是否清洁，不仅影响液压系统的工作性能和液压元件的使用寿命，而且直接关系到液压系统是否能正常工作。液压系统的多数故障与液压油受到污染有关，因此控制液压油的污染是十分重要的。

1.5.1 液压油污染的原因

液压油被污染的原因主要有以下几方面：

（1）残留物的污染　主要指液压系统的管道及液压元件内的型砂、切屑、磨料、焊渣、锈片、灰尘等污垢在系统使用前冲洗时未被洗干净，在液压系统工作时，这些污垢进入液压油里面。

（2）侵入物的污染　主要指外界的灰尘、砂粒等，在液压系统工作过程中通过往复伸缩的活塞杆、流回油箱的泄漏油等进入液压油里。另外，在检修时，稍不注意也会使灰尘、棉绒等进入液压油里去。

（3）生成物的污染　主要指液压系统本身产生污垢，而直接进入液压油里，如金属和密封材料的磨损颗粒，过滤材料脱落的颗粒或纤维及油液因油温升高氧化变质而生成的胶状物等。

液压油污染严重时，直接影响液压系统的工作性能，使液压系统经常发生故障、液压元件寿命缩短，造成这些危害的原因主要是污垢中的固体颗粒。对于液压元件来说，由于这些固体颗粒进入元件内，会使元件的滑动部分磨损加剧，并可能堵塞液压元件里的阻尼孔，或使阀芯卡死，从而造成液压系统的故障。进入液压油中的水分会腐蚀金属，使液压油变质、乳化等。

1.5.2 液压油污染的控制

由于液压油被污染的原因比较复杂，液压传动系统在工作过程中液压油又在不断地产生污染物，因此，要彻底地防止污染是很困难的。为了延长液压元件的使用寿命，保证液压传动系统的正常工作，应将液压油的污染程度控制在一定的范围内。一般常采取如下措施来控制污染：

（1）减少外来的污染　液压传动系统在装配前后必须严格清洗，用机械的方法除去残渣和表面氧化物，然后进行酸洗。液压传动系统在组装后要进行全面清洗，最好用系统工作时使用的油液清洗，特别是液压伺服系统最好要经过几次清洗来保证清洁。油箱通气孔要加空气过滤器，给油箱加油要用过滤车，对外露件应装防尘密封，并经常检查，定期更换。液压传动系统的维修与液压元件的更换、拆卸应在无尘区进行。

（2）滤除系统产生的杂质　应在系统的相应部位安装适当精度的过滤器，并且要定期检查、清洗或更换滤芯。

（3）控制液压油的工作温度　液压油的工作温度过高会加速其氧化变质，产生各种生成物，缩短它的使用期限。所以要限制液压油的最高使用温度。

（4）定期检查与更换液压油　应根据液压设备使用说明书的要求和维护保养规程的有

关规定,定期检查与更换液压油。更换液压油时要清洗油箱,冲洗系统管道及液压元件。

1.5.3 油液污染度

油液污染度是指单位体积油液中固体颗粒污染物的含量,即油液中固体颗粒污染物的浓度。对于其他污染物,如水和空气,则用水含量和空气含量表述。油液污染度是评定油液污染程度的重要指标。

目前油液污染度普遍采用颗粒污染度的表示方法,即单位体积油液中所含各种尺寸的颗粒数。颗粒尺寸范围可用区间表示,如 $5 \sim 15\mu m$、$15 \sim 25\mu m$ 等;也可用大于某一尺寸表示,如 $>5\mu m$、$>15\mu m$ 等。

为了定量评定油液污染程度,世界各主要工业国都制定有各自的油液污染度等级,近年来已趋向于采用统一的国际标准。下面介绍美国 NAS 1638 油液污染物等级和 ISO 4406 油液污染度等级国际标准。

1. NAS 1638 固体颗粒污染物等级

NAS 1638 是美国航天工业部门在 1964 年提出的,目前在美国和世界各国仍广泛采用。它以颗粒浓度为基础,按照油液中在 $5 \sim 15\mu m$、$15 \sim 25\mu m$、$25 \sim 50\mu m$、$50 \sim 100\mu m$ 和 $>100\mu m$ 共 5 个尺寸区间内最大允许颗粒数划分为 14 个污染物等级,见表 1-2。

表 1-2 NAS 1638 污染度等级表(100mL 中的颗粒数)

颗粒尺寸范围/μm	污染度等级													
	00	0	1	2	3	4	5	6	7	8	9	10	11	12
5~15	125	250	500	1000	2000	4000	8000	16000	32000	64000	128000	256000	512000	1024000
15~25	22	44	89	178	356	712	1425	2850	5700	11400	22800	45600	91200	182400
25~50	4	8	16	32	63	126	253	506	1012	2025	4050	8100	16200	32400
50~100	1	2	3	6	11	22	45	90	180	360	720	1440	2880	5760
>100	0	0	1	1	2	4	8	16	32	64	128	256	512	1024
最多颗粒数														
>5	125	304	609	1217	2432	4864	9731	19462	38924	77849	155698	311396	622792	1245584
>15	27	54	109	217	432	864	1731	3462	6924	13849	27698	55396	110792	221584

从表中可以看出,相邻两个等级的颗粒浓度比为 2。因此,当油液污染度超过表中最大的 12 级时,可用外推法确定其污染度等级。

测得的各尺寸范围的颗粒往往不属于同一等级,一般取其中最高一级作为油液污染度等级。但这种处理方法有时不尽合理,例如,$5 \sim 15\mu m$、$15 \sim 25\mu m$、$25 \sim 50\mu m$、$50 \sim 100\mu m$ 和 $>100\mu m$ 各尺寸段的污染度等级如果分别是 7、7、6、10 和 8,若取最大者,则油液污染度应为 10 级。然而,从可能进入运动副间隙引起磨损的危害尺寸来考虑,污染度定位在 7 级更符合实际。

2. ISO 4406 固体颗粒污染度国际标准

ISO 4406 油液污染度国际标准采用两个数码表示油液的污染度等级,前面的数码代表 1mL 油液中尺寸大于 $5\mu m$ 的颗粒数的等级,后面的数码代表 1mL 油液中尺寸大于 $15\mu m$ 的颗粒数的等级,两个数码之间用一斜线分隔。例如污染度等级 18/13 表示油液中大于 $5\mu m$ 的颗粒数的等级为 18,每毫升颗粒数在 1300~2500 之间;尺寸大于 $15\mu m$ 的颗粒数的等级为 13,每毫升颗粒数在 40~80 之间。

表 1-3 所列为 ISO 4406 污染度等级和相应的颗粒浓度。根据颗粒浓度的大小共分为 26 个等级。使用自动颗粒计数器计数所报告的污染等级代号由三个代码组成，该代码分别代表如下的颗粒尺寸及其分布：第一个代码代表每毫升油液中颗粒尺寸 >4μm 的颗粒数，第二个代码代表每毫升油液中颗粒尺寸 >6μm 的颗粒数，第三个代码代表每毫升油液中颗粒尺寸 >14μm 的颗粒数。它们基本反映了油液中较小颗粒引起堵塞淤积和较大颗粒产生的磨损等危害作用。

表 1-3　ISO 4406 污染度等级和相应的颗粒浓度

每毫升颗粒数		等级数码	每毫升颗粒数		等级数码
大于	上限值		大于	上限值	
2500000		>28	80	160	14
1300000	2500000	28	40	80	13
640000	1300000	27	20	40	12
320000	640000	26	10	20	11
160000	320000	25	5	10	10
80000	160000	24	2.5	5	9
40000	80000	23	1.3	2.5	8
20000	40000	22	0.64	1.3	7
10000	20000	21	0.32	0.64	6
5000	10000	20	0.16	0.32	5
2500	5000	19	0.08	0.16	4
1300	2500	18	0.04	0.08	3
640	1300	17	0.02	0.04	2
320	640	16	0.01	0.02	1
160	320	15	0	0.01	0

目前 ISO 4406 污染度等级标准已被世界各国普遍采用。我国制定的国家标准 GB/T 14039—2002《液压传动　油液　固体颗粒污染度等级代号》等同采用 ISO 4406。

习　题

1.1　什么是液压传动？液压传动系统由哪几部分组成？各组成部分的作用是什么？

1.2　液压传动的工作原理及特征是什么？如何理解液压系统的压力取决于外负载？

1.3　液压传动与机械传动（以齿轮传动为例）、电传动比较有哪些优点？

1.4　在图 1-6 所示液压系统中，泵的额定压力 $p_s = 2.5$MPa，流量 $q = 10$L/min，溢流阀调定压力 $p_y = 1.8$MPa，两液压缸活塞面积相等，$A_1 = A_2 = 30$cm^2，负载 $R_1 = 3000$N，$R_2 = 4200$N，其他忽略不计。试分析液压泵起动后两个液压缸如何运动，并求出各自的运动速度。

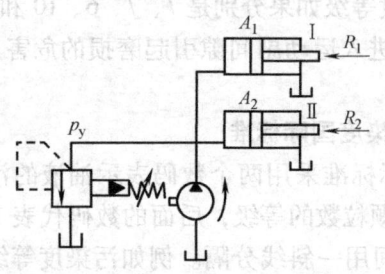

图 1-6　题 1-4 图

第 2 章 液压动力元件

> **内容提要**：本章主要介绍液压泵的工作原理与性能参数。通过本章的学习，要求掌握齿轮式、叶片式、柱塞式液压泵的工作原理、结构特点及主要性能特点；了解不同类型的泵之间的性能差异及适用范围，为正确选用液压泵奠定基础。

液压泵的类型很多，常用的类型主要有齿轮泵、叶片泵、柱塞泵和螺杆泵，而对每一类还可进一步细分，如柱塞泵可分为轴向柱塞泵和径向柱塞泵；叶片泵可分为单作用泵与双作用泵；齿轮泵可分为外啮合泵和内啮合泵；螺杆泵可分为双螺杆泵和三螺杆泵等。根据泵的排量是否可以改变，又可分为定量泵、变量泵；调节排量的方式有手动和自动两种；而自动调节又分为限压式、恒功率式、恒压式等。液压泵的图形符号如图 2-1 所示。

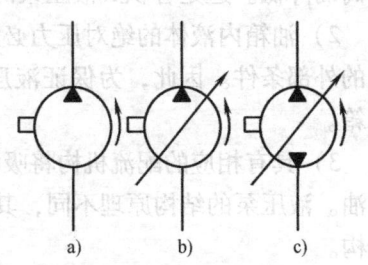

图 2-1 液压泵的图形符号
a) 定量泵 b) 变量泵 c) 双向变量泵

2.1 液压泵概述

2.1.1 液压泵的工作原理与特点

1. 液压泵的工作原理

尽管液压系统中采用的液压泵形式很多，但都属于容积式泵，其工作原理可以用图 2-2 所示的单柱塞式液压泵来说明。柱塞 2 在弹簧 4 的作用下紧压在偏心轮 1 上，电动机带动偏心轮 1 旋转，使柱塞 2 在缸体 3 中作往复运动。当柱塞向外伸出时，密封油腔 a 的容积由小变大，形成真空，油箱中的油液在大气压力的作用下，顶开单向阀 6（这时单向阀 5 关闭）进入密封油腔，实现吸油。当柱塞向里顶入时，密封油腔的容积由大变小，其中的油液受到挤压而产生压力，当压力增大到能克服单向阀 5 中弹簧以及系统中油液的作用力时，油液便会顶开单向阀 5（这时单向阀 6 封住吸油管）进入系统，实现压油。偏心轮连续旋转，柱塞就不断地进行吸油和压油。图示结构中只有一个柱塞向系统供油，所以油液输出是不连续的，为实现连续供油，可以设置多个柱塞，使它们轮流向系统供油。

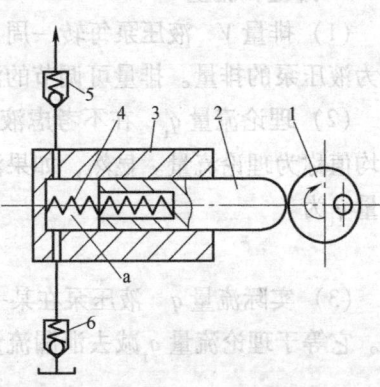

图 2-2 单柱塞式液压泵工作原理图
1—偏心轮 2—柱塞 3—缸体
4—弹簧 5、6—单向阀

2. 液压泵的特点

容积式液压泵中的油腔处于吸油状态时称为吸油腔，处于输油状态时称为压油腔。吸油腔的压力取决于吸油高度（即液压泵吸油口至油箱液面的高度）和吸油管路的阻力，吸油高度过高或吸油管路阻力太大，会使吸油腔真空度过高而影响液压泵的自吸能力。压油腔的压力则取决于外负载和排油管路的压力损失，从理论上讲排油压力与液压泵的流量无关。

单柱塞式液压泵具有一切容积式液压泵的基本特点：

1) 具有若干个密封且又可以周期性变化的工作容积。液压泵理论输出流量与此空间的容积变化量和单位时间内的变化次数成正比，与其他因素无关。但排油压力会影响泵的内泄漏和油液的压缩量，从而影响泵的实际输出流量，所以液压泵的实际输出流量随排油压力的升高而降低。这是容积式液压泵的一个重要特性。

2) 油箱内液体的绝对压力必须恒等于或大于大气压力。这是容积式液压泵能够吸入油液的外部条件。因此，为保证液压泵正常吸油，油箱必须与大气相通，或采用密闭的加压油箱。

3) 具有相应的配流机构将吸油腔和压油腔隔开，保证液压泵有规律地、连续地吸油、排油。液压泵的结构原理不同，其配流机构也不相同。如图2-2中的单向阀5、6就是配流机构。

2.1.2 液压泵的主要性能参数

液压泵的基本性能参数主要包括液压泵的压力、排量、流量、功率和效率等。

1. 压力

(1) 工作压力　液压泵实际工作时的输出压力称为工作压力。工作压力的大小取决于外负载的大小和排油管路上的压力损失，而与液压泵的流量无关。

(2) 额定压力　液压泵在正常工作条件下，按试验标准规定连续运转的最高压力称为液压泵的额定压力。

(3) 峰值压力　在超过额定压力的条件下，根据试验标准规定，允许液压泵短暂运行的最高压力值，称为液压泵的峰值压力。

2. 排量和流量

(1) 排量 V　液压泵每转一周，由其密封容积几何尺寸变化计算而得的排出液体的体积称为液压泵的排量。排量可调节的液压泵称为变量泵，排量为常数的液压泵则称为定量泵。

(2) 理论流量 q_t　在不考虑液压泵泄漏的情况下，在单位时间内所排出的液体体积的平均值称为理论流量。显然，如果液压泵的排量为 V，其主轴转速为 n，则该液压泵的理论流量 q_t 为

$$q_t = Vn \tag{2-1}$$

(3) 实际流量 q　液压泵在某一具体工况下，单位时间内所排出的液体体积称为实际流量。它等于理论流量 q_t 减去泄漏流量 Δq，即

$$q = q_t - \Delta q \tag{2-2}$$

(4) 额定流量 q_n　液压泵在正常工作条件下，按试验标准规定必须保证的流量，亦即在额定转速和额定压力下泵输出的流量称为额定流量。

3. 功率和效率

（1）液压泵的功率损失　液压泵的功率损失有容积损失和机械损失两部分。

容积损失是指液压泵流量上的损失，液压泵的实际输出流量总是小于其理论流量，其主要原因是液压泵内部高压腔泄漏、油液被压缩以及在吸油过程中由于吸油阻力太大、油液粘度大、液压泵转速高等原因而导致油液不能全部充满密封工作腔。液压泵的容积损失用容积效率来表示，它等于液压泵的实际输出流量 q 与其理论流量 q_t 之比，即

$$\eta_V = \frac{q}{q_t} = \frac{q_t - \Delta q}{q_t} = 1 - \frac{\Delta q}{q_t} \tag{2-3}$$

因此液压泵的实际输出流量 q 为

$$q = q_t \eta_V = V n \eta_V \tag{2-4}$$

式中　V——液压泵的排量（m^3/r）；

　　　n——液压泵的转速（r/s）。

液压泵的容积效率随着液压泵工作压力的增大而减小，且随液压泵的结构类型不同而异，但恒小于1。

液压泵的作用是将原动机输入的机械能即转矩和转速（角速度）转换成液体的压力能即液体的压力和流量，若不考虑转换过程的能量损失，则输出功率等于输入功率，也就是它们的理论功率是

$$P_t = p q_t = 2\pi T_t n \tag{2-5}$$

式中　T_t——泵的理论转矩（N·m）。

$$T_t = \frac{1}{2\pi} pV = 0.159 pV \tag{2-6}$$

机械损失是指液压泵在转矩上的损失。液压泵的实际输入转矩 T_i（N·m）总是大于理论上所需要的转矩 T_t，其主要原因是液压泵泵体内相对运动部件之间因机械摩擦而引起摩擦转矩损失以及液体的粘性而引起摩擦损失。液压泵的机械损失用机械效率表示，它等于液压泵的理论转矩 T_t 与实际输入转矩 T_i 之比，设转矩损失为 ΔT，则液压泵的机械效率为

$$\eta_m = \frac{T_t}{T_i} = \frac{1}{1 + \frac{\Delta T}{T_t}} \tag{2-7}$$

（2）液压泵的功率　液压泵的功率包括输入功率和输出功率。输入功率 P_i：液压泵的输入功率是指作用在液压泵主轴上的机械功率，当输入转矩为 T_i，角速度为 ω 时，有

$$P_i = T_i \omega \tag{2-8}$$

输出功率 P_o：液压泵的输出功率是指液压泵在工作过程中的实际吸、压油口间的压差 Δp 和输出流量 q 的乘积，即

$$P_o = \Delta p q \tag{2-9}$$

式中　Δp——液压泵吸、压油口之间的压差（Pa）；

　　　q——液压泵的实际输出流量（m^3/s）。

在实际的计算中，若油箱通大气，则液压泵吸、压油口之间的压差往往用液压泵出口压力 p 代替。

（3）液压泵的总效率　液压泵的总效率是指液压泵的实际输出功率与其输入功率的比

值，即

$$\eta = \frac{P_o}{P_i} = \frac{\Delta p q}{T_i \omega} = \frac{\Delta p q_t \eta_V}{\frac{T_t \omega}{\eta_m}} = \eta_V \eta_m \quad (2\text{-}10)$$

其中，$\Delta p q_t / \omega$ 为理论输入转矩 T_t。

由式（2-10）可知，液压泵的总效率等于其容积效率与机械效率的乘积，所以液压泵的输入功率也可写成

$$P_i = \frac{\Delta p q}{\eta} \quad (2\text{-}11)$$

液压泵的各个参数和压力之间的关系如图 2-3 所示。

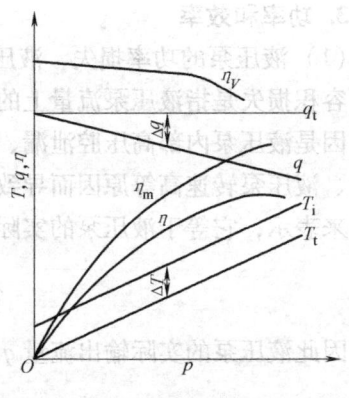

图 2-3 液压泵的特性曲线

2.2 齿轮泵

齿轮泵是一种常用的液压泵，它的主要特点是结构简单、制造方便、价格低、体积小、重量轻、自吸性好、对油液污染不敏感、工作可靠；其主要缺点是流量和压力脉动大、噪声大、排量不可调。齿轮泵广泛应用于采矿设备、冶金设备、建筑机械、工程机械及农林机械等各个行业。

齿轮泵利用一对齿轮的啮合运动，造成吸、压油腔的容积变化进行工作。按照其啮合形式的不同，有外啮合和内啮合两种，其中外啮合齿轮泵应用较广，而内啮合齿轮泵则多为辅助泵。外啮合齿轮泵一般都采用一对渐开线直齿轮。内啮合齿轮泵除采用渐开线齿轮外，还有的采用摆线齿轮。

2.2.1 齿轮泵的工作原理

外啮合齿轮泵的工作原理如图 2-4 所示，当泵的主动齿轮按图示箭头方向旋转时，齿轮泵右侧（吸油腔）齿轮脱开啮合，齿轮的轮齿退出轮谷，使密封容积增大，形成局部真空，油箱中的油液在外界大气压的作用下，经吸油管路、吸油腔进入齿谷。随着齿轮的旋转，进入齿谷的油液被带到另一侧，进入压油腔。随着轮齿进入啮合，使密封容积逐渐减小，轮齿间部分油液被挤出，形成了齿轮泵的压油过程。齿轮的啮合线把吸油腔和压油腔分开，起配油作用。当齿轮泵的主动齿轮由电动机带动不断旋转时，轮齿脱开啮合的一侧，由于密封容积变大则不断从油箱中吸油，轮齿进入啮合的一侧，由于密封容积减小则不断地排油，这就是齿轮泵的工作原理。

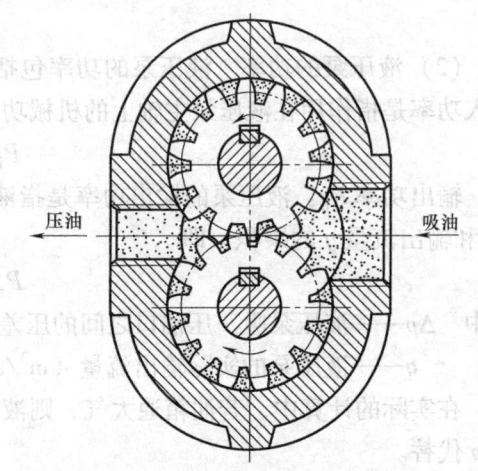

图 2-4 外啮合齿轮泵工作原理

2.2.2 齿轮泵的流量和脉动率

齿轮泵的排量 V 相当于一对齿轮所有齿谷容积之和，假如齿谷容积大致等于轮齿的体积，那么齿轮泵的排量就等于一个齿轮的齿谷容积和轮齿体积的总和，即相当于以有效齿高和齿宽构成的平面所扫过的环形体积，即泵排量 $V(\mathrm{mL/r})$ 为

$$V = \pi DhB = 2\pi z m^2 B \tag{2-12}$$

式中　D——齿轮分度圆直径（cm），$D = mz$；
　　　h——有效齿高（cm），$h = 2m$；
　　　B——齿轮宽度（cm）；
　　　m——齿轮模数（cm）；
　　　z——齿数。

实际上，齿谷容积比轮齿体积稍大一些，并且齿数越少误差越大，因此在实际计算中用 3.33~3.50 来代替上式中 π 值，齿数少时取大值。齿轮泵的排量为

$$V = (6.66 \sim 7) z m^2 B \tag{2-13}$$

由此得齿轮泵的实际输出流量为

$$q = (6.66 \sim 7) z m^2 B n \eta_V \tag{2-14}$$

式中　n——齿轮泵的转速（r/s）。

由以上公式可知，在外形体积相同的情况下，增大模数 m，减小齿数 z，可以增大泵的排量。因此，用于机床液压系统的低压齿轮泵，一般取 $z = 13 \sim 19$；而中高压齿轮泵，取 $z = 6 \sim 14$。当 $z < 14$ 时，齿轮要进行修正。

实际上，由于齿轮泵在工作过程中，流量是转角的周期函数，存在流量脉动，瞬时流量也是脉动的，故式（2-14）所表示的是泵的平均输出流量。流量脉动会直接影响到系统工作的平稳性，引起压力脉动，使管路系统产生振动和噪声。如果脉动频率与系统的固有频率一致，还将引起共振，加剧振动和噪声。若用 q_{max}、q_{min} 来表示最大、最小瞬时流量，q_0 表示平均流量，则流量脉动率为

$$\sigma = \frac{q_{max} - q_{min}}{q_0} \tag{2-15}$$

流量脉动率是衡量容积式泵流量品质的一个重要指标。在容积式泵中，齿轮泵的流量脉动最大，并且齿数越少，脉动率越大，这是外啮合齿轮泵的一个弱点。

2.2.3 齿轮泵存在的问题

1. 齿轮泵的困油现象

为保证齿轮泵连续、平稳地运转，要求齿轮啮合的重叠系数 ε 大于1，即当一对轮齿尚未脱开啮合时，另一对轮齿已进入啮合，这样，就出现同时有两对轮齿啮合的瞬间，在两对轮齿的啮合线之间形成了一个封闭容积，一部分油液也就被困在这一封闭容积中（图2-5a），齿轮连续旋转时，这一封闭容积便逐渐减小，到两啮合点处于节点两侧的对称位置时（图2-5b），封闭容积为最小，齿轮再继续转动时，封闭容积又逐渐增大，直到图2-5c所示位置时，容积又变为最大。在封闭容积减小时，被困油液受到挤压，压力急剧上升，使轴承上突然受到很大的冲击载荷，使泵剧烈振动，这时高压油从一切可能泄漏的缝隙中挤

出，造成功率损失，使油液发热等。当封闭容积增大时，由于没有油液补充，因此形成局部真空，使原来溶解于油液中的空气分离出来，形成了气泡，油液中产生气泡后，会引起噪声、气蚀等一系列恶果。以上情况就是齿轮泵的困油现象，这种困油现象极为严重地影响着泵的工作平稳性和使用寿命。

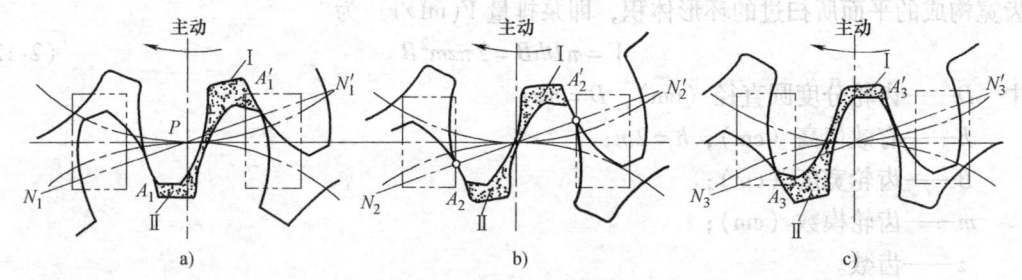

图2-5 齿轮泵的困油现象

为了减小困油现象的危害，常在齿轮泵啮合部位侧面的泵盖上铣出两个困油卸荷凹槽，卸荷槽的位置应该使困油腔由大变小时，能通过卸荷槽与压油腔相通，而当困油腔由小变大时，能通过另一卸荷槽与吸油腔相通。两卸荷槽之间的距离为 a，必须保证在任何时候都不能使压油腔和吸油腔互通。

按上述对称开的卸荷槽，当困油封闭腔由大变至最小时（图2-6），由于油液不易从即将关闭的缝隙中挤出，故封闭油压仍将高于压油腔压力；齿轮继续转动，在封闭腔和吸油腔相通的瞬间，高压油又突然和吸油腔的低压油相接触，会引起冲击和噪声。于是将齿轮泵卸荷槽的位置整个向吸油腔侧平移了一定距离。这时封闭腔只有在由小变至最大时才和压油腔断开，油压没有突变，封闭腔和吸油腔接通时，封闭腔不会出现真空也没有压力冲击，这样改进后，使齿轮泵的振动和噪声得到了进一步改善。

2. 内泄漏

外啮合齿轮泵高压腔的压力油可通过三条途径泄漏到低压腔中去：一是通过齿轮啮合处的间隙；二是通过泵体内孔和齿顶圆的径向间隙，由于密封带长，同时齿顶线速度形成的剪切流动又和油液泄漏方向相反，故对泄漏的影响较小，这里要考虑的问题是：当齿轮受到不平衡的径向力后，应避免齿顶和泵体内壁相碰，所以径向间隙可稍大，一般取 0.13~0.16mm；三是通过齿轮两侧面和侧盖板间的端面间隙，为了保证齿轮能灵活地转动，同时又要保证泄漏最小，齿轮端面和泵盖之间应有适当的间隙（轴向间隙），对小流量泵，轴向间隙为 0.025~0.04mm，大流量泵为 0.04~0.06mm。通过端面间隙的泄漏量较大，可占总泄漏量的75%~80%。因此普通齿轮泵的容积效率较低，输出压力也不容易提高。

3. 径向不平衡力

齿轮泵（特别是中高压齿轮泵）的轴承磨损是影响泵寿命的主要因素之一，因此对齿轮上的径向作用力的分析有重要意义。

作用在轴承上的径向力 F，由沿齿轮圆周分布的液压力所产生的径向合力 F_p 和由齿轮啮合时传递转矩而产生的径向力 F_t 组成。

(1) 径向液压力 F_p　图2-7所示为沿齿轮泵齿轮圆周上的压力分布情况。泄漏从排油腔到吸油腔的过渡范围内的压力是逐渐下降的。在齿顶被泵体内孔所包围的过渡区中，液压力的分布规律和齿轮泵的结构形式有关。

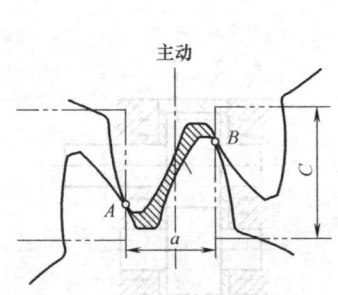

图 2-6　齿轮泵的困油卸荷槽图

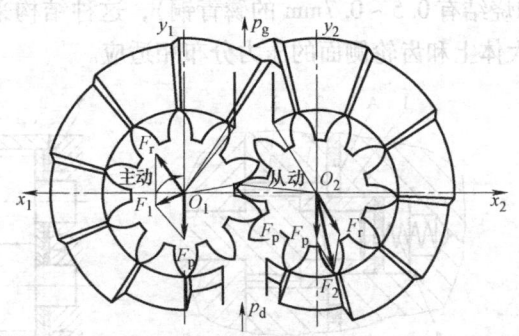

图 2-7　沿齿轮泵齿轮圆周上的压力分布情况

采用端面间隙补偿结构的中高压齿轮泵的泄漏主要通过径向间隙。从图 2-7 可以看到，作用在齿轮上的径向力把齿轮推向低压侧，因此齿轮的各个齿顶和泵体内孔的径向间隙不相等——接近高压区间隙大，接近低压区间隙小。许多高压齿轮泵的实测结果也表明：压力在径向间隙中沿齿轮圆周的分布并非均匀下降的。在靠近吸油腔的最后 1~2 个齿顶间隙的压降占泵的吸、排油压差的 80% 左右。作用在齿轮圆周上的压力合成液压力 F_p 方向如图所示。

采用固定端面间隙的低压齿轮泵的泄漏主要是通过端面间隙，齿轮的偏移产生的影响不大，故可以认为相邻齿之间的压差变化较均匀。

(2) 齿轮啮合力 F_r 及合成力 F　啮合力 F_r 的作用线和啮合线一致。对从动齿轮来说，啮合力和从动齿轮转动方向相同，对主动齿轮来说，它和主动齿轮转动方向相反。图 2-7 所示齿轮中心上表示了主动齿轮上的这两个力之间的夹角为钝角，从动齿轮上的这两个力之间的夹角为锐角。故从动齿轮上受到总的径向力 F 要比主动齿轮上的大。因而一般只对从动齿轮进行径向力的计算，并进行轴承校核。

为了解决径向力不平衡问题，在有些齿轮泵上采用了开压力平衡槽的办法。但这将使泄漏增大，容积效率降低等。大部分齿轮泵则采用缩小压油口的办法，以减少液压力对齿顶部分的作用面积来减小径向不平衡力，所以泵的压油口孔径比吸油口孔径要小。

4. 高压齿轮泵的特点

上述齿轮泵由于泄漏大，且存在径向不平衡力，故压力不易提高。高压齿轮泵主要是针对上述问题采取了一些措施，如：尽量减小径向不平衡力和提高轴与轴承的刚度；为提高泵的容积效率，对泄漏量最大处的端面间隙，采用自动补偿装置等。下面对端面间隙的补偿装置作简单介绍。

(1) 浮动轴套式　图 2-8a 所示为浮动轴套式的间隙补偿装置。它利用泵的出口压力油，引入齿轮轴上的浮动轴套 1 的外侧 A 腔，在液体压力作用下，使轴套紧贴齿轮 3 的端面，因而可以消除间隙并可补偿齿轮侧面和轴套间的磨损量。在泵起动时，靠弹簧 4 来产生预紧力，保证了轴向间隙的密封。

(2) 浮动侧板式　浮动侧板式补偿装置的工作原理与浮动轴套式基本相似，它也是利用泵的出口压力油引到浮动侧板 5 的背面（图 2-8b），使之紧贴于齿轮 3 的端面来补偿间隙。起动时，浮动侧板靠密封圈来产生预紧力。

（3）挠性侧板式　图2-8c所示为挠性侧板式间隙补偿装置，它是利用泵的出口压力油引到侧板的背面后，靠侧板自身的变形来补偿端面间隙的，侧板的厚度较薄，内侧面要耐磨（如烧结有0.5~0.7mm的磷青铜），这种结构采取一定措施后，易使侧板外侧面的压力分布大体上和齿轮侧面的压力分布相适应。

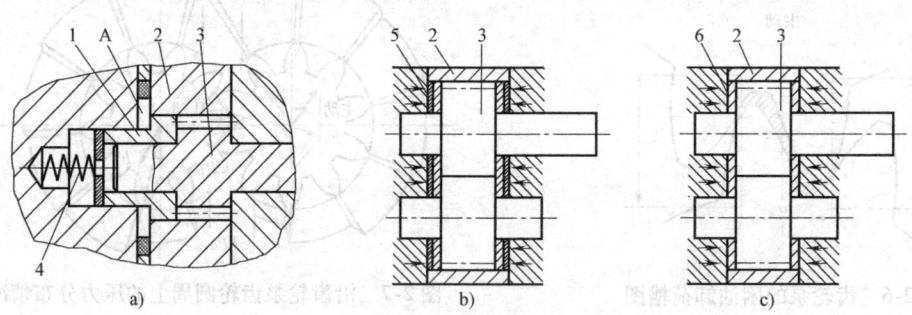

图2-8　端面间隙补偿装置示意图
a)浮动轴套式　b)浮动侧板式　c)挠性侧板式
1—浮动轴套　2—泵体　3—齿轮　4—弹簧　5—浮动侧板　6—挠性侧板

2.2.4　内啮合齿轮泵

内啮合齿轮泵有渐开线齿形和摆线齿形两种类型。

图2-9所示为内啮合渐开线齿轮泵的工作原理图。相互啮合的小齿轮1和内齿环2与侧板围成的密封容积被月牙板3和齿轮的啮合线分隔成两部分，即形成吸油腔和压油腔。当传动轴带动小齿轮按图示方向旋转时，内齿环同向旋转，图中上半部轮齿脱开啮合，密封容积逐渐增大，完成吸油；下半部轮齿进入啮合，使其密封容积逐渐减小，完成压油。

内啮合渐开线齿轮泵与外啮合齿轮泵相比，流量脉动小，仅为外啮合齿轮泵流量脉动率的1/20~1/10。此外，内啮合渐开线齿轮泵结构紧凑、重量轻、噪声小及效率高，还具有可实现无困油现象等一系列优点。不足之处是齿形复杂，需专门的高精度加工设备，但随着科技水平的发展，内啮合渐开线齿轮泵将会有更广阔的应用前景。

图2-10所示为内啮合摆线齿轮泵工作原理图。内啮合摆线齿轮泵中，外转子1和内转

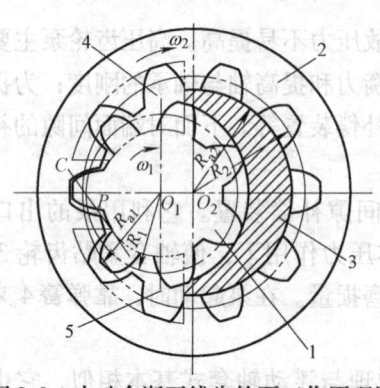

图2-9　内啮合渐开线齿轮泵工作原理图
1—小齿轮（主动齿轮）　2—内齿环（从动齿轮）
3—月牙板　4—吸油腔　5—压油腔

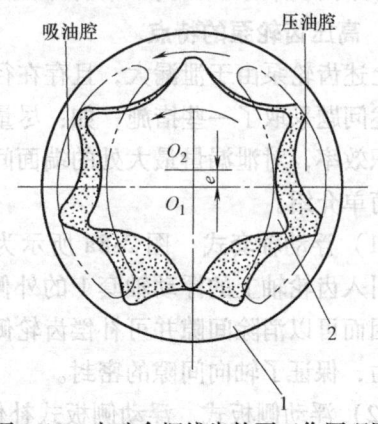

图2-10　内啮合摆线齿轮泵工作原理图
1—外转子　2—内转子

子2只差一个齿,没有中间月牙板,内、外转子的轴心线有一偏心距 e,内转子为主动轮,内、外转子与两侧配油板构成密封容腔,内、外转子的啮合线又将密封容腔分为吸油腔和压油腔。当内转子按图示方向转动时,左侧密封容腔逐渐变大,为吸油腔;右侧密封容腔逐渐变小,为压油腔。

内啮合摆线齿轮泵的优点是结构紧凑、体积小、零件少、工作容积大、转速可高达 10000r/mim、运动平稳、噪声低及容积效率较高等。由于齿数减少(一般为 4~7 个),其流量脉动大,啮合处间隙泄漏大,故该泵工作压力一般为 2.5~7MPa,通常作为润滑、补油等辅助泵使用。

2.3 叶片泵

叶片泵的结构较齿轮泵复杂,但其流量脉动小、工作平稳、噪声较小、寿命较长。其缺点是抗污染能力较差,对油液的清洁度要求较高,转速不能太高,一般均在 2000r/min 以下工作。叶片泵广泛应用于机械制造中的专用机床、自动生产线等中低压液压系统中。

根据各密封工作容积在转子旋转一周吸、排油液次数的不同,叶片泵分为两类,即完成一次吸、排油液的单作用叶片泵和完成两次吸、排油液的双作用叶片泵。单作用叶片泵多为变量泵,工作压力最大为 7MPa;双作用叶片泵均为定量泵,一般最大工作压力也为 7MPa,结构经改进的高压叶片泵最大的工作压力可达 16~21MPa。

2.3.1 单作用叶片泵

1. 单作用叶片泵的工作原理

单作用叶片泵的工作原理如图 2-11 所示,它由转子 1、定子 2、叶片 3、配流盘和端盖等组成。定子内表面为圆柱形,定子和转子间有偏心距 e,叶片装在转子槽中,并可在叶片槽内滑动,当转子旋转时,由于离心力的作用(处于压油区的叶片根部通压力油),使叶片紧靠在定子内壁,这样在定子、转子、叶片和两侧配流盘间就形成若干个密封的工作容腔。当转子按图示的方向旋转时,在图示右部,叶片逐渐伸出,叶片间的工作容腔逐渐增大,从吸油口吸油,这是吸油腔。在图示左部,叶片被定子内壁逐渐压进叶片槽内,工作容腔逐渐缩小,将油液从压油口压出,这是压油腔,在吸油腔和压油腔之间,有一段封油区,把吸油腔和压油腔隔开,这种叶片泵的转子每转一周,每个工作容腔完成一次吸油和压油,因此称为单作用叶片泵。转子不停地旋转,泵就不断地吸油和排油。

2. 单作用叶片泵的排量和流量

单作用叶片泵的排量为各工作容积在主轴旋转一周时所排出的液体的总和。如图 2-12 所示,两个叶片形成的一个工作容积 V' 近似地等于扇形体积 V_1 和 V_2 之差,即

$$V' = V_1 - V_2 = \frac{1}{2}B\beta\left[\left(\frac{D}{2}+e\right)^2 - \left(\frac{D}{2}-e\right)^2\right] = \frac{2\pi}{z}BDe \tag{2-16}$$

式中　D——定子的内径(m);
　　　e——转子与定子之间的偏心矩(m);
　　　B——定子的宽度(m);

β——相邻两个叶片间的夹角，$\beta = 2\pi/z$；
z——叶片的个数。

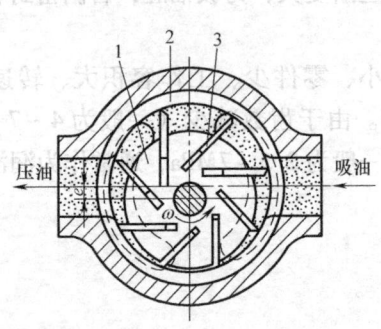 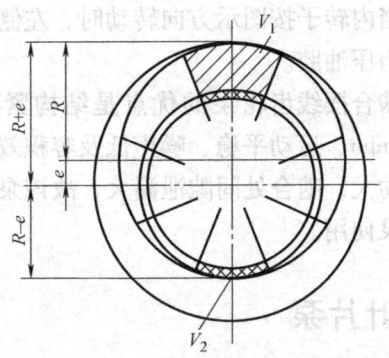

图 2-11　单作用叶片泵的工作原理　　　图 2-12　单作用叶片泵排量计算简图
1—转子　2—定子　3—叶片

因此，单作用叶片泵的排量为

$$V = zV' = 2\pi DeB \tag{2-17}$$

故当转速为 n，泵的容积效率为 η_V 时的泵的理论流量和实际流量分别为

$$q_t = Vn = 2\pi DeBn \tag{2-18}$$

$$q = Vn\eta_V = 2\pi DeBn\eta_V \tag{2-19}$$

在式（2-16）~式（2-18）的计算中，并未考虑叶片的厚度以及叶片的倾角对单作用叶片泵排量和流量的影响，实际上叶片在槽中伸出和缩进时，叶片槽底部也有吸油和压油过程，一般在单作用叶片泵中，压油腔和吸油腔处的叶片的底部是分别和压油腔及吸油腔相通的，因而叶片槽底部的吸油和压油恰好补偿了叶片厚度所占据的体积及倾角影响而引起的排量和流量的减小，这就是在计算中不考虑叶片厚度和倾角影响的原因。

单作用叶片泵的流量也是有脉动的，理论分析表明，泵内叶片数越多，流量脉动率越小，此外，奇数叶片的泵的脉动率比偶数叶片的泵的脉动率小，所以单作用叶片泵的叶片数均为奇数，一般为 13 或 15 片。

3. 单作用叶片泵的特点

单作用叶片泵的特点如下：

1）改变定子和转子之间的偏心距便可改变流量。偏心反向时，吸油、压油方向也相反。

2）处在压油腔的叶片顶部受到压力油的作用，该作用要把叶片推入转子槽内。为了使叶片顶部可靠地和定子内表面相接触，压油腔一侧的叶片底部要通过特殊的沟槽和压油腔相通。吸油腔一侧的叶片底部与吸油腔相通，这里的叶片仅靠离心力的作用顶在定子内表面上。

3）由于转子受到不平衡的径向液压作用力，所以这种泵一般不宜用于高压。

4）为了更有利于叶片在惯性力作用下向外伸出，而使叶片有一个与旋转方向相反的倾斜角，称后倾角，一般为 24°。

2.3.2 双作用叶片泵

1. 双作用叶片泵的工作原理

双作用叶片泵的工作原理如图 2-13 所示，其也是由转子 1、定子 2、叶片 3 和配流盘 4 等组成的。转子和定子中心重合，定子内表面近似为椭圆柱形，该椭圆形由两段长半径 R、两段短半径 r 和四段过渡曲线所组成。当转子转动时，叶片在离心力和根部压力油（建压后）的作用下，在转子槽内作径向移动而压向定子内表面，由叶片、定子的内表面、转子的外表面和两侧配流盘间形成若干个密封容腔。当转子按图示方向旋转时，处在小圆弧上的密封空间经过渡曲线而运动到大圆弧的过程中，叶片外伸，密封空间的容积增大，要吸入油液；从大圆弧经过渡曲线运动到小圆弧的过程中，叶片被定子内壁逐渐压进槽内，密封空间容积变小，将油液从压油口压出。因而，转子每转一周，每个工作空间要完成两次吸油和压油，所以称之为双作用叶片泵。这种叶片泵由于有两个吸油腔和两个压油腔，并且各自的中心夹角是对称的，所以作用在转子上的油液压力相互平衡，因此双作用叶片泵又称为平衡式叶片泵，为了使径向力完全平衡，密封空间数（即叶片数）应当是偶数。这种结构的叶片泵只能是定量泵。

2. 双作用叶片泵的排量和流量

双作用叶片泵的排量计算简图如图 2-14 所示，由于转子在旋转一周的过程中，每个密封空间完成两次吸油和压油，所以当定子的大圆弧半径为 R、小圆弧半径为 r、定子宽度为 B 及两叶片间的夹角 $\beta = 2\pi/z$ 时，每个密封容积排出的油液体积为半径为 R 和 r、扇形角为 β、厚度为 B 的两扇形体积之差的两倍，因而在不考虑叶片的厚度和倾角时双作用叶片泵的排量 $V'(\text{mL/r})$ 为

$$V' = 2\pi(R^2 - r^2)B \tag{2-20}$$

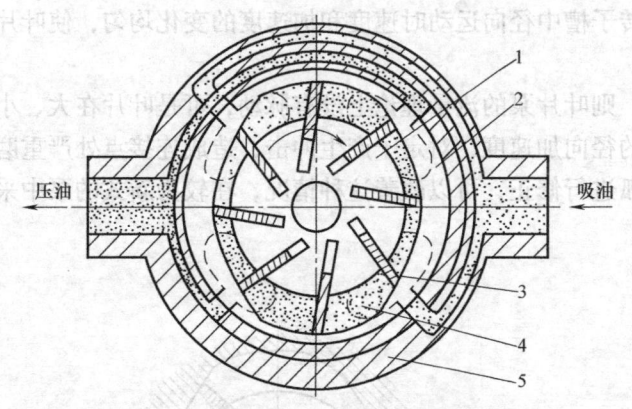

图 2-13 双作用叶片泵的工作原理
1—转子 2—定子 3—叶片 4—配流盘 5—泵体

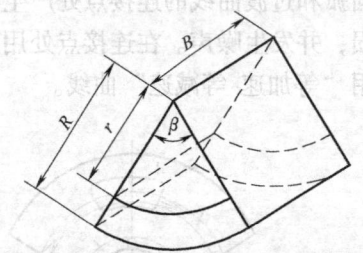

图 2-14 双作用叶片泵排量计算简图

一般在双作用叶片泵中，叶片底部全部接通压力油腔，因而叶片在槽中作往复运动时，叶片槽底部的吸油和压油不能补偿由于叶片厚度所造成的排量减小，为此双作用叶片泵当叶片厚度为 b、叶片安放的倾角为 θ 时的排量为

$$V = 2\pi(R^2 - r^2)B - 2\frac{R-r}{\cos\theta}bzB = 2B\left[\pi(R^2 - r^2) - \frac{R-r}{\cos\theta}bz\right] \tag{2-21}$$

所以当双作用叶片泵的转速为 n,泵的容积效率为 η_V 时,泵的理论流量和实际输出流量分别为

$$q_t = Vn = 2B\left[\pi(R^2 - r^2) - \frac{R-r}{\cos\theta}bz\right]n \tag{2-22}$$

$$q = q_t\eta_V = 2B\left[\pi(R^2 - r^2) - \frac{R-r}{\cos\theta}bz\right]n\eta_V \tag{2-23}$$

双作用叶片泵如不考虑叶片厚度,泵的输出流量是均匀的,但实际叶片是有厚度的,长半径圆弧和短半径圆弧也不可能完全同心,尤其是叶片底部槽与压油腔相通,因此泵的输出流量将出现微小的脉动,但其脉动率较其他形式的泵(螺杆泵除外)小得多,且在叶片数为 4 的整数倍时最小,为此双作用叶片泵的叶片数一般为 12 或 16 片。

3. 双作用叶片泵的结构特点

(1) 配流盘 双作用叶片泵的配流盘如图 2-15 所示,在配流盘上有两个吸油窗口 2、4 和两个压油窗口 1、3,窗口之间为封油区,通常应使封油区对应的中心角 β 稍大于或等于两个叶片之间的夹角,否则会使吸油腔和压油腔连通,造成泄漏。当两个叶片间密封油液从吸油区过渡到封油区(长半径圆弧处)时,其压力基本上与吸油压力相同,但当转子再继续旋转一个微小角度时,使该密封腔突然与压油腔相通,使其中油液压力突然升高,油液的体积突然收缩,压油腔中的油倒流进该腔,使液压泵的瞬时流量突然减小,引起液压泵的流量脉动、压力脉动和噪声,为此在配流盘的压油窗口靠叶片从封油区进入压油区的一边开有一个截面形状为三角形的三角槽,使两叶片之间的封闭油液在未进入压油区之前就通过该三角槽与压力油相连,其压力逐渐上升,因而缓解了流量和压力脉动,并降低了噪声。环形槽 c 与压油腔相通并与转子叶片槽底部相通,使叶片的底部作用有压力油。

(2) 定子曲线 定子曲线是由四段圆弧和四段过渡曲线组成的。过渡曲线应保证叶片贴紧在定子内表面上,以保证叶片在转子槽中径向运动时速度和加速度的变化均匀,使叶片对定子的内表面的冲击尽可能小。

过渡曲线如采用阿基米德螺旋线,则叶片泵的流量理论上没有脉动,可是叶片在大、小圆弧和过渡曲线的连接点处产生很大的径向加速度,对定子产生冲击,造成连接点处严重磨损,并发生噪声。在连接点处用小圆弧进行修正,可以改善这种情况,在较为新式的泵中采用"等加速-等减速"曲线。

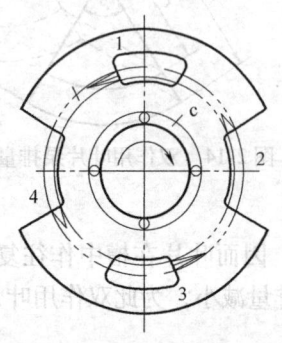

图 2-15 双作用叶片泵的配流盘
1、3—压油窗口 2、4—吸油窗口

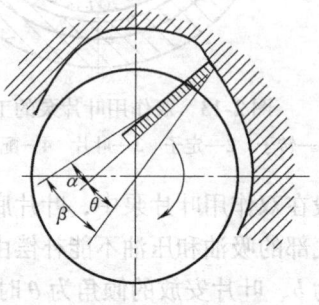

图 2-16 双作用叶片泵的倾斜角

(3) 叶片的倾角　双作用叶片泵的叶片在转子中不是径向安装的，而是倾斜了一个角度，也就是叶片顶部按转子回转方向往前倾斜。叶片需要倾斜一个角度的原因可通过图2-16进行分析，当叶片在压油腔工作时，定子内表面将叶片推向中心，它的工作情况与凸轮相似，这时作用力方向和转子半径方向的夹角为β。对于一般双作用叶片泵来说，定子曲线升程较大，β角也较大。如果叶片在转子中径向安装，这时压力角（作用力方向和叶片移动方向的夹角）就是β。如果压力角过大，叶片在叶片槽中的摩擦力就增大并使磨损不均匀，情况严重时叶片甚至被卡住。如果叶片不是径向安装，而是倾斜了一个角度θ，这时的压力角就是α，$\alpha = \beta - \theta$，压力角减小有利于叶片在槽内运动。所以双作用叶片泵的叶片槽最好做成向前倾斜，一般取倾斜角$\theta = 10° \sim 14°$。

4. 提高双作用叶片泵压力的措施

由于一般双作用叶片泵的叶片底部通压力油，就使得处于吸油区的叶片顶部和底部的液压作用力不平衡，叶片顶部以很大的压紧力抵在定子吸油区的内表面上，使磨损加剧，影响叶片泵的使用寿命，尤其是工作压力较高时，磨损更严重，因此吸油区叶片两端压力不平衡，限制了双作用叶片泵工作压力的提高。所以在高压叶片泵的结构上必须采取措施，使叶片压向定子的作用力减小。常用的措施有：

(1) 减小作用在叶片底部的油液压力　将泵的压油腔的油通过阻尼槽或内装式小减压阀通到吸油区的叶片底部，使叶片经过吸油腔时压向定子内表面的作用力不致过大。

(2) 减小叶片底部承受压力油作用的面积　叶片底部受压面积为叶片的宽度和叶片厚度的乘积，因此减小叶片的实际受力宽度和厚度，就可减小叶片受压面积。

减小叶片实际受力宽度结构如图2-17a所示，这种结构中采用了复合式叶片（也称子母叶片），叶片分成母叶片1与子叶片2两部分。通过配流盘使K腔总是接通压力油，引入子母叶片间的小腔c内，而母叶片底部L腔则借助于虚线所示的油孔，始终与顶部油液压力相同。这样，无论叶片处在吸油区还是压油区，母叶片顶部和底部的压力油总是相等的。当叶片处在吸油腔时，只有c腔的高压油作用而压向定子内表面，减小了叶片和定子内表面间的作用力。图2-17b所示为阶梯片结构，在这里，阶梯叶片和阶梯叶片槽之间的油室d始终和压力油相通，而叶片的底部和所在腔相通。这样，叶片在油室d内油液压力作用下压向定子表面，由于作用面积减小，使其作用力不致太大，但这种结构的工艺性较差。

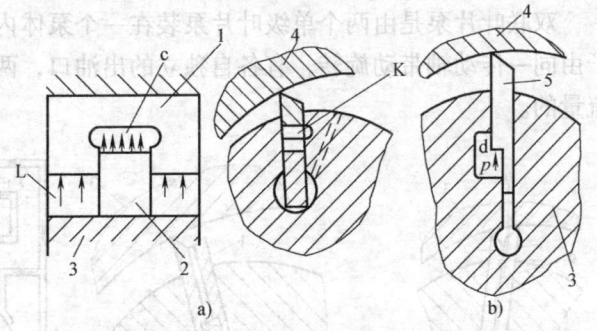

图2-17　减小叶片作用面积的高压叶片泵叶片结构
a) 减小叶片实际受力宽度结构　b) 阶梯片结构
1—母叶片　2—子叶片　3—转子　4—定子　5—叶片

(3) 使叶片顶端和底部的液压作用力平衡　图2-18a所示的泵采用双叶片结构，叶片槽中有两个可以作相对滑动的叶片1和2，每个叶片都有一棱边与定子内表面接触，在叶片的顶部形成一个油腔a，叶片底部油腔b始终与压油腔相通，并通过两叶片间的小孔c与油腔a相连通，因而使叶片顶端和底部的液压作用力得到平衡。适当选择叶片顶部棱边的宽度，可以使叶片对定子表面既有一定的压紧力，又不致使该力过大。为了使叶片运动灵活，对零件的制造精度将提出较高的要求。

图 2-18b 所示为叶片装弹簧的结构，这种结构叶片 1 较厚，顶部与底部有孔相通，叶片底部的油液是由叶片顶部经叶片的孔引入的，因此叶片上、下油腔油液的作用力基本平衡，为使叶片紧贴定子内表面，保证密封，在叶片根部装有弹簧。

2.3.3 双级叶片泵和双联叶片泵

1. 双级叶片泵

双级叶片泵是由两个叶片泵装在一个泵体内，在油路上串接而成的，如果单级泵的压力可达 7MPa，双级泵的工作压力就可达 14MPa。

双级叶片泵的工作原理如图 2-19 所示，两个单级叶片泵的转子装在同一根传动轴上，当传动轴回转时就带动两个转子一起转动。第一级泵经吸油管从油箱吸油，输出的油液送入第二级泵的吸油口，第二级泵的输出油液经管路送往工作系统。设第一级泵输出压力为 p_1，第二级泵输出压力为 p_2，正常工作时 $p_2 = 2p_1$。但是由于两个泵的定子内壁曲线和宽度等不可能做得完全一样，两个单级泵每转一周的容积就不可能完全相等，如果第二级泵每转一周的容积大于第一级泵，第二级泵的吸油压力（也就是第一级泵的输出压力）就要降低，第二级泵前后压差变大，因此载荷增大；反之，第一级泵的载荷就增大，为了平衡两个泵的载荷，在泵体内设有载荷平衡阀。第一级泵和第二级泵的输出油路分别经管路 1 和 2 通到平衡阀的大滑阀和小滑阀的端面，两滑阀的面积比 $A_1/A_2 = 2$。如果第一级泵的流量大于第二级，油液压力 p_1 就增大，使 $p_1 > p_2/2$，因此 $p_1A_1 > p_2A_2$，平衡阀阀芯向右移动，第一级泵的多余油液从管路 1 经阀口流回第一级泵的进油管路，使两个泵的载荷获得平衡；如果第二级泵流量大于第一级，油压 p_1 就降低，使 $p_1A_1 < p_2A_2$，平衡阀阀芯向左移动，第二级泵输出的部分油液从管路 2 经阀口流回第二级泵的进油口而获得平衡。如果两个泵的容积绝对相等，则平衡阀两边的阀口都封闭。

2. 双联叶片泵

双联叶片泵是由两个单级叶片泵装在一个泵体内在油路上并联组成的。两个叶片泵的转子由同一传动轴带动旋转，有各自独立的出油口，两个泵可以是相等流量的，也可以是不等流量的。

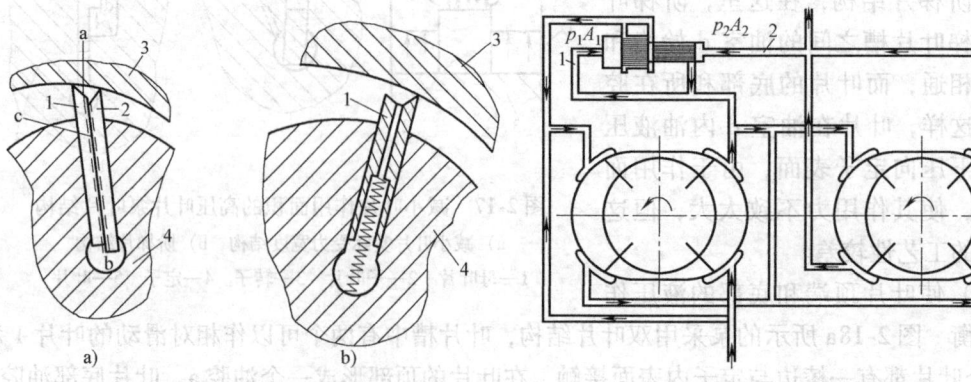

图 2-18 叶片液压力平衡的
高压叶片泵叶片结构
a）双叶片结构　b）叶片装弹簧的结构
1、2—叶片　3—定子　4—转子

图 2-19 双级叶片泵的工作原理
1、2—管路

双联叶片泵常用于有快速进给和工作进给要求的机械加工的专用机床中,这时双联泵由一小流量和一大流量泵组成。当快速进给时,两个泵同时供油(此时压力较低),当工作进给时,由小流量泵供油(此时压力较高),同时使大流量泵卸荷。这与采用一个高压大流量的泵相比,可以节省能源,减少油液发热。这种双联叶片泵也常用于机床液压系统中需要两个互不影响的独立油路中。

2.3.4 限压式变量叶片泵

1. 限压式变量叶片泵的工作原理

限压式变量叶片泵是单作用叶片泵,根据前面介绍的单作用叶片泵的工作原理,改变定子和转子间的偏心距 e,就能改变泵的输出流量,限压式变量叶片泵能借助输出压力的大小自动改变偏心距 e 的大小来改变输出流量。当压力低于某一可调节的限定压力时,泵的输出流量最大;压力高于限定压力时,随着压力增加,泵的输出流量迅速减少,其工作原理如图2-20 所示。泵的出口经通道 7 与活塞腔 6 相通,在泵未运转时,定子 2 在调压弹簧 9 的作用下,紧靠活塞 4,并使活塞 4 靠在螺钉 5 上。这时,定子和转子有一偏心量 e_0,调节螺钉 5 的位置,便可改变 e_0。

当泵的出口压力 p 较低时,则作用在活塞 4 上的液压力也较小,若此液压力小于左端的弹簧作用力,当活塞的面积为 A、调压弹簧的刚度为 k_s、预压缩量为 x_0 时,有

$$pA < k_s x_0 \tag{2-24}$$

此时,定子相对于转子的偏心量最大,输出流量最大。随着外负载的增大,液压泵的出口压力 p 也将随之提高,当压力升至与弹簧力相平衡的控制压力 p_B 时,有

$$p_B A = k_s x_0 \tag{2-25}$$

当压力进一步升高,使 $pA > k_s x_0$ 时,若不考虑定子移动时的摩擦力,液压作用力就要克服弹簧力推动定子向左移动,随之泵的偏心量减小,

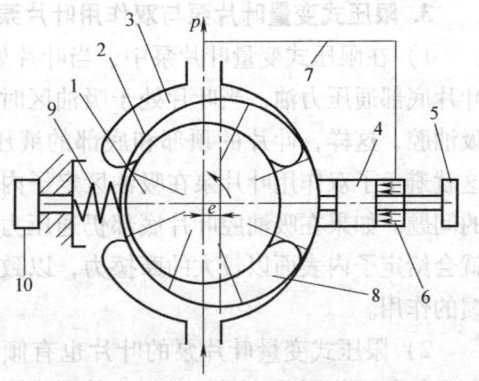

图 2-20 限压式变量叶片泵的工作原理
1—转子 2—定子 3—吸油窗口 4—活塞
5—螺钉 6—活塞腔 7—通道 8—压油窗口
9—调压弹簧 10—调压螺钉

泵的输出流量也减小。p_B 称为泵的限定压力,即泵处于最大流量时所能达到的最高压力,调节调压螺钉 10,可改变弹簧的预压缩量 x_0,即可改变 p_B 的大小。

设定子的最大偏心量为 e_0,偏心量减小时,弹簧的附加压缩量为 x,则定子移动后的偏心量 e 为

$$e = e_0 - x \tag{2-26}$$

这时,定子上的受力平衡方程式为

$$pA = k_s(x_0 + x) \tag{2-27}$$

将式(2-25)与式(2-27)代入式(2-26)可得

$$e = e_0 - A(p - p_B)/k_s \quad (p \geq p_B) \tag{2-28}$$

式(2-28)表示了泵的工作压力与偏心量的关系,由该式可以看出,泵的工作压力越高,偏心量就越小,泵的输出流量也就越小,且当 $p = k_s(e_0 + x_0)/A$ 时,泵的输出流量为

零,控制定子移动的作用力是将液压泵出口的压力油引到柱塞上,然后再加到定子上去,这种控制方式称为外反馈式。

2. 限压式变量叶片泵的特性曲线

限压式变量叶片泵在工作过程中,当工作压力 p 小于预先调定的限定压力 p_B 时,液压作用力不能克服弹簧的预紧力,这时定子的偏心距保持最大不变,因此泵的输出流量 q_A 不变,但由于供油压力增大时,泵的泄漏流量也增加,所以泵的实际输出流量 q 略减少,如图2-21限压式变量叶片泵的特性曲线中的 AB 段所示。调节流量调节螺钉5(图2-20)可调节最大偏心量(初始偏心量)的大小。从而改变泵的最大输出流量 q_A,特性曲线 AB 段上下平移,当泵的供油压力 p 超过预先调整的压力 p_B 时,液压作用力大于弹簧的预紧力,此时弹簧受压缩,定子向偏心量减小的方向移动,使泵的输出流量减小,压力越高,弹簧压缩量越大,偏心量越小,输出流量越小,其变化规律如特性曲线 BC 段所示。调节调压弹簧10可改变限定压力 p_B 的大小,这时特性曲线 BC 段左右平移,而改变调压弹簧的刚度时,可以改变 BC 段的斜率,弹簧刚度越小, BC 段越陡, p_{max} 值越小;反之,弹簧刚度越大, BC 段越平坦, p_{max} 值也越大。当定子和转子之间的偏心量为零时,系统压力达到最大值,该压力称为截止压力,实际上由于泵的泄漏存在,当偏心量尚未达到零时,泵向系统的输出流量实际已为零。

3. 限压式变量叶片泵与双作用叶片泵的区别

1)在限压式变量叶片泵中,当叶片处于压油区时,叶片底部通压力油,当叶片处于吸油区时,叶片底部通吸油腔,这样,叶片的顶部和底部的液压力基本平衡,这就避免了双作用叶片泵在吸油区定子内表面严重磨损的问题。如果在吸油腔叶片底部仍通压力油,叶片顶部就会给定子内表面以较大的摩擦力,以致减弱了压力反馈的作用。

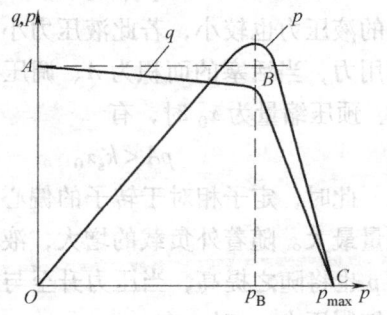

图 2-21 限压式变量叶片泵的特性曲线

2)限压式变量叶片泵的叶片也有倾角,但倾斜方向正好与双作用叶片泵相反,这是因为限压式变量叶片泵的叶片上、下压力是平衡的,叶片在吸油区向外运动主要依靠其旋转时的离心惯性作用。根据力学分析,这样的倾斜方向更有利于叶片在离心惯性作用下向外伸出。

3)限压式变量叶片泵结构复杂,轮廓尺寸大,相对运动的机件多,泄漏较大,轴上承受不平衡的径向液压力,噪声较大,容积效率和机械效率都没有双作用叶片泵高;但是,它能按负载压力自动调节流量,在功率使用上较为合理,可减少油液发热。

限压式变量叶片泵对既要实现快速行程,又要实现工作进给(慢速移动)的执行元件来说是一种合适的油源。快速行程需要大的流量,负载压力较低,正好使用特性曲线的 AB 段,工作进给时负载压力升高,需要流量减少,正好使用其特性曲线的 BC 段,因而合理调整拐点压力 p_B 是使用该泵的关键。目前这种泵广泛用于要求执行元件有快速、慢速和保压阶段的中低压系统中,有利于节能和简化回路。

2.4 螺杆泵

螺杆泵是一种转子型容积泵,它是靠作旋转运动的螺杆把液体推出去的办法来输出液体的,它在工作中不产生困油现象,流量均匀,无压力脉动,噪声和振动小,对液体不产生搅动,工作平稳可靠,使用寿命长。因此,螺杆泵常用于精密机床、舰船等的液压系统中。螺杆泵还可以用来输送粘度较大或具有悬浮颗粒的液体,因此常应用于石油、化工、食品工业中。螺杆泵按螺杆的根数可以分为单螺杆泵、双螺杆泵、三螺杆泵和多螺杆泵,常用的是双螺杆泵和三螺杆泵。下面以三螺杆泵为例来分析其工作原理。

图2-22所示为密封式摆线三螺杆泵的工作原理图。图中3根平行的双头螺杆放置于泵壳内,中间为凸螺杆3(即主动螺杆),两边各有一根凹螺杆1(即从动螺杆)。相互啮合的3根螺杆与泵壳之间形成多个密封容积,每个密封容积的长度约等于螺杆的导程。当螺杆按图示方向旋转时,这些密封容积一个接一个地在右端形成,不断从右向左移动,并在左端消失。密封容积形成时,其容积逐渐增大,从吸油口2进行吸油;消失时,密封容积逐渐减小,将油液从排油口4排出。螺杆的导程数越多,即螺杆越长,吸、排油口间的密封层次越多,密封性能就越好,从而泵的许用压力就越高。

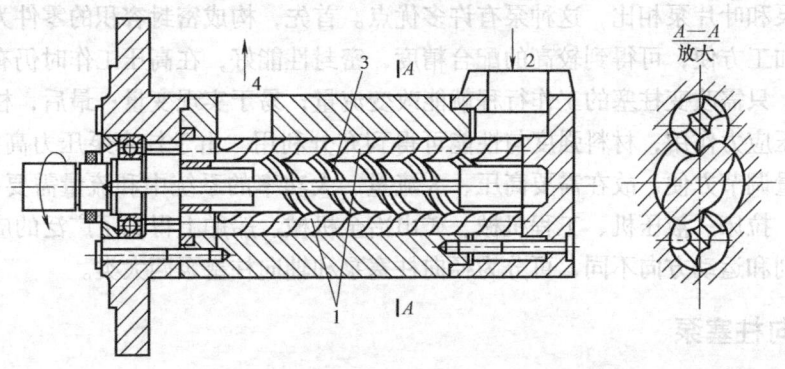

图2-22 密封式摆线三螺杆泵的工作原理图
1—从动螺杆 2—吸油口 3—主动螺杆 4—排油口

由上可知,三螺杆泵能正常工作必须形成密闭的工作油腔,即由一条或数条密封线把吸油腔和排油腔隔开。为了保证密封线的形成,主杆和从杆螺纹必须符合以下条件:

1)螺杆螺纹的齿形应共轭。相互啮合的主杆和从杆的齿形曲线由几对摆线型共轭齿廓构成,它们的空间接触线在螺杆横截面上的投影同共轭齿廓的啮合线相重合,把彼此连通的螺旋槽分隔开,即能互相把螺旋槽"完全切断",这是密封线形成的第一个条件。

2)螺杆的根数与螺纹头数的关系。相互啮合的主杆和从杆的螺杆根数与螺杆螺纹头数必须满足下式

$$z_1 = k(z_2 - 1) \tag{2-29}$$

式中 z_1——凸型主杆螺纹头数;
z_2——凹型从杆螺纹头数;
k——从杆根数。

对于三螺杆泵,$z_1=2$,$z_2=2$,$k=2$,满足上式。其意义为:主杆和从杆啮合时,互相连通的螺旋槽被密封线隔断形成8字形密封空间,使吸油腔和排油腔隔开,这是密封线形成的第二个条件。

3)螺杆和包容螺杆的衬套必须有足够长度。主杆和从杆相互啮合形成的密封线具有一定的长度,同时要保证任一瞬间至少有1条密封线把泵的吸油腔和排油腔隔开。为此螺杆螺

纹的长度和包容螺杆螺纹的衬套长度，至少应等于两条密封线的轴向长度。一般螺杆泵衬套的最小长度为螺杆导程的1.2~1.5倍。

4) 必须保证螺杆相互啮合的精度和螺杆与衬套的配合精度。只有保证螺杆的齿形面和外圆表面以及衬套三连孔内表面和孔中心距的高精度，使主杆与从杆的啮合间隙和主杆、从杆与衬套的配合间隙均匀，符合设计要求，才能限制压力油的泄漏，使泵的吸油腔与排油腔隔开。

以上四个条件缺一不可，否则就不能使泵的吸油腔和排油腔完全隔开。一般来讲，密封线的条数越多，泵的排出压力越高，螺杆和衬套的长度就越长，制造成本越高。

2.5 柱塞泵

柱塞泵是靠柱塞在缸体中作往复运动，造成密封容积的变化来实现吸油与压油的液压泵。与齿轮泵和叶片泵相比，这种泵有许多优点。首先，构成密封容积的零件为圆柱形的柱塞和缸孔，加工方便，可得到较高的配合精度，密封性能好，在高压工作时仍有较高的容积效率；其次，只需改变柱塞的工作行程就能改变流量，易于实现变量；最后，柱塞泵中的主要零件均受压应力作用，材料强度与性能可得到充分利用。由于柱塞泵压力高、结构紧凑、效率高、排量调节方便，故在需要高压、大流量、大功率的系统中和流量需要调节的场合，如龙门刨床、拉床、液压机、工程机械、矿山冶金机械、船舶上得到了广泛的应用。柱塞泵按柱塞的排列和运动方向不同，可分为径向柱塞泵和轴向柱塞泵两大类。

2.5.1 径向柱塞泵

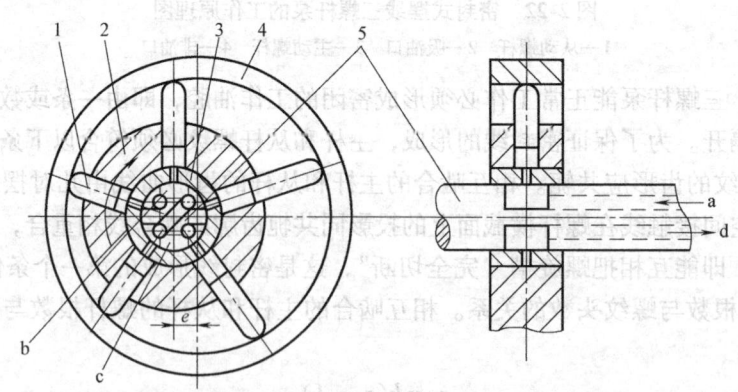

图 2-23 径向柱塞泵的工作原理图
1—柱塞 2—缸体 3—衬套 4—定子 5—配流轴

1. 径向柱塞泵的工作原理

径向柱塞泵的工作原理如图2-23所示，柱塞1径向排列装在缸体2中，缸体由原动机带动连同柱塞1一起旋转，所以缸体2一般称为转子，柱塞1在离心力的（或在低压油）作用下抵紧定子4的内壁，当转子按图示方向回转时，由于定子和转子之间有偏心距e，柱塞绕经上半周时向外伸出，柱塞底部的容积逐渐增大，形成部分真空，因此便经过衬套3（衬套3压紧在转子内，并和转子一起回转）上的油孔从配流轴5和吸油口b吸油；当柱塞转到下半周时,定子内壁将柱塞向里推,柱塞底部的容积逐渐减小,向配流轴的压油口 c 压油,当转子回转一周时,每个柱塞底部的密封容积完成一次吸压油,转子连续运转,即完成压吸油工作。配流轴固定不动,油液从配流轴上半部的两个孔 a 流入,从下半部两个油孔 d 压出,为了进行配油,配流轴在和衬套3接触的一段加工出上下两个缺口,形成吸油口 b 和压油口 c,留下的部分形成封油区。封油区的宽度应能封住衬套上的吸压油孔,以防吸油口和压油口相连通,但尺寸也不能大得太多,以免产生困油现象。

径向柱塞泵径向尺寸大,结构较复杂,自吸能力差,且配流轴受到径向不平衡液压力的作用,易于磨损,这些都限制了它转速和压力的提高。

2. 径向柱塞泵的排量和流量

当转子和定子之间的偏心距为 e 时,柱塞在缸体孔中的行程为 2e,设柱塞个数为 z,直径为 d 时,泵的排量为

$$V = \frac{\pi}{4}d^2 2ez = \frac{\pi}{2}d^2 ez \qquad (2-30)$$

设泵的转数为 n,容积效率为 η_V,则泵的实际输出流量为

$$q = \frac{\pi}{2}d^2 ezn\eta_V \qquad (2-31)$$

2.5.2 轴向柱塞泵

轴向柱塞泵是将多个柱塞安装在一个共同缸体的圆周上,并使柱塞中心线和缸体中心线平行的一种泵。轴向柱塞泵有两种形式,斜盘式(直轴式)和斜轴式(摆缸式)。

1. 轴向柱塞泵的工作原理

(1) 斜盘式 图 2-24 所示为斜盘式轴向柱塞泵的工作原理图。柱塞 6 安放在缸体的沿圆周均匀分布的柱塞孔内。斜盘轴线与缸体轴线倾斜一角度,柱塞靠回程盘压紧在斜盘上,配流盘和斜盘固定不转。当原动机通过传动轴带动缸体转动时,由于斜盘的作用,迫使柱塞在缸体内作往复运动,并通过配流盘的配流窗口进行吸油和压油。缸体每转一周,每个柱塞各完成吸、压油一次。若改变斜盘倾角,就能改变柱塞行程的长度,即改变液压泵的排量;若改变斜盘倾角方向,就能改变吸油和压油的方向,即成为双向变量泵。

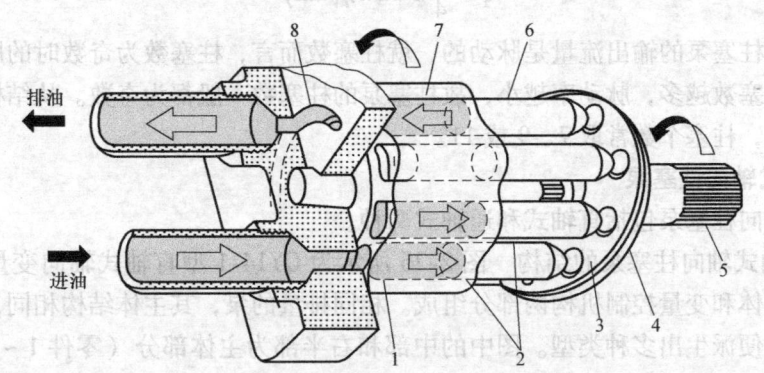

图 2-24 斜盘式轴向柱塞泵的工作原理图
1—缸体孔 2—柱塞外伸吸油 3—回程盘 4—斜盘 5—传动轴
6—柱塞 7—柱塞回缩压油 8—配流盘压油窗口

(2) 斜轴式 斜轴式轴向柱塞泵的缸体轴线相对传动轴轴线成一倾角,传动轴端部用万向铰链、连杆与缸体中的每个柱塞相连接,其原理如图2-25所示。当传动轴2转动时,通过柱塞连杆4带动缸体6旋转,同时也强制带动柱塞在缸体孔内作往返运动,借助配流盘10进行吸油和压油。改变传动轴和缸体间的夹角,就可以改变泵的排量。

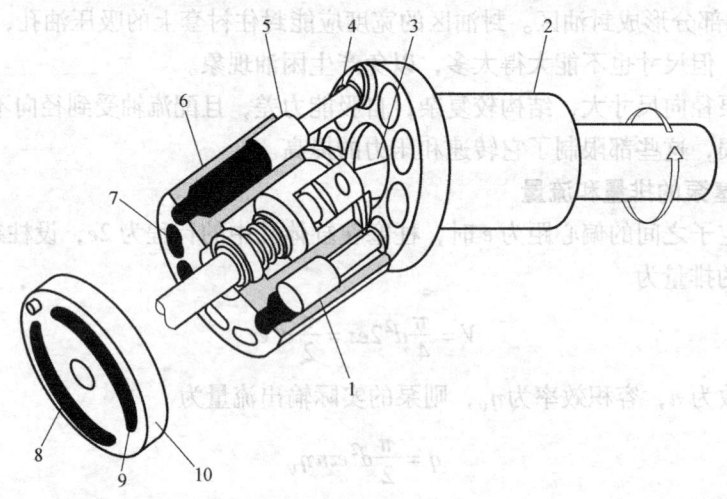

图2-25 斜轴式轴向柱塞泵的工作原理图
1—柱塞外伸吸油 2—传动轴 3—连杆 4—柱塞连杆 5—柱塞 6—缸体
7—柱塞缩回排油 8—排油窗口 9—吸油窗口 10—配流盘

2. 轴向柱塞泵的排量和流量

由上述原理可知,斜盘式轴向柱塞泵与斜轴式轴向柱塞泵的排量计算相同。若柱塞数目为 z,柱塞直径为 d,柱塞孔分布圆直径为 D,斜盘倾角（或传动轴和缸体间的夹角）为 γ,则轴向柱塞泵的排量为

$$V = \frac{\pi}{4}d^2 zD\tan\gamma \tag{2-32}$$

设泵的转数为 n,容积效率为 η_V,则泵的实际输出流量为

$$q = \frac{\pi}{4}d^2 zDn\eta_V\tan\gamma \tag{2-33}$$

实际上,柱塞泵的输出流量是脉动的,就柱塞数而言,柱塞数为奇数时的脉动率比偶数柱塞小,且柱塞数越多,脉动率越小,故柱塞泵的柱塞数一般都为奇数。从结构工艺性和脉动率综合考虑,柱塞个数常取7、9或11。

3. 斜盘式轴向柱塞泵

斜盘式轴向柱塞泵包括直轴式和通轴式两种。

(1) 直轴式轴向柱塞泵的结构 图2-26所示为CY14-1型直轴式轴向变量柱塞泵的结构图,它由主体和变量控制机构两部分组成。相同排量的泵,其主体结构相同,配以不同的变量控制机构便派生出多种类型。图中的中部和右半部为主体部分（零件1~14）。中间泵体1和前泵体8组成泵体,传动轴9通过花键带动缸体5旋转,使轴向均匀分布在缸体上的七个柱塞4绕传动轴的轴线旋转。每个柱塞的头部都装有滑靴3,滑靴与柱塞是球铰连接,可以任意转动。定心弹簧10的作用力通过内套11、钢球13和回程盘14将滑靴压靠在斜盘

20 的斜面上。当缸体转动时，该作用力使柱塞完成回程吸油动作。柱塞压油行程则是由斜盘斜面通过滑靴推动的。圆柱滚子轴承 2 用以承受缸体的径向力，缸体的轴向力由配流盘 7 来承受，配流盘上开有吸油、压油窗口，分别与前泵体上吸、压油口相通，前泵体上的吸、压油口分布在前泵体的左右两侧。

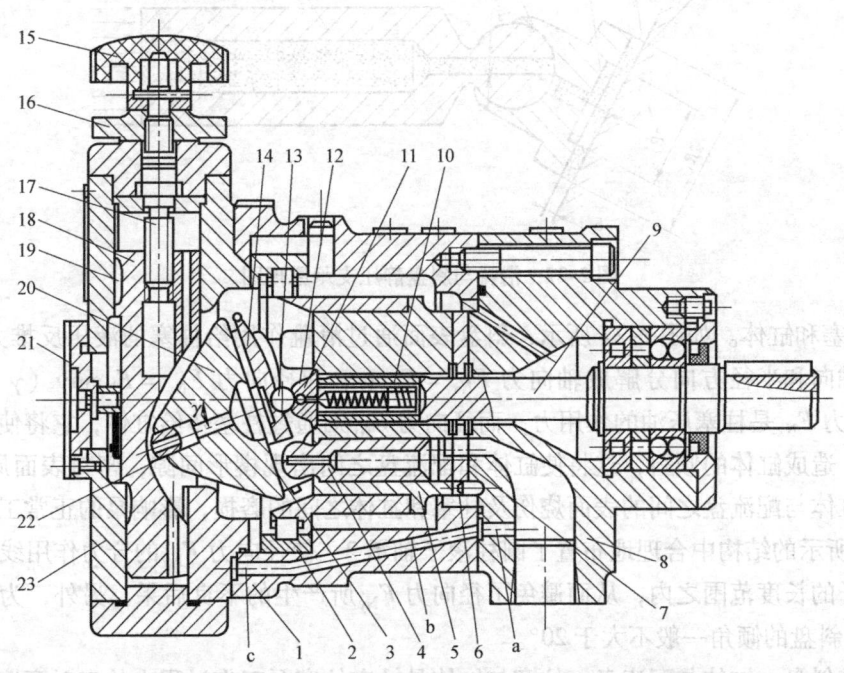

图 2-26　CY14-1 型直轴式轴向变量柱塞泵的结构图

1—中间泵体　2—圆柱滚子轴承　3—滑靴　4—柱塞　5—缸体　6—销　7—配流盘　8—前泵体　9—传动轴
10—定心弹簧　11—内套　12—外套　13—钢球　14—回程盘　15—手轮　16—螺母　17—螺杆
18—变量活塞　19—键　20—斜盘　21—刻度盘　22—销轴　23—变量壳体

CY14-1 型直轴式轴向变量柱塞泵主体部分的主要结构和零件有以下特点：

1）滑靴和斜盘。在斜盘式轴向柱塞泵中，若柱塞以球形头部直接接触斜盘滑动也能工作，但泵在工作中由于柱塞头部与斜盘平面相接触，从理论上讲为点接触，因而接触应力大，柱塞及斜盘极易磨损，故只适用于低压。在柱塞泵的柱塞上装有滑靴，使两者直接为球面接触，而滑靴与斜盘之间又以平面接触，从而改善了柱塞的工作受力状况。另外，为了减小滑靴与斜盘的滑动摩擦，利用流体力学中平面缝隙流动原理，采用静压支承结构。

图 2-27 所示为滑靴与斜盘静压支承原理图，在柱塞中心有直径为 d_0 的轴向阻尼孔，将柱塞压油时产生的压力油中的一小部分通过阻尼孔引入到滑靴端面的油室 h，使 h 处及其周围圆环密封带上的压力升高，从而产生一个垂直于滑靴端面的液压反推力 F_N，其大小与滑靴端面尺寸 R_1 和 R_2 有关，其方向与柱塞压油时产生的柱塞对滑靴端面产生的压紧力 F 相反。通常取压紧系数 $M_0 = F_N/F = 1.05 \sim 1.1$，这样，液压反推力 F_N 不仅抵消了压紧力 F，而且使滑靴与斜盘之间形成油膜，将金属隔开，使相对滑动面变为液体摩擦，有利于泵在高压下工作。

2）缸体与配流盘。CY14-1 型直轴式轴向变量柱塞泵的缸体轴向有 7 个均布的柱塞孔，孔底的进出油口为腰形孔，其宽度与配流盘上的吸、排油腰形窗口的宽度相对应。腰形孔的通流面积比柱塞孔小,因此当柱塞压油时,油液压力对缸体产生一个轴向推力,加上定心弹簧的预压紧力,构成缸体对配流盘的压紧力。

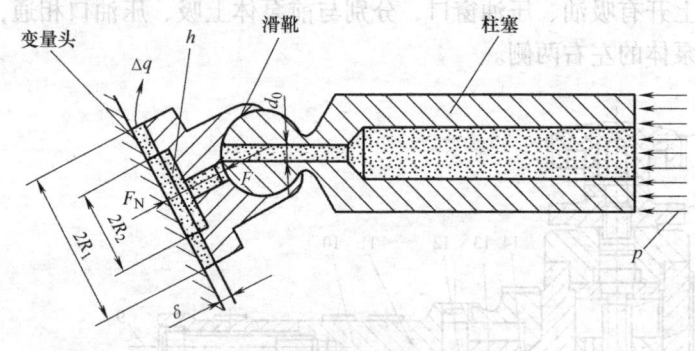

图 2-27 滑靴与斜盘静压支承原理图

3)柱塞和缸体。如图 2-27 所示,斜盘表面通过滑靴作用给柱塞的液压反推力 F_N,可沿柱塞的轴向和半径方向分解成轴向力 $F_{Nx} = F_N\cos\gamma$ 和径向力 $F_{Ny} = F_N\sin\gamma$(γ 为斜盘倾角)。轴向力 F_{Nx} 是柱塞压油的作用力,而径向力 F_{Ny} 则通过柱塞传给缸体,它将使缸体产生颠覆力矩,造成缸体的倾斜,这将使缸体和配流盘之间出现楔形间隙,密封表面局部接触,从而导致缸体与配流盘之间的表面烧伤及柱塞和缸体之间的磨损,影响泵的正常工作。所以在图 2-26 所示的结构中合理地布置了圆柱滚子轴承 2,使径向力 F_{Ny} 的合力作用线在圆柱滚子轴承滚子的长度范围之内,从而避免了径向力 F_{Ny} 所产生的不良后果。另外,为了减小径向力 F_{Ny},斜盘的倾角一般不大于 20°。

滑靴与斜盘、缸体与配流盘、柱塞与缸体是轴向柱塞泵工作过程中的三对摩擦副,为使其能正常工作,除严格设计其结构和尺寸外还要合理选择零件的材料。

(2)通轴式轴向柱塞泵的结构 图 2-28 所示为通轴式轴向柱塞泵的结构图。

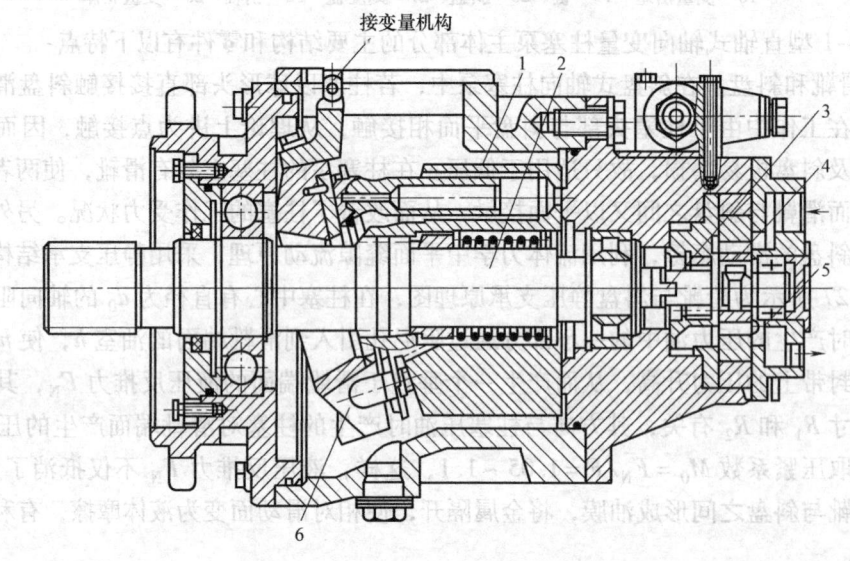

图 2-28 通轴式轴向柱塞泵的结构图
1—缸体 2—传动轴 3—联轴器 4、5—辅助泵内、外转子 6—斜盘

与直轴式轴向柱塞泵相比其主要不同点在于：

1) 通轴式轴向柱塞泵的传动轴采用两端支承，斜盘对滑靴的反力通过柱塞作用在缸体上，并通过鼓形花键传给传动轴，因而取消了缸体外缘的大圆柱滚子轴承。另外，缸体可以绕传动轴上的鼓形花键作微小的摆动，以维持与配流端面的密封性能，使缸体具有一定的自动调位功能。

2) 通轴式轴向柱塞泵无单独的配流盘，而是通过缸体和后泵盖端面直接配流。缸体中孔内的弹簧将缸体压向右侧配流端面，以保证起动时具有良好的密封性能。

3) 通轴式轴向柱塞泵的传动轴右端可以外伸，通过联轴器来驱动装在泵后端盖上的辅助泵（通常为内啮合摆线齿轮泵），供闭式系统补油用，因而可以简化油路系统和管路连接，有利于系统的集成化。

4) 变量机构的活塞与传动轴平行布置，并作用于斜盘外缘，既减小了泵的径向尺寸，又可以减小变量机构的操纵力。

由于通轴式轴向柱塞泵具有以上特点，自20世纪80年代开始在国内外广泛地应用于起重运输机械、冶金机械、船舶、化工机械等领域，尤其是行走机械领域。

2.5.3 柱塞泵的变量控制方式

由轴向柱塞泵排量公式可知，斜盘式轴向柱塞泵通过改变斜盘的倾角来实现变量控制；而斜轴式轴向柱塞泵，通过改变缸体的摆角来实现变量控制。为改变泵斜盘倾角或缸体摆角而设置的机构即为变量机构。

通常把变量泵的控制功能分为排量调节、流量调节、压力调节和功率调节四大类。如果只利用变量机构的位置控制作用，使泵的排量和输入信号成正比，即为排量调节。如果针对泵的输出参数，如压力、流量或功率进行控制，就要利用泵的出口压力或反映流量的压差与输入信号进行比较，然后再通过变量机构的位置控制作用来确定泵的排量。所以后三种控制功能实际上都是在排量调节基础上提出特定要求来实现的。

变量机构的形式很多，按照控制方式可分为手动式、机动式、电动式、液动式、电液比例控制式等。按照性能参数还可分为恒功率式、恒压式、恒流量式等，以上各种类型的变量机构通常组合使用。下面介绍几种常用的变量机构。

1. 手动变量机构

手动变量机构是一种最简单的变量机构，适用于不经常变量的液压系统，其变量结构如图2-26所示。变量时用手轮转动螺杆旋转，螺杆上的螺母直线运动带动斜盘改变倾角实现变量。手动变量机构的原理及特性如图2-29所示。图2-29b表明手动变量机构可实现双向变量，流量q的方向和大小与变量机构行程y成正比。

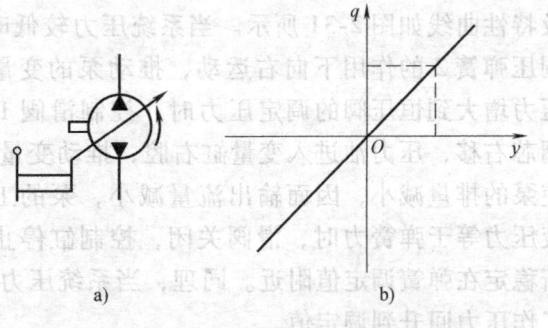

图2-29 手动变量机构的原理及特性

2. 手动伺服变量机构

该机构用机械方式通过伺服阀带动变量缸改变斜盘倾角实现变量。手动伺服变量机构的原理及特性如图 2-30 所示。

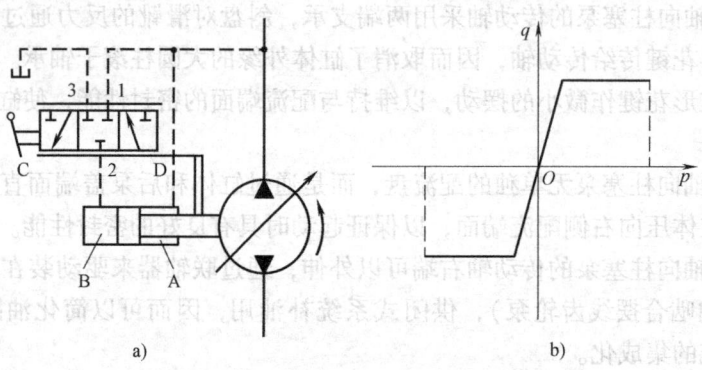

图 2-30 手动伺服变量机构的原理及特性

图 2-30a 所示伺服变量机构由双边控制阀和差动变量缸组成。控制阀的阀套与变量活塞杆相连,变量缸的缸体与泵体相连。当控制阀处于中位时,斜盘稳定在一定的位置上。变量时,若控制阀 C 端向右移动,油口 1 和 2 连通,变量缸 A、B 两腔都是泵出口压力。由于 B 腔面积大于 A 腔,变量活塞在液压力作用下向右移动,推动斜盘使其倾斜角减小,流量随之减少。与此同时,由于阀套与活塞杆相连,阀套也向右移动逐步关闭油口 1 和 2,于是斜盘稳定在新的位置上。

反之,控制阀向右移动时,油口 2 和 3 连通,变量缸 B 腔与回油路接通,变量活塞在 A 腔油液压力作用下向左移动,使斜盘倾角增大,流量也增大。同理,由于控制阀阀套的反馈移动,使斜盘稳定在新的位置。

这种利用机械位置反馈的伺服变量机构减小了变量控制力,大大提高了变量机构的性能和精度。变量信号输入可以是手动,也可以是电动,如用外液压源可实现远程无级变量。因此,这种变量形式广泛用于频繁变速的行走车辆、工程机械、机床等许多液压系统中。

3. 恒压变量机构

这种变量形式的泵,输出压力小于调定恒压力时,全排量输出压力油,即定量输出,在输出油液的压力达到调定压力时,就自动地调节泵流量,以保证恒压力,满足系统的要求。根据需要,泵输出的恒压值在调压范围内可以无级调定,泵的工作原理及特性曲线如图 2-31 所示。当系统压力较低时,变量缸 3 右腔没有压力油,变量缸在调压弹簧 2 的作用下向右运动,推动泵的变量机构,使泵处于最大排量状态。当系统压力增大到恒压阀的调定压力时,控制滑阀 1 左端液压力大于调压弹簧的弹簧力而使阀芯右移,压力油进入变量缸右腔,推动变量缸活塞向左运动,再推动泵的变量机构,使泵的排量减小,因而输出流量减小,泵的工作压力也随之降低。当控制滑阀左端的液压力等于弹簧力时,滑阀关闭,控制缸停止运动,变量过程结束,泵的工作压力重新稳定在弹簧调定值附近。同理,当系统压力降低时,变量机构使泵的输出流量增加,工作压力回升到调定值。

在恒压变量泵系统中,如果存在溢流阀,泵上调压阀设定压力要小于系统溢流阀调定压力 0.5~1MPa,否则泵压力无法达到调压阀的设定值,也就无法变量。

从图 2-31b 所示的变量特性曲线中可以看出,当泵出口压力小于调定值时,泵输出流量不变；当出口压力超过调定压力时，输出流量急剧减少。一台恒压稳定性良好的泵，理论上应使恒压误差为零，但实际上恒压误差总是存在的，一般情况下 $\Delta p \leq 1.0 \text{MPa}$。

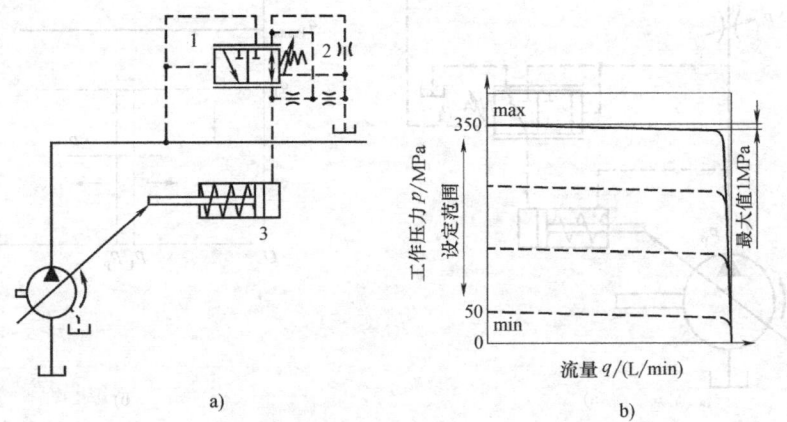

图 2-31　恒压变量泵工作原理及特性曲线
a）恒压变量泵工作原理图　b）恒压变量泵特性曲线
1—控制滑阀　2—调压弹簧　3—变量缸

由于恒压变量机构具有保持泵出口压力恒定的特点，因此应用范围较广，常用于需要保压的液压系统、节流调速系统以及作为电液伺服系统的恒压源。恒压变量机构还具有节省功率消耗，减少系统发热等优点。

4. 负荷传感变量机构

负荷传感控制是一种利用压差反馈，实现泵流量与负荷随动控制的闭环控制系统，系统具有压力补偿功能，可确保分配给各动作的流量与负载大小无关，而仅与主阀开度相关。

负荷传感控制的工作原理如图 2-32a 所示。图中变量机构由负荷传感阀和差动变量液压缸组成。根据流过节流阀的流量公式 $q = KA\Delta p^m$ 知，进入系统的流量 q_L 与节流阀的开口面积 A 及节流阀的进出口压差 Δp 有关，当节流阀的进出口压差 Δp 固定不变时，进入系统的流量 q_L 只与节流阀的开口面积 A 有关。节流阀的进出口压差 Δp 是通过负荷传感阀控制基本恒定的。如果负载压力 p_L 增大，将会导致 $\Delta p = p_P - p_L < p_t$，此时负荷传感阀阀芯左移，导致泵的流量 q_P 增加，泵增加的流量会使 p_P 上升，一直到 $\Delta p = p_P - p_L = p_t$ 时，负荷传感阀才停止动作；反之，当负载减小时会导致泵的流量减小。当节流阀阀口全部关闭时，泵出口压力达到负荷传感阀设定压力后，泵的排量降到最小。负荷传感阀设定压力一般为 1.8～2.5MPa。负荷传感变量机构的特性曲线如图 2-32b 所示。

负荷传感变量系统中，泵出口压力随负载的变化而变化，其值为负载压力与负荷传感控制阀所设定的压力值之和，而输出流量按系统所需（即节流阀开口大小）来供给。如果执行元件不动作，则泵输出为低压（负荷传感控制阀所设定的压力）小流量。负荷传感变量系统具有高效节能的特点，故广泛应用于工程机械、矿山机械等行业。

5. 恒功率控制

恒功率控制是指要求变量泵根据负载压力的变化情况调整其输出流量，使变量泵的输出功率接近于负载所需要的功率，实现动力源和负载之间的功率适应和匹配，使原动机工作在最佳工况下，从而减少原动机的能耗，达到节能之目的。

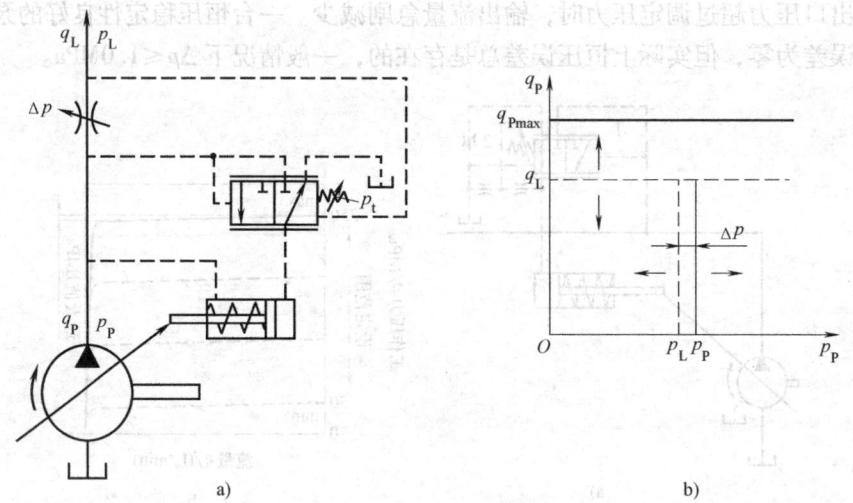

图 2-32 负荷传感变量机构
a）工作原理　b）特性曲线

为使泵的输出功率为一恒值，理论上泵出口压力与输出流量应保持双曲线关系。恒功率变量控制机构主要有三种形式，即采用双弹簧的位移直接反馈机构、位移-力反馈机构，以及利用杠杆原理的完全恒功率控制机构。

（1）双弹簧恒功率变量控制机构　采用双弹簧的两种控制方式，都是让压力-流量特性曲线呈不同斜率的两条直线变化，通过两条直线来近似为双曲线；利用杠杆原理的完全恒功率控制机构，理论上是可以让压力-流量特性曲线呈双曲线变化的。利用双弹簧来实现恒功率的变量控制机构，其原理都是相似的，只是反馈方式不一样。如图 2-33 所示，这种控制机构都是由变量控制阀、变量液压缸、压力调节弹簧、反馈杠杆等主要元件组成。

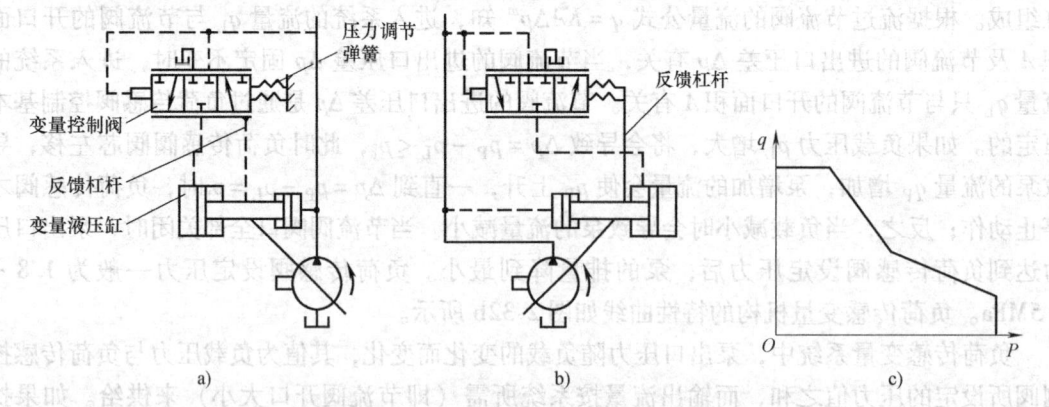

图 2-33 双弹簧恒功率变量控制机构
a）位移直接反馈　b）位移-力反馈　c）特性曲线

对位移直接反馈控制机构（图 2-33a）而言，变量控制阀阀芯右端与阀体之间装有两根弹簧，之间有一定间距，大弹簧始终与变量控制阀接触，且有一定初始压缩量，作为控制机构的起调压力；小弹簧与变量控制阀开始时有一定间距，当负载压力小于起调压力时，斜盘倾角最大，泵输出最大流量。当负载压力增加超过起调压力时，变量控制阀平衡被破坏，阀芯右移，变量控制阀处于左位，变量液压缸大腔接通高压油，变量液压缸柱塞右移，斜盘倾角变小，泵输出流量减小，同时变量液压缸柱塞通过反馈杠杆带动阀套右移，关闭变量控制阀，达到平衡；当负载压力继续增加时，阀芯与大、小弹簧同时接触，此时弹簧总刚度增加，随着控制压力增加，泵输出流量继续变小，但此时由于弹簧总刚度增加，压力-流量变化直线斜率减小；控制压力减小时，动作过程与之相反。

对位移-力反馈控制机构（图2-33b）而言，在变量控制阀与反馈杠杆之间装有两根弹簧，大弹簧始终与反馈杠杆接触，且有一定初始压缩量，作为控制机构的起调压力；小弹簧在开始时，与反馈杠杆间有一定间距。负载压力小于起调压力时，斜盘倾角最大，泵输出最大流量。当负载压力增加，超过起调压力时，变量控制阀平衡被破坏，阀芯右移，变量控制阀处于左位，变量液压缸柱塞左移，斜盘倾角变小，泵输出流量减小，同时变量液压缸柱塞通过反馈杠杆压缩大弹簧，并与负载压力达到平衡；当负载压力继续增加时，反馈杠杆与大、小弹簧都接触，此时随着变量液压缸柱塞的移动，反馈杠杆压缩大、小弹簧，弹簧总刚度增加，随着控制压力增加，泵输出流量继续变小，但此时由于弹簧总刚度增加，压力-流量变化直线斜率减小；控制压力减小时，动作过程与之相反。

特性曲线（图2-33c）中各折点位置可以通过调整弹簧预紧力和限位装置来改变，折线的斜率取决于弹簧刚度。

(2) 杠杆式恒功率变量控制机构　杠杆式恒功率变量控制机构的工作原理如图2-34a所示，在弹簧作用下恒功率阀A处于右位，液压缸1无杆腔压力油通过阀A回油，在液压缸2弹簧腔的油压和弹簧作用下，液压泵斜盘向大排量方向摆动。同时，液压泵出口压力油通过液压缸2活塞杆中通道作用在顶杆上。当液压泵出口压力增加时，顶杆推动杠杆使杠杆绕支点摆动，推动阀A向右移动，使阀A处于左位，液压泵压力油通过阀A进入下液压缸1，推动其活塞杆压缩弹簧使液压泵斜盘向小流量方向摆动。同时液压缸2活塞杆右移，顶杆推动杠杆的力臂减小，使杠杆推阀A的力下降直至与阀A弹簧力相等，液压泵摆角处于新的平衡位置。

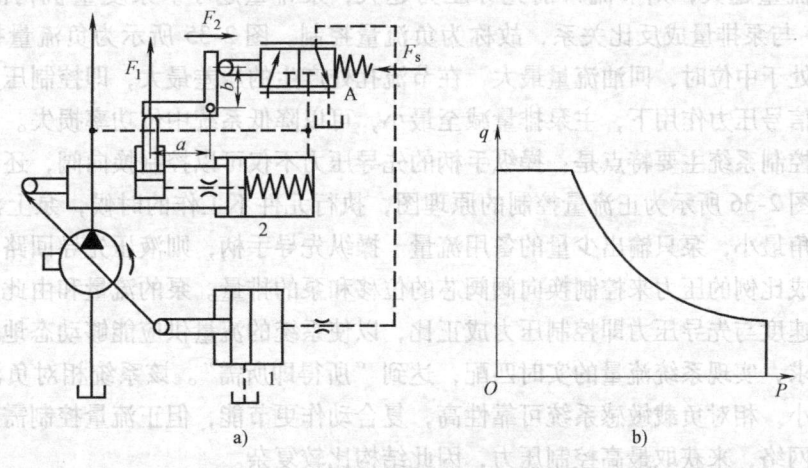

图2-34　杠杆式恒功率变量控制机构
a) 工作原理图　b) 特性曲线

由杠杆力平衡得

$$F_1 a = F_2 b \tag{2-34}$$

而
$$F_1 = pA \tag{2-35}$$

式中　p——泵出口压力（Pa）；
　　　A——顶杆受压面积（m^2）；
　　　a——杠杆力臂，随液压缸 2 活塞移动而变（m）；
　　　b——杠杆力臂，可以认为它的大小是不变的（m）。

由阀 A 力平衡得
$$F_2 = F_s \tag{2-36}$$

式中　F_s——弹簧力（N）。

联立式（2-34）~式（2-36）得
$$pA\frac{a}{b} = F_s \tag{2-37}$$

而 $\frac{a}{b}$ 和 F_s 为常数，得 $\qquad pa = \dfrac{F_s b}{A} = C(\text{常数})$

a 值随泵斜盘摆角而变，在设计时使杠杆力臂 a 正比于泵排量 q，则 pq = 常数，即泵排量随压力 p 改变实现恒功率控制。因此这种恒功率装置是通过杠杆机构来实现的，只要杠杆系统设计得好就能实现很理想的恒功率曲线。

6. 正、负流量控制

负流量控制系统是指泵变量机构的控制压力（先导压力）与泵排量呈反比关系，故称为负流量控制。液压泵输出油液通过操纵阀（换向阀）阀杆的控制将油液分成两部分：一部分去液压缸或液压马达，是有效流量；另一部分通过操纵阀中位回油道回油箱，为浪费的流量。为控制这部分浪费流量，使它保持在尽可能小的范围内，在操纵阀中位回油道上加一个节流孔，通过节流孔产生压差，将节流孔前压力引至泵排量调节机构来控制泵的排量。通过节流孔的流量越大，则节流口前先导压力越大，泵排量越小。泵变量机构的控制压力（先导压力）与泵排量成反比关系，故称为负流量控制。图 2-35 所示为负流量控制的原理图，当主阀处于中位时，回油流量最大，在节流孔处产生的压差最大，即控制压力最高。此时，在控制信号压力作用下，主泵排量减至最小，可以降低系统中位功率损失。

正流量控制系统主要特点是：操纵手柄的先导压力不仅可以控制换向阀，还可用来调节泵的排量。图 2-36 所示为正流量控制的原理图，执行元件不工作的时候，泵上没有先导压力，斜盘摆角最小，泵只输出少量的备用流量。操纵先导手柄，则液压先导回路中建立起与手柄偏转量成比例的压力来控制换向阀阀芯的位移和泵的排量。泵的流量和由此产生的执行元件的工作速度与先导压力即控制压力成正比，以使系统的流量供应能够动态地跟随执行元件的流量需求，实现系统流量的实时匹配，达到"所得即所需"。该系统相对负流量系统中位流量损失小，相对负载敏感系统可靠性高，复合动作更节能，但正流量控制需要一系列梭阀组成梭阀网络，来获取最高控制压力，因此结构比较复杂。

随着现代机器动作要求的复杂化、精细化以及对节能、高效的要求，液压泵单独的变量控制方式往往不能满足实际系统的要求。例如，对于恒功率变量系统来说，因液压泵的工作点总是沿着近似双曲线的折线（图 2-33c）自动调节，泵实际是在最大功率、最大流量和最大压力三种极端工况下工作，但机器在工作时并非时刻都需要最大功率、最大流量和最大压力。如果原动机处于空载运转，或者作业负载较轻以及工作装置处于强阻力微动时，若按上述特性运行必然造成能量浪费，而又无法通过人为控制改变液压泵的运行状况，因此恒功率系统不可避免地存在功率损失。因此，目前变量控制系统不是单独采用一种变量控制方式，而是将多种变量控制方式结合起来，如大多数国产挖掘机的液压系统采用恒功率控制与负流量控制的组合，对液压泵的输出功率进行控制，以减少极端工况下的功率损失。

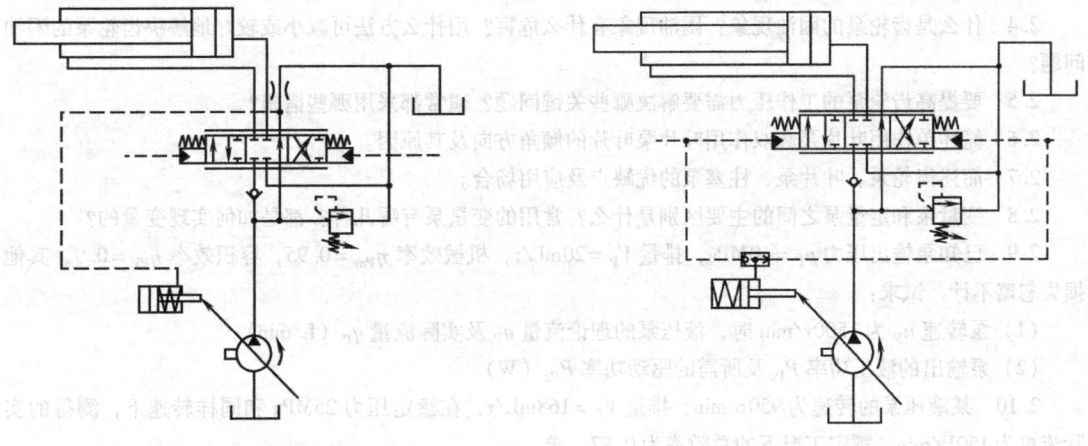

图 2-35　负流量控制原理图　　　　图 2-36　正流量控制原理图

2.6　液压泵的选用

液压泵是液压系统的动力元件，合理地选择液压泵对于降低液压系统的能耗、提高系统的效率、降低噪声、改善工作性能和保证系统的可靠工作都十分重要。

选择液压泵的原则是：根据主机工况、功率大小和系统对工作性能的要求，首先确定液压泵的类型，然后按系统所要求的压力、流量大小确定其规格型号。

表 2-1 列出了液压系统中常用液压泵的性能比较。

表 2-1　液压系统中常用液压泵的性能比较

性能	外啮合齿轮泵	双作用叶片泵	限压式变量叶片泵	径向柱塞泵	轴向柱塞泵	螺杆泵
输出压力	中、低压	中压	中压	高压	高压	低压
排量调节	不能	不能	能	能	能	不能
效率	较低	较高	较高	高	高	较高
输出流量脉动	很大	很小	一般	一般	一般	最小
自吸特性	好	较差	较差	差	差	好
对油的污染敏感性	不敏感	较敏感	较敏感	很敏感	很敏感	不敏感
噪声	大	小	较大	大	大	最小

一般来说，由于各类液压泵各自突出的特点，其结构、功用各不相同，因此应根据不同的使用场合选择合适的液压泵。一般在机床液压系统中，往往选用双作用叶片泵和限压式变量叶片泵；而在筑路机械、港口机械以及小型工程机械中往往选择抗污染能力较强的齿轮泵；在负载大、功率大的场合往往选择柱塞泵。

习 题

2.1 简述容积式液压泵的基本特点。

2.2 液压泵按其结构不同,主要分为哪几类?液压泵的图形符号有哪几个?

2.3 什么是液压泵的额定压力和额定流量?液压泵在使用时,其实际工作压力是否允许达到额定压力?其实际流量是否允许达到额定流量?

2.4 什么是齿轮泵的困油现象?困油现象有什么危害?用什么方法可减小或较好地解决齿轮泵的困油问题?

2.5 要提高齿轮泵的工作压力需要解决哪些关键问题?通常都采用哪些措施?

2.6 简述单作用叶片泵和双作用叶片泵叶片的倾角方向及其原因。

2.7 简述齿轮泵、叶片泵、柱塞泵的优缺点及应用场合。

2.8 变量泵和定量泵之间的主要区别是什么?常用的变量泵有哪几种?都是如何实现变量的?

2.9 已知泵输出压力 $p_P = 10\text{MPa}$,排量 $V_P = 20\text{mL/r}$,机械效率 $\eta_{Pm} = 0.95$,容积效率 $\eta_{PV} = 0.9$,其他损失忽略不计,试求:

(1) 泵转速 n_P 为 1500r/min 时,液压泵的理论流量 q_{Pt} 及实际流量 q_P(L/min)。

(2) 泵输出的液压功率 P_{Po} 及所需的驱动功率 P_{Pr}(W)。

2.10 某液压泵的转速为 950r/min,排量 $V_P = 168\text{mL/r}$,在额定压力 25MPa 和同样转速下,测得的实际流量为 150L/min,额定工况下的总效率为 0.87。求:

(1) 泵的理论流量 q_t。

(2) 泵的容积效率 η_V 和机械效率 η_m。

(3) 泵在额定工况下所需的电动机驱动功率 P_i。

(4) 驱动泵的转矩 T_i。

第 3 章 液压执行元件

> **内容提要**：本章重点介绍液压缸与液压马达的功用、工作原理、性能参数及主要结构。通过对本章的学习，应了解不同类型液压缸与液压马达的性能及适用范围，为正确选用液压缸及液压马达奠定基础。

液压执行元件将油液的压力能转换为机械能，包括液压缸和液压马达。液压缸驱动工作装置作往复直线运动或摆动，液压马达驱动工作装置实现连续旋转或摆动。

3.1 液压缸

液压缸具有结构简单、制造容易、维修方便、工作可靠、重量轻、传力大、寿命长、运动惯性小、制动精度高、可作频繁换向等优点，广泛应用于工业生产的各个领域。

3.1.1 液压缸的分类与工作特点

液压缸按其作用方式分为单作用式和双作用式两大类。单作用式液压缸只利用液压力推动活塞向一个方向运动，而反向运动则依靠重力或弹簧力等外力实现。双作用式液压缸的正、反两个方向的运动都依靠液压力来实现。

液压缸按结构形式的不同，可分为活塞式、柱塞式、摆动式、伸缩式等形式。

1. 活塞式液压缸

活塞式液压缸是液压传动中最常用的执行元件，可分为单活塞杆式、双活塞杆式和无活塞杆式三种结构形式。

（1）单活塞杆双作用液压缸典型结构　图 3-1 所示为单活塞杆双作用液压缸的结构原理图。液压缸的左右两腔通过油口 A、B 进出油液，以实现活塞杆的左右运动。活塞卡环 4、套环 3 和弹簧挡圈 2 起定位作用。活塞上套有一个用聚四氟乙烯制成的支承环 7，密封则由一对 Y 形密封圈 9 保证。O 形密封圈 6 用以防止活塞杆与活塞内孔配合处产生泄漏。导向套

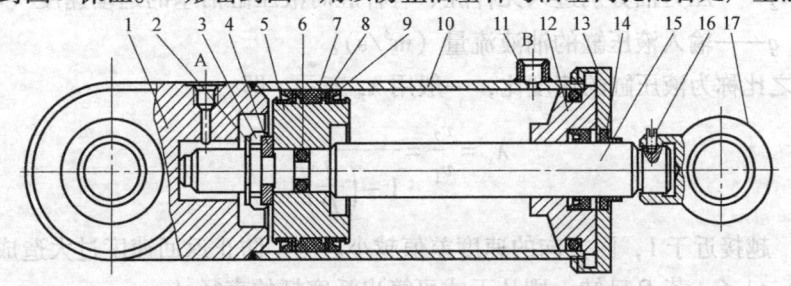

图 3-1　单活塞杆双作用液压缸的结构原理图

1—缸底　2—弹簧挡圈　3—套环　4—卡环　5—活塞　6—O 形密封圈　7—支承环　8—挡圈　9—Y 形密封圈　10—缸筒　11—油口　12—导向套　13—缸盖　14—防尘圈　15—活塞杆　16—定位螺钉　17—耳环

12 用于保证活塞杆不偏离中心,其外径与内孔配合处都有密封圈。此外缸盖上还有防尘圈 14,活塞杆左端带有缓冲柱塞等。

由于只在活塞的一端有活塞杆,因此两腔的有效工作面积不相等。当工作压力和输入流量相同时,两个方向的推力和运动速度不相等。图3-2所示为缸筒固定时的工作原理图。

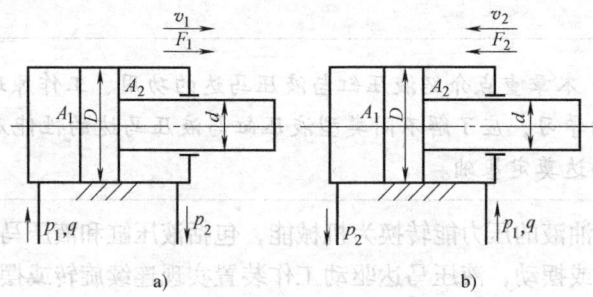

图 3-2 缸筒固定时的工作原理图
a) 无杆腔进油 b) 有杆腔进油

若忽略液压缸的效率,推力 F 和速度 v 分别为
无杆腔进油,有杆腔回油时

$$F_1 = p_1 A_1 - p_2 A_2 = p_1 \frac{\pi}{4} D^2 - p_2 \frac{\pi}{4}(D^2 - d^2) \tag{3-1}$$

$$v_1 = \frac{q}{A_1} = \frac{4q}{\pi D^2} \tag{3-2}$$

有杆腔进油,无杆腔回油时

$$F_2 = p_1 A_2 - p_2 A_1 = p_1 \frac{\pi}{4}(D^2 - d^2) - p_2 \frac{\pi}{4} D^2 \tag{3-3}$$

$$v_2 = \frac{q}{A_2} = \frac{4q}{\pi(D^2 - d^2)} \tag{3-4}$$

式中　F_1、F_2——压力油分别进入无杆腔、有杆腔时液压缸活塞的推力(N);
　　　p_1、p_2——高压腔、回油腔的压力(Pa);
　　　A_1、A_2——无杆腔、有杆腔的有效工作面积(m²);
　　　D、d——活塞和活塞杆的直径(m);
　　　v_1、v_2——压力油分别进入无杆腔、有杆腔时液压缸活塞的运动速度(m/s);
　　　q——输入液压缸的油液流量(m³/s)。

v_2 与 v_1 之比称为液压缸的速度比,一般用 λ_v 表示,即

$$\lambda_v = \frac{v_2}{v_1} = \frac{1}{1 - \left(\frac{d}{D}\right)^2} \tag{3-5}$$

d 越小 λ_v 越接近于1,两方向的速度差值越小。为了防止返回速度过大造成冲击,设计时一般选取 $\lambda_v < 1.6$,若 D 已知,则从下式可算出活塞杆的直径 d

$$d = D\sqrt{\frac{\lambda_v - 1}{\lambda_v}} \tag{3-6}$$

速度比 λ_v 与 d/D、A_2/A_1 之间的关系见表3-1。

表3-1 速度比 λ_v 与 d/D、A_2/A_1 之间的关系

λ_v	1.06	1.15	1.25	1.33	1.46	1.61	2
d/D	0.24	0.36	0.45	0.50	0.55	0.62	0.71
A_2/A_1	0.94	0.87	0.80	0.75	0.69	0.62	0.50

当单活塞杆液压缸无杆腔和有杆腔同时接通压力油时，称为"差动连接"，如图3-3所示。此时两腔的压力基本相等，由于活塞面积 A_1 大于 A_2，所以作用在 A_1 上的力大于作用在 A_2 上的力，活塞向右移动，此时活塞杆向外输出的推力为

$$F_3 = p_1(A_1 - A_2) = p_1 \frac{\pi}{4} d^2 \tag{3-7}$$

差动连接时，有杆腔排出的油全部流入无杆腔，排出的流量 q' 为

$$q' = \frac{\pi}{4}(D^2 - d^2) v_3 \tag{3-8}$$

式中 v_3——差动连接时活塞的速度。

流入无杆腔的流量为泵供油量 q 与有杆腔排出油量 q' 之和，即

$$q + q' = q + \frac{\pi}{4}(D^2 - d^2) v_3 = \frac{\pi}{4} D^2 v_3 \tag{3-9}$$

从而得到差动连接速度 v_3 为

$$v_3 = \frac{q}{A_1 - A_2} = \frac{q}{\frac{\pi}{4} d^2} \tag{3-10}$$

将式（3-7）与式（3-1）、式（3-10）与式（3-3）进行比较可以看出，差动连接时的推力比非差动连接时小，但速度比非差动连接时大。因此，差动连接是一种减小推力而获得高速的方法。

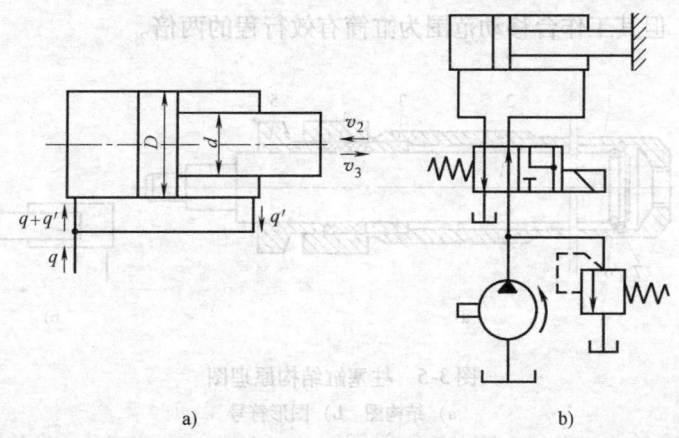

图3-3 差动连接的液压缸及其回路

若要使活塞向左运动（回程）的速度 v_2 等于"差动连接"向右运动的速度 v_3，即 $v_2 = v_3$，则由式（3-4）及式（3-10）可得 $d = D/\sqrt{2} \approx 0.7D$。

（2）双杆活塞缸 双杆活塞缸的结构原理基本与单杆活塞缸相似，不同之处在于活塞两端都有一根直径相等的活塞杆。

图 3-4a 所示为缸筒固定的双杆活塞缸，活塞两侧的活塞杆直径相等，它的进、出油口位于缸筒两端。当工作压力和输入流量相同时，两个方向上输出的推力 F 和速度 v 是相等的，因此常用于要求往返运动速度相同的场合，如液压磨床等。其值为

$$F_1 = F_2 = (p_1 - p_2)A = (p_1 - p_2)\frac{\pi}{4}(D^2 - d^2) \tag{3-11}$$

$$v_1 = v_2 = \frac{q}{A} = \frac{4q}{\pi(D^2 - d^2)} \tag{3-12}$$

式中 A——活塞的有效面积（m^2）；

D、d——活塞和活塞杆的直径（m）；

q——输入流量（m^3/s）；

p_1、p_2——液压缸的进、出口压力（Pa）。

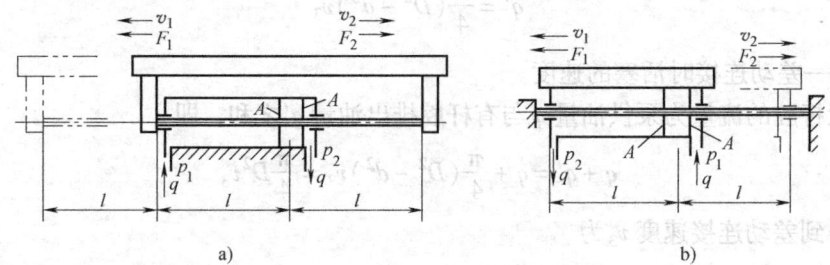

图 3-4 双作用双活塞杆液压缸
a) 缸筒固定 b) 活塞杆固定

图 3-4a 所示为缸筒固定的安装形式，工作台移动范围约为活塞有效行程的三倍，占地面积大，适用于小型机械。图 3-4b 所示为活塞杆固定的安装形式，进、出油液可经活塞杆内的通道输入液压缸或从液压缸流出，也可以经缸的两端通过软管连接，推力和速度与缸筒固定的形式相同，但其工作台移动范围为缸筒有效行程的两倍。

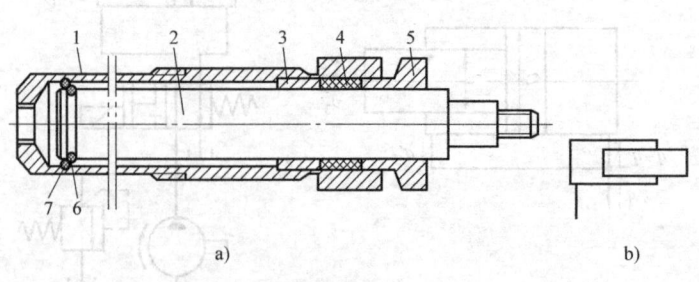

图 3-5 柱塞缸结构原理图
a) 结构图 b) 图形符号

1—缸体 2—柱塞 3—导向套 4—密封装置 5—缸盖 6—轴用钢丝挡圈 7—孔用钢丝挡圈

2. 柱塞式液压缸

活塞式液压缸中，活塞与缸筒内孔之间的配合精度要求较高，尤其对缸筒内孔的尺寸精度、几何精度和表面粗糙度有较高的要求。显然，这类液压缸的长度受到制造工艺上的限

制。为此在生产中出现了液压缸内孔加工精度要求不高的柱塞式液压缸,其结构原理如图3-5所示。柱塞2只与导向套3配合,故缸筒内壁只需粗加工,甚至缸筒采用无缝钢管时可不加工,所以结构简单,制造容易,成本低廉,特别适用于导轨磨床、龙门刨床等行程较长的场合。为了减轻柱塞重量、减小柱塞的弯曲变形,柱塞常做成空心结构,还可在缸筒内设置辅助支承,以增强刚性。

柱塞缸产生的推力 F 与速度 v 分别为

$$F = Ap = \frac{\pi}{4}d^2 p \tag{3-13}$$

$$v = \frac{q}{A} = \frac{4q}{\pi d^2} \tag{3-14}$$

式中　d——柱塞的直径（m）；
　　　q——输入液压缸的油液流量（m³/s）；
　　　p——液体工作压力（Pa）。

从式（3-14）可看出,在流量一定的情况下,柱塞式液压缸的速度只与柱塞的直径及进入柱塞缸的流量有关,而与缸筒内径无关。

柱塞式液压缸大多数是单作用缸,柱塞的返回须借助外力作用,垂直缸借助柱塞与运动部件的自重、弹簧力等,以获得往复运动。水平柱塞式液压缸常成对使用,如图3-6所示。

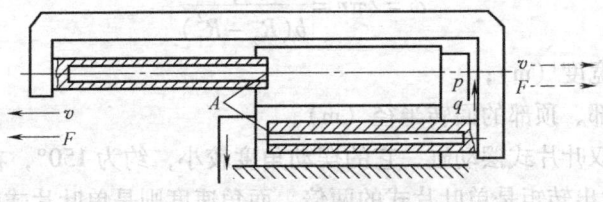

图 3-6　双柱塞缸的回程

3. 伸缩式液压缸

伸缩式液压缸又称多级液压缸,由两个或多个活塞式液压缸套装而成。前一级活塞缸的活塞是后一级活塞的缸筒,各级活塞依次伸出时可获得很长的行程,而当依次缩回时又能使液压缸保持很小的轴向尺寸。

图3-7所示为双作用伸缩式液压缸结构原理图。当通入压力油时,活塞有效面积最大的缸筒以最低压力开始伸出,当行至终点时,活塞有效面积次之的缸筒开始伸出。外伸缸筒有效面积越小,工作油液压力越高,伸出速度越快,反之缩回时则按有效面积从小至大逐次缩入。各级活塞受到的力 F_i 和伸出速度 v_i 计算如下

$$F_i = p_i \frac{\pi}{4} D_i^2 \tag{3-15}$$

$$v_i = \frac{4q}{\pi D_i^2} \tag{3-16}$$

式中　i——i 级活塞缸；
　　　D_i——第 i 级活塞直径（m）；
　　　p_i——第 i 级活塞压力（Pa）；
　　　q——输入液压缸的油液流量（m³/s）。

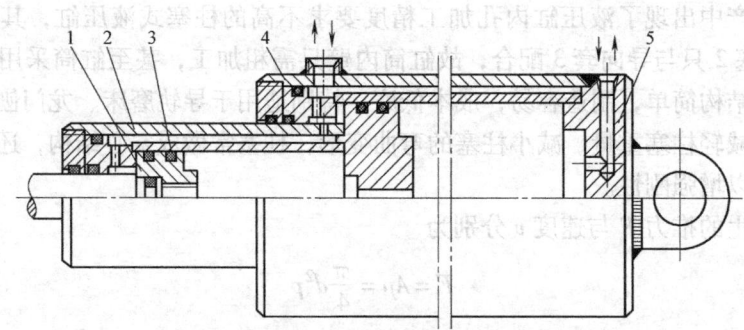

图 3-7 双作用伸缩式液压缸结构原理图
1—活塞 2—套筒 3—密封圈 4—缸筒 5—缸盖

4. 摆动式液压缸

摆动式液压缸也称摆动液压马达，简称摆动缸，它输出转矩并实现往复摆动，通常有单叶片和双叶片两种形式。图 3-8a 所示为单叶片式摆动缸，它的摆动角度较大，可达 300°。当摆动缸进、出油口压力分别为 p_1 和 p_2，输入流量为 q 时，它的输出转矩 T 和角速度 ω 分别为

$$T = b\int_{R_1}^{R_2}(p_1 - p_2)r\mathrm{d}r = \frac{b}{2}(R_2^2 - R_1^2)(p_1 - p_2) \tag{3-17}$$

$$\omega = 2\pi n = \frac{2q}{b(R_2^2 - R_1^2)} \tag{3-18}$$

式中 b——叶片的宽度（m）；
R_1、R_2——叶片底部、顶部的回转半径（m）。

图 3-8b 所示为双叶片式摆动缸，它的摆动角度较小，约为 150°，在同样压力、流量和结构尺寸下，它的输出转矩是单叶片式的两倍，而角速度则是单叶片式的一半。

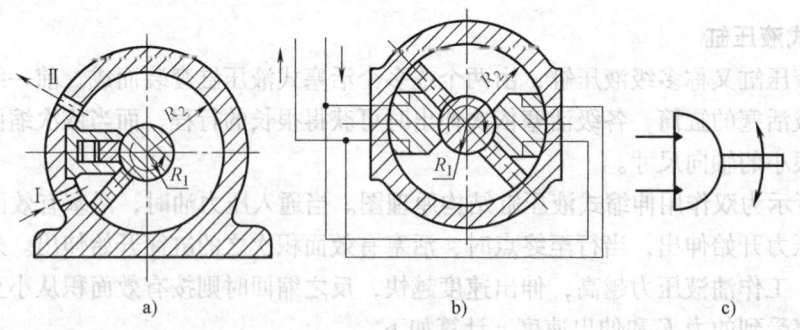

图 3-8 摆动缸
a) 单叶片式摆动缸 b) 双叶片式摆动缸 c) 图形符号

摆动缸结构紧凑，输出转矩大，但密封困难，一般只用于中低压系统中作往复摆动、夹紧装置、转位装置或间歇运动，以及需要周期性进给的系统中。

5. 增压缸

在某些短时或局部需要高压液体的液压系统中，常用增压缸与低压大流量泵配合使用，它有单作用和双作用两种形式。单作用增压缸的工作原理如图 3-9a 所示，当低压为 p_1 的油液推动增压缸的大活塞时，大活塞推动与其连成一体的小活塞输出压力为 p_2 的高压液体。

设大活塞直径为 D，小活塞直径为 d，则有

$$p_2 = p_1 \left(\frac{D}{d}\right)^2 = Kp_1 \tag{3-19}$$

若进油流量为 q_1，则增压缸输出流量为 q_2 时有

$$q_2 = \left(\frac{d}{D}\right)^2 q_1 \tag{3-20}$$

式中，$K = D^2/d^2$ 称为增压比，代表增压缸的增压能力。显然增压能力是在降低有效流量的基础上得到的，也就是说增压缸仅仅是增大输出的压力，并不能增大输出的能量。

单作用增压缸在小活塞运动到终点时，不能再输出高压液体，需要将活塞退回到左端位置后再向右行才能输出高压液体，即只能在一次行程中输出高压液体，为了克服这一缺点，可采用双作用增压缸，如图 3-9b 所示。

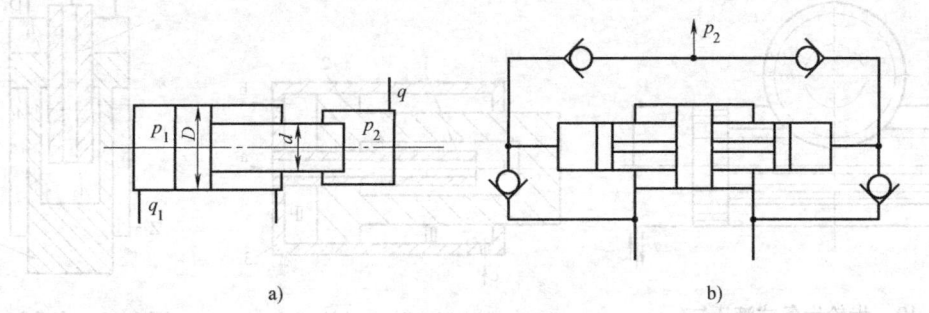

图 3-9　增压缸
a) 单作用增压缸　b) 双作用增压缸

6. 齿轮齿条式液压缸

齿轮齿条式液压缸又称无杆式活塞缸，它由两个柱塞缸和一套齿轮齿条传动装置组成。当压力油推动活塞左右往复运动时，齿条带动齿轮往复旋转，驱动工作部件（如组合机床中的旋转工作台）作周期性的往复旋转运动。其常用于回转夹具、送料装置、断续及连续进刀等机构，机械效率高，输出转矩和转速也较稳定。

如图 3-10 所示，齿轮齿条式液压缸工作时，齿轮轴输出的转矩 T 和回转角速度 ω 为

$$T = p\frac{\pi D^2}{4}\frac{D_\mathrm{f}}{2} \tag{3-21}$$

$$\omega = \frac{8q}{\pi D^2 D_\mathrm{f}} \tag{3-22}$$

式中　p——缸的工作压力（Pa）；

　　　D——缸的直径（m）；

　　　D_f——齿轮的分度圆直径（m）；

　　　q——缸的输入流量（m³/s）。

7. 增速缸

为了提高生产率，经常采用加快行程速度的方法来缩短非工作时间。方法之一是前面所介绍的差动连接，另一种方法是缩小液压缸的有效工作面积，图 3-11 所示为增速液

压缸结构示意图,它是活塞式缸和柱塞式缸的复合。活塞 2 一方面与缸体 3 组成活塞式缸,另一方面又与柱塞 1 组成柱塞式缸,而柱塞固定在缸体 3 的底部。当压力油由 a 口进入油腔Ⅰ时,由于柱塞 1 的直径小,将活塞 2 快速推出,此时油腔Ⅱ产生部分真空,由 b 口进入低压油补充,而油腔Ⅲ中的油由 c 口排出。当活塞 2 进入工作状态后油压升高,以此压力为信号控制油路,使压力油从 a 和 b 两口同时进入油腔Ⅰ和Ⅱ,此时活塞转入大推力低速运动。当工作完毕压力油由 c 口进入油腔Ⅲ时,活塞退回,油腔Ⅰ和Ⅱ的油液分别由 a 口和 b 口排出。

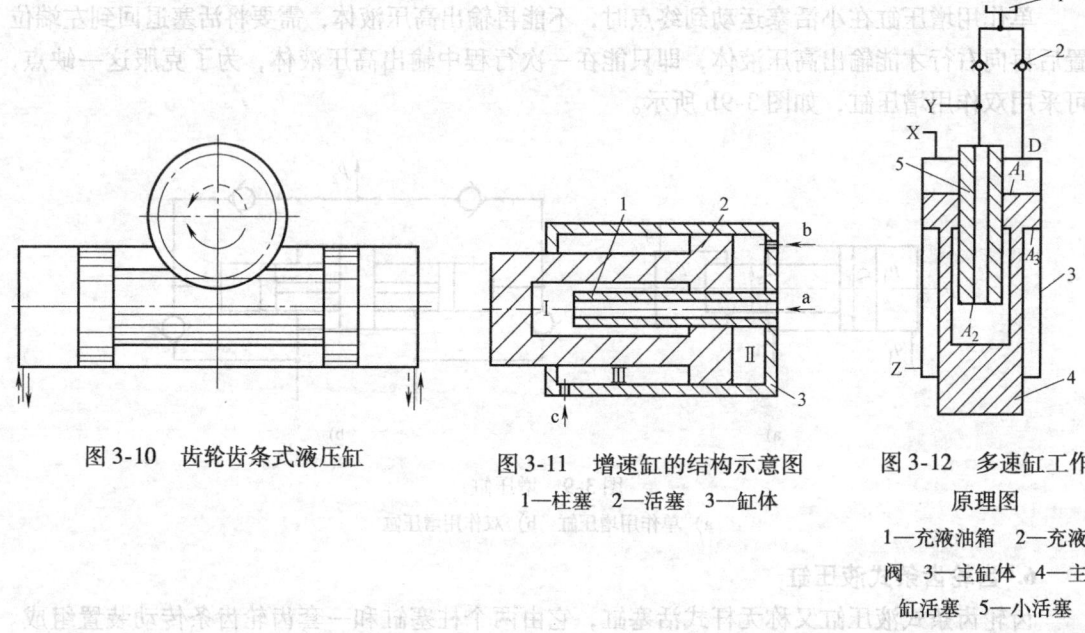

图 3-10　齿轮齿条式液压缸

图 3-11　增速缸的结构示意图
1—柱塞　2—活塞　3—缸体

图 3-12　多速缸工作原理图
1—充液油箱　2—充液阀　3—主缸体　4—主缸活塞　5—小活塞

增速缸除了可以加快机构的行程速度外,通过改变进出油口位置还可以实现多种速度的输出。如图 3-12 所示,两个活塞在缸中的有效作用面积分别为 A_1、A_2 和 A_3,且 $A_1 > A_2 > A_3$。控制 X、Y 和 Z 三个液体进、出口的进、排液组合,可使大活塞获得 6 种运动速度和输出力,见表 3-2。其中,p 为液体的工作压力(Pa),q 为输入流量(m^3/s)。液压缸的内腔由于活塞向下运动产生真空,充液阀 2 被吸开,液体从充液油箱 1 经充液阀吸入腔内。

表 3-2　多速缸运动速度及输出力计算

动作名称	X、Y、Z 口的进、排油组合	活塞杆输出力/N	活塞杆运动速度/(m/s)
大活塞杆外伸	X 进油,Y 进油,Z 排油	$F_1 = p(A_1 + A_2)$	$v_1 = \dfrac{q}{A_1 + A_2}$
	X 进油,Y 吸油,Z 排油	$F_2 = pA_1$	$v_2 = \dfrac{q}{A_1}$
	X 吸油,Y 进油,Z 排油	$F_3 = pA_2$	$v_3 = \dfrac{q}{A_2}$
	X、Z 差动连接,Y 吸油	$F_4 = p(A_1 - A_3)$	$v_4 = \dfrac{q}{A_1 - A_3}$
	Y、Z 差动连接,X 吸油	$F_5 = p(A_2 - A_3)$	$v_5 = \dfrac{q}{A_2 - A_3}$
回程	Z 进油,X、Y 排油	$F_6 = pA_3$	$v_6 = \dfrac{q}{A_3}$

3.1.2 液压缸组件的构造

一般来说,液压缸的结构主要包括缸体结构、活塞杆导向部分结构、活塞连接结构、密封装置、液压缸安装连接结构、缓冲装置及排气装置等。由于工作条件不同,具体结构形式也各不相同,设计时根据具体情况进行选择。

1. 缸体的结构

液压缸缸体一般由缸筒、缸底及缸盖组成。缸筒通常是用无缝钢管、铸钢、锻钢或铸铁等材料制成的,在某些特殊条件下还可以采用合金钢的无缝钢管做缸筒。

缸底通常用35钢、45钢锻件、铸件或焊接件制成,也可采用球墨铸铁或灰口铸铁。其与缸筒连接的结构形式有很多,如图3-13所示。图3-13a所示为焊接连接,特点是结构简单、尺寸小,但焊接后缸筒有可能变形,且缸底内径不易加工;图3-13b所示为螺纹联接,螺纹联接分为内螺纹联接和外螺纹联接,特点是外形尺寸小、重量较轻,但端部结构复杂、工艺要求高,特别在装拆时需用专用工具,拧端盖时易损坏密封圈;图3-13c所示为外卡键联接,其优点是结构较简单、加工装配方便,但外形尺寸大,缸筒开槽后削弱了强度,需增加缸筒壁厚;图3-13d所示为内卡键联接,其优点是外形尺寸较小、结构紧凑、重量较轻,缺点除缸筒开槽后削弱强度外,端部进入缸体内较长,且安装时密封圈易被槽口擦伤;3-13e、f所示为两种法兰连接,前者用于钢制缸筒,后者用于法兰与缸筒焊接,其优点是结构简单,便于加工和拆装,缺点是外形和重量都较大;图3-13g所示为钢丝卡圈连接,特点是结构简单、径向尺寸小,但轴向尺寸略有增大,承载能力小;图3-13h所示为拉杆式连接,其特点是易加工、易装卸、结构通用性大,但重量较重,外形尺寸大。

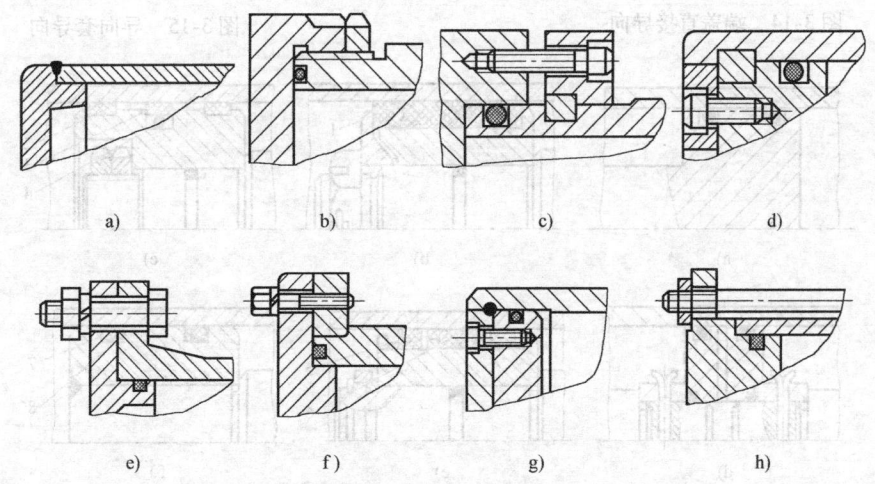

图3-13 缸底连接结构
a) 焊接连接 b) 螺纹联接 c) 外卡键联接 d) 内卡键联接
e) 法兰连接 f) 法兰连接 g) 钢丝卡圈连接 h) 拉杆连接

缸底密封除焊接结构外均需考虑,多用O形密封圈密封。

缸盖材料通常与缸底一样,一般为锻件、铸件或铸铁。其与缸筒的连接形式与工作压力、缸体材料以及工作条件有关。其典型连接结构除不采用焊接结构外,基本与缸底连接结构相同。

2. 活塞杆导向部分的结构

活塞杆导向部分的结构，包括端盖与导向套的结构，以及密封、防尘和锁紧装置等。其中导向套是加装在缸盖内部为活塞杆提供导向的重要部件，保证活塞的运动不偏离轴心线，保证活塞和活塞杆的密封能正常工作，以免产生"拉缸"。导向套一般用铸铁、青铜、黄铜或尼龙等耐磨材料制成，其结构可以做成缸盖整体式直接导向（图3-14），也可做成与缸盖分开的导向套结构（图3-15）。缸盖整体式直接导向虽然结构简单，但磨损后需要更换整个缸盖，盖与杆的密封常用 O 形、Y 形、Y_x 形密封圈及无骨架的防尘圈。而导向套导向由于是分体式结构，磨损后便于更换，应用也较普遍，盖与杆常用 Y 形、V 形密封装置以及 J 形或三角形防尘结构。导向套可安装在密封圈的内侧，也可以安装在外侧。机床和工程机械中一般采用安装在内侧的结构，有利于导向套的润滑；而油压机常采用安装在外侧的结构，在高压下工作时，使密封圈有足够的油压将唇边张开，以提高密封性能。

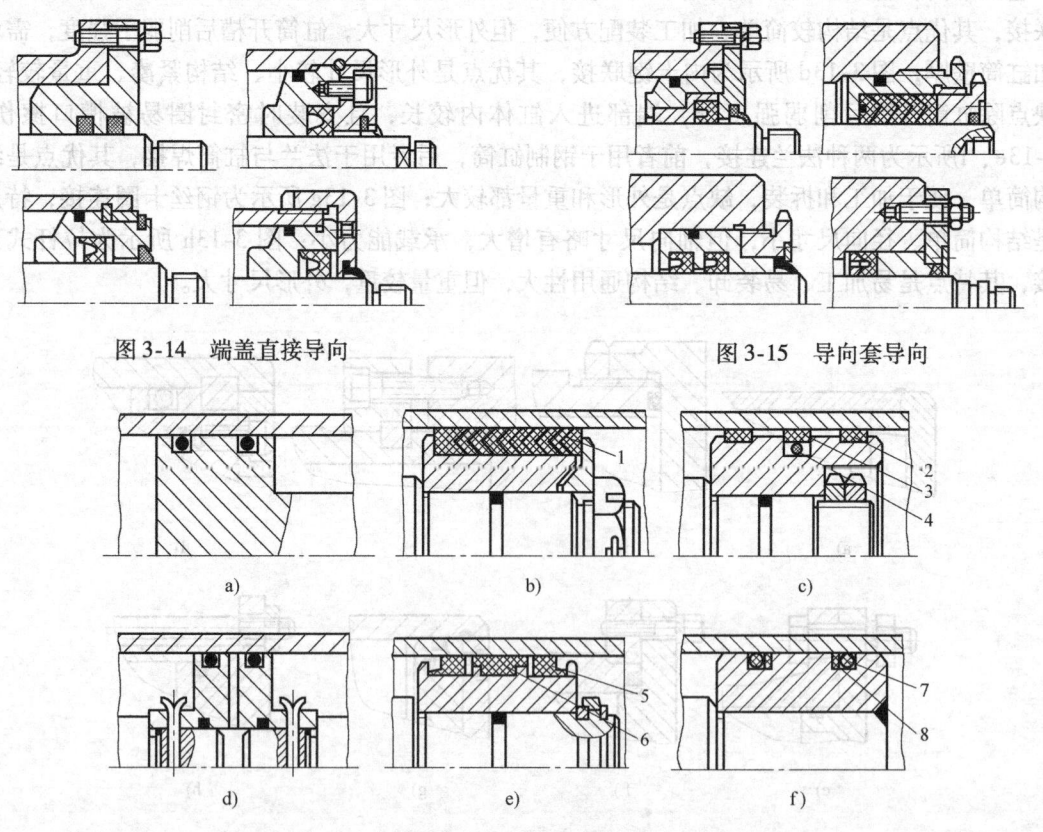

图3-14 端盖直接导向　　图3-15 导向套导向

图3-16 活塞组件结构形式
a) 整体式　b)、c) 螺纹联接　d) 锥销联接　e) 卡键联接　f) 焊接
1—V形密封圈　2—摩擦环　3、6—支承环　4、7—O形密封圈　5—Y形密封圈　8—挡圈

3. 活塞组件的结构

活塞组件由活塞、活塞杆和连接件等组成。活塞受油压的作用在缸筒内作往复运动，因此活塞必须具有良好的滑动性能，并且活塞要承受油液的高压力及缸盖的冲击作用力，又必

须有一定的强度和良好的耐磨性。活塞一般用钢或铸铁制造。

活塞杆把活塞组件上的机械能施加于负载，是液压缸传递机械力的主要零件。由于液压缸使用于各种不同的工作环境条件下，因此，它必须有足够的强度、刚度和稳定性。活塞杆无论是实心还是空心的，通常都是用钢铁制造的。活塞杆在导向套内往复运动，其外圆表面应当耐磨并有防锈能力，故活塞杆外圆表面通常需镀铬。

随工作压力、安装方式和工作组件的不同，活塞组件又分整体式结构和组合式结构形式，组合式结构又分为螺纹联接、卡键联接、锥销联接和焊接等，如图3-16所示。

图3-16a所示为整体式，其结构简单，适用于缸径较小的液压缸，但损坏后必须整体更换；图3-16b、c所示为螺纹联接，活塞可用各种锁紧螺母紧固在活塞杆的连接部位，其优点是连接稳固，活塞与活塞杆无轴向公差要求，因此应用较多，如组合机床与工程机械上的液压缸。其缺点是螺纹加工和装配麻烦。图3-16d所示为锥销连接，这种方式结构可靠，但由于用锥销联接，销孔必须配铰，销钉联接后必须锁紧，一般多用于负荷较小的场合；图3-16e所示为卡键联接，此结构装拆方便，活塞借助径向间隙常有少量浮动，且不易松动，但活塞和活塞杆间有轴向公差，该轴向间隙会造成活塞对活塞杆的不必要窜动，多应用在压力高、负荷大、有振动的场合；图3-16f所示为焊接式结构，这种连接加工方便，结构简单，轴向尺寸紧凑，但不易拆换，而且对活塞内外径、活塞杆外径及端面接合处四个面的同轴度要求高。

活塞与活塞杆之间为动配合，配合之间的密封为固定密封，一般采用O形圈密封，密封槽通常开在轴上，这样加工比较方便。

活塞与缸筒内壁之间的滑动和密封，目前主要有三种方式：第一种方式（图3-16f）是靠活塞直接与缸壁接触滑动，密封由O形密封圈来实现，这种方式构造简单、摩擦力小，但密封寿命低，而且活塞与缸筒配合面工艺要求高；第二种方式（图3-16b）是采用V形密封圈，这种密封圈的特点是可以承受一定的径向力，并能通过螺母调整补偿径向间隙，故可代替活塞的支承作用，使活塞脱离与缸壁的接触，因而降低了配合表面的要求，但活塞运动时摩擦阻力大；第三种方式（图3-16e）是目前工程机械上用得最普遍的一种，活塞上套一个用耐磨材料（尼龙或聚四氟乙烯）制成的支承环，可以代替活塞与缸壁的摩擦，可降低摩擦因数和提高液压缸的寿命，它不起密封作用，密封靠一对Y形密封圈；第四种方式（图3-16c）是一种较新的密封形式，它除了两边有对称的支承环外，同时在O形密封圈外面套一个与支承环同样材料的摩擦环，使O形密封圈脱离与缸壁的滑动摩擦，基本上成为固定密封，故提高了密封件的寿命。

4. 液压缸的安装方式

单活塞杆液压缸的安装方式有多种，对工程机械液压缸、冶金用液压缸、车辆用液压缸、船用液压缸的基本参数和安装形式可参阅有关设计手册或产品说明书。表3-3中列出了部分液压缸与机体的安装方式。

在选择安装方式时需注意以下问题，当缸体与机体间没有相对运动时，可采用支座或法兰安装定位；如果缸体与机体间有相对转动时，则采用轴销、耳环或球头等连接方式。当液压缸缸体两端都有底座时，只能固定一端，使另一端浮动，以适应热胀冷缩的需要，在缸体较长时，这点更为重要。采用法兰或轴销安装定位时，法兰或轴销的轴向位置会影响活塞杆的压杆稳定性。

表 3-3　部分液压缸与机体的安装方式

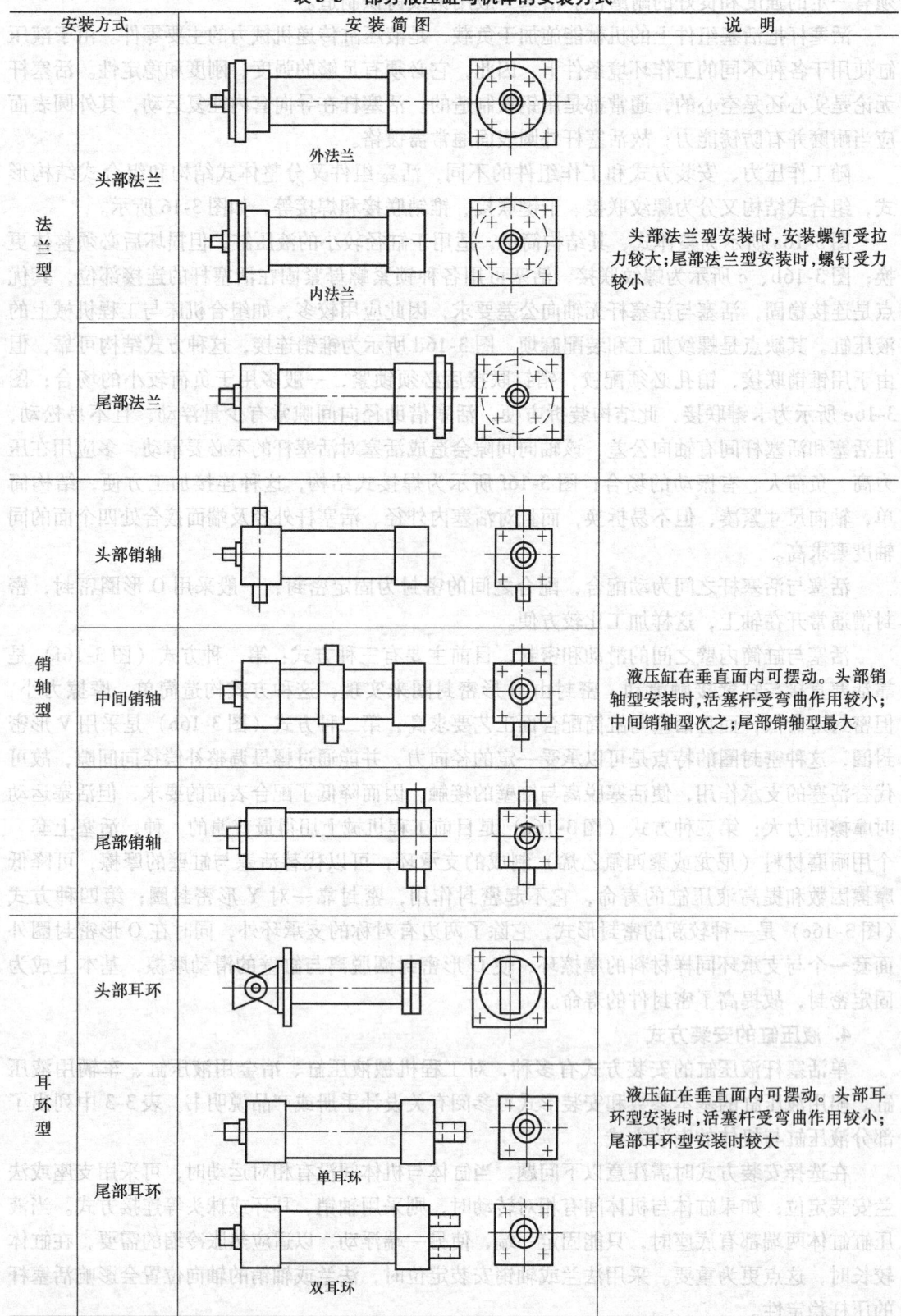

安装方式		安装简图	说　明
法兰型	头部法兰	外法兰 内法兰	头部法兰型安装时,安装螺钉受拉力较大;尾部法兰型安装时,螺钉受力较小
	尾部法兰		
销轴型	头部销轴		液压缸在垂直面内可摆动。头部销轴型安装时,活塞杆受弯曲作用较小;中间销轴型次之;尾部销轴型最大
	中间销轴		
	尾部销轴		
耳环型	头部耳环		液压缸在垂直面内可摆动。头部耳环型安装时,活塞杆受弯曲作用较小;尾部耳环型安装时较大
	尾部耳环	单耳环 双耳环	

续表

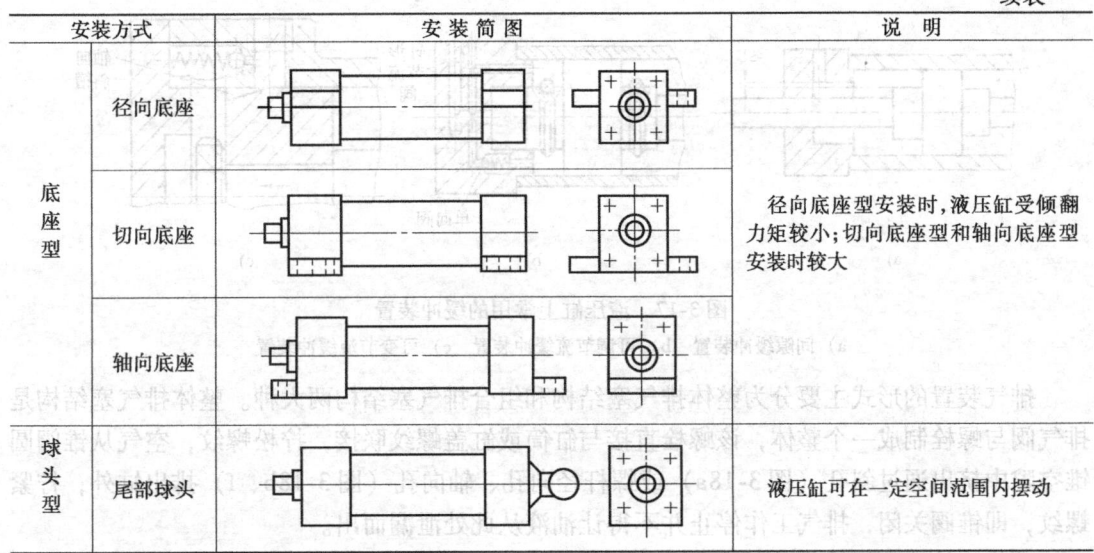

安装方式		安装简图	说　明
底座型	径向底座		径向底座型安装时,液压缸受倾翻力矩较小;切向底座型和轴向底座型安装时较大
	切向底座		
	轴向底座		
球头型	尾部球头		液压缸可在一定空间范围内摆动

5. 缓冲装置

当液压缸所驱动的工作部件质量较大,移动速度较快时,由于具有的动量大,致使在行程终了时,活塞与端盖发生撞击,造成液压冲击和噪声,甚至严重影响工作精度和发生破坏性事故,因此在大型、高速或要求较高的液压缸中需设置缓冲装置。缓冲装置在活塞接近行程终点时,增大液压缸回油阻力,使缓冲油腔内产生足够的缓冲压力,使活塞减速,从而防止活塞撞击端盖。

液压缸上常用的缓冲装置如图 3-17 所示。图 3-17a 所示为间隙缓冲装置,当活塞移近端盖时,活塞上的凸台进入端盖的凹腔,将封闭在回油腔中的油液从凸台和凹腔之间的环状间隙中挤压出去,吸收了能量形成缓冲压力,从而使活塞减慢了移动速度。这种缓冲装置结构简单,但缓冲压力不可调节,且实现减速所需行程较长,适用于移动部件惯性不大,移动速度不高的场合。图 3-17b 所示为可调节流缓冲装置,它不但有凸台和凹腔等结构,而且在端盖中还装有针形节流阀和单向阀。当活塞移近端盖时,凸台进入凹腔。由于凸台和凹腔之间有 O 形密封圈挡油,所以回油腔中的油液只能经针形节流阀流出。由于回油阻力增大,因而使活塞受到制动作用。这种缓冲装置可以根据负载情况调整节流阀开口的大小,改变吸收能量的大小,因此适用范围较广。图 3-17c 所示为可变节流缓冲装置,它在活塞上开有横断面为三角形的轴向斜槽。当活塞移近液压缸端盖时,活塞与端盖间的油液须经轴向三角槽流出,而使活塞受到制动作用。从图中可看出,它在实现缓冲过程中能自动改变其节流口大小(随着活塞移动速度的降低而相应关小节流口),因而使缓冲作用均匀,冲击压力小,制动位置精度高。

6. 排气装置

液压缸内最高部位处通常会聚积空气,这是由于液压油中混有空气,或者液压缸长期不用而空气侵入液压缸所致。空气的存在会使液压缸运动不平稳,产生振动或爬行。对于要求不高的液压缸,往往不设计专门的排气装置,而是将油口布置在缸筒两端的最高处,这样也能使空气随油液排往油箱,再从油箱溢出。对于速度稳定性要求较高的液压缸和大型液压缸,常在液压缸的最高处设置专门的排气装置,如排气塞、排气阀等。当松开排气塞或阀的锁紧螺钉后,低压往复运动几次,带有气泡的油液就会排出,空气排完后拧紧螺钉,液压缸便可正常使用。

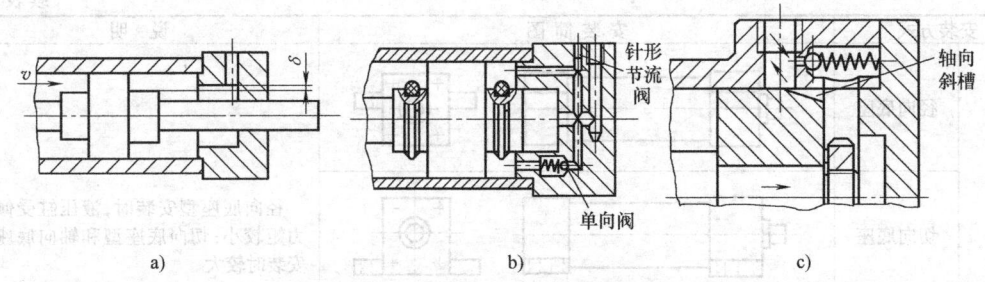

图 3-17 液压缸上常用的缓冲装置
a) 间隙缓冲装置 b) 可调节流缓冲装置 c) 可变节流缓冲装置

排气装置的形式主要分为整体排气塞结构和组合排气塞结构两大种。整体排气塞结构是排气阀与螺栓制成一个整体，该螺栓直接与缸筒或缸盖螺纹联接，拧松螺纹，空气从锥阀圆锥空隙中挤出通过斜孔（图3-18a）或螺杆径向孔、轴向孔（图3-18b、f）排出缸外；拧紧螺纹，即锥阀关闭，排气工作停止并不得让油液从此处泄漏而出。

整体式结构装置简单，制造方便，但螺纹与锥阀同轴度要求较高。组合排气塞结构由螺塞套和阀杆两部分组合而成，阀头常制成锥阀（图3-18c）或由钢球（图3-18d、e）来代替。排气时，拧松螺塞套、锥阀或钢球在压力的推动下，脱离密封，空气从旁路孔道（图3-18d）或螺塞套与阀杆间间隙（图3-18c）或螺塞套中心孔道（图3-18e）排出，旋紧螺塞则密封。组合排气塞结构较适宜于在高压液压缸上使用，且更换阀杆或钢球较为方便，阀头与钢球本身有自动定心的作用。

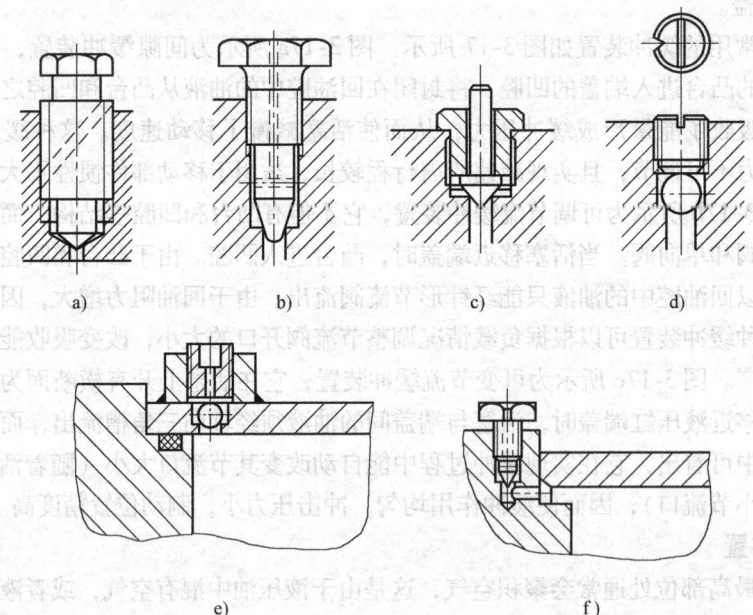

图 3-18 典型排气阀结构
a) 整体斜槽式 b) 整体直孔式 c) 针形组合式 d) 组合钢球式 e) 缸筒端部 f) 缸盖端部

排气装置的设置位置要合理。水平安装的液压缸，位置应设在缸筒两腔端部的上方（图3-18e）或相同方位的缸盖上（图3-18f）；垂直安装的液压缸，应设在缸盖的上方或缸盖上方的管接头上。由于空气密度远远小于油液，总是向上飘，所以，设置的原则是不让空气有积存的残留死角。

3.2 液压马达

3.2.1 概述

液压马达和液压泵在工作原理上是互逆的，当向液压泵输入液体时，其轴输出转速和转矩，即成为液压马达。但由于两者的任务和要求有所不同，故在实际结构上只有少数液压泵能作为液压马达使用。

1. 液压马达基本参数

（1）工作压力和额定压力　液压马达入口油液的实际压力称为液压马达的工作压力。液压马达入口压力与出口压力的差值称为液压马达的工作压差，该值是由外负载决定的。在液压马达出口直接通油箱的情况下，为便于定性分析问题，通常近似认为液压马达的工作压力就等于工作压差。

液压马达在正常工作条件下，按试验标准规定连续运转的最高压力称为液压马达的额定压力。与液压泵相同，液压马达的额定压力也受泄漏和强度的制约，工作压力超过额定压力时就会过载。

（2）排量和流量　液压马达排量 V_M 是指其转轴每转一周，液压马达理论上输入液体的体积，其大小由密封容腔几何尺寸变化计算而得，故又称液压马达的几何排量，其单位为 m^3/r，工程上常用 mL/r。排量可调节的液压马达称为变量马达，排量不可调节的称为定量马达。

液压马达的流量是指单位时间输入马达的液体体积，其单位为 m^3/s，工程上常用 L/min。流量有理论流量 q_{M0} 与实际流量 q_M 之分，并且理论流量为

$$q_{M0} = nV_M \tag{3-23}$$

式中　n——马达轴转速（r/s）。

（3）容积效率和转速　由于液压马达实际存在泄漏，因此输入给液压马达的油液有一部分没有做功，直接从高压口流向低压口或泄漏口。由实际流量 q_M 计算转速 n 时，应考虑这部分泄漏。当液压马达的泄漏流量为 Δq_M 时，则液压马达的实际流量为 $q_M = q_{M0} + \Delta q_M$。液压马达的容积效率 η_{MV} 等于理论输入流量 q_{M0} 与实际输入流量 q_M 的比值，即

$$\eta_{MV} = \frac{q_{M0}}{q_M} = \frac{q_{M0}}{q_{M0} + \Delta q_M} \tag{3-24}$$

式中　Δq_M——液压马达的泄漏量（m^3/s）。

转速 n 等于理论输入流量与排量的比值，即

$$n = \frac{q_{M0}}{V_M} = \frac{q_M \eta_{MV}}{V_M} \tag{3-25}$$

最低稳定转速是指液压马达在额定负载下不出现爬行现象的最低转速。所谓爬行现象，就是当液压马达工作转速过低时，往往保持不了均匀的速度，进入时动时停的不稳定状态。

液压马达的最高使用转速主要受使用寿命和机械效率的限制，转速提高后，各运动副的

磨损加剧,使用寿命降低,转速高则液压马达需要输入的流量就大,因此各过流部分的流速相应增大,压力损失也随之增加,从而使机械效率降低。

变量马达的调速范围用最高使用转速和最低稳定转速之比表示。

(4) 转矩和机械效率 液压马达的理论转矩与液压泵的理论转矩计算公式的形式相同,即

$$T_{M0} = \frac{\Delta p_M V_M}{2\pi} \tag{3-26}$$

式中 Δp_M——液压马达的进出口压差 (Pa)。

由于液压马达实际存在机械损失,故实际转矩 T_M 等于理论转矩与机械损失转矩之差,即

$$T_M = T_{M0} - \Delta T_M \tag{3-27}$$

式中 ΔT_M——机械损失转矩 (N·m)。

则液压马达的机械效率 η_{Mm} 为

$$\eta_{Mm} = \frac{T_M}{T_{M0}} = \frac{T_{M0} - \Delta T_M}{T_{M0}} = 1 - \frac{\Delta T_M}{T_{M0}} \tag{3-28}$$

(5) 功率和总效率 液压马达输入功率为 $p_M q_M$,输出功率为 $2\pi n T_M$。液压马达的总效率 η_M 即输出功率与输入功率的比值

$$\eta_M = \frac{2\pi n T_M}{p_M q_M} = \frac{2\pi n T_{M0} \eta_{Mm}}{p_M V_M n / \eta_{MV}} = \eta_{Mm} \eta_{MV} \tag{3-29}$$

由式 (3-29) 可见,液压马达的总效率等于机械效率与容积效率的乘积。

图 3-19 所示为液压马达的特性曲线。从式 (3-25)、式 (3-26) 可以看出,对于定量液压马达,V_M 为定值,在 q_M 和 p_M 不变的情况下,输出转速 n 和转矩 T_M 皆不可变;对于变量液压马达,V_M 的大小可以调节,因而它的输出转速 n 和转矩 T_M 是可以改变的,在 q_M 和 p_M 不变的情况下,若使 V_M 增大,则 n 减小,T_M 增大。

2. 液压马达与液压泵的比较

液压马达与液压泵都是旋转式装置。它们依靠密闭工作容积变化及液体的压力能来传递能量,但由于它们的工作要求不同,结构上也有某些差异,具体体现在以下几方面:

1) 液压泵是动力元件,液压马达是执行元件,液压泵将机械能(转矩 T_P 和转速 n)转换为液压能(压力 p_P 和流量 q_P);液压马达将液压能(p_M、q_M)转换为机械能(T_M、n)。

2) 液压泵的结构需保证自吸能力,而液压马达无此要求。液压泵的吸油腔一般为真空,为改善吸油性和抗气蚀能力,通常进口尺寸大于出口;液压

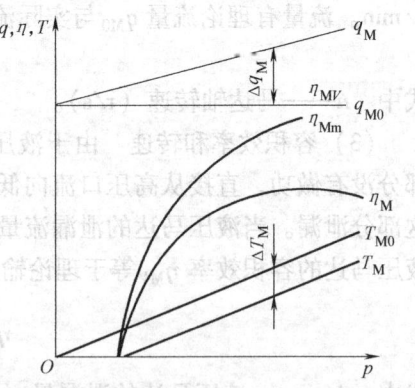

图 3-19 液压马达的特性曲线

马达排油腔的压力稍高于大气压力,没有特殊要求,所以液压马达的进出油口尺寸相同。

3) 液压马达需要正反转(内部结构需对称),液压泵一般是单向旋转。

4) 液压马达的轴承结构、润滑形式需保证在很宽的速度范围内使用,而液压泵的转速虽相对比较高,但变化小,故无此苛刻要求。

5）液压泵的起动靠外机械动力；液压马达起动需克服较大的静摩擦力，因此要求起动转矩大，转矩脉动小，内部摩擦小（如齿轮马达的齿数比齿轮泵多）。

6）液压泵需容积效率高；液压马达需机械效率高。一般地，液压马达的容积效率比液压泵低，液压泵的机械效率比液压马达低。

7）液压泵与原动机装在一起，主轴不受额外的径向负载。而液压马达主轴常受径向负载（轮子或皮带、链轮、齿轮直接装在液压马达上时）。

3. 液压马达的分类

液压马达按其结构类型来分可以分为齿轮式、叶片式、柱塞式和其他形式。也可按照其输出转速的不同分为高速液压马达和低速液压马达，一般来说，额定输出转速高于500r/min 的液压马达属于高速马达，额定转速低于 500r/min 的液压马达属于低速马达。

高速液压马达的基本形式有齿轮式、螺杆式、叶片式和轴向柱塞式等，它们的主要特点是转速高、转动惯量小、便于起动和制动、调速和换向时灵敏度高。通常高速液压马达的输出转矩不大，所以又称为高速小转矩液压马达。

低速液压马达的输出转矩通常都较大（可达数千至数万牛·米），所以又称为低速大转矩液压马达。低速大转矩液压马达的主要特点是转矩大，低速稳定性好（一般可在 10 r/min 以下平稳运转，有的可低到 0.5r/min 以下），因此可以直接与工作机构连接（如直接驱动车轮或绞车轴），不需要减速装置，使传动结构大为简化。低速大转矩液压马达广泛用于工程、运输、建筑和船舶等机械（如行走机械、卷扬机、搅拌机）上，其基本结构为径向柱塞式，通常分为单作用曲轴型和多作用内曲线型两种类型。

3.2.2 齿轮马达

齿轮马达结构简单、尺寸小、重量轻、造价便宜，可以在比较恶劣的条件下工作。但与齿轮泵一样，齿轮马达的密封性较差，容积效率低，只适宜于在高速小转矩工况下使用。

1. 工作原理

齿轮马达的工作原理如图 3-20 所示。图中 P 为两齿轮的啮合点。设轮齿的高度为 h，啮合点到两齿轮齿根的距离分别为 a 和 b，由于 a 和 b 都小于 h，所以压力油作用在齿面上时（如图中箭头所示，凡齿面两边受压力平衡的部分都未用箭头表示），在两个齿轮上就各有一个使它们产生转矩的作用力 $pB(h-a)$ 和 $pB(h-b)$，其中 p 为输入油液的压力，B 为齿宽。在上述力作用下，两齿轮按图示方向旋转，并把油液带到低压腔排出。这种受力状态在作泵使用时也是存在的，只不过对齿轮泵来说，油压作用在齿面上的力矩方向和齿轮泵旋转方向相反，成为负载转矩。而对于齿轮马达来说转矩方向和齿轮转动方向一致，成为输出转矩。

由于齿轮马达的轴承是承受载荷的，其承载能力取决于油膜的形成，因而在高压工作时需将其转速上限降低20%左右。

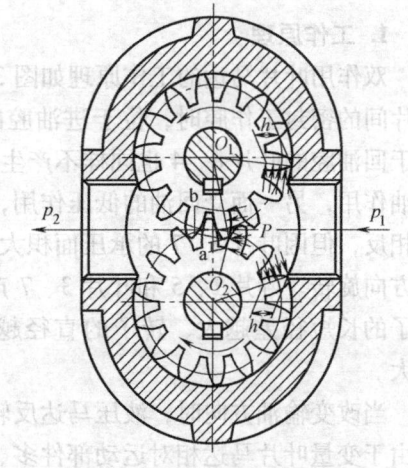

图 3-20 齿轮马达工作原理图

2. 结构特点

齿轮马达可以分两种类型，一种是以齿轮泵为基础的齿轮马达，另一种是专门设计的齿轮马达。以泵为基础的齿轮马达和齿轮泵差别不大，而专门设计的齿轮马达由于考虑了马达的一些特殊要求（如马达往往需要带负载起动，外载荷的冲击、振动比较严重而且还要能够正反两个方向旋转），因此在实际结构方面和齿轮泵相比还有些差别。概括起来，专门设计的齿轮马达大致具有如下结构特点：

1）齿轮马达要求正反两个方向回转，因此齿轮马达要求有左右对称的结构。

2）通常都有外泄油口，因为齿轮马达的回油腔的油压往往高于大气压力，如果采用内泄油结构可能会把轴端油封冲坏。特别是当齿轮马达反转时，原来的回油腔变成了高压腔，情况会更为严重。

3）齿轮马达多数采用滚动轴承，这不仅对减少磨损有利，对于改善起动性能也有很大的好处。

4）关于端面补偿装置，有的不用，因为采用这种装置会增大摩擦力矩，使齿轮马达的机械效率降低、起动性能变坏；如果仍旧采用端面补偿装置，则还需要设置压力油道自动转换机构，以适应正反方向旋转，始终保证将压力油引向浮动轴套或挠性侧板的背面。

5）齿轮马达的低压腔的油液是通过齿轮带出的，所以不会像齿轮泵那样因吸入流速过高产生气蚀现象，也就是说，齿轮马达的进、出油口都可以做得较小从而使轴承的径向负荷减小，提高了轴承寿命。

6）齿轮马达要求输出力矩脉动小，因此齿数 z 不能太少，一般取 $z = 10 \sim 14$。

在选用齿轮马达时，要注意以下两个问题：

1）齿轮马达的起动性能不好，通常起动时的机械效率为 70%～80%，也就是说起动转矩是理论转矩的 70%～80%。

2）齿轮马达低速性能差，由于齿轮马达流量脉动大、密封性差、容积效率低，因此它的低速性能不好，当转速在 50～100r/min 以下时就不稳定，因此一般选用转速不低于 150～400r/min。

3.2.3 叶片马达

1. 工作原理

双作用叶片马达的工作原理如图 3-21 所示。当压力为 p 的油液从配油窗口进入相邻两叶片间的密封工作腔时，位于进油腔的叶片 2、6 因两面所受的压力相同，故不产生转矩。位于回油腔的叶片 8、4 也同样不产生转矩。而位于封油区的叶片 1、5 和 3、7 因一面受压力油作用，另一面受回油的低压作用，故可产生转矩，且叶片 1、5 的转矩方向与叶片 3、7 的相反，但因叶片 3、7 的承压面积大、转矩大，因此转子沿着叶片 3、7 的转矩方向作顺时针方向旋转。叶片 1、5 和叶片 3、7 产生的转矩差就是液压马达的（理论）输出转矩。当定子的长短径差越大、转子的直径越大以及输入的油压越高时，液压马达的输出转矩也越大。

当改变输油方向时，液压马达反转。所有的叶片泵在理论上均能用作相应的液压马达。但由于变量叶片马达相对运动部件多、泄漏较大、容积效率低、机械特性软及调节不便等原因，一般叶片马达都是双作用式的定量液压马达。

2. 结构特点

叶片马达是高速小转矩马达，其结构类似于双作用式叶片泵，属双作用定量式。叶片马达具有结构简单、尺寸紧凑、重量轻、运转平稳、噪声低、转矩脉动小、转子径向液压力平衡、轴承负荷小、可靠性好、寿命长、转动部分惯性小、回转跟随性好、起动和制动迅速及能承受频繁的正反转切换；叶片顶部磨损后能自动伸出补偿，保持与定子内表面的接触，一般不影响正常工作等一系列优点。由于以上特点，叶片马达在各种工业设备和车辆液压系统上都获得了广泛应用，其输出转矩范围一般在齿轮马达和柱塞马达之间，属中型液压马达。

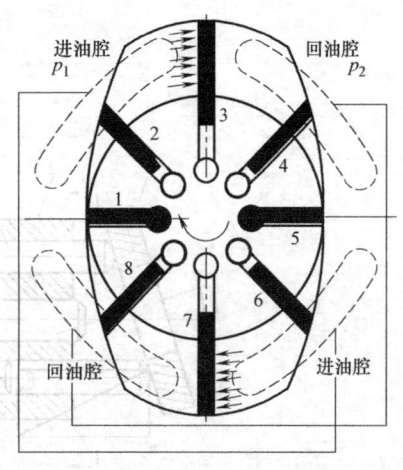

图 3-21 双作用叶片马达的工作原理

叶片马达的缺点是：叶片顶端对定子内表面的摩擦磨损大；泄漏量较大，原因是泄漏环节较多，其泄漏量比柱塞马达大，比叶片泵大；加工精度要求高，对油液清洁度要求较高。

叶片马达虽然与叶片泵非常相似，但由于所完成的功能不同，仍然存在一些差异，主要区别在于：

1）叶片马达必须有叶片压紧机构，使起动时叶片能紧贴定子内表面，形成密闭的工作容腔。

叶片马达不同于泵，要依靠压力油作用在分隔高、低压腔的叶片上才能产生回转运动，而在未起动回转之前又不可能有离心力将叶片甩出，所以必须依靠压紧机构将叶片从转子槽中顶出贴紧定子内表面，形成密闭的压力容腔。否则即使液压油进入马达，由于进、出油腔之间没有密封分隔，也不可能建立压力推动叶片、转子旋转，而只能从出口直接流回油箱，马达将永远不能起动。

2）叶片泵只需单方向旋转，叶片马达常需正、反向旋转，为此对马达有以下要求：

① 在壳体上设有单独的泄漏口。由于泵只沿规定方向单向旋转，吸油口恒为低压，所以定量泵常将内泄漏油在泵内引回吸油腔。马达反转时进、出油口要对换，原来低压的回油腔将变为高压的进油腔，故不能将泄漏油引到回油腔，而必须从泄漏口引出，经外部配管流回油箱。

② 叶片一律沿转子半径方向放置，叶片顶端形状左右对称。

③ 进、出油口大小相同。

3.2.4 柱塞马达

1. 轴向柱塞马达

图 3-22 所示为轴向柱塞马达的工作原理。斜盘 1 和配油盘 4 固定不动，柱塞 2 可在缸体 3 的孔内移动，斜盘中心线与缸体中心线相交一个倾角 β。高压油经配油盘的窗口进入缸体的柱塞孔时，处在高压腔中的柱塞被顶出，压在斜盘上，斜盘对柱塞的反作用力 F 可分解为两个分力，轴向分力 F_x 与作用在柱塞上的液压力平衡，垂直分力 F_y 使缸体产生转矩，带动马达轴 5 转动。

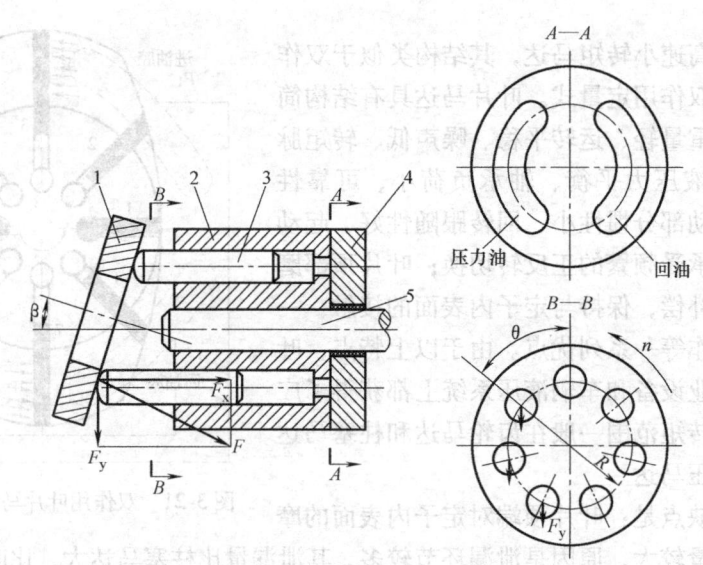

图 3-22 轴向柱塞马达工作原理
1—斜盘 2—柱塞 3—缸体 4—配油盘 5—马达轴

2. 多作用内曲线液压马达

用具有特殊曲线的凸轮环，使每个柱塞在缸体每转一转时作多次往复运动的径向柱塞液压马达，称为多作用内曲线径向柱塞液压马达（简称内曲线液压马达）。多作用内曲线液压马达的结构形式很多，就使用方式而言，有轴转、壳转与直接装在车轮的轮毂中的车轮式液压马达等形式。而从内部的结构来看，根据不同的传力方式和柱塞部件的结构可有多种形式，但液压马达的主要工作过程是相同的。

图 3-23 所示为多作用内曲线径向柱塞液压马达的结构。凸轮环 1 作为导轨由完全相同的 X 段（图中 $X=6$）曲线组成，每段曲线都由对称的进油和回油区段组成。缸体中有 Z（图中 $Z=8$）个均布的柱塞缸孔，其底部与配流轴 4 的配流窗口相通。配流轴有 $2X$ 个配流窗口，X 个窗口与高压油接通，对应导轨曲线进油区段，另外 X 个窗口对应曲线的回油区段并与回油路接通。工作时，在压力油作用下，滚轮 5 压向导轨，力 N 为导轨曲面对滚轮的反作用力，其径向分力 F 与液压力平衡，切向分力 F 通过横梁 3 传递给缸体 2，形成驱动外负载的转矩。当马达进、出油路换向时，马达反转。图中所示滚轮反作用力 N 的切向分力 F' 通过横梁传递给缸体，称为横梁传力马达；若切向力通过柱塞传递给缸体，则称为柱塞传力马达；若切向力由同一横梁上的另两个滚轮通过导向侧板传递给缸体，则称为滚轮传力马达。如果通过柱塞球窝中的钢球与导轨相互作用传力，则称为球塞内曲线马达。

多作用内曲线径向柱塞液压马达的转矩脉动小，径向力平衡，起动转矩大，并能在低速下稳定地运转，

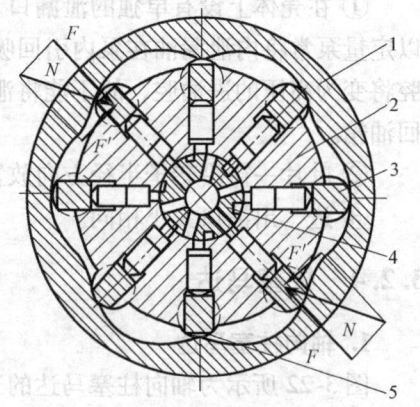

图 3-23 多作用内曲线径向柱塞
液压马达结构图
1—凸轮环 2—缸体 3—横梁 4—配流轴
5—滚轮

普遍应用于工程、建筑、起重运输、煤矿及船舶等机械中。

3.2.5 变量马达的变量控制方式

一般来说，液压马达的变量方式与液压泵的变量方式类似，本节以 A6VM 型斜轴式轴向变量柱塞马达为例，重点讨论马达的几种变量控制方式。图 3-24 所示为该马达的结构，其中 9 为变量控制机构。

1. HA 型高压自动变量控制

在与高压有关的 HA 型高压自动变量控制中（图 3-25），排量的设定值是随工作压力的变化而自动改变的，共有两种方式供选用，即几乎无压力增量的 HA1 型和压力增量 Δp 为 10MPa 的 HA2 型。无压力增量可以看成是恒压控制，在最

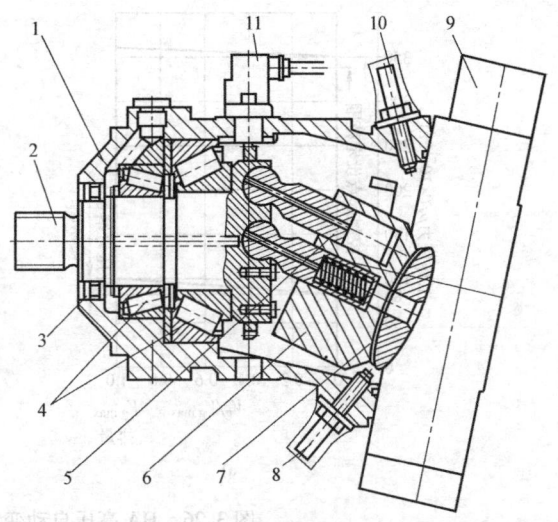

图 3-24 A6VM 型斜轴式轴向变量柱塞马达的结构
1—壳体 2—输出轴 3—密封装置 4—轴承 5—柱塞
6—缸体 7—斜盘 8—最大摆角调整螺钉 9—变量控制机构 10—最小摆角调整螺钉 11—转速传感器

小排量和最大排量时的压力增量不大于 1MPa，其特性曲线可近似为水平线，如图 3-26a 所示。压力增量 Δp 为 10MPa 的 HA2 型的特性曲线如图 3-26b 所示，控制过程中随压力增加排量也增加。HA 型高压自动变量控制有两种标准结构：控制起点在 V_{gmax}（最小转矩、最高转速）和控制起点在 V_{gmin}（最大转矩、最低转速），控制起点的控制压力在 8~35MPa 之间可调。

此外，HA 型高压自动变量控制可在 X 口进行外控（即具有压力设定的越权控制功能）。

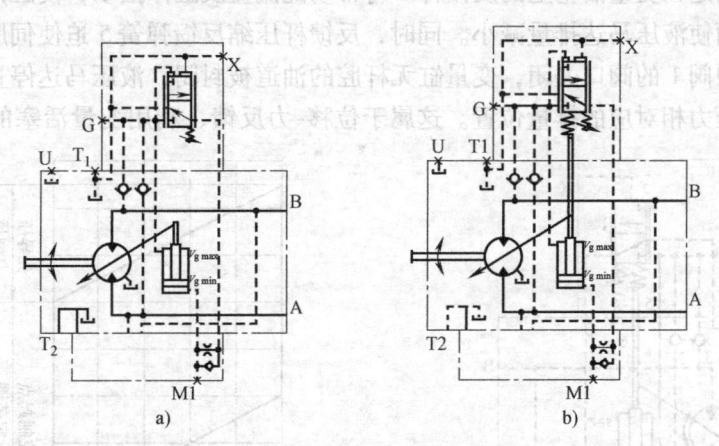

图 3-25 HA 型高压自动变量控制原理图
a) HA1 型高压自动变量 b) HA2 型高压自动变量

2. HD 型液压变量控制

这是一种与液控先导压力相关的液压控制方式，马达的排量随液控先导压力信号无级变化，主要适用于行走或固定机械设备的传动系统。

图 3-27 所示为 HD 型液控变量控制原理图，图 3-28 所示为 HD 型液压变量控制的特性

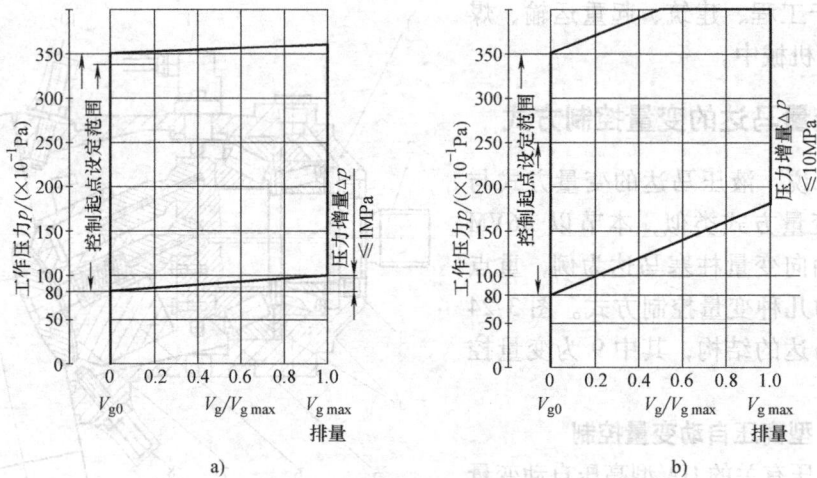

图 3-26 HA 高压自动变量控制的特性曲线
a) HA1 型工作压力和排量的关系　b) HA2 型工作压力和排量的关系

曲线。液压马达起始排量为最大排量，随着 X 口先导控制压力的变化而在最大和最小之间无级变化，从而实现排量的先导压力控制。其原理为：向液压马达的 A、B 工作油口的任一油口提供压力油时，压力油都能通过单向阀 2 或 3 进入变量缸 7 的有杆腔，即变量缸小腔常通高压。当 X 口先导控制压力升高，先导控制压力油作用在伺服阀 1 的阀芯上的力与调压弹簧 4 和反馈弹簧 5 的合力相比较，当液压力小于弹簧力时，伺服阀 1 将处于图示位置，液压马达排量最大。当液压力大于弹簧力时，伺服阀 1 的阀芯将下移而处于上位机能，液压马达工作压力油经伺服阀 1 进入变量缸 7 的无杆腔。由于变量活塞两端面积不相等，变量活塞将向上运动，固定在变量活塞上的反馈杆 6 将带动配流盘及缸体摆动，使缸体与主轴之间的夹角减小，从而使液压马达排量减小。同时，反馈杆压缩反馈弹簧 5 迫使伺服阀 1 的阀芯向上移动直到伺服阀 1 的阀口关闭，变量缸无杆腔的油道被封闭，液压马达停止变量，处于一个与先导控制压力相对应的排量位置。这属于位移-力反馈，利用变量活塞的位移，通过弹

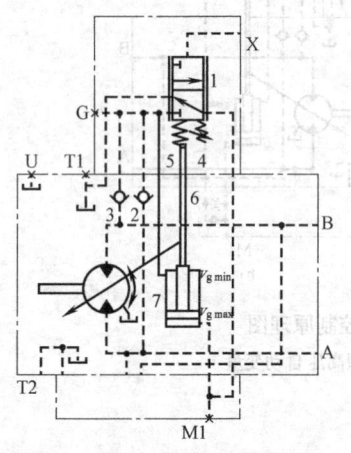

图 3-27　HD 型液压变量控制原理图
1—伺服阀　2、3—单向阀　4—调压弹簧
5—反馈弹簧　6—反馈杆　7—变量缸

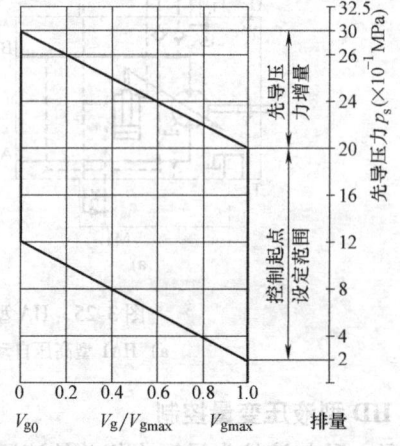

图 3-28　HD 型液压变量控制的特性曲线

簧反馈使控制阀芯在力平衡条件下关闭阀口，从而使变量活塞定位。

当 X 口的控制压力降低时，伺服阀阀芯上的力平衡被打破，弹簧力大于液压力，伺服阀 1 将处于下位机能，变量缸无杆腔变为低压，在有杆腔压力油的作用下，变量活塞将向下运动，固定在变量活塞上的反馈杆 6 将带动配流盘及缸体摆动，使缸体与主轴之间的夹角增大，从而使液压马达排量增大。同时，由于反馈杆 6 随变量活塞向下移动，反馈弹簧 5 压缩量将减少，反馈弹簧作用在伺服阀 1 阀芯上的力将减小，伺服阀阀芯向下移动直到伺服阀 1 处于阀口关闭位置（在图 3-27 中未画出），变量缸 7 大腔的油道被封闭，液压马达停止变量。综上所述，当先导控制压力在变量起始压力和变量终止压力之间变化时，液压马达排量将在最大和最小之间相应变化。

作为液压马达来讲，排量减小时转速升高，压力增高，这个特性和液压泵正好相反。

HD 型液压变量控制有两种标准结构形式：控制起点在最大排量 V_{gmax} 位置，此时马达输出最大转矩和最低转速；控制起点在最小排量 V_{gmin} 位置，此时马达输出最小转矩和最高转速。除两种标准结构形式外，根据先导压差、控制起点的不同，HD 型液压变量控制还有两种方案供选用。

对于 HD 型液压变量控制，因为所需要的控制油取自于高压腔，若要使变量控制能够实现，则至少需要相对于供油压力的压差 $\Delta p = 1.5\mathrm{MPa}$，当工作压力小于 1.5MPa 时，必须在 G 口通过外界单独提供 1.5MPa 以上的辅助压力。

3. HZ 型液压两点控制

这种控制方式与 HD 型液压变量控制方式相似，区别在于前者没有反馈弹簧，只按外控油的先导压力来控制液压马达排量，变量工作原理以及特性曲线如图 3-29 和图 3-30 所示。这种变量方式是从 X 油口通入先导控制压力油，只要先导油压力超过弹簧的设定压力，就会推动控制滑阀在上位工作，从负载口来的压力油进入变量缸活塞的下腔，推动液压马达斜盘使其倾角减小，由于无反馈弹簧的控制作用，变量活塞将一直向上运动到排量限定位置，液压马达将处在最小排量工作模式。而当先导压力油卸荷后，控制滑阀在弹簧的作用下回到下位，变量缸活塞下腔回油箱，在高压油的作用下，液压马达处在最大排量模式，实现两点控制。

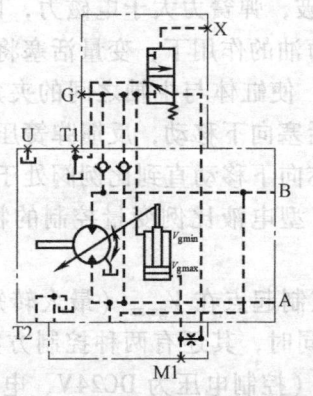

图 3-29 HZ 型液压两点控制原理图

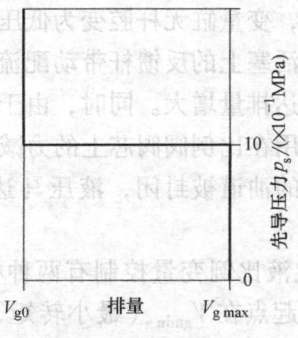

图 3-30 HZ 型液压两点控制的特性曲线

由于所需控制油压取自高压侧，为了获得稳定的控制，HZ 型液压两点控制需要的最低工作压力至少为 3MPa。假如在工作压力低于 3MPa 下进行变量，则必须通过一个外部单向阀在油口 G 上施加一个至少 3MPa 的辅助压力。

4. EZ 型电液比例变量控制

由控制电磁铁通断来实现液压马达排量处于 V_{gmin} 或 V_{gmax} 的方式，称为 EZ 型电液比例变量控制。对于图 3-31 所示结构，电磁铁失电时，在压力油的作用下，变量缸有杆腔通压力油，无杆腔接回油，此时液压马达的排量最大，液压马达输出最大转矩和最低转速。当电磁铁得电时，控制滑阀上位工作，变量缸无杆腔进油，由于变量缸的作用面积不一样，在油压的作用下，变量活塞向上移动，马达排量最小，此时液压马达输出最小转矩和最高转速。EZ 型电液比例变量控制有两种标准结构，即控制起点在 V_{gmax}（最大转矩、最低转速）和控制起点在 V_{gmin}（最小转矩、最高转速）。

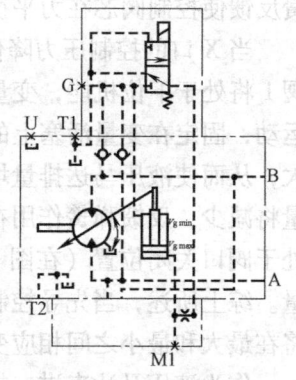

图 3-31　EZ 型电液比例变量控制原理图

同样，所需的控制油来自高压侧，因此需要一最低 3MPa 的工作压力。假如工作压力小于 3MPa，则必须在 G 口供入 3MPa 的辅助压力。

5. EP 型电液比例变量控制

EP 型电液比例变量控制，是通过应用比例电磁铁或者比例阀实现的一种电子控制方式，其根据电信号对液压马达排量进行连续的控制，被控制量正比于所施加的控制电流。

EP 型电液比例变量控制原理如图 3-32 所示，向液压马达的 A、B 工作油口的任一口提供压力油时，压力油都能通过单向阀进入变量缸的有杆腔，即变量缸有杆腔常通高压。当比例电磁铁的电流增加时，电磁力作用在比例阀阀芯上，克服调压弹簧和反馈弹簧的合力，推动比例阀阀芯向下移动，比例阀处于上位机能，液压马达工作压力油经比例阀进入变量缸无杆腔。由于变量活塞两端面积不相等，当两端都受压力油作用时，变量活塞将向上运动，固定在变量活塞上的反馈杆将带动配流盘及缸体摆动，使缸体与主轴之间的夹角减小，从而使液压马达排量减小。同时，反馈杆将压缩反馈弹簧，反馈弹簧作用在比例阀阀芯上的力增大，迫使阀芯向上移动，直到与电磁力平衡，比例阀阀口关闭，变量缸无杆腔的油道被封闭，液压马达停止变量。此时，液压马达将处于比例阀电流相对应的排量位置；当控制电流降低，比例阀阀芯上的力平衡被打破，弹簧力大于电磁力，比例阀将处于下位机能，变量缸无杆腔变为低压，在有杆腔压力油的作用下，变量活塞将向下运动，固定在变量活塞上的反馈杆带动配流盘及缸体摆动，使缸体与主轴之间的夹角增大，从而使液压马达排量增大。同时，由于反馈杆随变量活塞向下移动，反馈弹簧压缩量减小，反馈弹簧作用在比例阀阀芯上的力减小，比例阀阀芯向下移动直到比例阀处于关闭位置，变量缸大腔的油道被封闭，液压马达停止变量。EP 型电液比例变量控制的特性曲线如图 3-33 所示。

EP 型电液比例变量控制有两种标准结构，即控制起点在 V_{gmax}（最大转矩、最低转速）和控制起点在 V_{gmin}（最小转矩、最高转速）；同时，其还有两种控制方案，即 EP1（控制电压为 DC12V，电流为 400~900mA）和 EP2（控制电压为 DC24V，电流为 200~450mA）。

由于所需的控制油取自于高压侧，因此工作压力至少达到 3MPa（当急速时）。假如工作压力小于 3MPa，则需要由一个外部的单向阀通过油口 G 加上至少 3MPa 的辅助压力。

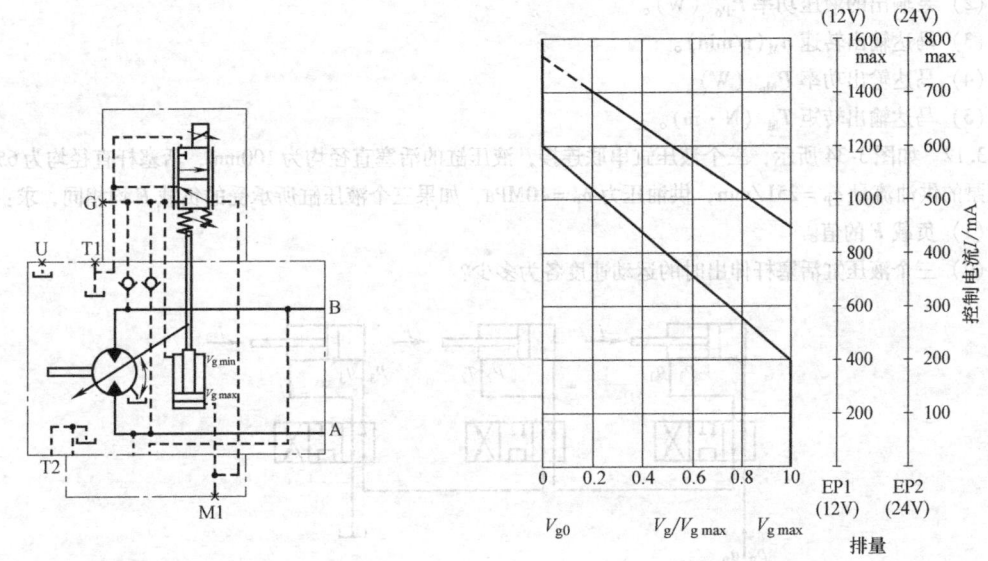

图 3-32　EP 型电液比例变量控制原理图　　图 3-33　EP 型电液比例变量控制特性曲线

习　题

3.1　伸缩缸在外伸、内缩时，不同直径的柱塞以什么样的顺序运动？为什么？

3.2　已知单杆液压缸缸筒内径 $D=50\text{mm}$，活塞杆直径 $d=35\text{mm}$，液压泵供油流量 $q=10\text{L/min}$，试求：

（1）液压缸差动连接时的运动速度。

（2）若缸在差动阶段所能克服的外负载 $F=1000\text{N}$，则缸内油液压力有多大（不计管内压力损失）？

3.3　一柱塞缸的柱塞固定，缸筒运动，压力油从空心柱塞中通入，压力 $p=10\text{MPa}$，流量 $q=25\text{L/min}$，缸筒内径 $D=100\text{mm}$，柱塞外径 $d=80\text{mm}$，柱塞内孔直径 $d_0=30\text{mm}$，试求柱塞缸所产生的推力和运动速度。

3.4　试述柱塞式液压缸的特点。

3.5　液压缸为什么要设置缓冲装置？应如何设置？

3.6　液压缸为什么要设置排气装置？

3.7　液压马达排量为 250mL/r，入口压力为 10MPa，出口压力为 0.5MPa，机械效率和容积效率均为 0.90，若输入流量为 100L/min，试求：

（1）理论转速和实际（输出）转速。

（2）理论输出和实际输出转矩。

（3）输入功率和输出功率。

3.8　某径向柱塞马达，平均输出转矩 $T=250\text{N}\cdot\text{m}$，工作压力 $p=10\text{MPa}$，最小角速度 $\omega_{\min}=2\times(2\pi/60)\text{rad/s}$，最大角速度为 $\omega_{\max}=300\times(2\pi/60)\text{rad/s}$，容积效率 $\eta_V=0.94$，机械效率 $\eta_m=0.9$，试求输入最小流量和最大流量各是多少？

3.9　液压马达有哪些具体类型？能量转换形式有何特点？

3.10　分析齿轮式液压马达、叶片式液压马达、轴向柱塞式液压马达的工作原理。

3.11　泵和马达组成系统，已知泵输出油压 $p_P=10\text{MPa}$，排量 $V_P=10\text{mL/r}$，机械效率 $\eta_{Pm}=0.95$，容积效率 $\eta_{PV}=0.9$；马达排量 $V_M=10\text{mL/r}$，机械效率 $\eta_{Mm}=0.95$，容积效率 $\eta_{MV}=0.9$，忽略压力损失及泄漏，试求：

（1）泵转速为 1500r/min 时，所需的驱动功率 P_{Pr}（W）。

(2) 泵输出的液压功率 P_{Po}（W）。
(3) 马达输出转速 n_M(r/min)。
(4) 马达输出功率 P_{Mo}（W）。
(5) 马达输出转矩 T_M（N·m）。

3.12 如图3-34所示，三个液压缸串联连接，液压缸的活塞直径均为100mm，活塞杆直径均为65mm，液压泵的供油流量 $q_P=25$L/min，供油压力 $p_P=10$MPa，如果三个液压缸所承受的负载 F 均相同，求：
(1) 负载 F 的值。
(2) 三个液压缸活塞杆伸出时的运动速度各为多少？

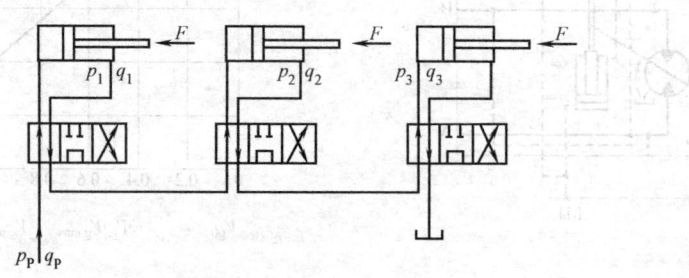

图 3-34 题 3.12 图

3.13 已知变量泵最大排量 $V_{Pmax}=160$mL/r，转速 $n_P=1000$r/min，机械效率 $\eta_{Pm}=0.9$，总效率 $\eta_P=0.85$；液压马达的排量 $V_M=125$mL/r，机械效率 $\eta_{Mm}=0.9$，总效率 $\eta_M=0.8$，系统的最大允许压力 $p=10$MPa，不计管路损失。求：
(1) 液压马达最大转速 n_M 是多少？
(2) 在该转速下，液压马达的输出转矩 T_M 是多少？
(3) 驱动泵所需的转矩 T_P 和功率 N_i 是多少？

第 4 章 液压控制元件

> **内容提要：** 对于一个液压系统来说，无论其复杂程度如何，都是由控制油液压力、流量及流动方向的控制元件所构成的基本回路组合而成的。因此，熟悉各种液压控制元件（即液压阀）的结构、工作原理、性能及回路特点，对于设计与分析液压系统极其重要。本章将主要介绍压力控制阀、流量控制阀、方向控制阀的结构、工作原理、主要性能、图形符号及应用。

4.1 概述

4.1.1 功能

在液压系统中，除了需要液压泵将其他形式的能量转化为液压能，液压马达（或液压缸）作为执行元件将液压能转化为机械能输出来驱动工作装置外，还必须配备一定数量的液压控制元件，来对液压系统中油液的流动方向、压力的高低以及流量的大小进行适当的控制，以控制执行元件的运动方向、输出力（或转矩）的大小以及运动速度，从而满足机械设备工作性能的要求。

4.1.2 液压阀的分类

液压控制阀（简称液压阀）的品种繁多，除了不同品种、规格的通用阀外，还有许多专用阀和复合阀。就液压阀的基本类型来说，可按以下几种方式进行分类：

1. 按功能分类

(1) 压力控制阀　用来控制液压系统中液流压力的液压控制元件。
(2) 流量控制阀　用来控制液压系统中液流流量的液压控制元件。
(3) 方向控制阀　用来控制液压系统中液流的流动方向的液压控制元件。

除上述具有单一功能的通用阀外，还有一些具有两种及两种以上功能的专用阀和复合阀，例如既能控制方向又能控制压力的阀，或既能控制方向又能控制流量的阀等。

2. 按控制方式分类

(1) 定值或开关控制阀　这类液压阀借助于通断型电磁铁或手调机构，将阀芯位置或阀芯上的弹簧设定在某一工作状态，从而使液流的压力、流量或流向保持某一定值。这类阀属于最常见的普通液压阀。

(2) 比例控制阀　这类阀的输出量（流量、压力）可以按照输入信号的变化规律连续成比例地进行调节。它们常采用比例电磁铁将输入的电信号转换成力或阀的机械位移量进行控制，也可以采用其他形式的电气输入控制器件。

由于比例阀结构简单、工作可靠、价格较低，性能又较普通的定值控制阀有明显提高，并且可以通过电信号进行连续控制，因此在许多场合获得了广泛应用。

（3）伺服控制阀　这类阀的工作性能类似于比例控制阀。它们也是通过改变输入信号（电量或机械量）来对输出的液流参数进行连续、成比例的控制。与比例控制阀相比，除了在结构上有差异外，伺服阀具有优异的动态响应和静态性能。

伺服控制阀的价格较贵，对油液污染比较敏感，对使用维护的要求较高。

3. 按连接方式分类

（1）管式　管式阀通过阀体上的螺纹孔直接与管接头、管路相连（大型阀则用法兰连接）。由于这种阀不需要过渡的连接安装板，因此比较简单。但是各个阀只能分散布置，并且由于与管路直接相连而使装卸维护不够方便。

（2）板式　板式阀是一种基本的连接方式。采用板式阀时需要配专用的过渡连接板，管路与连接板相连，而阀仅用螺钉固定在连接板上。由于这种连接方式在装卸时不影响管路，并且有可能将阀集中布置，故应用极为广泛。

（3）叠加阀　具有板式阀的功能，其阀体本身又同时具有通道的作用，从而能用其上、下安装面呈叠加式无管连接，组成集成化液压系统。同一通径系列的叠加阀可按需要组合叠加起来组成不同的系统。

（4）二通插装阀　采用先导控制，插装式连接，主要结构为锥阀式的液压控制元件。它具有结构简单、性能可靠、流动阻力小、动作可靠、冲击小、控制换向灵活、具有多种功能及易于集成等一系列特点，主要用于中大流量的液压系统控制。

（5）螺纹插装阀　与其他几种连接形式液压阀的主要差别是它本身没有阀体，靠阀套与集成块中的孔相配合，并由本身的联接螺纹将其固定在集成块中，再通过集成块内的通道把各个液压阀连通起来，构成液压集成系统。螺纹插装阀具有体积小、结构紧凑、应用灵活、使用方便及价格低等一系列特点，主要用于中小流量的液压系统控制。

4.1.3　液压阀的基本参数和特点

为了适应不同应用场合的需要，液压阀的品种和规格远远超过其他液压元件，因此必须实现它的系列化、标准化及通用化，以利于组织生产，并便于应用。液压阀除了其工作参数——额定工作状态下的公称压力和公称流量（或公称通径）应符合国家标准外，它们的外部连接尺寸也应符合有关标准。液压阀在选购与使用时要依据以下几个基本参数：

（1）公称通径　液压阀进出油口的名义尺寸，用以表示阀规格的大小。

（2）公称压力　液压阀在额定工作状态下的名义压力。

（3）公称流量　液压阀在额定工作状态下通过的名义流量。

尽管各类液压控制阀的结构形式不同，功能也各有所异，但都具有一些相同的特点。首先，从阀的结构来看，所有的阀均由阀体、阀芯和控制装置（如弹簧、电磁铁等）三大部分组成。其次，从阀的工作原理来看，所有的阀都是利用阀芯和阀体的相对位移来改变通流面积，从而控制压力、流向和流量的。最后，各种阀都可以看成在油路中的一个液阻，只要有液体流过，都会产生压降（有压力损失）和温度升高等现象。

由此可以看出，各类阀在本质上是相同的，仅是由于某个方面得到了特殊的发展，才演变出各种不同的阀。

4.2 方向控制阀

在液压系统中,工作机构的起动、停止或改变运动方向,是由方向控制阀改变进入回路中油流的通断及流向来实现的,由此构成的回路被称为方向控制回路。

方向控制阀可以看作流体的开关,它起到按需要使一些通道接通而另一些通道关闭的作用,方向控制阀在液压系统中应用最多,是液压系统中必不可少的控制元件。方向控制主要不是能量控制,而是在适当的时间把传递能量的流体传送到系统中适当的地方。

在液压系统中,方向控制阀主要有单向阀和换向阀两类。

4.2.1 单向阀

单向阀类似于电路中的二极管,在液压系统中单向阀只允许液流沿一个方向流过,反方向流动则被截止,因此也称为止回阀。由于它关闭较严,常在回路中起保压、锁紧和消除油路干扰等作用,也常与其他阀组成复合阀。

1. 普通单向阀

按进出口流道的布置形式,单向阀可分为直通式和直角式两种。直通式单向阀进口和出口流道在同一轴线上,而直角式单向阀进出口流道则成直角布置。单向阀的结构如图 4-1 和图 4-2 所示。

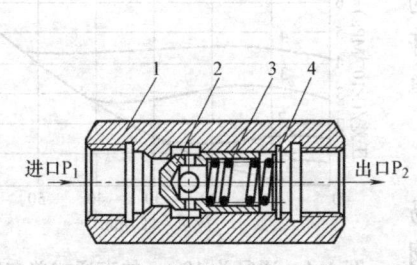

图 4-1 直通式单向阀结构图
1—阀体 2—阀芯 3—弹簧 4—挡圈

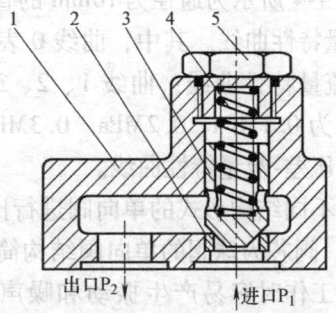

图 4-2 直角式单向阀结构图
1—阀体 2—阀座 3—阀芯 4—弹簧 5—顶盖

按阀芯的结构形式不同,单向阀可分为钢球式和锥阀式两种。钢球式单向阀结构简单,制造方便,但钢球在使用过程中会在阀座的作用下产生凹陷,如果钢球发生转动,则将会导致泄漏。同时钢球需要附加导向结构,否则会在弹簧力或液动力作用下被撞离正常位置,使密封失效。钢球式单向阀一般仅用于小流量场合,目前使用的单向阀大多数是锥阀式单向阀。

图 4-1 所示单向阀为锥阀式结构,当油液从进口 P_1 流入时,作用在锥阀阀芯上的液压力便克服弹簧力,以及阀芯与阀体之间的摩擦阻力,顶开锥阀阀芯,经过锥阀阀芯上的四个径向孔及内部孔道,从出口 P_2 流出。而当油液从相反方向即 P_2 口流入时,因为作用在阀芯上的液压力与弹簧力方向一致,所以锥阀阀芯的锥面被紧紧地压在阀体 1 的阀座处(锥阀阀芯的锥面与阀座的接触为线接触,因此能实现可靠的密封),截断油路,使油液不能通

过。单向阀的这种功能就要求油液从 P_1 口到 P_2 口正向通过时能有较小的压力损失，工作时无异常的撞击及噪声；而当油液反向流入时，要求在所有工作压力范围内都能严格地截断油流，不允许有渗漏。

单向阀中的弹簧通常用于使阀芯在阀座上就位，没有弹簧的单向阀必须垂直安放，而且安装时 P_1 口向下，阀芯通过本身的重量停止在阀座上。装有弹簧的单向阀，不同的弹簧刚度对应的单向阀特性曲线有所差别。弹簧刚度较小时，开启压力很小（通常为 0.05~0.1MPa）。若更换较硬弹簧，则其开启压力可达到 0.2~0.6MPa，可在系统中作背压阀使用。

图 4-3 所示为单向阀的图形符号，其中图 4-3a、b 所示为无弹簧单向阀的图形符号，图 4-3c、d 所示为有弹簧的单向阀（弹簧可以省略）的图形符号。图 4-3a、c 所示单向阀的详细符号，图 4-3b、d 所示为简化符号，通常使用简化符号。

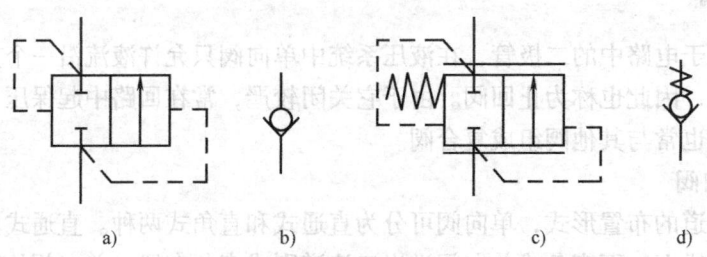

图 4-3　单向阀图形符号

图 4-4 所示为通径为 10mm 的直通式单向阀的压差-流量特性曲线。其中，曲线 0 表示无簧单向阀的压差-流量特性曲线；曲线 1、2、3、4 分别表示开启压力为 0.1MPa、0.2MPa、0.3MPa、0.5MPa 的单向阀的压差-流量特性曲线。

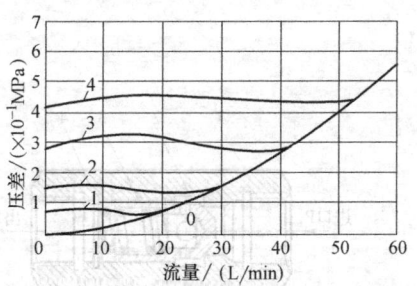

图 4-4　通径为 10mm 的直通式单向阀的压差-流量特性曲线

将不同结构形式的单向阀进行比较可知：

1）阀芯为球阀的单向阀结构简单，但密封较易失效，工作时容易产生振动和噪声；与此相反，阀芯为锥阀的单向阀结构较为复杂，但密封性较好，因为阀芯有导向部分，工作比较平稳。

2）管式连接的单向阀可以直接装在管路上，比较简单，但维修装拆不方便；板式连接的单向阀的情况则完全相反。

3）直通式单向阀的结构简单、尺寸小，但与直角式单向阀相比液流阻力损失较大，较易产生振动和噪声，更换弹簧不方便。

2. 液控单向阀

液控单向阀是在普通单向阀上增加液控部分，根据需要来实现反向流动的单向阀，主要有以下几种结构形式：

（1）内泄式液控单向阀　内泄式液控单向阀结构如图 4-5 所示，其中 4-5a 所示为结构图，4-5b 所示为图形符号。当控制油口 K 不通压力油时，油液只能由 P_1 口进入，从 P_2 口流出，反向液流不能通过，与普通单向阀作用相同。当控制口 K 通压力油时，控制活塞 6 上升，把阀芯 2 顶起，这时反向也可以自由通油。

这种液控单向阀,为了使额定流量通过单向阀时不至于产生过大的压力损失,则流速不能太高,因此阀芯不能设计得过小。而当反向进油腔油液压力 p_2 较高时,将阀芯压在阀座上的力很大,此时要使控制活塞将阀芯顶开所需的控制压力也很大。一般这种结构的液控单向阀,当反向出油腔背压 $p_1 = 0$ 时,控制压力应大于 $0.4p_2$。而当反向出油腔背压 p_1 不等于零且较高时,则所需的控制压力也要大大提高,这对节约控制部分系统的功率是不利的,因此这种单向阀通常用在反向油液无背压或者背压较小的场合。

(2) 外泄式液控单向阀 为了克服内泄式液控单向阀的缺点,出现了外泄式液控单向阀,如图 4-6 所示。外泄式液控单向阀与内泄式的主要零件结构基本相同,只是阀体下部和控制活塞的结构有所不同。控制活塞与阀体孔设计成两节同心配合式结构,由于反向出油腔与活塞控制腔之间不互相连通,因而当进油腔压力 p_1 较高时,p_1 只能作用在控制活塞的上端,由于控制活塞上端比下端的截面积要小得多,作用在控制活塞小直径端的向下的力较图 4-5 所示的结构要小很多。同时,反向出油腔压力油液和控制腔压力油泄漏到控制活塞上下段之间的容腔内,为避免由于泄漏油的积聚影响控制活塞的上下运动,通过外泄口 L 直接引到阀体外部。这种单向阀通常可使用在反向出油腔油液背压较高的场合,以便降低控制压力,节省控制功率。

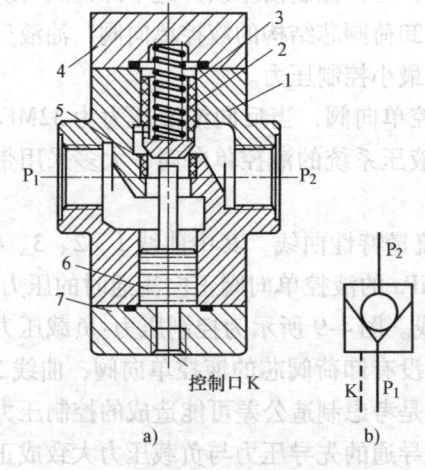

图 4-5 内泄式液控单向阀结构图
a) 结构图 b) 图形符号
1—阀体 2—阀芯 3—弹簧 4—上盖 5—阀座
6—控制活塞 7—下盖

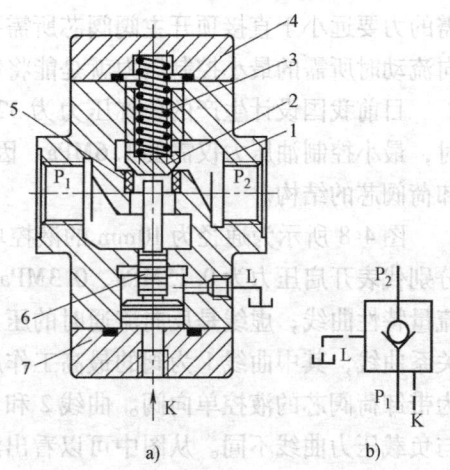

图 4-6 外泄式液控单向阀结构图
a) 结构图 b) 图形符号
1—阀体 2—阀芯 3—弹簧 4—上盖 5—阀座
6—控制活塞 7—下盖

这种结构的液控单向阀,反向出油腔油液背压 p_1 对控制压力的影响,取决于控制活塞上下面积之差;面积差越大,影响越小。由于受加工工艺及零件强度和刚度的限制,上段的面积也不能做得过小。目前我国生产的这种液控单向阀的控制活塞,其上下面积之比一般设计为 1:5,即上段截面积是下段截面积的 20%。

(3) 带卸荷阀芯的液控单向阀 采用外泄式结构,仅仅解决了反向出油腔的背压对最小控制压力的影响。但是当反向进油腔的压力 p_2 较高时(在大部分使用场合,p_2 都是较高的),控制活塞要将阀芯顶开所需的控制压力还是比较高的。同时,当控制压力达到液控单向阀的开启压力时,主阀阀芯突然开启,可能会引起失压冲击,这种情况在大体积压力油释放压力的情况下尤其剧烈。压力冲击不仅会产生噪声,还会造成对整个液压系统的应力冲击,特别对螺栓和阀的运动部件。为解决这一问题,出现了一种带卸荷阀芯的液控单向阀,如图4-7所示。

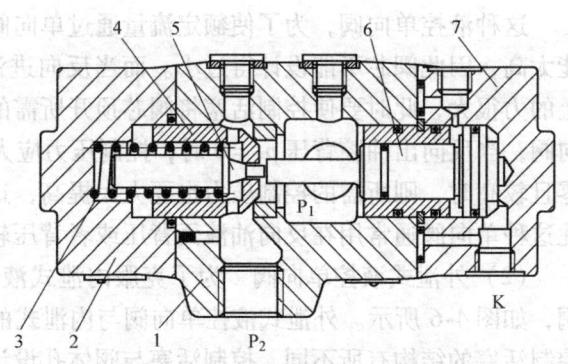

这种液控单向阀主阀阀芯的下部有一个小孔,用一锥阀芯(卸荷阀芯)将该孔封闭。当控制油将控制活塞向左顶起时,控制活塞首先将卸荷阀芯顶开一

图4-7 带卸荷阀芯的液控单向阀
1—阀体 2—上盖 3—弹簧 4—主阀阀芯
5—卸荷阀芯 6—控制活塞 7—下盖

小段距离,从P_2腔进入的反向油液通过主阀阀芯的径向小孔,从卸荷阀芯导向杆上的小孔流出,原来处于封闭状态的反向油液的压力随即降低,这样,控制活塞不必用很大的力即能将主阀阀芯顶开,使油液反向顺利通过。由于主阀阀芯下端的孔较小,卸荷阀芯的锥面封住这个小孔的面积也较小,所承受的总的油液压力也较小,这样控制活塞顶开这个卸荷阀芯所需的力要远小于直接顶开主阀阀芯所需要的力。这种带卸荷阀芯结构的液控单向阀,油液反向流动时所需的最小控制压力就是能将卸荷阀芯打开的最小控制压力。

目前我国设计生产的公称压力为32MPa的这种液控单向阀,当反向油液压力为32MPa时,最小控制油压力仅需要1.6MPa。因此,用于高压液压系统的液控单向阀,大多采用带卸荷阀芯的结构。

图4-8所示为通径为10mm的液控单向阀的压力-流量特性曲线,其中曲线1、2、3、4分别代表开启压力为0.15MPa、0.3MPa、0.6MPa和1MPa的液控单向阀正向流通时的压力-流量特性曲线;虚线是反向流通时的压力-流量特性曲线。图4-9所示为控制压力-负载压力关系曲线,其中曲线1为阀的最高工作压力,曲线2为没有卸荷阀芯的液控单向阀,曲线3为带卸荷阀芯的液控单向阀。曲线2和3为区域值,这是考虑制造公差可能造成的控制压力与负载压力曲线不同。从图中可以看出液控单向阀反向导通的先导压力与负载压力大致成正比关系,因此,在高压回路中选用液控单向阀应注意选择合适的控制油压力。

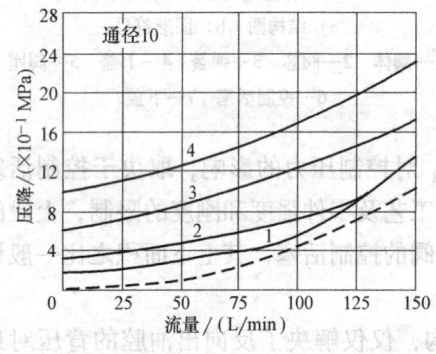

图4-8 通径为10mm的液控单向阀的
压力-流量特性曲线

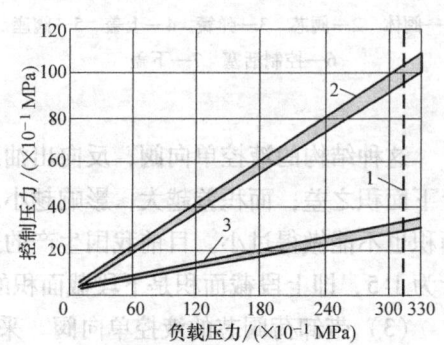

图4-9 控制压力-负载压力关系曲线

（4）双向液控单向阀 图 4-10a 所示为双向液控单向阀的结构，它是由两个液控单向阀组合而成。图 4-10b 点画线框内为其图形符号。A_1 口进油时，压力油便打开左边单向阀 1 从 A_2 口流出，同时压力油把控制活塞 2 向右推，打开右边的单向阀，使从 B_2 口流回的油液可以通过单向阀从 B_1 口流出；反过来，当 B_1 口进油时，压力油便打开右边单向阀 3 从 B_2 口流出，同时压力油把控制活塞 2 向左推，打开左边的单向阀，使从 A_2 口流回的油液可以通过单向阀从 A_1 口流出。双向液控单向阀又称为液压锁，在起重设备的支腿油路中应用广泛。

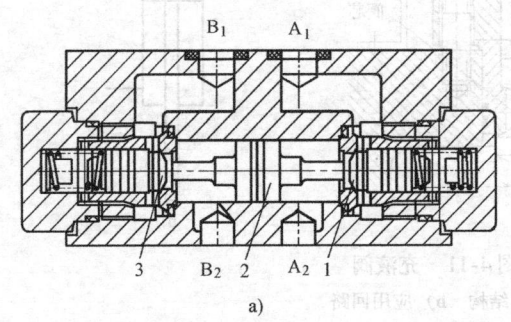 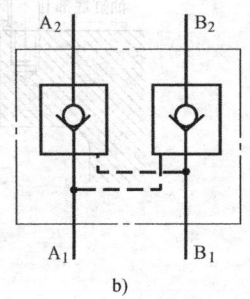

图 4-10 双向液控单向阀
a) 结构图 b) 图形符号
1、3—单向阀 2—控制活塞

3. 充液阀

充液阀又称防气穴阀，其实质是一种流通直径大而压力损失小的液控单向阀，其图形符号与液控单向阀相同。常用于立式大容量液压缸快速行程的液压回路中，其作用如下：

1）当活塞杆组件空行程快速下降时，对液压缸上腔进行大量充液。

2）活塞杆压块组件快速向上回程时使液压缸上腔的油液迅速排出。

3）用在大型液压机中，可减小液压泵的配备容量，节省功率消耗。

图 4-11a 所示为典型充液阀的结构。充液阀主要由阀芯，大、小弹簧及控制阀芯等组成，其中小弹簧的弹簧力很小，仅比阀芯自重稍大。充液阀通常直接安装在液压缸顶部，并浸于充液箱的油内。充液阀的通径很大，阀芯为倒置瓣式，重量轻、惯性小，阀口用锥面密封，严密可靠。

图 4-11b 所示为充液阀的应用回路，当充液阀不工作时，控制油口与油箱接通，控制活塞在大弹簧支撑力作用下，停在最上面的位置，阀芯也在小弹簧的作用下关闭充液阀锥面阀口。若液压缸有杆腔卸荷，则液压缸活塞会因自重而下降，无杆腔会出现真空，从而使充液阀主阀阀芯打开，液压缸在外伸时无杆腔从油箱吸油。与此同时，液压泵也向无杆腔提供液压油，实现液压缸快速下降。当液压缸即将到达行程终点时，液压缸减速至下压工作速度，此时无杆腔建立起压力，使充液阀关闭，液压缸的油液只由液压泵提供。

在工作行程执行完成后，液压缸需要回缩，通过控制油口的压力油使控制活塞运动，从而使主阀阀芯打开，于是无杆腔的油液可通过充液阀流回油箱，实现液压缸的快速缩回。

因为充液流量一般很大，所以充液阀的阀芯一般制作得很大，以保证流通阻力很小。

4. 梭阀

梭阀又称为选择阀或双单向阀，它实际上是一种三通式液控单向阀。梭阀的结构如图

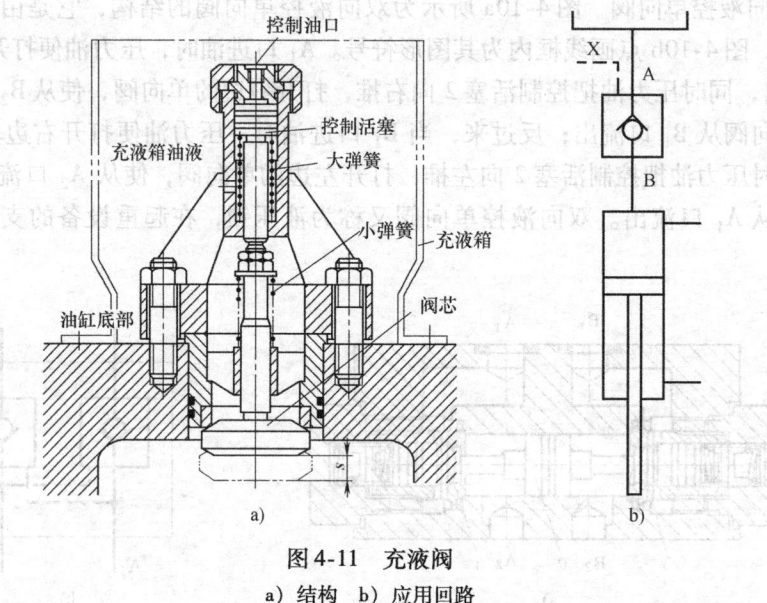

图 4-11 充液阀
a) 结构　b) 应用回路

4-12a 所示,它主要由阀体及阀芯等组成。梭阀有两个进油口 A 和 C 及一个出油口 B,当一个进油口压力比另一个进油口的压力高时,阀芯在液压力的作用下,自动密封较低压力的进油口,从而使出油口与较高压力的进油口相连通。在工程机械液压系统中,通常使用多个梭阀组成梭阀网络,选择出压力最高的系统来控制变量泵或压力补偿阀。图 4-12b 所示为梭阀的图形符号。

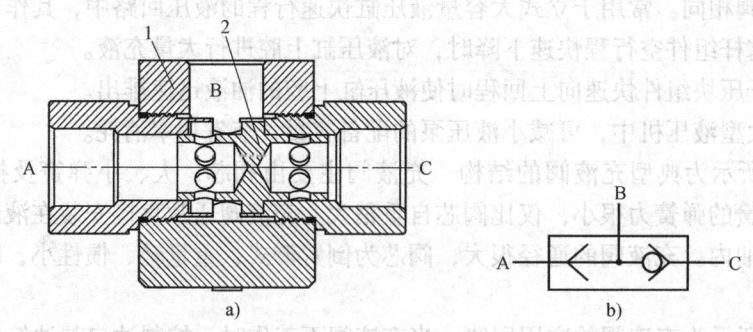

图 4-12 梭阀
a) 结构图　b) 图形符号
1—阀体　2—阀芯

4.2.2 换向阀

换向阀借助于阀芯与阀体之间的相对运动来改变连接在阀体上各管道的通断关系,使油路接通、断开或改变油液的流动方向,从而实现液压执行元件及其驱动机构的起动、停止或变换运动方向。根据换向阀的作用,对换向阀性能的基本要求有:油液通过换向阀时压力损失要小;油液在各关闭油口间的缝隙泄漏量要小;换向可靠,动作灵敏;换向平稳,无冲击。

换向阀按结构特点可分为转阀型、滑阀型和座阀型。

转阀型换向阀的阀芯相对于阀体作旋转运动。因为作用在阀芯上的液压径向力不平衡，加之密封性能较差，只适用于低压小流量的场合，或者用来作为液动换向阀的先导阀。

滑阀型换向阀的圆柱形阀芯相对于阀体作轴向滑动。滑阀型换向阀由于液压轴向力和径向力容易实现平衡，因此操纵力比较小。此外，滑阀型换向阀的动作可靠、工艺性好、容易实现多种机能，因此在换向阀中品种最多，应用最广。但由于阀芯、阀孔间必然有配合间隙，因而滑阀型换向阀不可能达到无泄漏。

座阀型换向阀与滑阀型换向阀的根本区别在于它具有密封面无泄漏，并能自动对磨损进行补偿等特点。

换向阀根据阀芯在阀体内停留的工作位置数可以分为两位、三位等，根据与阀体连接的油路数可分为两通、三通、四通、五通等。不同位数和通数的组合可以得到不同形式的换向阀，表4-1列出了常用滑阀型换向阀的结构原理和图形符号。不同的位数和通数在阀体内是由阀体上的沉割槽和阀芯上的台肩的不同组合形成的。

表4-1 常用滑阀型换向阀的结构原理和图形符号

名称	结构原理图	图形符号	使用场合	
两位两通换向阀	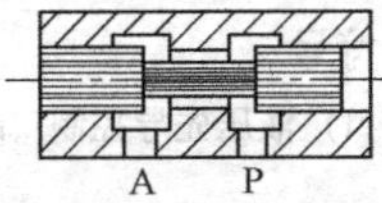	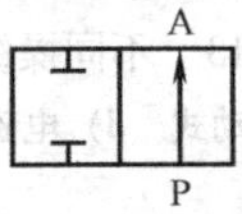	控制油路的接通与切断（相当于一个开关）	
两位三通换向阀	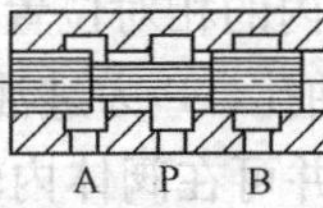	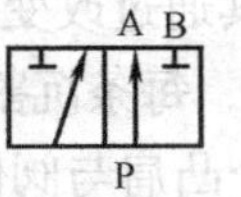	控制油流从一个方向变换到另一个方向	
两位四通换向阀			不能使执行元件在任意位置停止运动	执行元件正反向运动时回油方式相同
三位四通换向阀	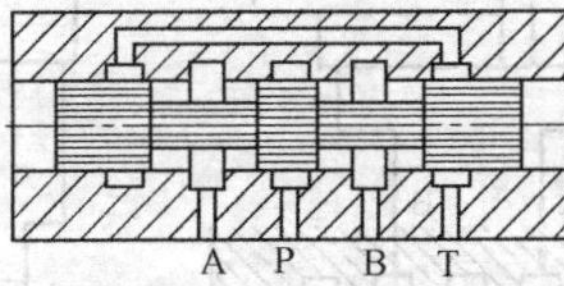	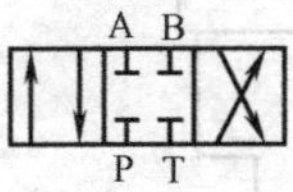	能使执行元件在任意位置停止运动	
两位五通换向阀	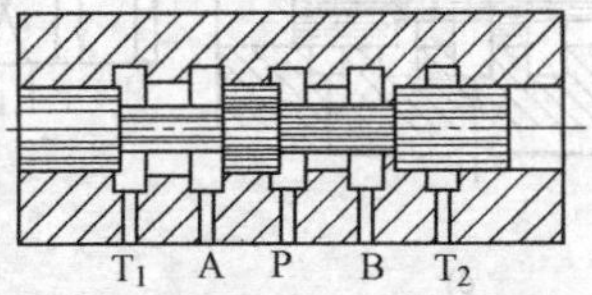	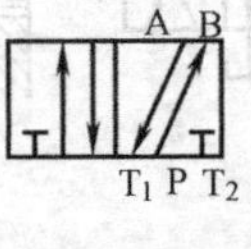	不能使执行元件在任意位置停止运动	执行元件正反向运动时可以得到不同的回油方式
三位五通换向阀	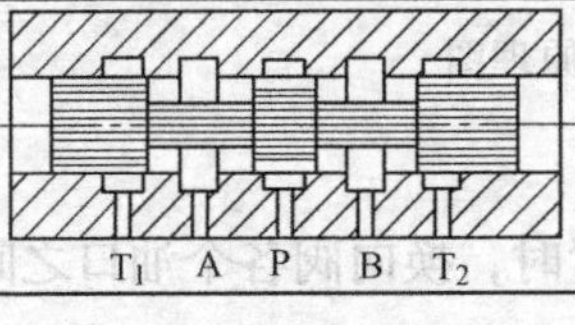	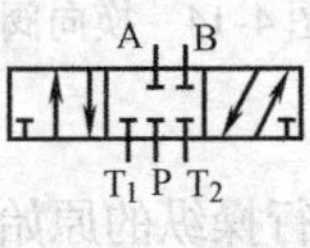	能使执行元件在任意位置停止运动	

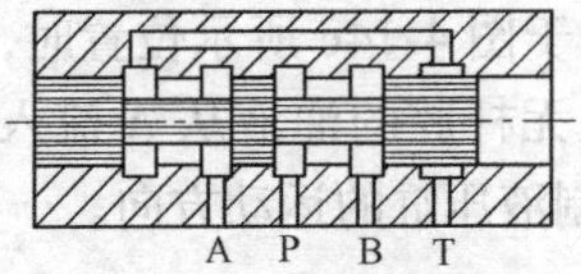

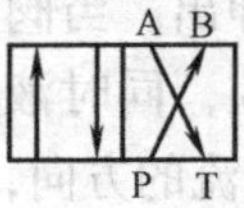

（控制执行元件换向）

从表中换向阀的图形符号可以看出：

1）一个实线方框表示一个工作位置（若由虚线构成的方框则表示过渡位置），有几个方框表示几位。

2）一个方框中的箭头↑、↓、↗、↙或堵塞符号⊥和⊤与方框上边和下边的交点数为油口通路数，有几个交点表示几通。箭头表示两油口连通，但不表示流动方向，⊥或⊤表示该油口堵死。

3）将阀与系统供油路连通的油口用字母 P 表示，将阀与系统回油路连通的油口用字母 T 表示，将阀与执行元件连通的油口用字母 A 和 B 表示。

4）换向阀都有两个以上的工作位置，其中一个是常位（即在不对换向阀施加外力的情况下阀芯所处的位置），绘制液压系统图时，油路一般按阀在常位时的通路绘制。

根据换向时的操纵方式不同，换向阀可分为电磁换向阀、手动换向阀、机动换向阀、液动换向阀、电液换向阀等。图 4-13 所示为不同操纵方式的图形符号。

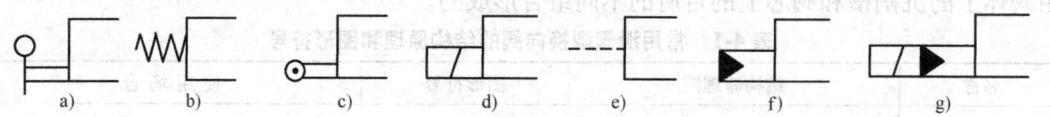

图 4-13　不同操纵方式的图形符号
a）手动式　b）弹簧控制　c）机动式　d）电磁动　e）液动　f）液压先导控制　g）电液控制

1. 换向阀的工作原理

换向阀的主体是阀芯和阀体，其通过改变阀芯在阀体内的相对位置来改变油流方向。如图 4-14 所示，阀体孔有五条沉割槽，每条沉割槽均有通油孔，P 为进油口，A、B 为工作油口，T 为回油口。阀芯圆柱体有三个凸肩与阀体相配合，并可在阀体内轴向移动。当阀芯处于图 4-14a 所示位置时，压力油从 P 经 A 输出，进入液压缸的无杆腔，同时液压缸有杆腔的油液从 B 经 T 回油箱，液压缸向外伸出。当阀芯处于图 4-14c 所示位置时，压力油从 P 进入，经 B 输出，进入液压缸的有杆腔，同时液压缸无杆腔的油液从 A 流入，经 T 回油箱，液压缸缩回。从而通过换向阀改变油流的方向，控制液压缸的运动方向。

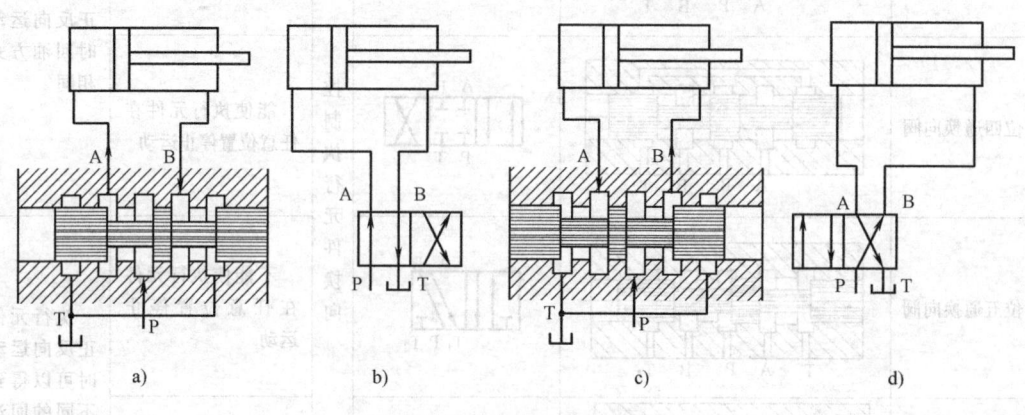

图 4-14　换向阀工作原理图

2. 换向阀的滑阀机能

滑阀机能是指在没有对阀芯进行操纵的原始位置时，换向阀各个油口之间的连通关系。

二位二通滑阀只对所连通的两个油口进行通、断（开、关）控制，最为简单。以电磁阀为例，按照在失电时两个油口的连接关系，分为常开式和常闭式。

比较复杂的是三位四通滑阀。在它的三个工作位置中，左、右两端工作位置的油路连通情况对于各种不同形式的滑阀是基本相同的，而中间位置的油路连通形式很多，中位的滑阀机能是换向滑阀的特征之一。常用的连通形式见表4-2，这种中间位置通道内部连通形式称为三位换向阀的中位机能。

表4-2 三位换向阀的中位机能

滑阀中位机能代号	结构简图	机能符号	中位特点
O	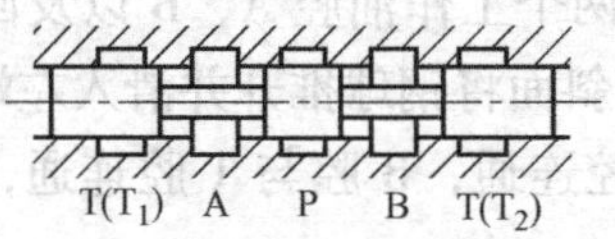	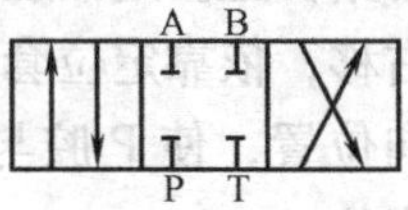	四个油口全部封闭，执行元件可在任意位置停止，系统不能卸荷
M	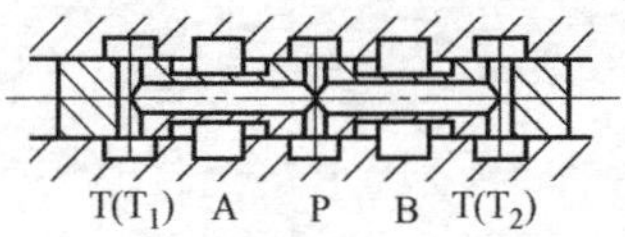	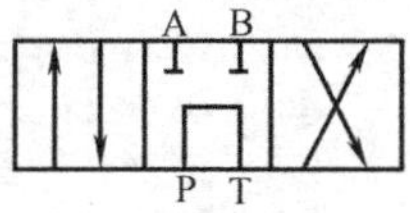	P口与T口相通，A、B两个油口封闭，执行元件可在任意位置停止，系统能卸荷
P	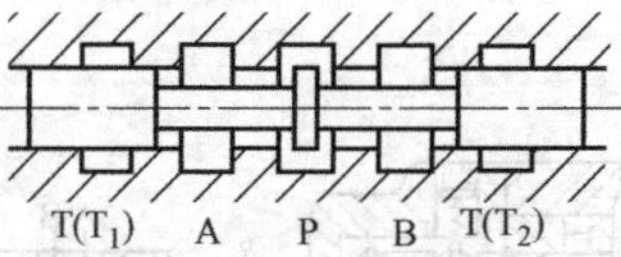	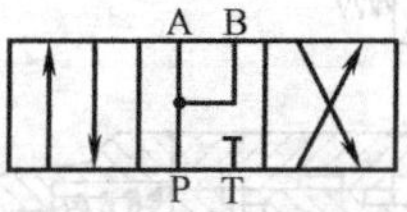	P口与A、B两个油口相通，T口封闭，双出杆液压缸处于浮动状态，单出杆液压缸处于差动状态，系统不能卸荷
Y	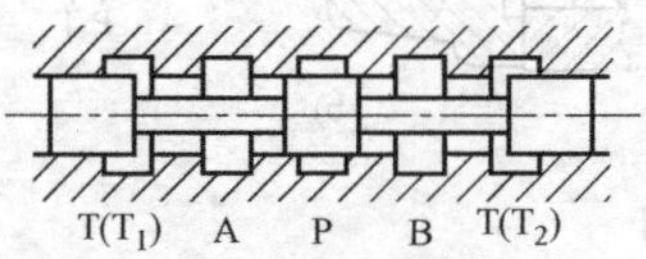	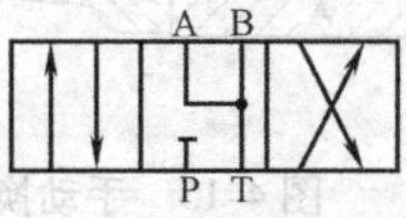	A、B两个油口与T口相通，P口封闭，执行元件处于浮动状态，系统不能卸荷
H	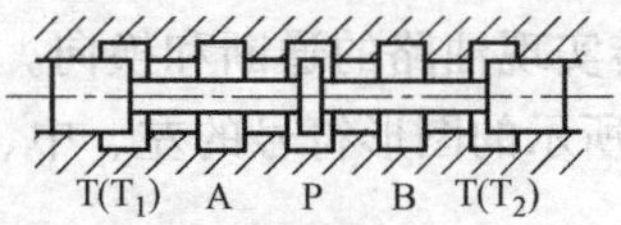	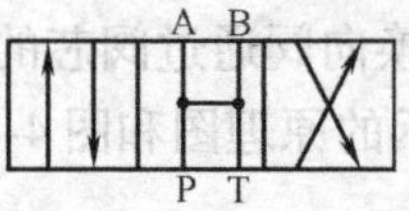	四个油口互相连通，执行元件处于浮动状态，系统卸荷

在分析和选择中位机能时，通常考虑以下因素：

（1）系统卸荷 当阀处于中间位置时，P口能够通畅地与T口连通，使系统处于卸荷状态，既节约能量，又防止油液发热，如M和H型。

（2）执行机构浮动 当阀处于中间位置时，如果A、B两油口互通，则执行机构处于浮动状态，可通过其他机构移动调整其位置，如Y和H型。

（3）执行机构在任意位置停止 当阀处于中间位置时，如果A、B两油口封闭，则可使执行机构在任意位置停止，如O和M型。

（4）系统保压 当P口被封闭时，系统保压，液压泵能够用于多缸系统，如O和Y型。

（5）制动和锁紧要求 执行元件采用了液压锁、制动器等时，要求中位时两腔与油箱相通，保证锁紧和制动的可靠性，如 H 型和 Y 型。

3. 常用换向阀

（1）手动换向阀　手动换向阀一般都是借用液动换向阀或电液换向阀的阀体，也可利用电磁换向阀的阀体进行改制，再在两端安装手柄操纵机构和定位机构而成的。

手动换向阀按照操纵阀芯换向后的定位方式分，有钢球定位式和弹簧自动复位式。图 4-15a 所示为三位四通弹簧对中式手动滑阀及其图形符号，当杠杆放松时，阀芯在弹簧作用下，自动恢复到中间位置；要想使阀芯处于左右两端工作位置，必须用手持续按住杠杆。

图 4-15b 所示为三位四通钢球定位式手动滑阀后部结构及阀的图形符号，其余部分与上述弹簧对中式的结构完全相同。当手柄处于初始中间位置时，后盖中的钢球卡在定位套的中间的定位沟槽中，使阀芯保持在初始位置。进油腔 P，两个工作油腔 A、B 以及回油腔 T 互不相通。当手柄向左推时，阀芯右移，依靠定位套沟槽斜面将钢球推开并滑入左端第一个定位沟槽中，阀芯定位在右边的换向位置，使 P 腔与 A 腔连通，B 腔与 T 腔连通，实现了换向。阀芯在三个工作位置上都能定位。

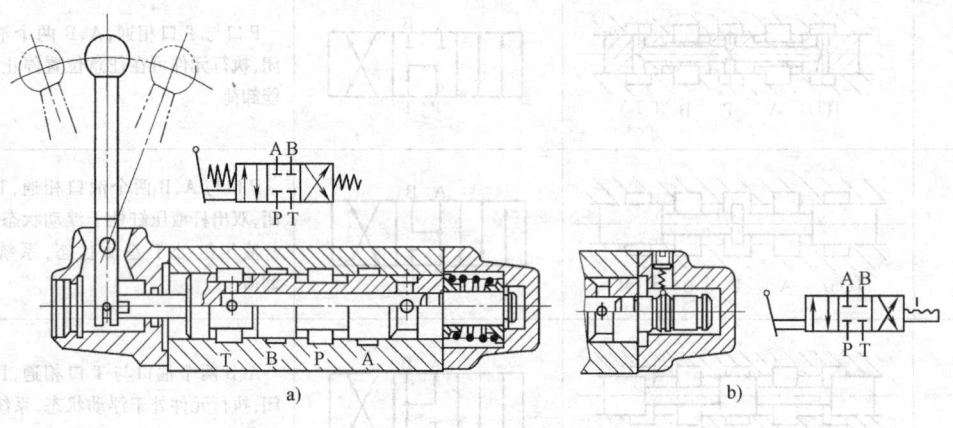

图 4-15　手动换向阀

a）三位四通弹簧对中式手动滑阀及其图形符号　b）三位四通钢球定位式手动滑阀后部结构及阀的图形符号

（2）转阀式换向阀　转阀式换向阀通过阀芯的旋转实现油路的通断和换向。图 4-16 所示为三位四通转阀，图 4-16a 所示的原理图和图 4-16b 所示的图形符号的左、中、右位置是相对应的。

当阀芯处于图 4-16a、b 所示的中位时，P、A、B、T 互不相通。当阀芯顺时针方向转一角度，处于右位时，油口 P 和 B 相通，A 和 T 相通。当阀芯逆时针方向转一角度，处图左位时，则油口 P 和 A 相通，B 和 T 相通，此时对应图 4-16c 所示状态。

转阀可用手动或机动操纵。由于转阀径向力不平衡，旋转阀芯所需力较大，且密封性能不好，因此应用并不广泛。

（3）机动换向阀　机动换向阀也称行程换向阀，它是通过安装在执行机构上的挡铁或凸轮使阀芯移动来控制油流的方向的，一般只有两个工作位置。当挡铁或凸轮离开滚轮后，阀芯靠弹簧力自动复位。机动换向阀有二通、三通、四通及五通几种结构，最常用的是二位二通，它又分常闭及常通两种。

图 4-17a）所示为二位三通行程换向阀的原理图。在图示位置阀芯 2 被弹簧 1 压向上

端，油腔 P 和 A 通，B 口关闭。当挡铁压住滚轮 4，使阀芯 2 移动到下端时，油腔 P 和 A 断开，P 和 B 接通，A 口关闭。图 4-17b 所示为该阀的图形符号。

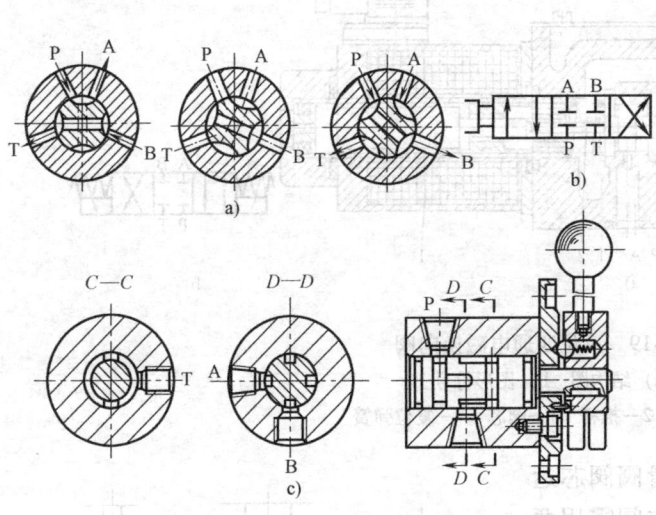

图 4-16　三位四通转阀
a) 原理图　b) 图形符号　c) 结构图

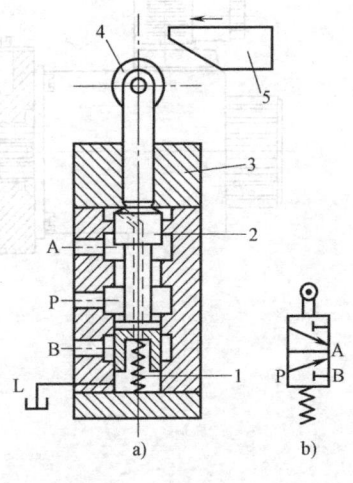

图 4-17　二位三通行程换向阀
a) 原理图　b) 图形符号
1—弹簧　2—阀芯　3—上盖
4—滚轮　5—挡块

（4）电磁换向阀　电磁换向阀是液压控制系统和电气控制系统之间的转换元件。它由电气控制系统中的按钮开关、限位开关、行程开关及压力继电器等电气元件发出信号，使电磁铁得电吸合或失电释放，直接控制阀芯移位，来实现油流的连通、切断和方向变换，从而控制各种执行机构的动作，如液压缸的往返、马达的回转、液压系统的卸荷及其他工作部件的动作顺序等。由于采用电气控制，使液压系统的自动化程度大大提高，操作更加方便，布局也更加合理。电磁换向阀利用电磁铁推动阀芯来控制液流方向，使操作轻便，容易实现自动化操作，因此应用极广。

1）电磁换向阀中的电磁铁。电磁铁是电磁换向阀不可缺少的部件，作为电磁换向阀的动力源，其品种规格及与阀匹配的工作特性，对电磁换向阀的结构和性能有着直接的影响。电磁铁按照电源类型可分为交流型和直流型，根据衔铁是否在压力油的浸润下工作可分为干式和湿式。

下面以干式交流电磁铁为例介绍其工作原理。图 4-18 所示为干式交流电磁铁，当线圈 9 得电后产生电磁力将吸引衔铁 7 向左运动，推杆 4 在衔铁 7 的作用下带动阀芯 2 向左运动，完成换向。

2）三位四通电磁换向阀。图 4-19a 所示为三位四通电磁换向阀的结构图。它两边各有一个电磁铁，当两边电磁铁均不得电时，阀芯在两端对中弹簧的作用下处于中间位置，进油口 P 与回油口 T、工作口 A 和 B 四个通道均不相通。当左边的电磁铁得电时，衔铁通过推杆将阀芯推向右边，P、A 两腔及 B、T 两腔各自

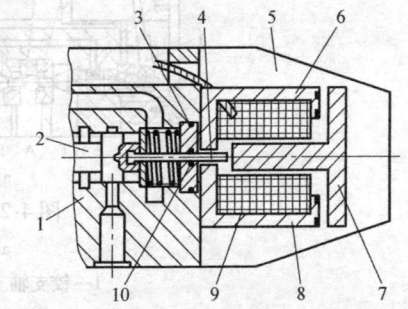

图 4-18　干式交流电磁铁
1—阀体　2—阀芯　3—静密封　4—推杆
5—外壳　6—分磁环　7—衔铁　8—定铁心
9—线圈　10—动密封

相通。当右边的电磁铁得电时，可使 P、B 两腔及 A、T 两腔相通。

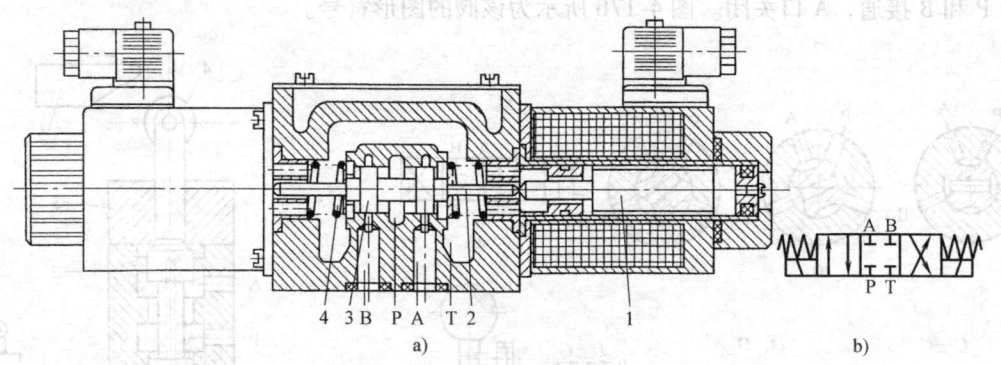

图 4-19　三位四通电磁换向阀
a) 结构图　b) 图形符号
1—衔铁　2—推杆　3—阀芯　4—复位弹簧

电磁换向阀采用电磁铁来操纵滑阀阀芯运动，一般二位阀用一个电磁铁，三位阀需用两个电磁铁。

（5）座阀式换向阀　座阀式换向阀根据座阀的阀芯结构不同可分为球式座阀、锥式座阀和盘式座阀等，如图 4-20 所示。其中球式座阀制造加工简单，应用最多，具有代表性。与滑阀式换向阀相似，座阀式换向阀有电磁控制、

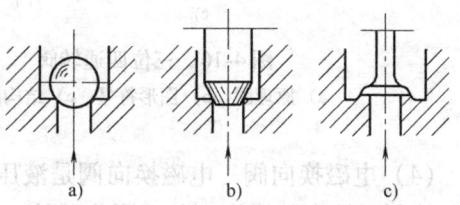

图 4-20　座阀阀芯结构形式
a) 球式　b) 锥阀式　c) 盘式

电液控制、手动和机动控制等多种操纵方式。图 4-21a 所示为二位三通常开球式电磁座阀的结构图，它主要由左阀座 4、右阀座 6、钢球 5、弹簧 7、操纵杆 2 和杠杆 3 等零件组成。

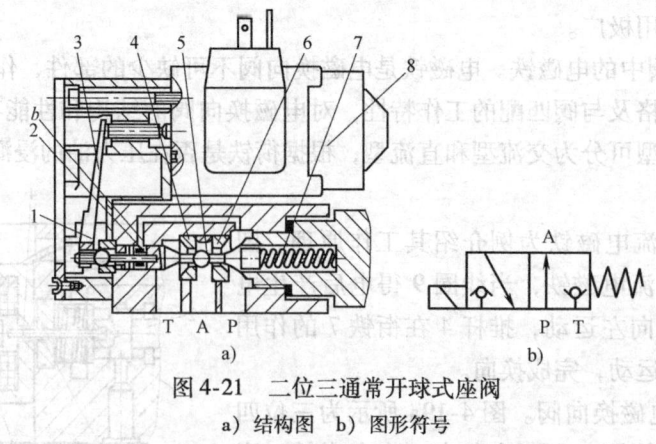

图 4-21　二位三通常开球式座阀
a) 结构图　b) 图形符号
1—铰支轴　2—操纵杆　3—杠杆　4—左阀座
5—钢球　6—右阀座　7—弹簧　8—电磁铁

该阀进油腔 P 内的压力油，一方面通过右阀座孔作用在钢球 5 的右边，另一方面，压力油经过阀体上的通道口进入操纵杆 2 的空腔，作用在钢球 5 的左边，以此保证钢球 5 两边承受液压力的平衡。因此，当电磁铁未得电时，钢球 5 仅受弹簧 7 的作用而被压向左阀座，油

腔 P 与 A 相通，A 腔与 T 腔封闭、隔断。

当电磁铁 8 得电后，衔铁吸合，向左移动，推动杠杆 3，再通过操纵杆 2 将钢球 5 推向右边阀座。油路实现切换，进油腔 P 被封闭，工作腔 A 与回油腔 T 连通。

当电磁铁失电后，钢球 5 则在弹簧力的作用下恢复原位。二位三通常开球式座阀的图形符号如图 4-21b 所示。

二位三通常闭球式座阀的结构如图 4-22 所示，它采用双端钢球的阀芯。电磁铁失电，P 腔封闭，A 腔与 T 腔连通，电磁铁得电，则 P 腔与 A 腔连通，T 腔封闭。

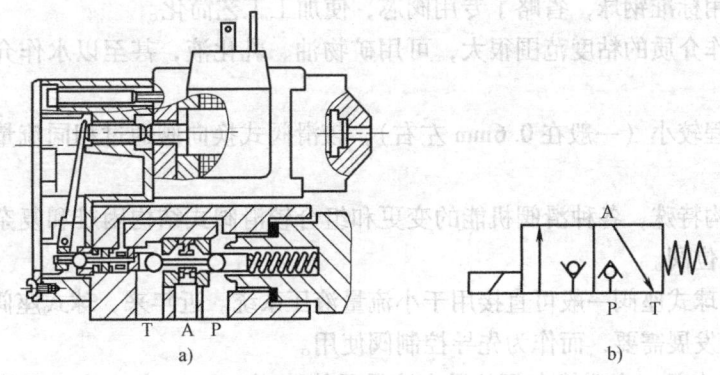

图 4-22　二位三通常闭球式座阀
a）结构图　b）图形符号

二位三通球式座阀底面若附加一个换向底板阀，则可组成二位四通机能，如图 4-23 所示。图 4-23a 所示为电磁铁未得电时，压力油口 P 与工作油腔 A 沟通，底板阀阀芯两端压力相等。因为阀芯左端作用面积大于右端作用面积，因此，底板阀芯右移，B 腔与 T 腔连通。当电磁铁得电后（图 4-23b），球阀被推向右阀座，油路 P 腔与 A 腔被切断，A、B、T 三腔连通，这是换向过渡负重叠位置，由于上述油路连通情况，使底板阀组合阀芯两端出现压差，阀芯被向左推动，抵住阀座口，使油路切换为 P 腔通 B 腔，A 腔通 T 腔，如图 4-23c 所示。

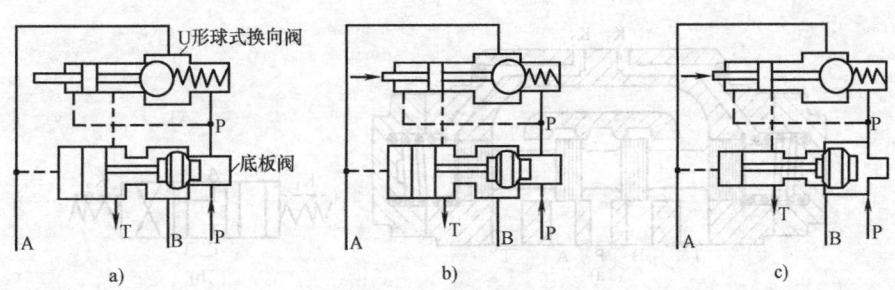

图 4-23　换向底板工作原理
a）未得电　b）得电　c）油路切换

座阀式换向阀除前述无泄漏的优点外，还有下述特点：
1）不存在液压卡紧问题，受液流力的影响较小，换向控制力小，利于缩小整个阀的体积。

2) 工作压力高。力士乐公司产品的最高工作压力可达 63MPa 以上。

3) 电磁铁采用杠杆推动阀芯,推力具有放大作用,因此,不仅工作压力高,而且允许可高达 20MPa 的背压。

4) 换向快速。直流电磁铁吸合时间为 0.03s,释放时间为 0.01s,换向频率可达 15000 次/h。

5) 密封性好。依靠球面密封切断油路,可在较大压力范围内实现无泄漏。

6) 阀芯采用标准钢球,省略了专用阀芯,使加工工艺简化。

7) 使用工作介质的粘度范围很大,可用矿物油、乳化液,甚至以水作介质,均能很好地工作。

8) 开启行程较小(一般在 0.6mm 左右),较滑阀式换向阀通过相同流量时的压力损失要大得多。

9) 由于结构特殊,各种滑阀机能的变更和组合较滑阀式结构困难和复杂。目前,国内外使用的多为二位阀。

综上所述,球式座阀一般可直接用于小流量液压系统。近年来,球式座阀更多的是适应了二通插装阀的发展需要,而作为先导控制阀使用。

(6) 液动换向阀 电磁换向阀的最大流量只能达到 100L/min 左右,否则由于液动力过大,电磁铁产生的力不足以推动阀芯实现换向。因此通常情况下,当流量大于 100L/min 时,不能用电磁换向阀直接控制,而是采用液动换向阀。

液动换向阀是利用压力油来操纵阀芯运动的换向阀。如图 4-24 所示,在阀芯两端有控制油腔分别接通控制油口 K_1 及 K_2,当控制油路的压力油从左边的控制油口 K_1 进入阀芯左端的油腔,右端控制油腔油液经 K_2 流回油箱时,压力油推动阀芯向右移动,使 P 与 A 接通,B 与 T 接通。同理,当控制油路的压力油从右边的控制油口 K_2 进入阀芯右端的油腔,左端控制油腔 K_1 的油液流回油箱时,压力油推动阀芯向左移动,使 P 与 B 接通,A 与 T 接通。当两个控制油口都不通控制油时,阀芯在两端对中弹簧的作用下,处于中间位置。

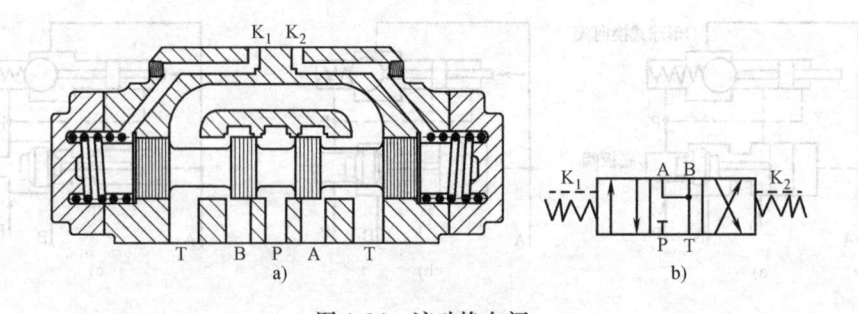

图 4-24 液动换向阀
a) 结构图 b) 图形符号

(7) 电液换向阀 液动换向阀是依靠外部的压力油来推动阀芯,以改变各油腔的沟通状况,从而实现改变油液流动方向的功能的。这个控制油可以是主油路中分出的一部分流量,也可以由专设的控制系统供给。但不论控制油源来自何处,为实现液动换向阀阀芯的换向要求，都少不了一个改变控制油进出方向的系统。

从液动换向阀的结构可以看出，使阀芯换向所需要的控制油流量是不大的，只要能够充满两端的容腔即可。这样就可以在液动换向阀的上部直接安装一个小型的电磁换向阀作为先导控制阀，从外部或内部引入一控制油源供给电磁换向阀，通过电气控制使电磁阀换向，以改变控制油的方向，通过此先导阀的压力油来控制主阀阀芯的移动，换向力可以很大，故主阀可以通过很大的流量。

图 4-25 所示为弹簧对中型电液换向阀结构图。其工作原理为：常态时，两个电磁铁都不得电，先导阀阀芯 7 处于中位，主阀阀芯 2 的两端都通过电磁阀的中位接通油箱，在对中弹簧的作用下，主阀阀芯也处于中位。当左电磁铁得电时，电磁阀左位工作，控制油通过电磁阀后进入主阀的右控制腔 5，同时左控制腔 4 通过电磁阀与油箱连通，主阀阀芯在压力作用下向左运动，使 P 与 A 接通，B 与 T 接通。同理，当左电磁铁失电、右电磁铁得电时，电磁阀右位工作，控制油通过电磁阀后进入主阀的左控制腔 4，同时右控制腔 5 通过电磁阀与油箱连通，主阀阀芯在压力作用下向右运动，使 P 与 B 接通，A 与 T 接通。

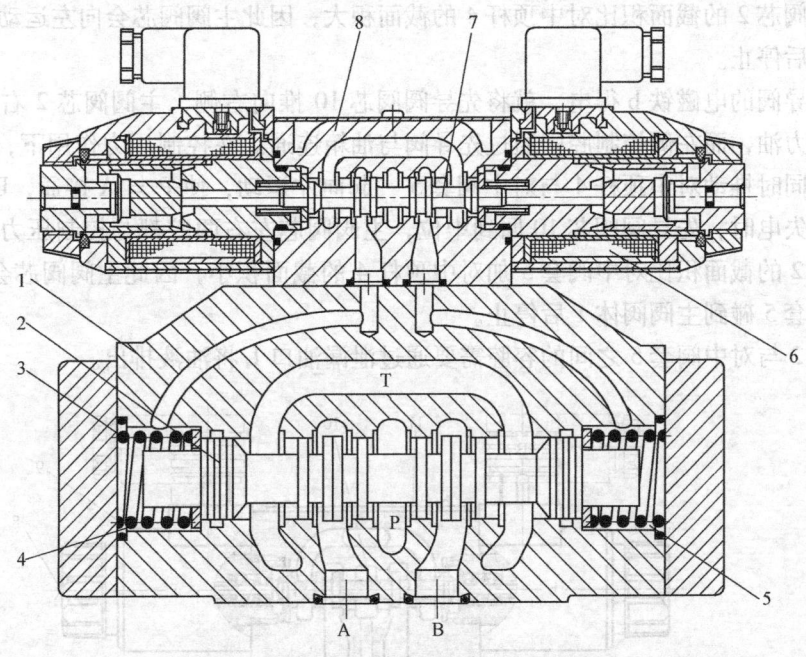

图 4-25 弹簧对中型电液换向阀结构图
1—主阀阀体 2—主阀阀芯 3—弹簧 4—左控制腔 5—右控制腔 6—电磁铁
7—先导阀阀芯 8—先导阀阀体

电液换向阀可以做成不同控制方式、回油方式和对中形式。如果电磁阀的进油口与主阀的油口 P 是连通的，则这种控制油的进油方式称为内部控制。如果进入先导电磁阀的压力油引自于主阀油口 P 以外的油路，如专用的低压泵或系统的某一部分，则这种控制油进油方式称为外部控制。如果电液换向阀采用内控方式供油，并且在中位使液压泵卸荷（换向阀具有 M 型、H 型、K 型等中位机能），为克服阀在得电后因控制油无压力而使主阀不能动作的缺点，可在主阀的进油孔中插装一个预压阀（即一个具有硬弹簧的单向阀），使阀在卸荷状态下仍有一定的控制油压，足以操纵主阀阀芯换向。

如果先导电磁阀的回油口单独接油箱，这种控制油的回油方式称为外部回油；如果先导电磁阀的回油口与主阀的油口 T 相通，则称为内部回油。内部回油的优点是无需单设回油管路，但主阀阀芯开启时 T 口出现的压力震荡，对已卸荷的控制腔和先导阀都会产生影响。

弹簧对中型电液换向阀的主阀阀芯靠弹簧保持在中位，要求主阀阀芯两边的弹簧腔在初始位置时都经先导阀与油箱相通，因此先导阀的中位机能通常为 Y 型。

压力对中型电液换向阀的结构图如图 4-26 所示，主阀阀芯左右两端的弹簧保证在没有压力时（即使阀体处于垂直状态）使主阀阀芯处于中位，弹簧刚度较小。当先导阀处于中间位置时，主阀阀芯两侧的控制腔均通压力油，靠作用于主阀阀芯、对中阀套和对中顶杆上的液压力的相互作用，使主阀阀芯保持在中间位置，因此先导阀的中位机能通常为 P 型。如果先导电磁阀的电磁铁 a 得电，就将先导阀阀芯 10 推向左侧，主阀阀芯 2 左侧控制腔仍然接控制压力油，而右侧控制腔则通过先导阀与油箱连通。在控制压力作用下，对中阀套碰到主阀阀体 1 后停止运动，对中顶杆则推动主阀阀芯向右运动，使 P 与 B 接通，A 与 T 接通。当电磁铁 a 失电时，先导阀阀芯 10 回到中位，主阀阀芯左右两腔都与控制压力相通，但由于主阀阀芯 2 的截面积比对中顶杆 4 的截面积大，因此主阀阀芯会向左运动，直到碰到对中阀套 5 后停止。

如果先导阀的电磁铁 b 得电，就将先导阀阀芯 10 推向右侧，主阀阀芯 2 右侧控制腔仍然接控制压力油，而左侧控制腔则通过先导阀与油箱连通。在控制压力作用下，主阀阀芯 2 向左运动，同时推动对中顶杆 4 与对中阀套 5 一起向左运动，使 P 与 A 接通，B 与 T 接通。当电磁铁 b 失电时，先导阀阀芯 10 回到中位，主阀阀芯左右两腔都与控制压力相通，但由于主阀阀芯 2 的截面积比对中阀套 5 加对中顶杆 4 的截面积小，因此主阀阀芯会向右运动，直到对中阀套 5 碰到主阀阀体 1 后停止。

主阀阀芯 2 与对中阀套 5 之间的容腔需要通过泄漏油口 L 将油液排出。

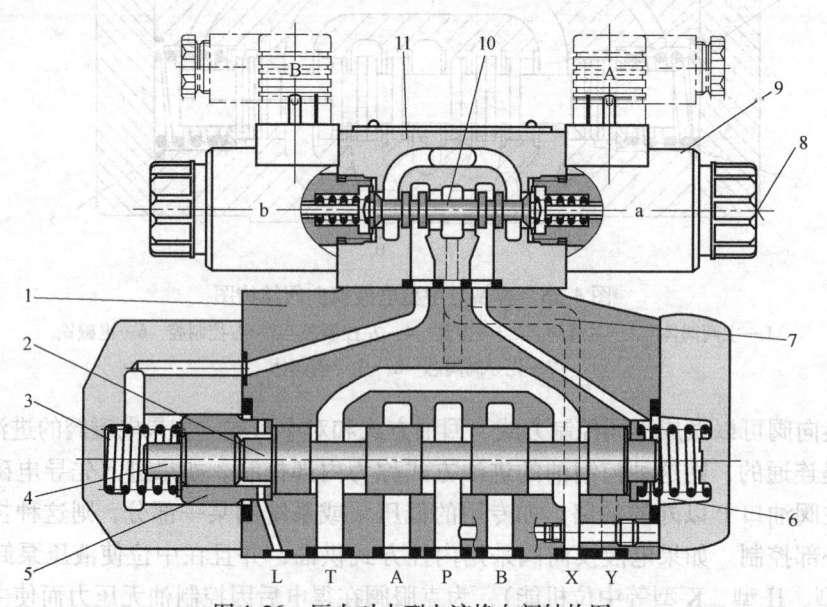

图 4-26　压力对中型电液换向阀结构图
1—主阀阀体　2—主阀阀芯　3—弹簧　4—对中顶杆　5—对中阀套　6—右控制腔　7—控制油路
8—应急手动操作按钮　9—电磁铁　10—先导阀阀芯　11—先导阀阀体

综上所述，电液换向阀主阀阀芯的对中方式有弹簧对中和压力对中，先导阀的进油和回油可以有外控外回、外控内回、内控外回及内控内回四种方式，其图形符号见表 4-3。在阀的具体使用中，四种控回方式如何调整转换详见产品说明书。

表 4-3 电液换向阀的图形符号

对中方式	控回方式	外部控制,外部回油	内部控制,外部回油	内部控制,内部回油	外部控制,内部回油
弹簧对中	详细符号				
弹簧对中	简化符号				
压力对中	详细符号				
压力对中	简化符号				

在先导阀与主阀之间可以叠加单向节流阀，也称为阻尼调节器。调节节流阀开口大小即可调节主阀换向时间，从而消除或减小执行元件的换向冲击。

在电液换向阀上还可以设置主阀阀芯行程调节机构，它可通过在主阀两端盖加限位螺钉来实现。这样主阀阀芯换位移动的行程和各阀口的开度即可改变，通过主阀的流量也随之变化，因而可对执行元件起粗略的速度调节作用。

(8) 多路阀　多路阀是一种集中式换向阀的组合，它可由多个换向阀及单向阀、溢流阀、补油阀等组成，具有结构紧凑、流道阻力小、通用性好、不易外漏及微调性能好等特点，主要用在起重运输机械、矿山工程机械及其他机械上，以进行多个工作机构的集中控制。

根据用途的不同，滑阀处于中间位置时，主油路有中间全封闭式、压力口封闭式等几种滑阀机能。每个换向阀的工作位置和所控制的油腔，有三位四通、三位六通及四位六通等形式。阀芯换向后的定位复位方式有弹簧对中、钢珠弹跳定位及气动复位等。控制方式分为手动控制、液动控制两种。与管道的连接方式一般有螺纹联接和法兰连接两种。

多路换向阀一般都有公共的进油腔 P 和回油腔 T，各个换向阀又各有两个工作油腔与工作机构相连。

多路换向阀本身的组合方式有并联式、串联式及顺序单动式三种。图 4-27 所示为多路换向阀的图形符号。该多路阀由三个三位六通的手动换向阀组合而成，实际上，多路阀也可由四个、五个或更多的手动换向阀或液动换向阀组合而成。

图 4-27a 所示为并联式，它的特点是主液压泵同时向多路换向阀控制的工作机构（如液压缸或液压马达等）供油，各工作机构的工作压力即是液压泵的出口压力。每个换向阀可独立操纵，也可几个阀同时操纵作复合动作，这时负载小的工作机构先动作。并且，进入各工作机构的流量，只是液压泵额定输出量的一部分。因此，多个工作机构同时动作时，速度要比单个动作时要慢。

图 4-27b 所示为串联式，它的特点是主液压泵依次向多路换向阀控制的工作机构供油，也就是第一个阀的回油与第二个阀的压力油连通，在油液压力足够打开各换向阀进油腔单向阀的情况下，可实现两个及两个以上工作机构的同时动作。同时，各工作机构的工作压力是叠加的，也就是液压泵的出口压力是各工作机构工作压力的总和。因此，工作机构的数量越多，克服负载的能力就要降低。串联形式常用在高压系统中。

图 4-27c 所示为顺序单动式，它的特点是主液压泵按顺序单独向每一个工作机构供油。工作时只能按顺序单个动作，操纵前一个阀时，即切断后面的油道，以避免各工作机构的动作干扰。如果利用操纵手柄控制阀芯的换向行程，则可实现两个及两个以上阀的并联动作。

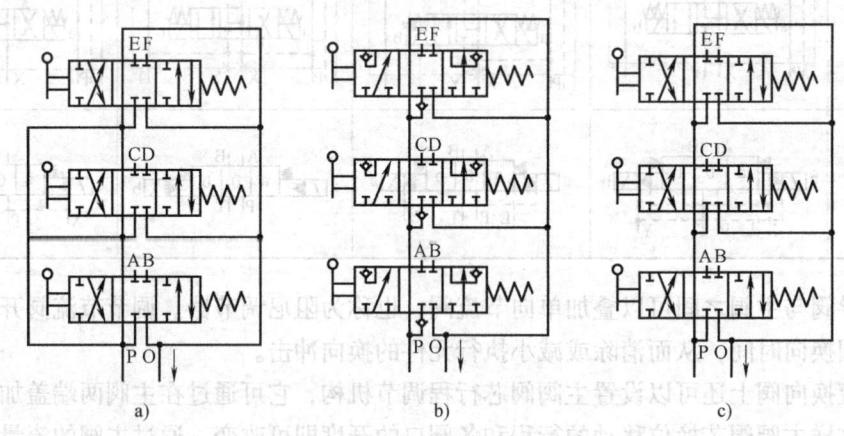

图 4-27　多路换向阀图形符号
a）并联式　b）串联式　c）顺序单动式

（9）截止阀　截止阀通常直接连接在液压系统的管路中，作为切断或连通油流之用。图 4-28a 所示一种球形截止阀的结构图。当压力油进入时，油液压力将球体 2 紧压在密封圈 3 上，起到密封作用，切断油流。当扳手 8 通过调节杆 5 将球体 2 向任一方向旋转 90°时，通过球体中间的孔道，将进油腔与出油腔连通。螺套 4 可以用来调整球体与密封圈的预紧力，以达到最好的密封效果和合适的扳手调节力。这种结构形式的截止阀，由于作用在球体上的油压力不能取得平衡，因此，在高压情况下旋转扳手比较费力。图 4-28b 所示为球形截止阀的图形符号。

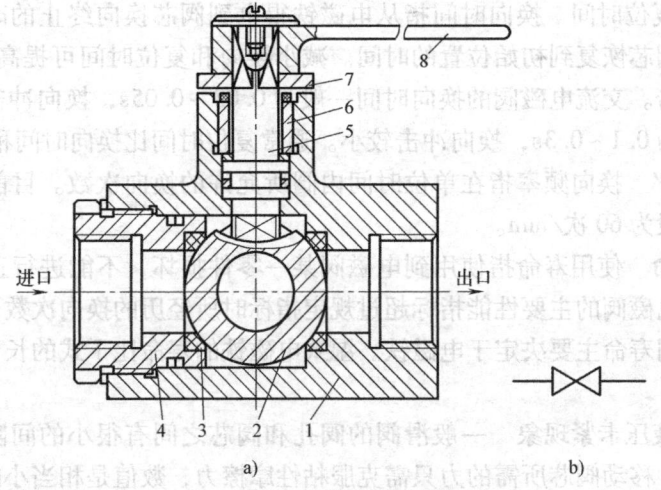

图 4-28 球形截止阀
a) 结构图 b) 图形符号
1—阀体 2—球体 3—密封圈 4—螺套 5—调节杆 6—压套
7—定位板 8—扳手

4. 换向阀的主要性能

换向阀的主要性能，以电磁阀的项目为最多，主要包括下面几项：

(1) 工作可靠性 工作可靠性指电磁铁得电后能否可靠地换向，而失电后能否可靠地复位。工作可靠性主要取决于设计和制造，但和使用也有一定的关系。液动力和液压卡紧力的大小对工作可靠性影响很大，而这两个力与通过阀的流量和压力有关。所以电磁阀也只有在一定的流量和压力范围内才能正常工作。这个工作范围的极限称为换向界限，如图 4-29 所示。

(2) 压力损失 由于电磁阀的开口很小，故液流流过阀口时产生较大的压力损失。图 4-30 所示为某电磁阀的压差-流量特性曲线。一般阀体铸造流道中的压力损失比机械加工流道中的损失小。

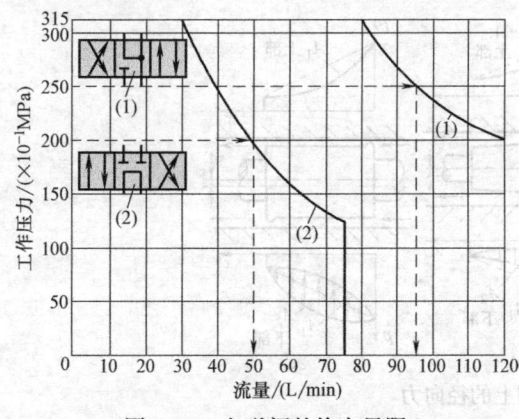

图 4-29 电磁阀的换向界限

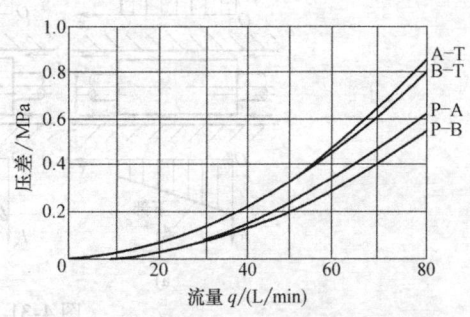

图 4-30 电磁阀压差-流量特性曲线

(3) 内泄漏量 在各个不同的工作位置，在规定的工作压力下，从高压腔漏到低压腔的泄漏量为内泄漏量。过大的内泄漏量不仅会降低系统的效率，引起过热，而且还会影响执行机构的正常工作。

(4) 换向和复位时间　换向时间指从电磁铁得电到阀芯换向终止的时间，复位时间指从电磁铁失电到阀芯恢复到初始位置的时间。减小换向和复位时间可提高机构的工作效率，但会引起液压冲击。交流电磁阀的换向时间一般为 0.03~0.05s，换向冲击较大；而直流电磁阀的换向时间为 0.1~0.3s，换向冲击较小。通常复位时间比换向时间稍长。

(5) 换向频率　换向频率指在单位时间内阀所允许的换向次数。目前单电磁铁的电磁阀的换向频率一般为 60 次/min。

(6) 使用寿命　使用寿命指使用到电磁阀某一零件损坏，不能进行正常的换向或复位动作，或使用到电磁阀的主要性能指标超过规定指标时所经历的换向次数。

电磁阀的使用寿命主要决定于电磁铁。湿式电磁铁的寿命比干式的长，直流电磁铁的寿命比交流的长。

(7) 滑阀的液压卡紧现象　一般滑阀的阀孔和阀芯之间有很小的间隙，当缝隙均匀且缝隙中有油液时，移动阀芯所需的力只需克服粘性摩擦力，数值是相当小的。但在实际使用中，特别是在中、高压系统中，当阀芯停止运动一段时间后（一般约 5min 以后），这个阻力可以大到几百牛顿，使阀芯很难重新移动。这就是所谓的液压卡紧现象。

引起液压卡紧的原因，有的是由于脏物进入缝隙而使阀芯移动困难，有的是由于缝隙过小在油温升高时阀芯膨胀而卡死，但是主要原因是来自滑阀副几何形状误差和同心度变化所引起的径向不平衡液压力。如图 4-31a 所示，当阀芯和阀体孔之间无几何形状误差，且轴心线平行但不重合时，阀芯周围间隙内的压力分布是线性的（图中 A_1 和 A_2 线所示），且各向相等，阀芯上不会出现不平衡的径向力；当阀芯因加工误差而带有倒锥（锥部大端朝向高压腔）且轴心线平行而不重合时，阀芯周围间隙内的压力分布如图 4-31b 中曲线 A_1 和 A_2 所示，这时阀芯将受到径向不平衡力（图中阴影部分）的作用而使偏心距越来越大，直到两者表面接触为止，这时径向不平衡力达到最大值；但是，如阀芯带有顺锥（锥部大端朝向低压腔）时，产生的径向不平衡力将使阀芯和阀孔间的偏心距减小；图 4-31c 所示为阀芯表面有局部凸起（相当于阀芯碰伤、残留毛刺或缝隙中楔入脏物）时，阀芯受到的径向不平衡力将使阀芯的凸起部分推向孔壁。

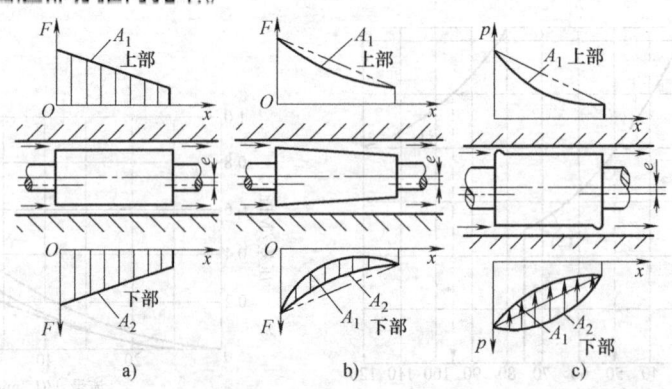

图 4-31　滑阀上的径向力

当阀芯受到径向不平衡力作用而和阀孔相接触后，缝隙中存留液体被挤出，阀芯和阀孔间的摩擦变成半干摩擦甚至干摩擦，因而使阀芯重新移动时所需的力增大了许多。

滑阀的液压卡紧现象不仅在换向阀中有，其他液压阀中也普遍存在，在高压系统中更为突出，特别是滑阀的停留时间越长，液压卡紧力越大，以致移动滑阀的推力（如电磁铁推力）不能克服卡紧阻力，使滑阀不能复位。为了减小径向不平衡力，应严格控制阀芯和阀孔的制造精度，在装配时，尽可能使其成为顺锥形式，另一方面在阀芯上开环形均压槽，也可以大大减小径向不平衡力。

4.3 压力控制阀

在液压传动系统中，用来控制或调节液压系统或回路压力的大小，或利用压力变化来实现某种动作的液压阀称为压力控制阀，简称压力阀。压力阀的主要作用是控制液压系统或回路中的压力，以此来控制执行机构输出力或输出转矩的大小。它的主要品种有溢流阀、减压阀、顺序阀及压力继电器等，它们的共同特点是根据阀芯受力平衡的原理，利用液体的压力对阀芯的作用力与其他作用力（主要是弹簧力）的平衡条件，来调节阀的开口量以改变液阻的大小，从而达到控制液流压力的目的。

4.3.1 溢流阀

溢流阀在液压系统中主要起定压或安全保护的作用，几乎所有的液压系统中都要用到它，其性能的好坏对整个液压系统的性能有很大的影响。按照结构不同溢流阀主要分为直动式溢流阀和先导式溢流阀。

1. 直动式溢流阀

图 4-32a 所示的是一种直动式溢流阀的结构图。它由阀芯（锥阀或球阀）1、阀体2、弹簧4、和调压手柄5等组成。

P 为进油口，接压力油，T 为回油口，接油箱。压力油进入溢流阀后，阀芯下部作用压力油。由于阀芯上侧作用着弹簧力，因此阀芯的工作位置要由阀芯下侧的液压力与上侧的弹簧力两者来决定。当作用在阀芯上的液压力 pA_0（A_0 为阀芯底面积）小于弹簧力 F_s 时，阀芯处于最下位置，P 口与 T 口不通。当 $pA_0 > F_s$ 时，阀芯上移，P 口与 T 口接通，溢流阀溢流。当 $pA_0 = F_s$ 时，阀口处于某一开度，P 口压力也就基本维护在某一压力值，此时压力 $p = \dfrac{F_s}{A_0}$。由于阀芯上下移动距离很小，因此在这段距离内弹簧力 F_s 变化也很小，可近似地视为不变，所以 p 也基本维持不变。这就是直动式溢流阀的工作原理。

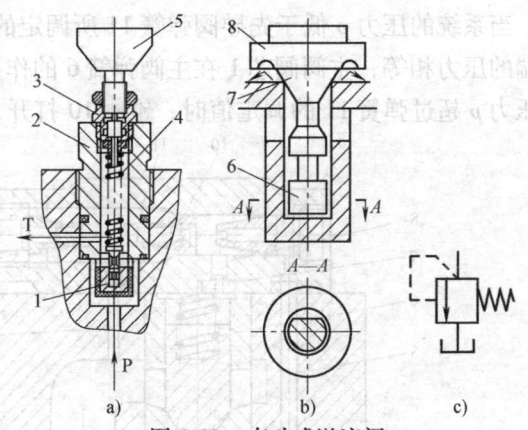

图 4-32 直动式溢流阀
a) 结构图 b) 锥阀式结构的局部放大图
c) 图形符号
1—阀芯 2—阀体 3—上盘 4—弹簧 5—调压手柄
6—偏流盘 7—锥阀 8—阻尼活塞

当 T 口压力不为 0 时，T 口压力作用于阀芯上侧，作用面积与 P 口面积相同，因此会使溢流阀在调定压力的基础上增加，增加值大小为 T 口压力值。例如，溢流阀设定压力为 15MPa，T 口背压为 5MPa，则溢流阀开启压力为 20MPa。

图 4-32b 所示为锥阀式结构的局部放大图,在锥阀的下部有一阻尼活塞 8,活塞的侧面铣扁,以便将压力油引到活塞底部,该活塞除了能增加运动阻尼以提高阀的工作稳定性外,还可以使锥阀导向,在开启后不会倾斜。此外,锥阀上部有一个偏流盘 6,盘上的环形槽用来改变液流方向,一方面以补偿锥阀 7 的液动力;另一方面由于液流方向的改变,产生一个与弹簧力相反方向的射流力,当通过溢流阀的流量增加时,虽然因锥阀阀口增大引起弹簧力增加,但由于与弹簧力方向相反的射流力同时增加,结果抵消了弹簧力的增量,有利于提高阀的通流流量和工作压力。

直动式溢流阀的压力调节可通过手柄 5 来进行,压力等级可通过调换弹簧 3 来实现。当溢流阀控制压力高时,需用较大刚度的弹簧,导致调节困难,另外当溢流量变化较大时,由于阀芯移动量变化大,使调压弹簧压缩量变化大,造成 F_s 变化较大,故压力波动较大,定压精度不高。

直动式溢流阀通常用于小流量液压系统,溢流稳压效果较好,在系统中一般作安全阀或作为远程调压阀使用。

2. 先导式溢流阀

直动式溢流阀用于大流量溢流时,需要大通径的锥阀或滑阀,导致阀芯承压面积增大,继而弹簧力也会按比例增加,最终导致压力波动较大。为了减小压力波动,使液压系统的压力更加稳定,在大流量系统中采用先导式溢流阀。

(1) 工作原理 图 4-33a 所示为先导式溢流阀的结构图。先导式溢流阀由主阀和先导阀两部分组成,先导阀 9 相当一个直动式溢流阀。压力油进入溢流阀直接作用在主阀阀芯 1 的下端,同时经过流道 2、阻尼孔 3 及流道 5 作用在主阀阀芯 1 上端和先导阀 9 的锥阀 10 上。当系统的压力 p 低于先导阀弹簧 11 所调定的压力值时,锥阀 10 关闭,主阀阀芯 1 上下两端的压力相等,主阀阀芯 1 在主阀弹簧 6 的作用下压向阀座,使 P 口与 T 口不相通。当系统压力 p 超过弹簧 11 的调定值时,锥阀 10 打开,压力油通过流道 2、阻尼孔 3、流道 5、锥

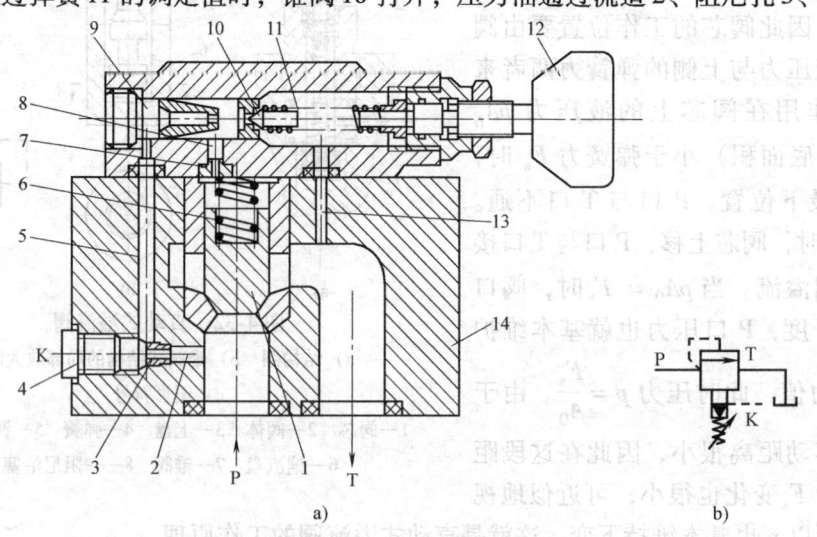

图 4-33 先导式溢流阀
a) 结构图 b) 图形符号
1—主阀阀芯 2、5、8、13—流道 3、7—阻尼孔 4—遥控口 6—主阀弹簧
9—先导阀 10—锥阀 11—先导阀弹簧 12—调压手柄 14—阀体

道 13 流回油箱。此时由于液流通过阻尼孔的流动，造成主阀阀芯 1 上下两端的液压力的不平衡，导致主阀阀芯下端压力大于上端压力，当这个压差超过主阀弹簧 6 的作用力时，主阀阀芯 1 将会在这个力的作用下向上移动，从而打开 P 和 T 的通道，实现主阀溢流。通过先导阀的流量很小，一般为 $0.01q_n$（q_n 为主阀额定流量），只起控制作用。

阻尼孔 3 起节流作用；主阀上腔的阻尼孔 7 的作用是增加阻尼，提高阀的稳定性。

这种结构因主阀阀芯 1 的外圆和锥面需与阀套配合良好，两处的同轴度要求很高，所以称它为二节同心先导式溢流阀。

先导式溢流阀的主阀弹簧 6 比较软，刚度很小，在很小的外力作用下即可被压缩，主阀阀芯的位移量大小，对系统的压力影响较小。先导阀 9 的结构尺寸较小，其锥阀 10 的承压面积也较小，先导阀弹簧 11 不必选用刚度较大的弹簧，因而使压力调节比较轻便。

遥控口 K 通过流道 2 和 5、阻尼孔 3 与主阀阀芯 1 的弹簧腔相通，如在遥控口 K 处接通控制油路，就可对溢流阀进行远程调压或卸荷。图 4-34 所示为由远程调压阀和先导式溢流阀组成的远程调压回路，这种回路相当于一个主阀由两个并联的先导阀来控制，将

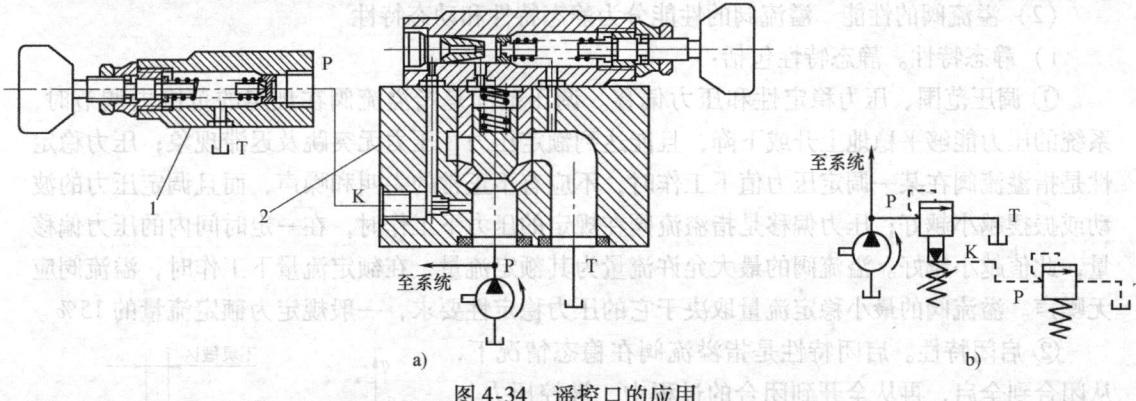

图 4-34 遥控口的应用
1—远程调压阀 2—先导式溢流阀

安装在控制台上的远程调压阀的进油腔与先导式溢流阀的遥控口相连接，这样先导式溢流阀就多了一个先导控制阀。工作时一般将先导式溢流阀的导阀调定为系统的安全压力，使它起安全阀的作用。而远程调压阀则在主阀调定的压力范围内，对系统所需的压力进行调节。如果将遥控口 K 直接与油箱相接通，则主阀芯上腔压力基本为 0，进入主阀的压力油只要克服主阀芯的复位弹簧即可打开，此时系统压力基本为 0，实现系统卸荷。

图 4-35 所示为三节同心式溢流阀结构图，这种溢流阀因主阀阀芯上部的小圆柱面、中部的大圆柱面和下部的锥面都必须与阀盖、阀体和主阀阀座孔配合良好，三处同轴度要求较高，所以称它为三节同心式溢流阀。其工作原理与前面所讲的先导式溢流阀工作原理基本相同，只不过这种溢流阀的阻尼孔在主阀阀

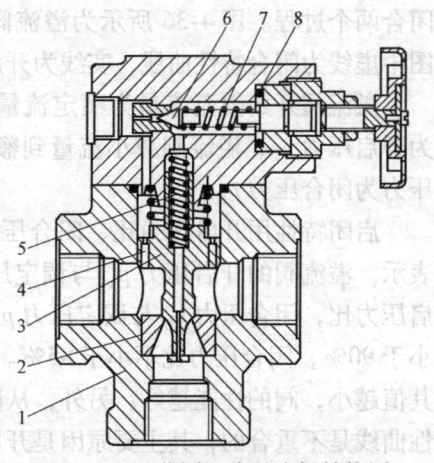

图 4-35 三节同心式溢流阀结构图
1—主阀阀体 2—阀座 3—主阀阀芯
4—阻尼孔 5—主阀阀芯弹簧
6—先导阀阀芯 7—先导阀弹簧
8—先导阀阀体

芯上。

二节同心式溢流阀与三节同心式溢流阀相比具有以下优点：

1) 二节同心式溢流阀主阀阀芯直径比三节同心式的大，因而通流面积也大。在相同流量的情况下，主阀开启高度小，启闭特性好。虽然泄漏面较大，但密封长度较长，又由于加工精度和装配精度容易保证，从而泄漏量较小，减小了对启闭特性的影响。

2) 二节同心式溢流阀比三节同心式的少了一节同心，结构简单，同时由于通流面积较大，因此与同规格的三节同心式溢流阀相比，体积小、重量轻。

3) 二节同心式溢流阀阀芯、阀套的标准化和通用性好，并能与顺序阀阀芯、阀套互换，利于大批量生产和降低成本。

4) 先导式溢流阀发生得最多的故障是由于油液污染，导致起节流作用的阻尼孔堵塞，其故障表现为不能建立系统压力。解决此故障的方法是将阻尼孔内的杂物去除，对于二节同心式溢流阀来说，只需将遥控口 4（图 4-33）打开即可将阻尼孔取出，而对于三节同心式溢流阀来说，必须将整个阀拆开，才能取出主阀阀芯 3（图 4-35）。

(2) 溢流阀的性能　溢流阀的性能分为静态特性和动态特性。

1) 静态特性。静态特性包括：

① 调压范围、压力稳定性和压力偏移。调压范围是指溢流阀在规定的范围内调节时，系统的压力能够平稳地上升或下降，且能达到额定压力，压力无突跳及迟滞现象；压力稳定性是指溢流阀在某一调定压力值下工作时，不应有不正常的尖叫和噪声，而且调定压力的波动或振摆越小越好；压力偏移是指溢流阀在规定的压力下工作时，在一定时间内的压力偏移量，此值越小越好。溢流阀的最大允许流量为其额定流量，在额定流量下工作时，溢流阀应无噪声。溢流阀的最小稳定流量取决于它的压力稳定性要求，一般规定为额定流量的 15%。

② 启闭特性。启闭特性是指溢流阀在稳态情况下，从闭合到全启，再从全开到闭合的过程中，被控压力与通过溢流阀的溢流量之间的关系。启闭特性分为开启和闭合两个过程。图 4-36 所示为溢流阀的启闭特性曲线，图中虚线为闭合特性曲线，实线为开启特性曲线。

溢流阀开始溢流流量为额定流量的 1% 时的压力称为开启压力 p_k，溢流阀减小流量到额定流量的 1% 时的压力为闭合压力 p_b。

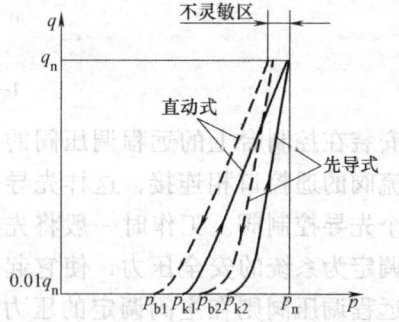

图 4-36　溢流阀的启闭特性曲线

启闭特性用开启压力比、闭合压力比和不灵敏区来表示。溢流阀的开启压力 p_k 与调定压力 p_n 之比称为开启压力比，闭合压力 p_b 与调定压力 p_n 之比为闭合压力比，一般要求溢流阀的开启压力比不小于 90%，闭合压力比不小于 85%。溢流阀的高调定压力与开启压力的差值称为调压偏差，其值越小，阀的性能越好。另外，从图 4-36 中可以看出，溢流阀开启过程与闭合过程的特性曲线是不重合的，其主要原因是开启过程中阀芯受到的摩擦力方向与弹簧力方向相同，而闭合过程中阀芯受到的摩擦力方向与弹簧力方向相反。又因先导式溢流阀有主阀阀芯上和先导阀阀芯上的两部分摩擦力，故它的启闭特性曲线不重合更加明显。

③ 压差-流量特性。压差-流量特性又称溢流特性，它表征溢流量变化时溢流阀进出口压差的变化情况，即稳压性能。通常，溢流阀的出口与油箱连接，其出口压力近似为零，因

此，溢流阀进出口压差近似等同于进油压力。理想的溢流特性曲线应是一条平行于流量坐标的直线，即进油压力在达到调定的压力后，立即溢流，且不管溢流量多少，压力始终保持恒定。但实际的溢流阀，因溢流量的变化引起阀口开度变化，即弹簧压缩量的变化，进口压力不可能完全恒定。其实际压差-流量特性曲线如图 4-37 所示。

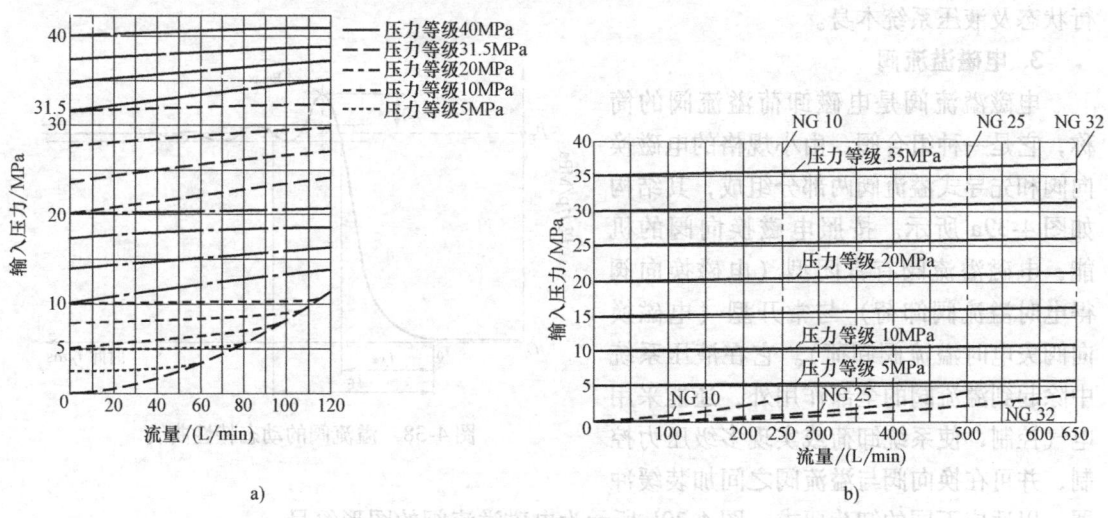

图 4-37 溢流阀压差-流量特性曲线
a) 直动式溢流阀 b) 先导式溢流阀

从图中曲线可以看出，溢流阀调定压力在额定压力附近时，一定的溢流量变化导致的压力变化量较小，所以一般溢流阀通常在其额定压力附近使用。例如，额定压力为 20MPa 的溢流阀，推荐使用范围为 10～20MPa；额定压力为 31.5MPa 的溢流阀，推荐使用范围为 20～31.5MPa。直动式溢流阀由于阀芯弹簧刚度较硬，一定的溢流量变化对应的压力变化量就比先导式溢流阀的压力变化量大。由于先导式溢流阀主阀阀芯弹簧只起到使阀芯复位的作用，其弹簧刚度及弹簧力都比较小，因此相比直动式溢流阀来说，弹簧对于先导式溢流阀的压差-流量特性曲线的影响就很小。

④ 内泄漏量。包括先导阀密封面处的泄漏量，主阀密封面处的泄漏量以及主阀芯与阀盖配合处的泄漏量等。内泄漏量的大小与油液的压力成正比。

⑤ 卸荷压力。指泵输出的油液通过溢流阀直接排油至油箱时的压力。对于直动式溢流阀是指将调压手柄旋至最松，对于先导式溢流阀是指将调压手柄旋至最松或将遥控口直接接回油箱。

2) 动态特性。溢流阀的动态特性是指溢流阀对突发性的流量或压力变化的响应能力。当溢流阀在溢流量或压力发生由零至额定值的阶跃变化时，它的进口压力，也就是它所控制的系统压力，将如图 4-38 所示的那样迅速升高并超过额定压力的调定值，然后逐步衰减到最终稳定压力，从而完成其动态过渡过程。

定义最高瞬时压力峰值 $p_{E\,max}$ 与额定压力调定值 p_E 的差值为压力超调量 Δp，则压力超调率 $\overline{\Delta p}$ 为

$$\overline{\Delta p} = \frac{\Delta p}{p_E} \times 100\% \tag{4-1}$$

压力超调率是衡量溢流阀动态定压误差的一个性能指标。一个性能良好的溢流阀,其 $\overline{\Delta p} \leq 10\% \sim 30\%$。图中所示 t_A 称为响应时间,t_E 称之为过渡过程时间。显然,t_A 越小,溢流阀的响应越快;t_E 越小,溢流阀的动态过渡过程时间越短。

溢流阀的静态特性只与其结构设计有关,而动态特性取决于其结构设计、执行机构的运行状态及液压系统本身。

3. 电磁溢流阀

电磁溢流阀是电磁卸荷溢流阀的简称,它是一种组合阀,由小规格的电磁换向阀和先导式溢流阀两部分组成,其结构如图 4-39a 所示。按照电磁换向阀的机能,电磁溢流阀有常闭型(电磁换向阀得电时溢流阀卸荷)与常开型(电磁换向阀失电时溢流阀卸荷)。它在液压系统中除起到溢流阀的全部作用外,还能采用电气控制,使系统卸荷或实现多级压力控制,并可在换向阀与溢流阀之间加装缓冲器,以适应不同的卸荷要求。图 4-39b 所示为电磁溢流阀的图形符号。

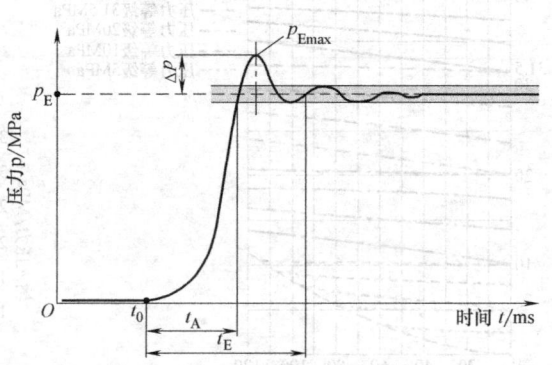

图 4-38 溢流阀的动态特性曲线

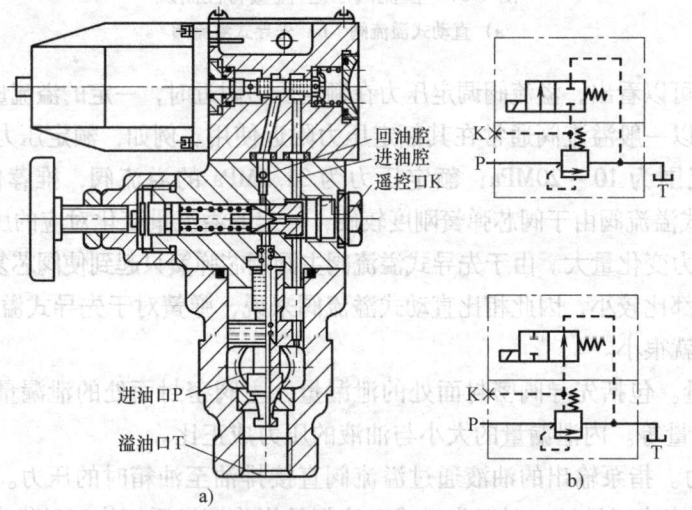

图 4-39 电磁溢流阀结构图及图形符号
a) 电磁溢流阀结构图　b) 图形符号

4. 卸荷溢流阀

卸荷溢流阀也称为单向溢流阀、高低压组合泵卸荷阀。它是一种组合阀,是在二节同心式溢流阀的基础上,将先导阀部分进行了必要的改变,并与特制的单向阀组合而成的。其主要用于包含蓄能器的液压回路中,当系统压力达到阀的预先调整的压力设定值时自动使泵卸荷,当压力降到阀设定值的 85% 时,阀芯关闭,从而使泵的输出流量进入蓄能器。这种阀也可以与双联泵合用,在低压下向系统输出大流量油液,在高压下输出小流量油液。它的卸荷动作由压力油直接控制,因此卸荷性能好,工作稳定可靠。

在蓄能器卸荷系统中,卸荷溢流阀 P 腔接液压泵出油口,T 腔接回油箱,A 腔接蓄能器

(图 4-40)。压力油由进油腔 P 进入主阀下腔,一路经主阀阀芯上的阻尼孔和阀盖上中间的通油道,进入主阀上腔和先导阀部分的前腔,作用在锥阀和控制活塞左侧端面上,另一路打开单向阀向蓄能器供油充压,并通过阀体和阀盖上右端的通油道,作用在控制活塞右侧端面上。

设主阀调定在某一压力,当液压泵供油压力 p 低于锥阀开启压力时,锥阀和主阀均关闭,主阀下腔油液压力 p 等于主阀上腔油液压力 p_1,并由于单向阀的阻力损失,大于蓄能器腔的油液压力 p_2,即 $p = p_1 > p_2$。此时作用在控制活塞左端的液压作用力 $p_1 A_1 > p_2 A_2$,控制活塞便处于右边位置,液压泵继续向蓄能器供油充压。

当液压泵压力 p 上升至主阀开启压力时,锥阀便打开至一定开度,部分压力油经阻尼孔、先导阀阀口,从阀盖和阀体左侧的通油道流回油箱。这时先导流量流经主阀阀芯阻尼孔时所产生的油液压差还不足以打开主阀,主阀关闭不溢流。主阀下腔油液压力 p 大于主阀上腔油液压力 p_1,因单向阀的阻力损失小于主阀阻尼孔的压力损失,所以蓄能器腔的油液压力 p_2 大于主阀上腔油液压力 p_1,即 $p > p_2 > p_1$。此时,作用在控制活塞承压面 A_2 上的液压作用力为 $p_2 A_2 > p_1 A_2$,控制活塞便移至左边位置。调压弹簧力与作用在锥阀和控制活塞上的液压作用力相平衡,液压泵继续向蓄能器供油充压。

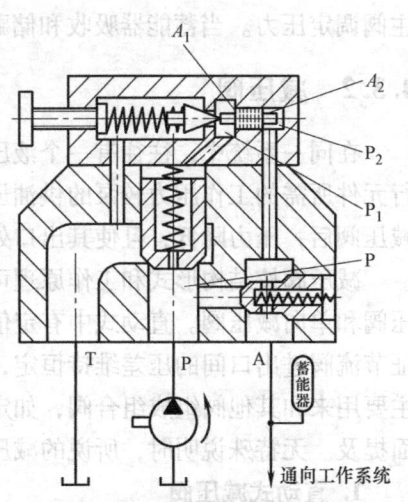

图 4-40 卸荷溢流阀工作原理图

当液压泵供油压力 p 继续上升至主阀调定压力时,锥阀和主阀均打开至额定开度,这时蓄能器腔的压力也达到了主阀所调定的压力,液压泵供给的多余油液便从主阀溢油腔溢回油箱。在此瞬间,主阀下腔油液压力即主阀调定压力 p,等于蓄能器腔油液压力 p_2 并大于主阀上腔油液压力 p_1,即 $p = p_2 > p_1$。

此瞬间锥阀的受力平衡方程为

$$f = p_1 A_1 + (p_2 - p_1) A_2 \tag{4-2}$$

式中 f——弹簧力(N);

p_1——主阀上腔油液压力(MPa);

p_2——蓄能器腔的油液压力(MPa);

A_1——先导阀阀芯承压面面积(m^2);

A_2——控制活塞承压面面积(m^2)。

从溢流阀的工作原理知道,溢流阀能够维持系统压力恒定是通过不断改变溢流量来实现的。主阀阀芯不断地处于上下移动的运动状态,这是个动平衡的过程。在这一过程中由于阀芯的机械运动滞后于油液压力的变化,因此在油液压力变化时必定会产生一个峰值压力,出现压力超调。蓄能器在这一动态过程中,便吸收和储存了这一部分能量,使蓄能器腔的油液压力大于主阀的下腔油液压力,于是单向阀关闭,锥阀瞬时的力平衡受到破坏。蓄能器储存的能量使锥阀的开度增大,并大于调定压力时的额定开度。这样就使主阀上腔的油液压力降低,主阀阀芯在调定压力瞬时的力平衡随即也受到破坏,主阀阀芯向上提升,开度增大,并大于调定压力时的额定开度，于是主阀下腔油液压力也下降，低于调定压力。同时由于主阀上腔油液压力降低，使它与蓄能器腔的油液压差进一步增大，作用在控制活塞承压面上的液压作用力也就进一步增大，从而使锥阀开度再一次增大，又引起主阀上腔油液压力降低，主阀开度增大，主阀下腔油液压力降低。这样经过不断的往复循环，主阀压力便从调定压力卸载至卸荷压力，达到卸荷的目的。此时系统由蓄能器供压。

当蓄能器油液压力下降至某一值时，控制活塞在调压弹簧力作用下向右移动，使锥阀开度变小。若蓄能器油液压力下降至主阀关闭压力时，主阀便关闭，主阀压力便又上升，并超过蓄能器腔油液压力，于是单向阀又打开，向蓄能器供油充压，直至蓄能器腔油液压力达到主阀调定压力。当蓄能器吸收和储藏了超调能量后，单向阀又关闭使主阀又处于卸荷状态。

4.3.2 减压阀

在同一系统中，往往有一个液压泵向几个工作压力不同的执行元件供油的情况。若某执行元件所需的工作压力较泵的供油压力低时，可在该分支油路中串联一个减压阀。油液流经减压阀后，压力降低，且使其出口处相接的某一回路的压力保持恒定。

减压阀按结构形式和工作原理可分为先导式和直动式两大类。先导式中有定值输出式减压阀和单向减压阀。直动式中有定值减压阀、定差减压阀和定比减压阀等。定差减压阀可保证节流阀进出口间的压差维持恒定，而定比减压阀则使进出口压力之比保持恒定。这两种阀主要用来和其他阀组成组合阀，如定差减压阀和节流阀串联组成调速阀，其工作原理将在后面提及。无特殊说明时，所说的减压阀指的是定值减压阀。

1. 直动式减压阀

（1）直动式定值减压阀 图4-41所示为直动式定值减压阀的工作原理图和图形符号。P_1是进油腔，P_2是出油腔，L是泄油口。高压油从进油腔P_1进入阀体2内部，然后经过减压口a由出油腔P_2进入减压回路。出油腔油液压力经过阀体2的通道反馈至阀芯1下腔。当出油腔压力p_2低于调压弹簧3的调定力F，即$p_2A<F$时，阀芯1在弹簧力的作用下处于最下端位置，减压口通流面积最大，节流损失最小，此时出油口压力与进油口压力接近，即$p_1 \approx p_2$，此时减压阀不起减压作用。

当出油口压力升高到$p_2A \geq F$时，阀芯1在油液压力的作用下克服弹簧力及阀芯1与阀体2间的摩擦力向上运动，这将导致减压口a的通流面积减小，节流作用增强，直至出油口压力稳定在调定的压力值。此时出油口压力$p_2=F/A$，由于阀芯1上下移动的距离很小，因此在这段距离内弹簧力F的变化也很小，可近似地视为不变，所以p_2也基本维持不变。这就是直动式定值减压阀的工作原理。

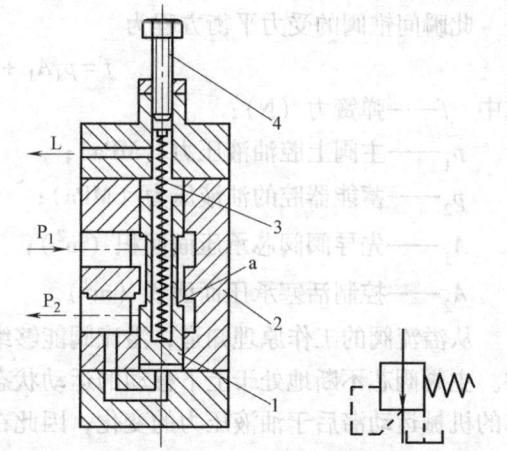

图4-41 直动式定值减压阀的工作原理图及图形符号
1—阀芯 2—阀体 3—调压弹簧 4—调压手柄

如果因某种原因减压阀进油腔压力p_1升高，则出油腔压力p_2也随着升高，经反馈至主阀下腔的油液压力也升高。由于主阀下腔压力增高，主阀阀芯原来的平衡条件受到破坏，主阀阀芯向上升起，减压口通流面积减小，减压作用进一步增强，使出口油液压力 p_2 再降低，于是主阀阀芯平衡在新的位置，使出油腔压力 p_2 又稳定在所调定的压力值。

如果因某种原因，减压阀出口油液压力 p_2 降低，经反馈至主阀下腔的油液压力也降低，使阀芯 1 原来的平衡条件受到破坏，阀芯 1 将向下移动，减压口通流面积增大，减压作用减弱，使出口油液压力 p_2 升高。于是主阀阀芯平衡在新的位置，使出油腔压力 p_2 又稳定在所调定的压力值。减压阀就是这样利用出口压力反馈的原理，自动调整减压口通流面积大小，使出口压力低于进口压力，并近似于一个恒定值。

通过调压手柄 4 可改变调压弹簧 3 的压紧力，从而调整减压阀的出油腔压力，更换调压弹簧 3 能得到不同的出油腔调压范围。

减压阀在使用时存在压力损失，增加功耗，使油液发热。当分支油路压力比主油路压力低很多，且流量又很大时，常采用高、低压泵分别供油，而不宜采用减压阀。

(2) 定差减压阀　定差减压阀是使阀进口压力和出口压力之差近于不变的减压阀。图 4-42 所示为定差减压阀的工作原理图。P_1 是进油腔，P_2 是出油腔。高压油（压力为 p_1）由进油腔进入阀的中间油腔（开始时阀芯是落下的），作用在阀芯环形面积 $(A-a)$ 上。当这个液压作用力大于或等于调压弹簧预调压力时，减压口打开，油液便经减压口和出油腔进入减压回路。出油腔压力 p_2 经阻尼孔传递至阀上腔，使出油腔压力作用于阀芯的环形面积 $(A-a)$ 上，和进油腔压力的作用面积相等。

定差减压阀在稳定工作时受到的力，主要有液压作用力和调压弹簧力以及阀芯自重和摩擦力等。因阀芯自重和摩擦力很小，也可略去不计。

阀芯的受力平衡方程为

$$p_1(A-a) = p_2(A-a) + k(x+x_0) \quad (4-3)$$

$$p_1 - p_2 = \frac{k(x+x_0)}{A-a} \quad (4-4)$$

式中　p_1、p_2——进、出油腔压力（Pa）；
　　　A——阀芯上表面面积（m^2）；
　　　a——阀芯下表面面积（m^2）；
　　　k——弹簧刚度（N/m）；
　　　x——弹簧压缩量（m）；
　　　x_0——弹簧预压缩量（m）。

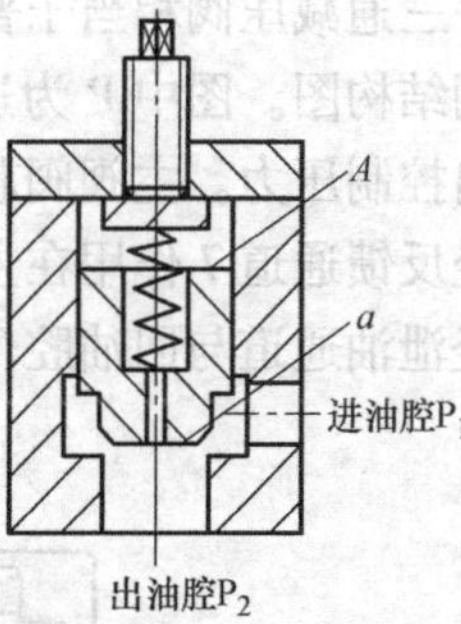

图 4-42　定差减压阀的工作原理图

从式中看出，定差减压阀的进油腔和出油腔的压差，由调压弹簧力和阀芯有效承压面积的比值来确定。调压弹簧力越大，进出油腔的压差也就越大；反之，压差也就越小。阀芯有效承压面积 $(A-a)$ 是一个常数，调压弹簧刚度 k 也是一个常数，调压弹簧预压缩量 x_0 当调整好后也是一个常数，只有阀芯开口位移量 x 是一个变值。一般调压弹簧预压缩量都比阀芯开口位移量要大得多，即 $x_0 \gg x$，所以阀芯开口位移量 x 的变化对调压弹簧力的影响也就很小，一般可略去不计。因此调压弹簧在一定的预压缩量时，进油腔与出油腔的压差就近似为一个定值，这就是定差减压阀能定差输出的原因。

(3) 定比减压阀　定比减压阀是使阀进口压力和出口压力的比值近于不变的减压阀，

图 4-43 所示为定比减压阀的工作原理图及图形符号。高压油 p_1 由进油腔进入阀的下腔,作用在阀芯下端承压面积 A_1 上,同时经减压口和出油腔进入减压回路。出油腔压力同时也作用在阀芯上端承压面积 A_2 上,阀芯上端承压面积大于下端承压面积,即 $A_2 > A_1$。

阀芯在稳态下的力平衡方程为(忽略摩擦力、阀芯自重等)

$$p_1 A_1 + k(x + x_0) = p_2 A_2 \tag{4-5}$$

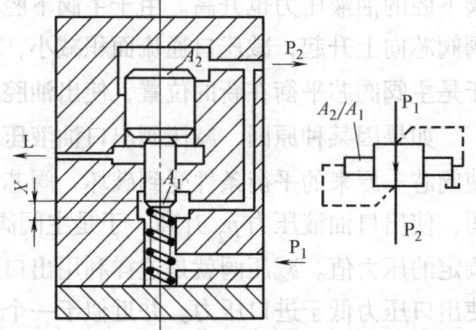

图 4-43 定比减压阀的工作原理图及图形符号

式中 p_1、p_2——进口、出口压力(Pa);
A_1、A_2——阀芯下端、上端承压面积(m²);
x——阀口开度(m);
x_0——阀口关闭,即 $x=0$ 时的弹簧预压缩量(m);
k——弹簧刚度(N/m)。

因 $x + x_0$ 很小,故弹簧力相对于液压力来说很小,可忽略,则有

$$p_1 A_1 = p_2 A_2,\ 即\ \frac{p_1}{p_2} = \frac{A_2}{A_1} \tag{4-6}$$

(4)三通直动式减压阀 普通的二通减压阀在控制压力上升时,响应速度一般可以满足要求,但是,在控制压力下降时(即当阀出口压力超过设定压力,使阀口关闭时),由于结构上的原因,二次压力油只能经细小的缝隙处流回油箱,这使得阀的响应很慢。三通减压阀很好地克服了这个缺点,在压力下降时,压力油可直接回油箱,使降压响应与升压响应一样快。

三通减压阀相当于普通减压阀和一个反向溢流阀的组合。图 4-44 所示为直动式三通减压阀结构图。图中 P 为进油口,T(Y)为回油口,A 口为工作油口。A 口与负载腔相通,输出控制压力。主阀阀芯 3 中部两凸缘构成 P→A 和 A→T 之间两可变控制节流口。A 腔压力经反馈通道 7 作用在主阀阀芯 1 右端面上与弹簧力相比较,形成反馈闭环。弹簧腔内的油液经泄油通道与回油腔 T(Y)相通。单向阀 2 弹簧腔也应与回油腔相通(图中未画出)。

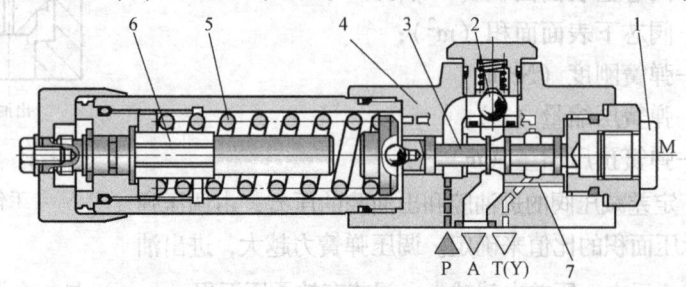

图 4-44 直动式三通减压阀结构图
1—测压接口 2—单向阀 3—主阀阀芯 4—阀体 5—弹簧 6—调压手柄 7—反馈通道

理想的减压阀在进口压力 p_1、流量 q 发生变化或出口负载增加时,其出油口压力 p_2 总是恒定不变。但实际上,p_2 是随 p_1、q 或负载的变化而有所变化的。

三通减压阀的压力-流量特性曲线如图 4-45a 所示,当减压阀进油口压力 p_1 基本恒定时，若通过阀的流量 q 增加，则阀开口加大，出油口压力 p_2 略微下降，出油口压力的调整值越高，受流量变化的影响就越大。

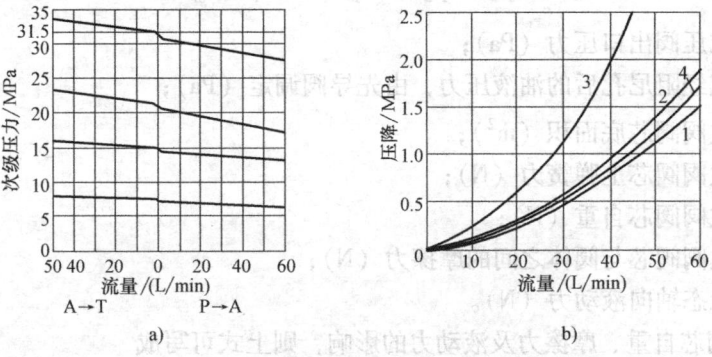

图 4-45 减压阀特性曲线
a) 压力-流量特性曲线　b) 压力损失曲线
1—P→A（最小压降）　2—A→T（Y）（最小压降）　3—只经单向阀的压降 Δp
4—经单向阀和全开过流截面的压降 Δp

2. 先导式减压阀

图 4-46a、b 为先导式减压阀的结构图与工作原理图。当先导阀阀芯 7 上的液压力小于弹簧 8 的预紧力时，先导阀关闭，主阀阀体阻尼孔 2 内油液不流动，故无压力损失，则主阀阀芯 4 上、下端的压力相等，即 $p_2' = p_2$，主阀阀芯 4 由其弹簧力推至最下端位置，减压口全开，减压阀处于非减压状态，进、出口压力接近（即 $p_1 \approx p_2$）；当先导阀阀芯 7 上的液压力大于调压弹簧 8 预紧力时，先导阀 6 打开，则油液流经主阀阻尼孔 2 形成压降，$p_2 > p_2'$，当作用于主阀阀芯 4 下端的液压力大于其上端的液压力加弹簧 5 预紧力时，主阀阀芯 4 向上移动，使主阀阀口关小，减压阀处于减压状态，进口 P_1 的油压力 p_1 经主阀阀口节流后下降为 p_2，此时出口 P_2 处的油压力 p_2 为由调压弹簧 8 调定的常值。图 4-46c 所示为先导式减压阀的图形符号。

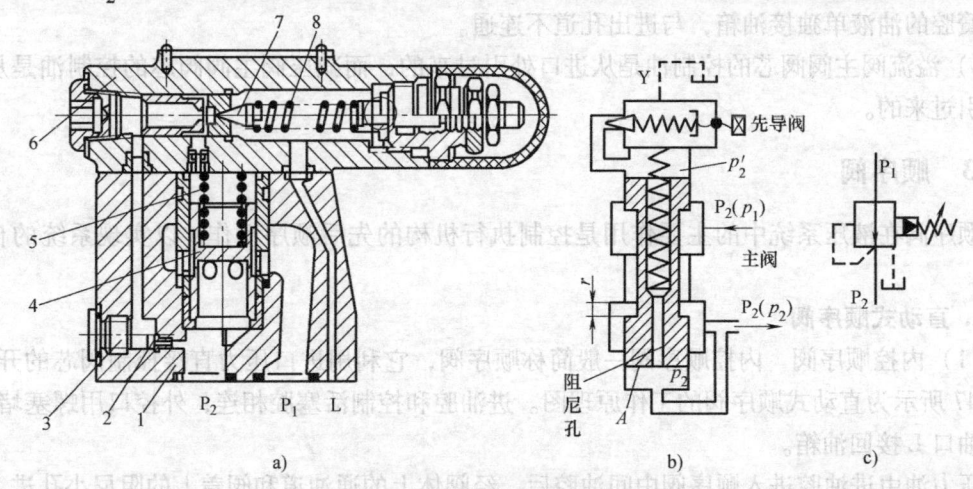

图 4-46 先导式减压阀
a) 结构图　b) 工作原理图　c) 图形符号
1—主阀阀体　2—主阀阀芯阻尼孔　3—遥控口　4—主阀阀芯　5—主阀复位弹簧
6—先导阀阀体　7—先导阀阀芯　8—调压弹簧

减压阀稳定工作时阀芯受力平衡方程式可列写如下

$$p_2 A = p_2' A + F_s + G + F_f + F_\omega \tag{4-7}$$

式中 p_2——减压阀出口压力（Pa）；

p_2'——流经阻尼孔后的油液压力，由先导阀调定（Pa）；

A——主阀阀芯底面积（m^2）；

F_s——主阀阀芯上弹簧力（N）；

G——主阀阀芯自重（N）；

F_f——主阀阀芯与阀体之间的摩擦力（N）；

F_ω——稳态轴向液动力（N）。

如果忽略阀芯自重、摩擦力及液动力的影响，则上式可写成

$$p_2 A = p_2' A + F_s \tag{4-8}$$

$$p_2 = p_2' + \frac{F_s}{A} \tag{4-9}$$

p_2'由先导阀调定，基本不变，而 F_s 因弹簧刚度较小，在位移过程中 F_s 变化也很小，所以使减压阀出口压力 p_2 基本保持稳定。

当先导式减压阀出口被封死时，即其出口负载无穷大，但由于压力为 p_1 的油液由进口 P_1 经主阀阀口、主阀阀体阻尼孔再经先导阀口这一旁路节流通道流回油箱，故出口 P_2 处的油压力 p_2 不会随外负载无限升高，仍能保持在由其调压弹簧调定的常值 p_2 上。直动式减压阀不存在上述旁路节流通道，故只能用于润滑回路中。

减压阀与溢流阀的主要区别是：

1）溢流阀保持其进口处压力不变，而减压阀是保持其出口处压力不变。

2）主阀阀芯结构不同，溢流阀的阀口是常闭的，而减压阀的阀口是常开的。

3）溢流阀的调压弹簧腔的油液直接与回油口相通，而减压阀由于出口接负载，因此调压弹簧腔的油液单独接油箱，与进出孔道不连通。

4）溢流阀主阀阀芯的控制油是从进口处引过来的，而减压阀主阀阀芯的控制油是从出口处引过来的。

4.3.3 顺序阀

顺序阀在液压系统中的主要作用是控制执行机构的先后顺序动作，以实现系统的自动控制。

1. 直动式顺序阀

（1）内控顺序阀 内控顺序阀一般简称顺序阀，它利用进口压力直接控制阀芯的开启。图 4-47 所示为直动式顺序阀的工作原理图。进油腔和控制活塞腔相连，外控口用螺塞堵住，外泄油口 L 接回油箱。

压力油由进油腔进入顺序阀中间油腔后，经阀体上的通油道和阀盖上的阻尼小孔进入控制活塞腔，作用在控制活塞上。当进油腔压力 p_1 低于调压弹簧预调压力，即 $p_1 A < F_s$ 时，阀芯在调压弹簧力的作用下，使阀处于关闭位置，将 P_1 腔和 P_2 腔隔开，液压泵输出的压力油便进入液压缸 I 工作。

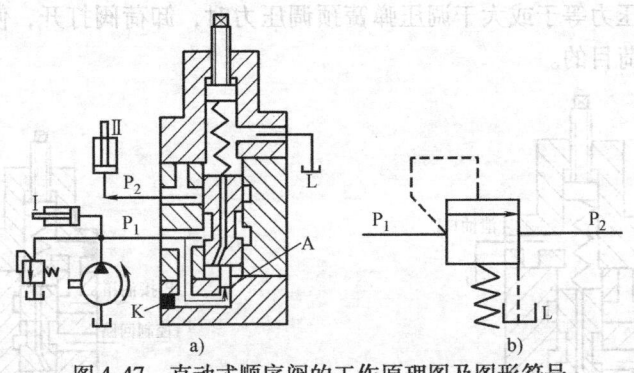

图 4-47 直动式顺序阀的工作原理图及图形符号

当作用在控制活塞上的液压力等于或大于弹簧力，即 $p_1 A > F_s$ 时，阀芯上移，阀口打开，压力油进入液压缸Ⅱ。液压缸Ⅱ的动作在液压缸Ⅰ的工作压力达到顺序阀的调定压力后才开始，这就实现了液压缸Ⅰ、Ⅱ的顺序动作。

由于顺序阀的出口接负载，压力不为零，因此控制活塞和阀芯的泄漏油，需经调压弹簧腔由外泄油口流回油箱。

调整调节螺钉可改变调压弹簧压紧力，也就调整了顺序阀的开启压力。更换调压弹簧可得到不同的调压范围。

在顺序阀开启时，进口压力总是大于或等于阀的调定压力，而出口压力则随负载的变化而变化。当出口压力较低时，主阀阀芯的开度自动减小，这时顺序阀进、出口之间的压差较大，通过阀的节流损失较大。反之，出口压力较大时，阀的开度自动增大，进、出口之间的压差减小。当主阀阀芯全开时，压差最小，一般为 0.2～0.4MPa。

直动式顺序阀的结构原理和直动式溢流阀基本相同。其主要区别在于：

1）顺序阀的出油腔与负载相连接，而溢流阀的溢油腔接油箱。
2）顺序阀的泄漏油需单独接回油箱，而溢流阀泄漏油是与回油腔相通。
3）顺序阀为减小调压弹簧刚度设有控制活塞，而溢流阀无控制活塞。
4）直动式顺序阀在阀芯上有阻尼孔，当阀芯向上运动时，调压弹簧腔的油液通过阻尼孔进入顺序阀下腔，产生一个向下的液压阻力，当阀芯向下运动时，顺序阀下腔的油液通过阻尼孔进入调压弹簧腔，产生一个向上的液压阻力。这一与阀芯运动方向永远相反的液压阻力，能减小或消除阀芯的振动，以提高阀的工作稳定性。

(2) 外控顺序阀 将内控顺序阀的端盖旋转 90°或 180°安装，并去除外控口螺塞，即可变成外控顺序阀。它的工作原理和内控顺序阀相同，只是控制活塞部分的油液引自液压系统的其他控制源，其工作原理如图 4-48 所示。

外控顺序阀的调压弹簧力与外控油作用在控制活塞上的液压作用力相平衡。当需要顺序动作时，引入外部控制油，阀口即打开，P_1 控制回路的压力油液即流入 P_2 控制回路使执行机构顺序动作。阀口的开启与进油腔的压力无直接关系。弹簧力可调节得很小，只需克服摩擦力使阀芯能够复位即可，因此外部控制油的压力可以较低。

(3) 卸荷阀 将外控顺序阀的阀盖旋转 90°或 180°安装，使泄油口和出油腔连通，并将外泄口用螺塞堵住，即成为卸荷阀。它的出油腔直接接回油箱，其工作原理如图 4-49 所示。

当外部控制油压力等于或大于调压弹簧预调压力时，卸荷阀打开，使进油腔 P_1 所连接的控制回路达到卸荷目的。

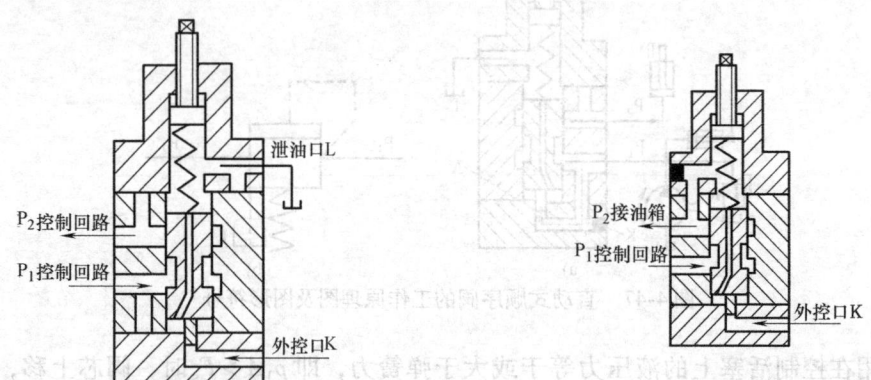

图 4-48　外控顺序阀工作原理图　　　图 4-49　卸荷阀工作原理图

2. 先导式顺序阀

先导式顺序阀的结构与工作原理和先导式溢流阀相似。图 4-50 所示为先导式顺序阀的典型结构与图形符号。

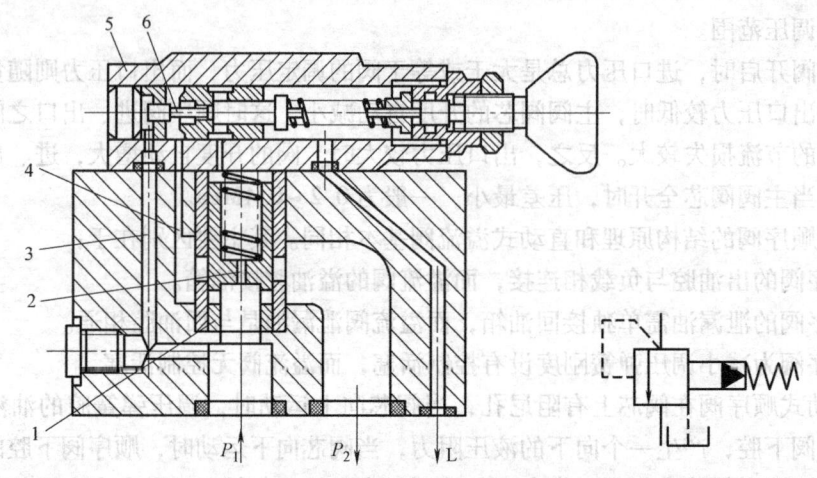

图 4-50　先导式顺序阀的典型结构与图形符号
1—主阀阀芯　2—阻尼孔　3、4—流道　5—先导阀　6—先导阀阀芯

在图示位置时，顺序阀的主阀阀芯 1 将进油口 P_1 和出油口 P_2 切断，进入顺序阀的压力经流道 3 进入先导阀，作用在先导阀阀芯 6 的左端，另一路经主阀阀芯上的阻尼孔 2 进入主阀上端，并到达先导阀的中间环形部分。当进油压力低于先导阀弹簧的调整压力时，主阀关闭，P_2 口无油流出。一旦进油压力超过先导阀的调整压力时，进入先导阀左端的压力将先导阀阀芯 6 推向右边，此时先导阀 5 的中间环形部分与顺序阀出口连通，压力油经阻尼孔 2、主阀阀芯 1 上腔、流道 4 流向出口，阻尼孔 2 两端形成压差，主阀阀芯 1 上腔压力低于下腔压力，主阀阀芯 1 移动，使顺序阀进、出口连通。由于主阀阀芯上腔的压力与先导阀所调压力无关，仅通过弹簧刚度很弱的主阀上部弹簧与主阀阀芯 1 下端油压来保持主阀阀芯 1 的受力平衡，因此，顺序阀在阀口完全打开时进出口压力近似相等。

3. 平衡阀

将单向阀和顺序阀组合在一起，可形成单向顺序阀或平衡阀，两者都是利用压力信号进行压力的控制和调节，但并不是等同的。单向顺序阀的主要作用是以压力作为控制信号，在一定的控制压力作用下自动接通或切断油路；而平衡阀是为了防止重物下落（即通常所说的负值负载或超越负载）过程超速而保持一定背压的压力控制阀，同时还起到安全承载及在管路爆裂时防止重物自由下落的作用。

FD 型平衡阀结构图与图形符号如图 4-51 所示。平衡阀主要由阀体 1、主阀阀芯 4、先导阀阀芯 3、控制阀阀芯 8、牵引阀阀芯 7 及阻尼孔 6 等组成。该阀正确连接方法是：油口 A 接压力源，油口 B 接负载，油口 X 通常接换向阀的另一个油口，如图 4-52。其工作过程包括安全静止承载、负载起升及负载下降三个工况。

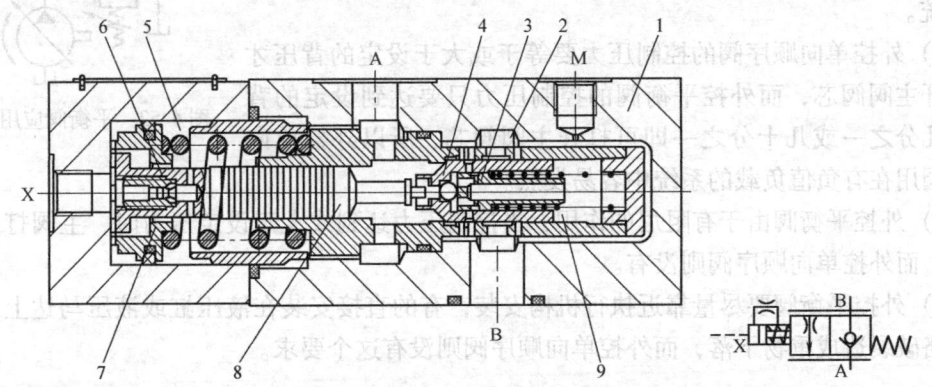

图 4-51 FD 型平衡阀的结构图及图形符号
1—阀体 2—容腔 3—先导阀阀芯 4—主阀阀芯 5、9—弹簧腔
6—阻尼孔 7—牵引阀阀芯 8—控制阀阀芯

当液流从 A 至 B 流动时，主阀被打开，油液自由流动。如果 A、B 油口间的压差小于负载压力（例如系统失压或方向阀至油口 A 间的连接软管爆裂时），则主阀在容腔 2 中的负载压力和弹簧腔 9 中的弹簧力作用下直接关闭，截止时无内泄漏，这样可使运行中的负载安全定位，不至于突然坠落，这是该阀的单向截止功能。

当液流从 B 至 A 时为反向流动，原始状态主阀关闭。要使主阀打开，实现液流从 B 至 A 的反向流动，油口 X 中必须有足够的先导控制压力。阀的自身结构特性已确定：仅在 X 口中建立起控制压力，即 1/20 的负载压力时，先导阀阀芯 3 被控制阀阀芯 8 从阀座上顶起。这样，便出现以下两种情况：其一，弹簧腔 9 中的压力油通过先导阀阀芯 3 中的小孔，流经先导阀阀芯与主阀间敞开的缝隙，从油口 A 泄入油箱，实现弹簧腔 9 的卸荷；其二，弹簧腔 9 与油口 B 的负载压力腔因先导阀阀芯轴向移动而断开，主阀完全处于卸荷状态，此时，控制阀阀芯 8 的位置刚好使其右端面紧顶住主阀阀芯 4，左端面紧靠着牵引阀阀芯 7 的凹面。所以，为打开从 B 到 A 的通道而在 X 油口中所需的压力则完全由弹簧腔 9 中的弹簧力所决定。样本中提供的数据表明：使 B 到 A 通道打开的初始压力为 2MPa，完全打开则需要 5~6MPa。主阀的开口大小随着控制口 X 压力的大小而变化，因此通过控制 X 口压力的大小即可以控制执行元件的速度。

外控单向顺序阀和外控平衡阀有以下区别：

1) 外控单向顺序阀正向是个单向阀,反向导通,当控制压力小于设定压力时,主阀阀口关闭,切断油路;当控制压力达到或大于设定压力时,主阀阀口全部打开,压力损失小。外控平衡阀正向是个单向阀,反向导通,当控制压力小于设定压力时,主阀阀口关闭,切断油路,相当于一个截止阀;当控制压力达到或大于设定压力时,主阀阀口打开,阀的开口面积、控制油口的控制压力和开口压差之间形成动态平衡关系,主阀阀芯是随动的,可实现平衡调速功能,使通过阀的流量保持基本不变。所以外控单向顺序阀用在有负值负载的系统中,容易造成振动,性能很不理想,而外控平衡阀特别适合有负值负载的系统。

2) 外控单向顺序阀的控制压力要等于或大于设定的背压才能打开主阀阀芯,而外控平衡阀的控制压力只要达到设定的背压的几分之一或几十分之一即可打开主阀阀芯,所以外控单向顺序阀用在有负值负载的系统中容易发热。

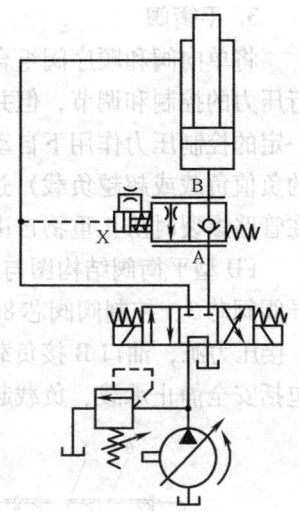

图 4-52 平衡阀应用回路

3) 外控平衡阀由于有阻尼的作用,当控制压力达到或大于设定压力时,主阀打开时有缓冲,而外控单向顺序阀则没有。

4) 外控平衡阀要尽量靠近执行机构安装,有的直接安装在液压缸或液压马达上,以防止管路破裂造成重物下落,而外控单向顺序阀则没有这个要求。

4.3.4 压力继电器

压力继电器是一种将油液的压力信号转换成电信号的小型电液控制元件。当油液压力达到压力继电器的调定压力时,即发出电信号,以控制电磁铁、继电器等电气元件动作,从而实现液压系统的自动控制和安全保护等。国内现通常将压力继电器归入压力阀类,而国外则通常称之为压力开关而将之归入液压附件类。

图 4-53 所示为柱塞式压力继电器的结构图及图形符号。当油液压力达到压力继电器的设定压力时,作用在柱塞 1 上的力通过顶杆 2 合上微动开关 4,发出电信号。

4.4 流量控制阀

液压系统中执行元件运动速度的大小取决于输入执行元件的油液流量的大小。流量控制阀依靠改变阀口通流面积的大小或通流通道的长短来控制流量,根据执行机构运动速度的要求供给所需

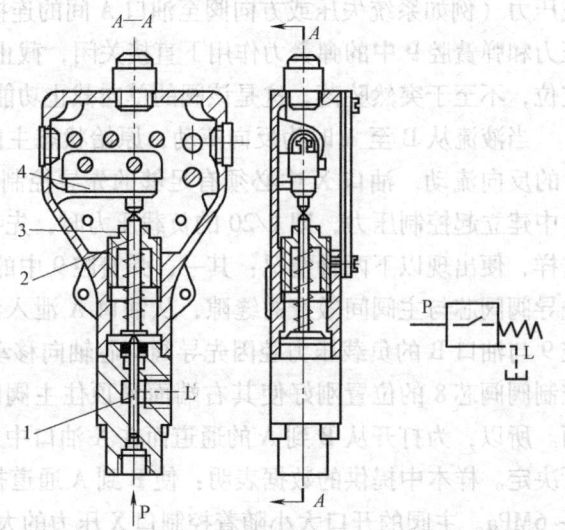

图 4-53 柱塞式压力继电器的结构图及图形符号
1—柱塞 2—顶杆 3—调节螺钉 4—微动开关

的流量。流量控制阀主要品种有节流阀、调速阀及分流阀等。

4.4.1 节流阀

1. 工作原理

图 4-54 所示为几种常用的节流口形式。图 4-54a 所示为针阀式节流口，针阀作轴向移动时，调节了环形通道的大小，由此改变了流量。这种结构加工简单，但节流口长度大，水力半径小，易堵塞，流量受油温变化的影响也大，一般用于要求较低的场合。图 4-54b 所示为偏心式节流口，在阀芯上开一个截面为三角形（或矩形）的偏心槽，转动阀芯，就可以改变通道大小，由此调节了流量。其缺点是阀芯上的径向力不平衡，旋转阀芯时较费力，一般用于压力较低、流量较大和流量稳定性要求不高的场合。图 4-54c 所示为轴向三角槽式节流口，在阀芯端部开有一个或两个斜的三角槽，轴向移动阀芯就可以改变三角槽通流面积从而调节了流量。轴向三角槽式节流口的水力半径较大，可得到较小的稳定流量，且调节范围较大，但节流通道有一定的长度，油温变化对流量有一定的影响，目前应用广泛。图 4-54d 所示为周向缝隙式节流口，沿阀芯周向开有一条宽度不等的狭槽，转动阀芯就可改变开口大小。阀口做成薄刃形，通道短，水力直径大，不易堵塞，油温变化对流量影响小，因此其性能接近于薄壁小孔，适用于低压小流量场合，节流口在高压作用下易变形，使用时应改善结构的刚度。图 4-54e 所示为轴向缝隙式节流口，在阀孔的衬套上加工出图示薄壁阀口，阀芯作轴向移动即可改变开口大小，其性能与图 4-54d 所示节流口相似。

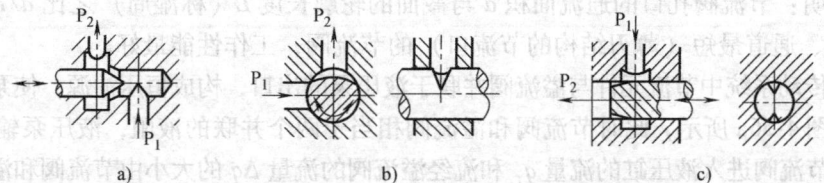

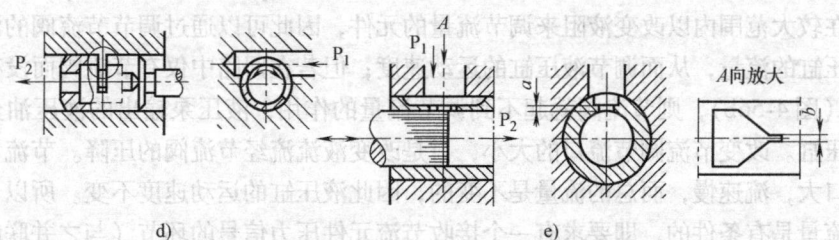

图 4-54 节流口的形式

a) 针阀式 b) 偏心式 c) 轴向三角槽式 d) 周向缝隙式 e) 轴向缝隙式

据流体力学可知，流经节流阀的流量特性可用下式表示

$$q = Ka\Delta p_{节}^{m} \tag{4-10}$$

式中 K——系数，由阀孔及液体性质决定；

m——指数，由阀孔形状决定，一般在 0.5～1 范围内，调速用节流阀要求 m 接近于 0.5；

$\Delta p_{节}$——节流阀进、出油口压差；

a——阀孔的通流面积。

可用图 4-55 所示的节流阀特性曲线表示上述的流量特性方程。图中，直线 A 表示 $m=1$ 的理想线性节流阀；曲线 B 表示 $m=0.5$ 的理想平方根节流阀；一般节流阀的特性曲线介于 A、B 曲线之间，如图中虚线所示。

由流量特性方程可以得知：

1) 当阀孔形式、油液粘度和节流阀前后压差（K、m、$\Delta p_节$）一定时，只要改变通流截面积 a 值，便可改变流量。

2) 当阀孔调节好后（a 不变），Δp 值主要取决于负载与溢流阀的调整压力之差，K 值主要取决于油温。实际使用中，负载和油温是变化的，因此，即使 a 不变，通过节流阀的流量也在经常变化，致使工作部件运动不平稳。

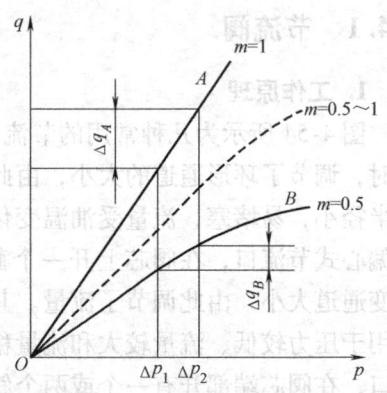

图 4-55 节流阀的特性曲线

3) 从使用角度讲，对节流阀的要求是，$\Delta p_节$ 变化时流量变化越小越好。由图 4-55 所示的特性曲线可知，设节流阀前后压差由 Δp_1 变为 Δp_2 时，指数 $m=0.5$ 时的流量变化要比指数 $m=1$ 时的流量变化 Δq_A 要小得多。因此，设计节流阀时，其结构形式（主要是指阀孔形状）采用指数 m 接近于 0.5 的。

实践表明：节流阀孔口的通流面积 a 与截面的轮廓长度 L（称湿周）之比 a/L（称水力半径）最大、通道最短（薄刃结构的节流口）的节流阀，工作性能最好。

在液压传动系统中节流元件与溢流阀并联于液压泵的出口，构成恒压油源，使泵出口的压力恒定。如图 4-56a 所示，此时节流阀和溢流阀相当于两个并联的液阻，液压泵输出流量 q_p 不变，流经节流阀进入液压缸的流量 q_1 和流经溢流阀的流量 Δq 的大小由节流阀和溢流阀液阻的相对大小来决定。若节流阀的液阻大于溢流阀的液阻，则 $q_1 < \Delta q$；反之则 $q_1 > \Delta q$。节流阀是一种可以在较大范围内以改变液阻来调节流量的元件，因此可以通过调节节流阀的液阻，来改变进入液压缸的流量，从而调节液压缸的运动速度；但若在回路中仅有节流阀而没有与之并联的溢流阀（图 4-56b），则节流阀就起不到调节流量的作用，液压泵输出的液压油全部经节流阀进入液压缸。改变节流阀节流口的大小，只是改变液流流经节流阀的压降。节流口小，流速快；节流口大，流速慢，而总的流量是不变的，因此液压缸的运动速度不变。所以，节流元件用来调节流量是有条件的，即要求有一个接收节流元件压力信号的环节（与之并联的溢流阀或恒压变量泵），通过这一环节来补偿节流元件的流量变化。

图 4-57a 所示为普通节流阀的结构图。这种节流阀的节流通道呈轴向三角槽式（图 4-57b）。压力油从进油口 P_1 流入，经孔道 a 和阀芯 2 左端的三角形节流槽进入孔道 b，再从出油口 P_2 流出。调节带螺纹的手柄 4，借助推杆 3 可使阀芯 2 作轴向移动，从而改变节流口的通流面

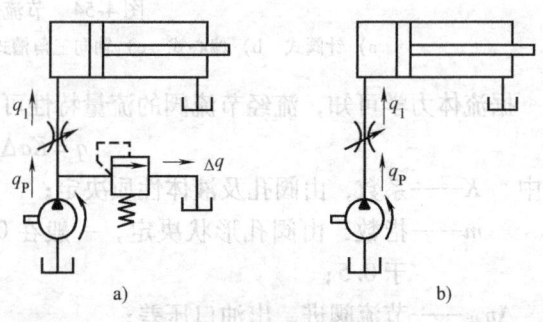

图 4-56 节流元件的作用

积来调节流量。阀芯 2 在弹簧 1 的作用下始终贴紧在推杆 3 上，阀芯 2 通过通孔使左右两侧连通，从而使其液压力得到平衡，方便在工作过程中进行调节。

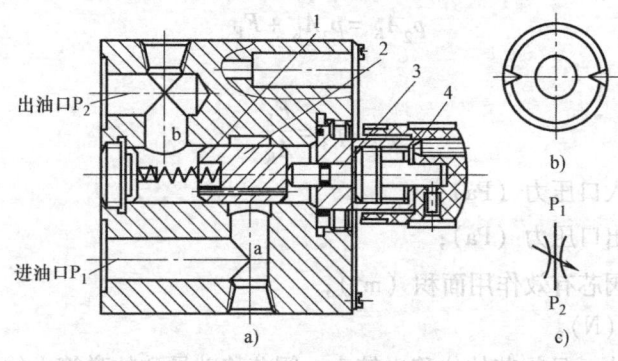

图 4-57 普通节流阀
a) 结构图 b) 节流通道截面 c) 图形符号
1—弹簧 2—阀芯 3—推杆 4—手柄

4.4.2 调速阀

节流阀在节流口开度一定的条件下工作时，通过它的流量受节流阀进出口油液压差的影响，这在液压系统工作负载发生变化时充分暴露出来，使得执行元件的运动速度不能较好地保持稳定。因此在执行机构运动速度要求较高的场合，采用单一的节流阀来调速就不能适应工作的要求。为了使流经节流阀的流量不随负载的变化而变化，就必须对节流阀进出口油液压差进行补偿，使节流阀进出口压差在负载变化时也能保持在一个近似的恒定值。压力补偿通常有两种方法：一是将定差减压阀与节流阀串联，以保持节流阀进出口压差不变，这种阀就是普通的调速阀，或称减压节流型调速阀，也称二通调速阀；二是将溢流阀与节流阀并联，以保持节流阀进出口压差不变，这种阀称为溢流节流阀，也称三通调速阀。

1. 二通调速阀

二通调速阀按照定差减压阀（又称压力补偿器）与节流阀的位置，可分为阀前补偿与阀后补偿两种，如图 4-58 所示。定差减压阀（即压力补偿器）放在节流阀的入口还是出口，实际应用中没有定论，而是取决于设计方案。

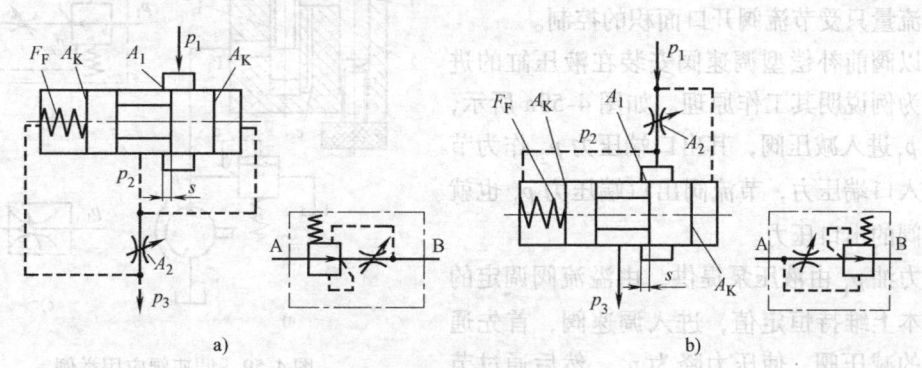

图 4-58 调速阀工作原理图
a) 阀前补偿 b) 阀后补偿

对于图4-58a所示的阀前补偿型调速阀，定差减压阀的阀芯受力平衡方程（忽略摩擦力、液动力等因素）为

$$p_2 A_K = p_3 A_K + F_F \tag{4-11}$$

即

$$p_2 - p_3 = \frac{F_F}{A_K} \tag{4-12}$$

式中 p_2——节流阀入口压力（Pa）；
p_3——节流阀出口压力（Pa）；
A_K——减压阀阀芯有效作用面积（m^2）；
F_F——弹簧力（N）。

由于弹簧刚度较小，且阀芯的位移也较小，阀芯移动导致的弹簧力的变化也较小，因此节流阀进出口压差（$p_2 - p_3$）基本保持不变。

对于图4-58b所示的阀后补偿型调速阀，定差减压阀的阀芯受力平衡方程（忽略摩擦力、液动力等因素）为

$$p_1 A_K = p_2 A_K + F_F \tag{4-13}$$

即

$$p_1 - p_2 = \frac{F_F}{A_K} \tag{4-14}$$

式中 p_1——节流阀入口压力（Pa）；
p_2——节流阀出口压力（Pa）；
A_K——减压阀阀芯有效作用面积（m^2）；
F_F——弹簧力（N）。

由于弹簧刚度较小，且阀芯的位移也较小，阀芯移动导致的弹簧力的变化也较小，因此节流阀进出口压差（$p_1 - p_2$）基本保持不变。

从上面的分析中可以看出，无论是阀前补偿还是阀后补偿，定差减压阀的作用都是保证节流阀进出口压差基本不变，从而保证通过调速阀的流量只受节流阀开口面积的控制。

现以阀前补偿型调速阀安装在液压缸的进油路上为例说明其工作原理。如图4-59a所示，压力油 p_1 进入减压阀，其出口端压力 p_2 作为节流阀的入口端压力，节流阀出口端压力 p_3 也就是调速阀的出口压力。

压力油 p_1 由液压泵提供，由溢流阀调定的压力基本上维持恒定值，进入调速阀，首先通过其中的减压阀，使压力降为 p_2，然后通过节流阀使压力变为 p_3，p_3 是由外部负载所决定的

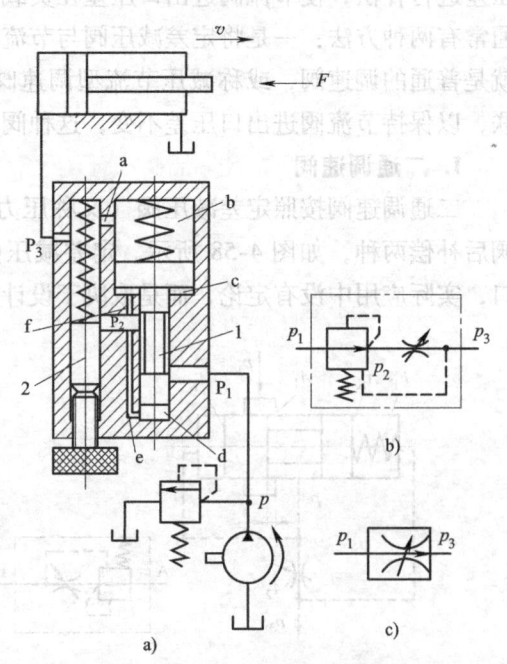

图4-59 调速阀应用举例
a) 工作原理图 b)、c) 图形符号
1—减压阀阀芯 2—节流阀

调速阀出口压力，其值为 $p_3 = F/A_1$。节流阀两端的压差 $\Delta p_j = p_2 - p_3$。

下面我们来分析一下调速阀中减压阀的作用，从图 4-59a 中可以看到，减压阀阀芯 1 的顶端弹簧腔 b 经孔道 a 与节流阀 2 的出油口 P_3 相通；减压阀阀芯 1 的肩部 c 和下端 d 经孔道 f、e 与节流阀 2 的入口 P_2 相连。当外部载荷增加时，导致 p_3 也增加，这时 p_3 通过 a 孔道作用在减压阀的阀芯 1 的顶端，使顶端作用力增大，破坏阀芯原来的平衡状态，使阀芯下移。减压阀的开口加大，通过减压阀的液阻减小，使 p_2 也增大，而使 $\Delta p_j = p_2 - p_3$ 基本上能保持原来的数值不变。当外部载荷减小时，p_3 也减小，同理减压阀阀芯 1 又失去平衡而上移，此时减压阀的开口减小，液流通过减压阀的液阻增大，使 p_2 也跟随降低，同样使 $\Delta p_j = p_2 - p_3$ 仍保持不变，由于减压阀可保持节流阀两端压差为常数，因而流过节流阀的流量也稳定不变。

从图 4-60 所示的节流阀与调速阀的压差-流量特性曲线中可以看出，节流阀的流量随压差变化较大，而调速阀在压差达到一定数值之后，流量基本保持恒定。这是因为压差过小，调速阀中的减压阀阀芯在弹簧力作用下，使减压阀阀口开至最大，将不能起到调节和稳定节流阀阀前压力的作用。调速阀正常工作时，要求调速阀两端的压差至少为 $0.4\sim0.5\mathrm{MPa}$。

调速阀与普通节流阀一样，对温度和堵塞现象很敏感，为了弥补温度对流量稳定性的影响，可以采用带温度补偿装置的调速阀。所谓温度补偿装置的原理，就是采用一温度膨胀系数较大的材料附加控制节流开口的大小。当温度升高后，油液粘度降低，通过节流口的流量将增大，而受热膨胀的热敏元件推动节流阀阀芯，使节流开口减小，限制流量的增大。反之，若温度降低，油液粘度增大，流量将减小，此时热敏元件收缩拉回节流阀阀芯，使节流口开口增大，使流量维持

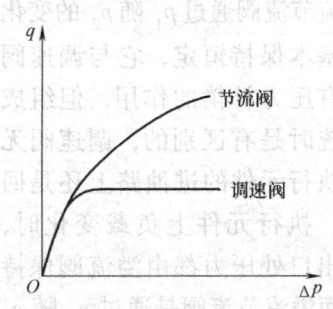

图 4-60 节流阀与调速阀压差-流量特性曲线

在温度变化前的数值。利用这种方法，可部分地补偿由于温度变化而造成的流量变化。若要从根本上解决问题，则必须控制温度的变化。

温度补偿调速阀的压力补偿原理部分与普通调速阀相同，但在节流阀阀芯和调节螺钉之间放置了一个温度膨胀系数较大的聚氯乙烯推杆（图 4-61），当油温升高时，本来流量增加，这时温度补偿杆伸长使节流口变小，从而补偿了油温对流量的影响，在 $20\sim60$℃ 的温度范围内流量的变化率不超过 10%，最小稳定流量可达 20mL/min。

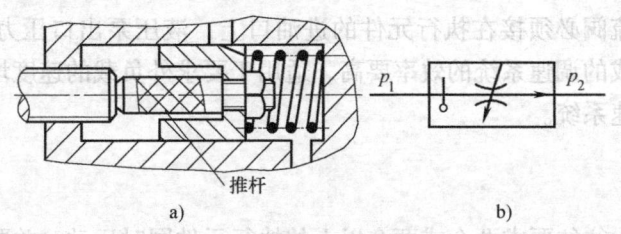

图 4-61 温度补偿调速阀
a) 结构图 b) 图形符号

在使用调速阀时需要注意的是，阀在起始位置没有液流通过流量阀时，压力补偿器完全打开，当有液流通过时，压力补偿器的阀芯移动到控制位置，在到达控制位置时的这段时间里，未等压力建立起来就有大量液流流过阀口，引起冲击。需要在回路上配以相关阀，在压力建立起来后再接通执行元件。

2. 溢流节流阀（三通调速阀）

图4-62a所示为溢流节流阀的结构原理图，它由一个起定压作用的溢流阀3和节流阀4并联而成。从液压泵输出的油液一部分经节流阀4进入液压缸1左腔，推动活塞向右运动，另一部分经溢流阀3的溢流口流回油箱，溢流阀3阀芯的上端a腔同节流阀4后的油液相通，其压力为p_2；b腔和下端c腔同溢流阀3阀芯前的油液相通，其压力即为泵的输出压力p_1，当液压缸活塞上的负载力F增大时，压力p_2升高，a腔的压力也升高，使溢流阀3的阀芯下移，关小溢流口，这样就使液压泵的供油压力p_1增加，从而使节流阀4的前、后压差p_1-p_2基本保持不变；同理，当负载力减小时，压力p_2下降，由于溢流阀3阀芯的相应动作，也可使p_1-p_2基本保持不变。这种溢流节流阀一般附带一个安全阀2，以避免系统过载，图4-62b、c所示为该阀的图形符号。

溢流节流阀通过p_1随p_2的变化使流量基本保持恒定，它与调速阀虽都具有压力补偿的作用，但组成调速系统时是有区别的，调速阀无论装在执行元件的进油路上还是回油路上，执行元件上负载变化时，液压泵出口处压力都由溢流阀保持不变，而溢流节流阀是通过p_1随p_2（负载的压力）的变化来使流量基本上保持恒定的，因而使用溢流节流阀具有功率损耗低、发热量小的优点。但是，溢流节流阀中流过的流量比调速阀大（一般是系统的全部流量），阀芯运动时的阻力较大，弹簧较硬，使节流阀前后压差Δp加大（需达$0.3 \sim 0.5$MPa），因此它的稳定性稍差。

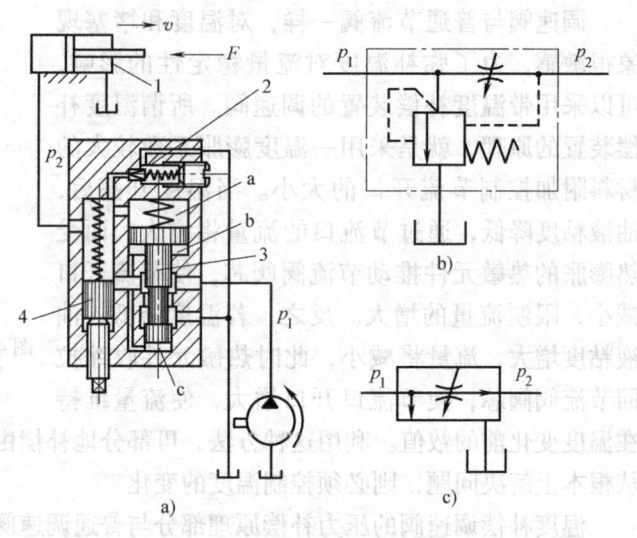

图4-62 溢流节流阀
a) 结构原理图 b) 详细符号 c) 简化符号
1—液压缸 2—安全阀 3—溢流阀 4—节流阀

注意：溢流节流阀必须接在执行元件的进油口上，液压泵出口压力随负载的大小而变化。溢流节流阀组成的调速系统的效率要高，适用于要求外负载的速度均匀、且经常会出现轻载工况的节流调速系统。

4.4.3 分流阀

在液压系统中，往往要求两个或两个以上的执行元件同时运动，并要求它们保持相同的位移或相同的速度（或固定的速比）。我们将这种运动关系称为位置同步或速度同步。位置同步保证执行元件在运动中或停止时都保持相同的位置,速度同步则只能保证执行元件的运动速度相同或速比不变。凡是位置同步的机构,也必定是速度同步,但速度同步的机构,不一定是位置同步。

由于两个或两个以上执行元件的负载、摩擦阻力、制造误差、内外泄漏量和液压损失等不一致,经常使执行元件不能同步运行。因此,在这些系统中需要采用同步措施,以消除或克服这些影响,保证液压执行元件的同步运动。分流阀即是节流同步措施中的一种同步元件。

分流阀又称为同步阀,它是分流阀、集流阀和分流集流阀的总称。

分流阀的作用是使液压系统中由同一个油源向两个以上执行元件供应相同的流量(等量分流),或按一定比例向两个执行元件供应流量(比例分流),以实现两个执行元件的速度保持同步或定比关系;集流阀的作用,则是从两个执行元件收集等流量或按比例的回油量,以实现其间的速度同步或定比关系;分流集流阀则兼有分流阀和集流阀的功能。它们的图形符号如图4-63所示。

1. 分流阀

图4-64所示为分流阀的工作原理图,其可以看作是由两个串联减压式流量控制阀结合为一体构成的。该阀采用"流量-压差-力"负反馈,用两个面积相等的固定节流孔1、2作为流量一次传感器,将两路负载流量 q_1、q_2 分别转化为对应的压差值 Δp_1 和 Δp_2。代表两路负载流量 q_1 和 q_2 大

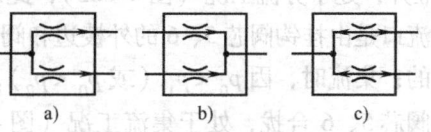

图4-63 分流集流阀的图形符号
a) 分流阀 b) 集流阀 c) 分流集流阀

小的压差值 Δp_1 和 Δp_2 同时反馈到公共的减压阀6阀芯上,相互比较后驱动减压阀阀芯来调节 q_1 和 q_2 大小,使之趋于相等。

工作时,设阀的进口油液压力为 p_0,流量为 q_0,进入阀后分两路分别通过两个面积相等的固定节流孔1、2,分别进入减压阀阀芯环形槽a和b,然后由两可变节流口3、4经出油口Ⅰ和Ⅱ通往两个执行元件,两执行元件的负载流量分别为 q_1、q_2,负载压力分别为 p_3、p_4。如果两执行元件的负载相等,则分流阀的出口压力 $p_3 = p_4$,因为阀中两支流道的尺寸完全对称,所以输出流量也对称,即 $q_1 = q_2 = q_0/2$,且 $p_1 = p_2$。当由于负载

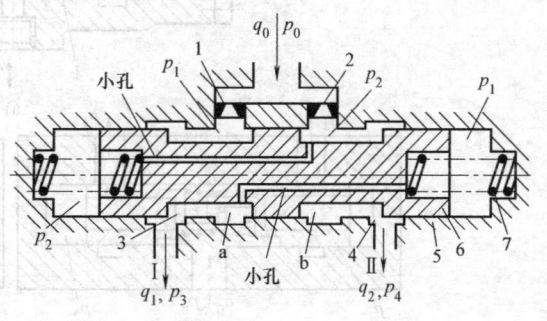

图4-64 分流阀的工作原理
1、2—固定节流孔 3、4—可变节流口
5—阀体 6—减压阀 7—弹簧

不对称而出现 $p_3 \neq p_4$,且设 $p_3 > p_4$ 时,q_1 必定小于 q_2,导致固定节流孔1、2的压差 $\Delta p_1 < \Delta p_2$,$p_1 > p_2$,此压差反馈至减压阀6阀芯的两端后使阀芯在不对称液压力的作用下左移,使可变节流口3增大,可变节流口4减小,从而使 q_1 增大,q_2 减小,直到 $q_1 \approx q_2$ 为止,阀芯才在一个新的平衡位置上稳定下来,即输往两个执行元件的流量相等。当两执行元件尺寸完全相同时,运动速度将同步。

2. 集流阀

图 4-65 所示为集流阀的工作原理图，它与分流阀的反馈方式基本相同，不同之处为：

1) 集流阀装在两执行元件的回油路上，将两路负载的回油流量汇集在一起回油。
2) 分流阀的两流量传感器共进口压力 p_0，流量传感器的通过流量 q_1（或 q_2）越大，其出口压力 p_1（或 p_2）反而越低；集流阀的两流量传感器共出口 T，流量传感器的通过流量 q_1（或 q_2）越大，其进口压力 p_1（或 p_2）则越高。因此集流阀的压力反馈方向正好与分流阀相反。
3) 集流阀只能保证执行元件在回油时同步。

3. 分流集流阀

分流集流阀又称同步阀，它同时具有分流阀和集流阀两者的功能，能保证执行元件进油、回油时均能同步。

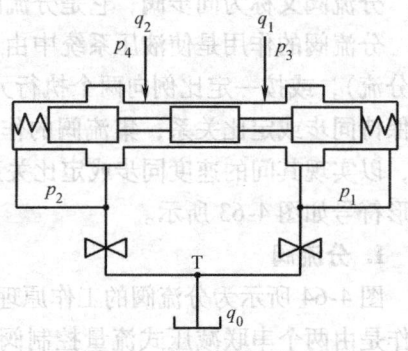

图 4-65　集流阀的工作原理

图 4-66a 所示为分流集流阀的工作原理图。分流时，因 $p_0 > p_1$（或 $p_0 > p_2$），此压差将两挂钩阀芯 1、2 推开，处于分流工况（图 4-66b），此时的分流可变节流口是由挂钩阀芯 5、6 的外棱边和阀套的内棱边组成的；集流时，因 $p_0 < p_1$（或 $p_0 < p_2$），此压差将挂钩阀芯 5、6 合拢，处于集流工况（图 4-66c），此时的集流可变节流口是由挂钩阀芯 5、6 的外棱边和阀套的内棱边组成的。

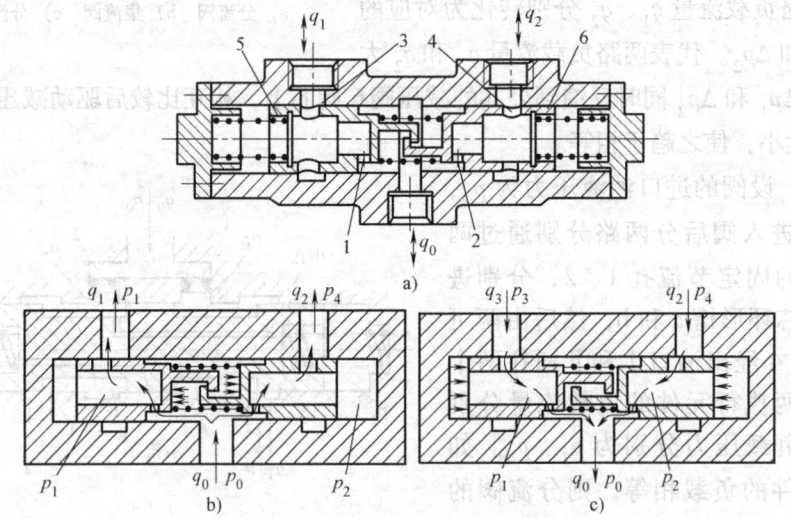

图 4-66　分流集流阀的工作原理

a) 结构图　b) 分流时的工作原理　c) 集流时的工作原理

1、2—固定节流孔　3、4—可变节流口　5、6—挂钩阀芯

4. 分流阀的精度及其影响因素

分流阀的分流精度高低可用分流误差 ξ 的大小来表示

$$\xi = \frac{q_1 - q_2}{q_0/2} \times 100\% \tag{4-15}$$

一般分流阀的分流精度为 2% ~ 5%，其值的大小与进口流量和两出口油液压差有关，

也与使用情况有关。如果使用方法适当，可以提高其分流精度，反之则会降低分流精度。

必须指出：在采用分流（集流）阀构成的同步系统中，液压缸的加工误差及其泄漏、分流阀之后设置的其他阀的外部泄漏、油路中的泄漏等，虽然对分流阀本身的分流精度没有影响，但对系统中执行元件的同步精度却有直接影响。

4.5 叠加阀

叠加阀是在板式阀集成化的基础上发展起来的新型液压元件。叠加阀安装在板式换向阀和底板之间，由有关的压力、流量和单向控制阀等可组成集成化控制回路。每个叠加阀除了具有液压阀的功能外，还起油路管道的作用。所以，叠加阀就是换向阀和底板间的有上下板安装面的特殊结构的液压阀。

叠加阀分为压力、流量及方向控制阀三大类，但方向阀中只有单向阀、液控单向阀。叠加阀的工作原理与板式阀基本相同，但在结构和连接方式上有其特点，因而自成体系。每一种通径系列的叠加阀，其主油路通道和螺钉孔的大小、位置、数量都与相应通径主换向阀相同。因此，同一通径系统的叠加阀都可叠加起来组成不同系统。通常一个系统（指控制一个执行元件）可以叠加一叠。在一叠中，系统中的主换向阀（它不属于叠加阀，而是常规板式阀）安装在最上面，与执行部件连接用的底板块放在最下面。有关压力、流量和单向控制的叠加阀安装在主换向阀与底板之间，其顺序按系统动作要求予以安排。上述叠加方式称为纵向叠加，也称为一个系统。系统与系统之间，通过底板将各部分油路连接起来的叠加方式称为横向叠加。

例如，板式溢流阀，只在阀的底面上有 P 和 T 两个进出主油口，而叠加式溢流阀，则除 P 和 T 油口外，还有 A、B 油口，而且这些油口又都是自阀的底面到阀的上平面相贯通的，如图 4-67 所示。

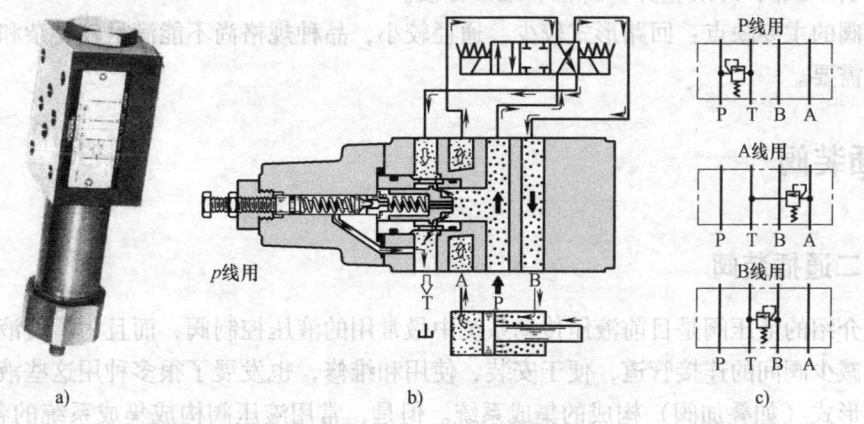

图 4-67 先导式叠加溢流阀
a) 外形图 b) 结构图 c) 图形符号

如图 4-68 所示为用三组叠加阀组成的液压马达控制回路、液压缸锁紧回路及节流调速回路的系统原理图。图中最下面的点画线内是底板，底板上有进油孔、回油孔和通向液压执行元件的油孔，每组叠加阀底板上面依次向上叠加有相应功能的控制阀，最上层为换向阀，每组叠加阀中各种功能的阀的规格都与相应的换向阀相同。

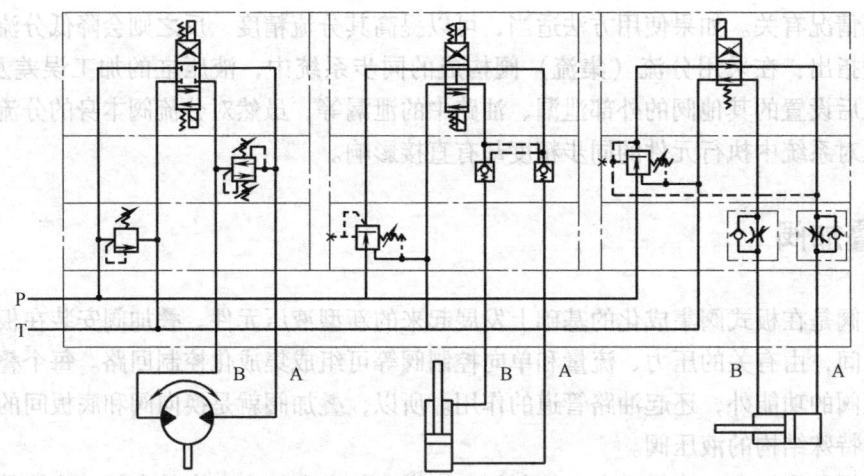

图 4-68 叠加阀应用回路原理图

叠加阀的主要优点：
1) 标准化、通用化和集成化程度很高。
2) 叠加阀组成的系统，结构紧凑、体积小、重量轻、易于安排。
3) 系统变化时，能很方便地重新叠加、重新组合，安装便捷。
4) 配置灵活。可集中在液压站，可附装于设备上，给自动生产线及机床的集中控制与调整带来了较大的方便。
5) 元件之间无管连接，消除了因管件引起的漏油、振动和噪声。同时，油路短，压力损失小，提高了系统的效率及稳定性。
6) 由叠加阀组成的集中供油系统，节能效果好。
7) 动作可靠，外观整齐，拆检、维修方便。

叠加阀的主要缺点：回路形式较少，通径较小，品种规格尚不能满足较复杂和大功率液压系统的需要。

4.6 插装阀

4.6.1 二通插装阀

前面介绍的液压阀是目前液压传动系统中最常用的液压控制阀，而且为了使液压系统结构紧凑，减少阀间的连接管道，便于安装、使用和维修，也发展了很多种用这些液压阀或它们的变形形式（如叠加阀）构成的集成系统。但是，常用液压阀构成集成系统的各种方式，仅对小流量的液压系统能收到较为良好的效果，对中、大流量，特别是流量大于 200L/min 的液压系统，不免有很多困难，一般还只能采用管道进行阀间连接，组成系统。由于流量大，管道粗，因此配管工作量很大，安装、维修困难，且易出现漏油、振动等弊病。

20 世纪 70 年代初，出现了作为液压技术新的分支——二通插装阀。它不仅能实现常用液压控制阀的各种动作要求，而且与普通液压阀相比，在控制同等功率的情况下，具有体积小、重量轻、功率损失小、动作速度快和易于集成等突出优点，特别适用于大流量液压系统的控制和调节。二通插装阀的出现,圆满地解决了过去大流量液压控制系统难以集成的困难,也为特大流量和较复杂的液压控制系统的设计开创了一条新的道路。

二通插装阀是一种组合式阀,以若干个插装式二通锥阀为基本元件进行组合,并配用适当的电磁先导阀来控制锥阀的启、闭,以达到控制液流的目的。

二通插装阀最初作为方向阀使用,随后又发展成也可对液流的压力、流量进行控制。由于其原理是基于对一组开关式锥阀的"通、断"状态进行控制,用逻辑判断来确定这一阀组的工作情况,因此称为逻辑阀。

从控制形式来看,二通插装阀可分为三端口卸荷开启型(图4-69a)和三端口加压开启型(图4-69b)。三端口卸荷开启型是最传统、最普遍使用的一种被动开启型阀,即开启不需要外部提供压力油,只要把弹簧腔通回油,即卸荷,靠进口压力开启通道。三端口加压开启型则是一种主动开启型,即开启需要从外部(端口3)提供压力加压才能开启通道。

目前所使用的逻辑元件绝大部分是三端口、卸荷开启型的,因此以下对其进行重点介绍。图4-70a所示为二通插装阀的结构图,阀的主要部分是阀芯、阀套和弹簧,三者组成一体,插装在阀体的孔内,安装、拆卸和更换零件都很方便。

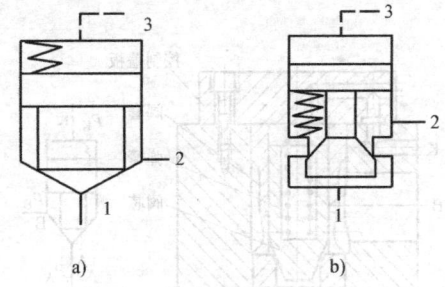

图4-69 三端口型液压逻辑元件
a) 卸荷开启型 b) 加压开启型

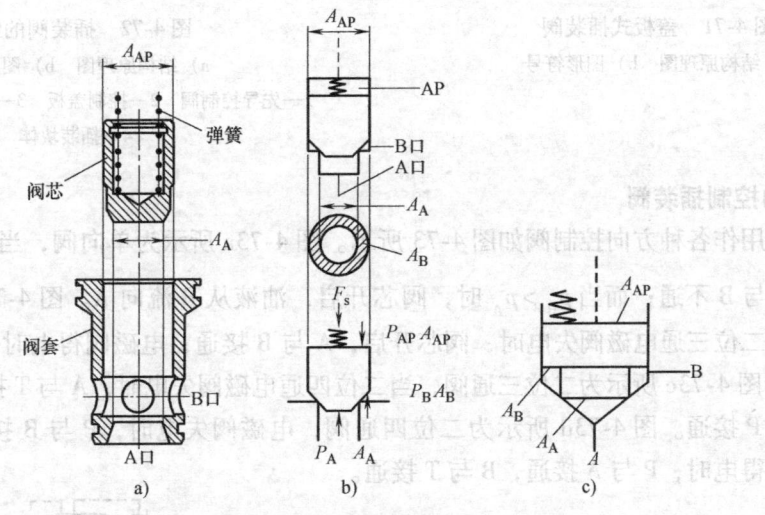

图4-70 二通插装阀结构及工作原理图
a) 结构图 b) 工作原理 c) 图形符号

二通插装阀的启、闭取决于三个口的压力。在多数情况下,阀芯上没有密封装置,阀芯的导向部分与阀体之间是滑动配合。因此,相互间的摩擦力相比弹簧力和静压力要小得多,可以忽略。在这里有三个重要的承压面积:A口的作用面积为 A_A,B口的环形作用面积为 A_B,弹簧腔的作用面积为 A_{AP},且 $A_{AP} = A_A + A_B$。面积比定义为A口的作用面积 A_A 与弹簧腔的作用面积 A_{AP} 的比值,常用的面积比为1:1、1:1.05、1:1.5、1:2。其中面积比1:1.5、1:2的二通插装阀常用作方向控制阀,面积比1:1、1:1.05的常用作压力控制阀。面积比和弹簧预紧压

力 F_s 是决定开关型元件开启的两个最重要参数。

A、B 是主油路的两个接口，K 是控制油口。根据这几个油口的压力和作用面积 A_A、A_B、A_{AP} 的大小，以及弹簧力和阀口液动力的数值，锥阀阀芯具有关闭和开启两个位置，使主油路 A 与 B 接通或隔断。当 $p_{AP}A_{AP} + F_s > p_A A_A + p_B A_B$ 时，二通插装阀处于关闭状态，且无泄漏。当 $p_{AP}A_{AP} + F_s < p_A A_A + p_B A_B$ 时，二通插装阀处于开启状态。可见，逻辑阀的基本元件实际上是一个二位二通液控单向阀。

盖板式插装阀的结构如图 4-71 所示。它由控制盖板 2、插装单元 3（由阀套、弹簧、阀芯及密封件组成）、插装块体 4 和先导控制阀 1 组成（如先导阀为二位三通电磁换向阀，见图 4-72）。插装阀与各种先导阀组合，便可组成方向控制阀、压力控制阀和流量控制阀。

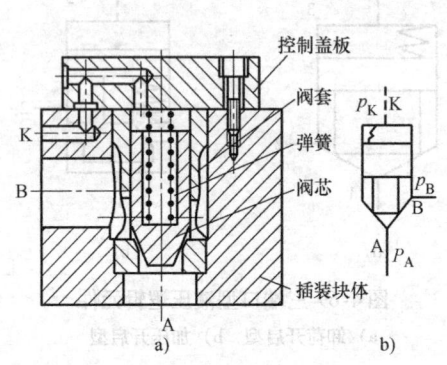
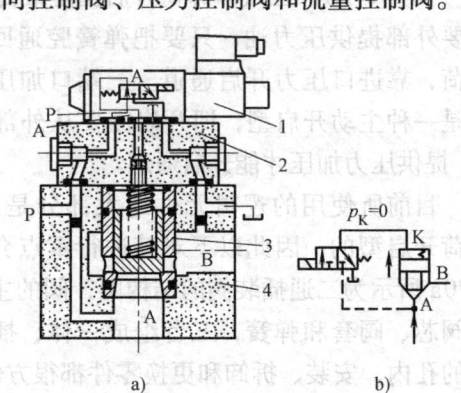

图 4-71　盖板式插装阀
a) 结构原理图　b) 图形符号

图 4-72　插装阀的组成
a) 结构原理图　b) 图形符号
1—先导控制阀　2—控制盖板　3—插装单元（主阀）
4—插装块体

1. 方向控制插装阀

插装阀用作各种方向控制阀如图 4-73 所示。图 4-73a 所示为单向阀，当 $p_A > p_B$ 时，阀芯关闭，A 与 B 不通；而当 $p_B > p_A$ 时，阀芯开启，油液从 B 流向 A。图 4-73b 所示为二位二通阀，当二位三通电磁阀失电时，阀芯开启，A 与 B 接通；电磁阀得电时，阀芯关闭，A 与 B 不通。图 4-73c 所示为二位三通阀，当二位四通电磁阀失电时，A 与 T 接通；电磁阀得电时，A 与 P 接通。图 4-73d 所示为二位四通阀，电磁阀失电时，P 与 B 接通，A 与 T 接通；电磁阀得电时，P 与 A 接通，B 与 T 接通。

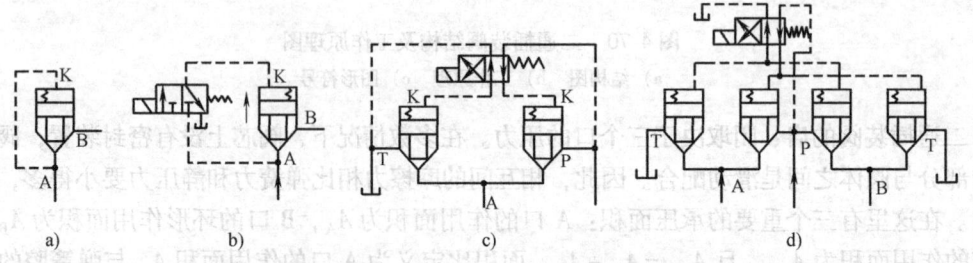

图 4-73　插装阀用作各种方向控制阀
a) 单向阀　b) 二位二通阀　c) 二位三通阀　d) 二位四通阀

2. 压力控制逻辑阀

图4-74a 所示为二通插装溢流阀的外形图。在控制盖板上有一个固定节流孔，它可以用先导阀对锥阀进行压力控制。如图4-74b 所示，压力油通过阻尼孔4进入控制腔，其压力由溢流阀调定。当系统压力达到或超过溢流阀的调定压力时，溢流阀开启，于是油液通过阻尼孔产生流动。由于阻尼孔的作用，使锥阀阀芯上、下腔产生压差，当此压差产生的力超过弹簧力时，锥阀阀芯向上运动接通A腔与B腔。图4-74 c 所示为其图形符号。

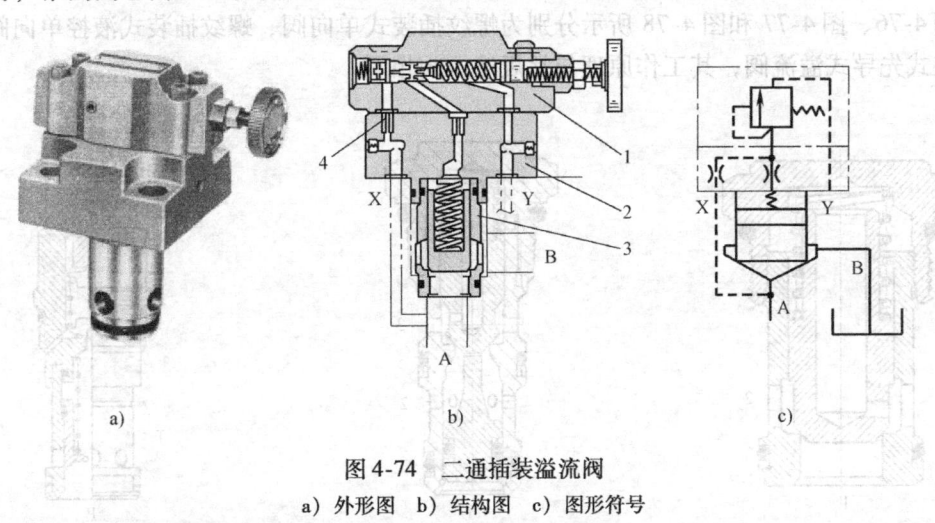

图4-74 二通插装溢流阀
a）外形图 b）结构图 c）图形符号
1—先导阀 2—盖板 3—逻辑单元（主阀） 4—阻尼孔

3. 流量控制插装阀

二通插装节流阀如图4-75所示。在插装阀的控制盖板上有阀芯限位器，用来调节阀芯开度，从而起到流量控制阀的作用。若在二通插装阀前串联一个定差减压阀，则可组成二通插装调速阀。

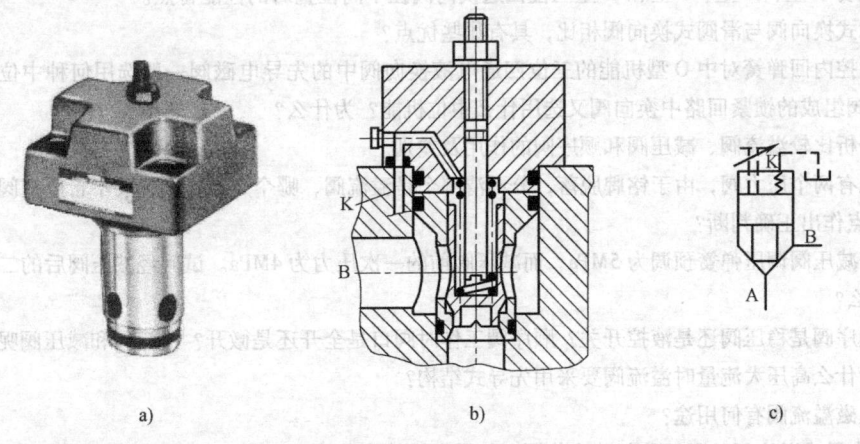

图4-75 二通插装节流阀
a）外形图 b）结构图 c）图形符号

4.6.2 螺纹插装阀

螺纹插装阀最初是由于工程机械需要液压阀减轻重量而产生的，其具有重量轻、成本低、易开发、集成度高、易组合、系统变化适应性强等优点，不仅为液压阀的发展带来更大的可塑性，也给系统的形成带来更多的专有性。

螺纹插装阀的工作原理与其他几种连接形式的液压阀基本相同，只是具体结构不同。螺纹插装阀本身没有阀体，靠阀套与集成块中的孔相配合，并由本身的联接螺纹将其固定在集成块中，再通过集成块内的通道把各个液压阀连通起来，构成液压集成系统。因此这种集成块既是螺纹插装阀的阀体，又是系统油路的连接通道。

图 4-76、图 4-77 和图 4-78 所示分别为螺纹插装式单向阀、螺纹插装式液控单向阀和螺纹插装式先导式溢流阀，其工作原理与常规液压阀相同。

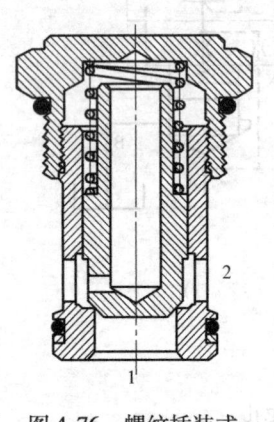
图 4-76　螺纹插装式单向阀

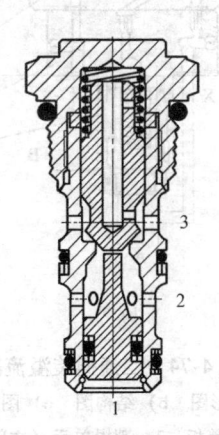
图 4-77　螺纹插装式液控单向阀

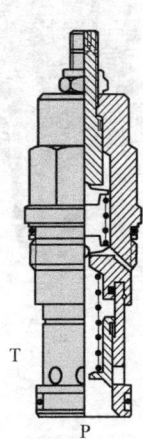
图 4-78　螺纹插装式先导式溢流阀

习　题

4.1　说明 O 型、M 型、P 型和 H 型三位四通换向阀在中间位置时的性能特点。

4.2　球式换向阀与滑阀式换向阀相比，具有哪些优点？

4.3　内控内回弹簧对中 O 型机能的三位四通电液换向阀中的先导电磁阀一般选用何种中位机能？由双液控单向阀组成的锁紧回路中换向阀又选用什么中位机能？为什么？

4.4　分析比较溢流阀、减压阀和顺序阀的作用及差别。

4.5　现有两个压力阀，由于铭牌脱落，分不清哪个是溢流阀，哪个是减压阀，又不希望把阀拆开，如何根据其特点作出正确判断？

4.6　若减压阀调压弹簧预调为 5MPa，而减压阀前的一次压力为 4MPa。试问经减压阀后的二次压力为多少？为什么？

4.7　顺序阀是稳压阀还是液控开关？顺序阀工作时阀口是全开还是微开？溢流阀和减压阀呢？

4.8　为什么高压大流量时溢流阀要采用先导式结构？

4.9　电磁溢流阀有何用途？

4.10　先导式溢流阀的阻尼孔起什么作用？如果它被堵塞将会出现什么现象？如果弹簧腔不与回油腔接，会出现什么现象？

4.11　在节流调速系统中，如果调速阀的进、出油口接反了，将会出现怎样的情况？试根据调速阀的工作原理进行分析。

4.12　将调速阀和溢流节流阀分别装在负载（液压缸）的回油路上，能否起速度稳定作用？

4.13　溢流阀和节流阀都能作背压阀使用，其差别何在？

4.14 将调速阀中的定差减压阀改为定值输出减压阀,是否仍能保证执行元件速度的稳定?为什么?

4.15 分析图 4-79 所示回路可实现多少种压力,分别是多少,如何实现。

4.16 如图 4-80 所示,顺序阀的调整压力 $p_x = 3\text{MPa}$,溢流阀的调整压力 $p_y = 5\text{MPa}$,试求在下列情况下 A、B 点的压力是多少?

(1) 液压缸运动时,负载压力 $p_L = 4\text{MPa}$。

(2) 负载压力 $p_L = 2\text{MPa}$。

(3) 活塞运动到右端时。

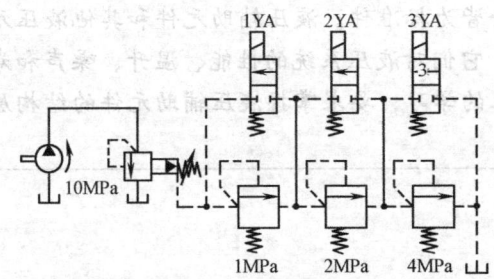

图 4-79 题 4.15 图

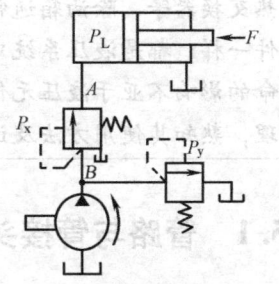

图 4-80 题 4.16 图

4.17 利用两个插装阀逻辑单元组合起来作主级,以适当的电磁换向阀作先导级,构成相当于二位三通的电液换向阀。

4.18 利用四个插装阀逻辑单元组合起来作主级,以适当的电磁换向阀作先导级,分别构成相当于二位四通、三位四通的电液换向阀。

第 5 章　液压辅助元件

> **内容提要**：液压辅助元件包括过滤器、蓄能器、管件、密封件、压力表、油箱和热交换器等，除油箱通常需要自行设计外，其余皆为标准件。液压辅助元件和其他液压元件一样，都是液压系统中不可缺少的组成部分。它们对液压系统的性能、温升、噪声和寿命的影响不亚于液压元件本身。通过对本章内容的学习，要求掌握液压辅助元件的结构原理，熟知其使用方法及适用场合。

5.1 管路与管接头

管路是液压系统中液压元件之间传送液体的各种油管的总称。管接头用于油管之间以及油管与元件之间的连接。为保证液压系统工作可靠，管路及管接头应有足够的强度与良好的密封，其压力损失要小，拆装要方便。设计液压系统时要认真选择管路和管接头。管径过大，会使液压装置结构庞大，增加不必要的成本费用；管径太小，又会使管内液体流速过高，不但会增大压力损失、降低系统效率，而且易引起振动和噪声，影响系统的正常工作。

5.1.1 管路

1. 分类和功用

管路按其在液压系统中的作用主要分为：

(1) **主管路** 包括吸油管路、压油管路和回油管路，用来实现压力能的传送，在原理图中用实线表示。

(2) **泄油管路** 将液压元件的泄漏油液导入回油管或油箱的管路，在原理图中用虚线表示。

(3) **控制管路** 用来实现液压元件的控制或调节的管路，在原理图中用虚线表示。

管路按材料分类可分为硬管和软管两大类。硬管以钢管、铜管、不锈钢管等各种金属油管为主；软管通常指各种材质的橡胶管。使用时须依其安装位置、工作条件和工作压力来正确选用。现代液压系统一般使用钢管和橡胶软管，很少使用铜管、塑料管和尼龙管。以下是各种油管的特点和适用场合：

(1) **钢管** 能承受高压，价格低廉，耐油，抗腐蚀，刚性好，但装配时不能任意弯曲；常在装拆方便处用作压力管道。液压系统用钢管通常为无缝钢管，分为冷拔精密无缝钢管和热轧普通无缝钢管，材料为10钢或15钢。

(2) **纯铜管** 纯铜管的最大优点是装配时易弯曲成各种需要的形状，但承压能力一般不超过10MPa，抗振能力较差，易使油液氧化，且价格昂贵，通常用在中低压系统中，现代液压系统中已经很少使用。

(3) **尼龙管** 乳白色半透明，加热后可任意弯曲成形或扩口，冷却后又能定形不变，承压能力因材质而异，介于 2.5~8MPa 之间不等。

（4）塑料管 质轻耐油，价格便宜，装配方便，但承压能力低，长期使用会变质老化，只宜用作压力低于 0.5MPa 的回油管、泄油管等。

（5）橡胶管 高压管由耐油橡胶夹几层钢丝编织网制成，钢丝网层数越多，耐压越高，价格较高，用作中、高压系统中两个相对运动件之间的压力管道。

2. 管路内径与壁厚的确定与计算

管路内径 d（mm）可根据通过的流量 q_V（L/min）和允许的流速 v（m/s）来确定，即

$$d \geqslant 4.63\sqrt{\frac{q_V}{v}} \tag{5-1}$$

其中，对于允许的流速 v，吸油管取 $v=0.5$~1.5m/s，流量大时取大值；压油管可取 $v=2.5$~6m/s，当压力高、流量大、管道短及油液粘度小时，可取大值，反之取小值；回油管取 $v<1.5$~2.5m/s。橡胶软管不论用作何种管路，流速都不能超过 3~5m/s。

计算出的油管内径经圆整后，按管标准选取。

连接管式液压元件的油管可不必进行计算，只要参照元件手册按元件管径选取即可。对高压系统的钢管，要进行管壁的强度核算。

管路壁厚 δ（mm）可按下式计算

$$\delta \geqslant \frac{pd}{2[\sigma]} \tag{5-2}$$

式中　p——油管承受的最大工作压力（MPa）；

　　　d——油管内径（mm）；

　　　$[\sigma]$——许用拉伸应力（MPa）。

对于钢管 $[\sigma]=\sigma_b/n$（σ_b 为抗拉强度，n 为安全系数。$p<7$MPa 时，$n=8$；$p<17$MPa 时，$n=6$；$p>17$MPa 时，$n=4$），钢管取 $[\sigma] \leqslant 25$MPa。

式（5-2）只适用于金属管。对于橡胶软管，在按式（5-1）计算出内径后，再由工作压力和内径按标准来选择合适的钢丝层数，不必计算壁厚。

5.1.2 管接头

液压系统中常用的管接头形式主要有：卡套式、焊接式、扩口式、法兰式、快速接头等。这些管接头都有相应的国家标准，设计和使用时应尽量选用标准规格。

1. 卡套式管接头

图 5-1a 所示为卡套式管接头的结构，卡套式管接头由接头体 1、卡套 3 和螺母 2 组成。卡套 3 左端内圆带有刃口，两端外圆均有锥面。其工作原理：装配时，首先将被连接的接管 4 垂直切断，将螺母 2 和卡套 3 套在接管上，然后将接管插入接头体 1 的内孔，卡套 3 卡进接头体 1 内锥孔与管子之间的间隙内，当旋紧压紧螺母时，卡套在外力作用下被推进接头体的内锥面（接管端面与接头体止推面 a 相接触），卡套刃口在反作用力的作用下产生径向收缩，使卡套的内刃口切入接管外壁，形成卡套与接管之间的密封 b，卡套前端外表面与接头体内锥面间形成球面接触密封 c，如图 5-1b 所示。装好的管接头的卡套中部稍有拱形凸起，尾部（右端）也径向收缩抱住管子。卡套因中部拱起具有一定弹性，有利于密封和防止螺母松动。

当管径较大时，要使刃口切入螺母所需的旋紧力较大，因此卡套式接头所用油管的外径

一般不超过42mm（通径32mm）。

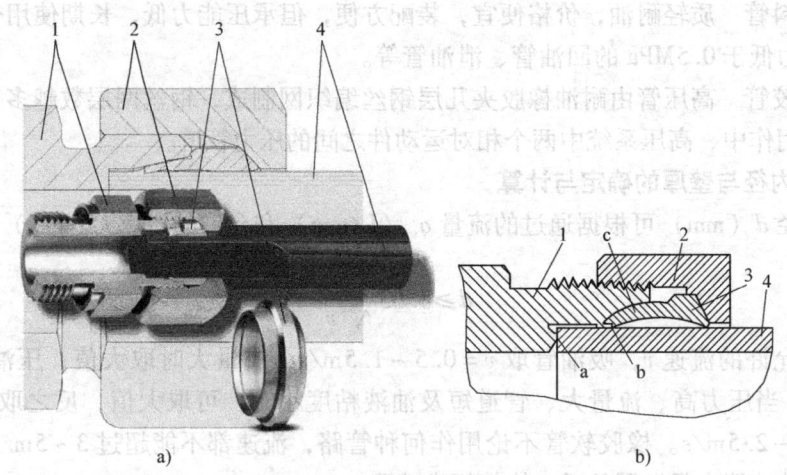

图 5-1 卡套式管接头
a) 结构 b) 原理
1—接头体 2—螺母 3—卡套 4—接管

该种接头的特点是拆装方便，能承受大的冲击和振动，使用寿命长，但对卡套的制造质量和钢管外径尺寸精度要求高。卡套式管接头连接性能的好坏，除与材料、制造精度和热处理质量等有关外，与装配质量的关系也较大。因此，其装配工艺和装配方法应严格按照卡套式管接头标准中的规定和说明进行。

2. 焊接式管接头

如图 5-2a 所示，焊接式管接头的基本结构是由接头体 4、O 形密封圈 3、螺母 2 和接管 1 组成，接管与系统管路中的钢管焊接连接。当拧紧螺母时，接管端面把 O 形密封圈紧压在接头体端平面间，起密封作用。在卡套式管接头未问世前，国内早就将焊接式管接头广泛应用于高压系统中。该接头的使用方法很简单，且对管子外径没有什么要求，但在安装前，必须把接管与钢管一一焊接好，且清洗仔细。焊接的质量会直接影响管接头的连接质量。此外，这种管接头的重复使用性不如卡套式管接头。图 5-2b 所示的锥面密封的焊接式管接头，除具有焊接式管接头的优点外，由于它的 O 形密封圈装在接头体的 24°锥体上，使密封有调节的可能，由于锥面配合的自定位能力可以补偿焊接或弯管的误差，故密封性较好，抗振能力强。但其有轴向伸进的距离，因此装卸接头非常不方便。

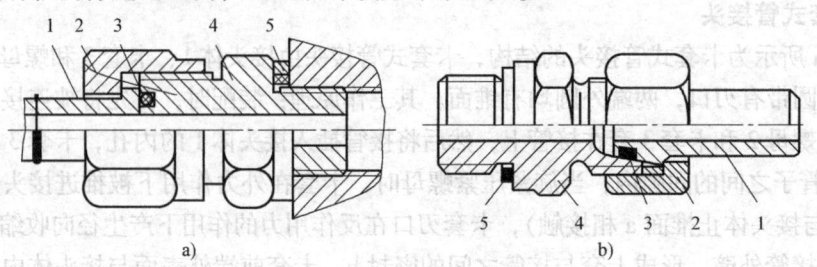

图 5-2 焊接式管接头装配结构
a) 端面密封 b) 锥面密封
1—接管 2—螺母 3—O 形密封圈 4—接头体 5—组合密封垫圈

焊接式管接头的接头体与机件的连接和卡套式管接头接头体与机件的连接是一样的。可用细牙螺纹或锥螺纹。当用细牙螺纹的接头体与机件连接时,其间要用组合垫圈或O形密封圈密封。

3. 扩口式管接头

扩口式管接头适用于薄壁钢管及铜管中介质为油、水、气的管路系统,工作压力为3.5～16MPa,公称通径为4～34mm。

图5-3所示为扩口式管接头的结构装配图。扩口式管接头有A型和B型两种结构形式。A型有三个主要组成部分:具有74°外锥面的接头体1、起压紧作用的螺母2和带有66°内锥孔的管套3。B型有两个主要部分:具有90°外锥面的接头体1和带有90°内锥孔的螺母2。由于接头端是锥面,因此需要使用专用工具将管路端头扩成喇叭口,来配合接头的锥面。将已扩了喇叭口的接管置于接头体1的外锥面和管套3(或B型的螺母)的内锥孔之间,旋紧螺母使接管的喇叭口受压,挤贴于接头体外锥面和管套3(或B型的螺母)内锥孔所产生的缝隙中,从而起到了密封的作用。

扩口式管接头具有结构简单、性能良好、加工方便和使用方便等优点,广泛应用于飞机、汽车及机床行业中的液压管路系统。

4. 铰接式管接头

铰接式管接头可用于液流方向成直角的连接,与普通直角接头相比,优点是可以随意调整布管方向,安装方便,占用空间小。图5-4所示为卡套铰接式管接头,由空心固定螺栓3把两个组合密封垫圈4压紧在接头体5上实现密封。油液通过空心固定螺栓3上的四个径向孔形成通路。

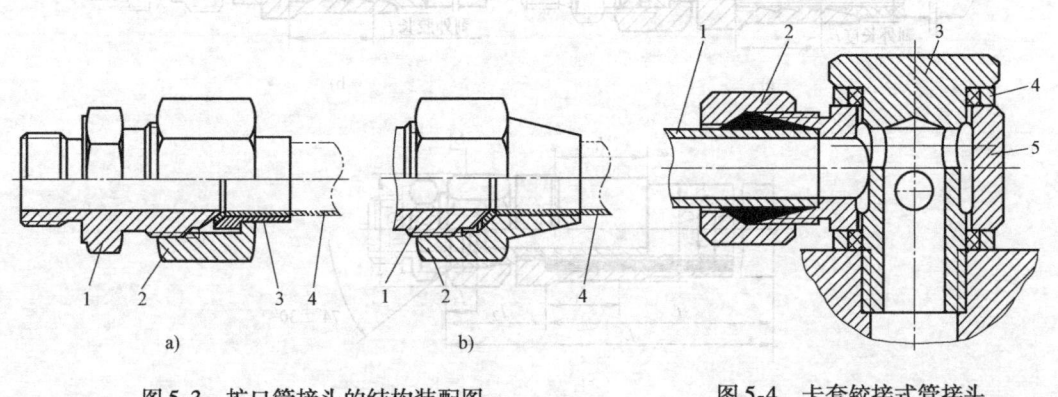

图5-3 扩口管接头的结构装配图
a) A型 b) B型
1—接头体 2—螺母 3—管套 4—接管

图5-4 卡套铰接式管接头
1—接管 2—螺母 3—空心固定螺栓
4—组合密封垫圈 5—接头体

5. 法兰式管接头

法兰式管接头是通过法兰,用螺栓联接起来的接头形式。两片法兰之间用O形密封圈密封,如图5-5a所示。这种管接头结构坚固、工作可靠、防振性好,但是外形尺寸比较大,适用于高压、大流量的管路。除了采用与管道焊接在一起的法兰进行连接之外,法兰还可以作为管接头的压紧装置而与接头形成分体结构,常采用对开法兰实现软管与液压泵或阀块之间的连接,如图5-5b所示。

6. 胶管总成

钢丝编织和钢丝缠绕胶管总成包括胶管和接头,有A、B、C、D、E、J型等,其中A、B、C为标准型。A型用于与焊接式管接头连接,B型用于与卡套式管接头连接,C型用于与扩口

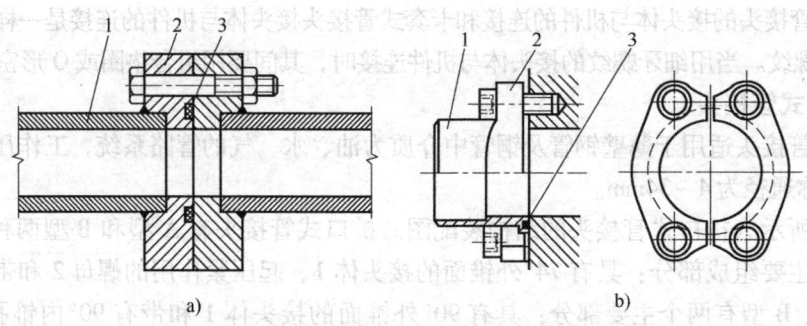

图 5-5 法兰式管接头
a) 整体式法兰 b) 对开式法兰
1—钢管 2—法兰 3—密封圈

式管接头连接。图 5-6 所示为 A、B、C 型扣压式胶管接头。扣压式胶管接头主要由接头外套和接头芯组成。接头外套的内壁有环形切槽，接头芯的外壁呈圆柱形，上有径向切槽。当剥去胶管的外胶层，将其套入接头芯后，拧紧接头外套并在专用设备上扣压，以紧密连接。

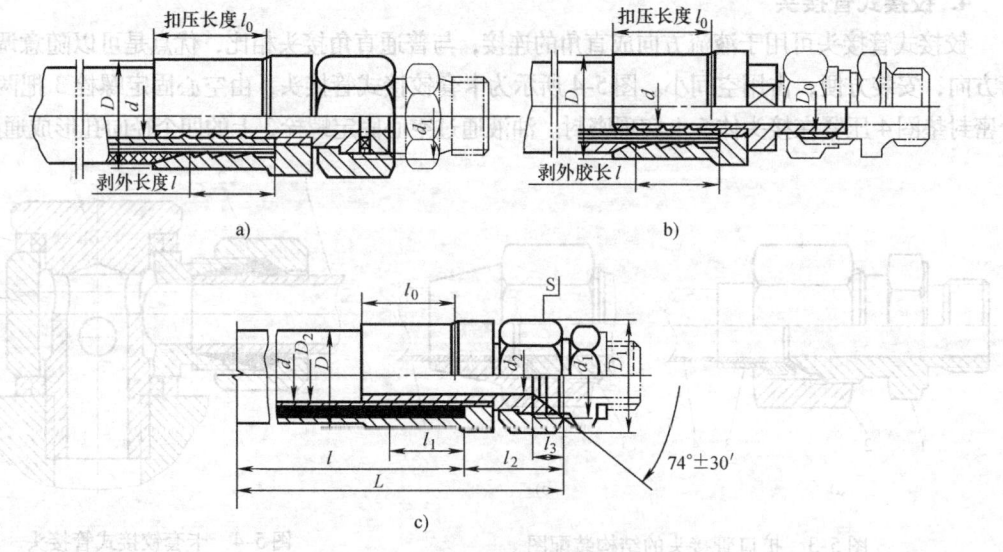

图 5-6 A、B、C 型扣压式胶管接头
a) A 型 b) B 型 c) C 型

7. 其他接头

（1）快换接头　快换接头是一种不需要使用工具就能够实现管路迅速连通或断开的接头。快换接头有两种结构形式：两端开闭式和两端开放式。图 5-7 所示为两端开闭式快换接头，外套接头体 1 和内塞接头体 8 的内腔各有一个单向阀阀芯 2、7，当两个接头体分离时，单向阀阀芯由弹簧推动，使阀芯紧压在接头体的锥形孔上，关闭两端通路，使介质不能流出。当两个接头体连接时，两个单向阀阀芯前端的顶杆相碰，迫使阀芯后退并压缩弹簧，使通路打开。

当快换接头需连接时，先将外套接头上的滑套 4 向左后退，使滚珠 6 能径向向外退让，同时插入内塞接头体 8，在单向阀阀芯 2 和 7 互相顶开时，油路连通，此时滚珠已落入内塞接头的 V 形沟槽内，松开滑套 4 后因弹簧 3 的作用，使滑套自动向右移动，迫使滚珠 6 收缩，锁住内塞接头体 8，防止脱开。O 形密封圈 5 用以防止油液外漏。如要拆卸时，应先将滑套 4 向左后退，同时拔出内塞接头体即可。这类快换接头的形式很多，上述是一种较基本的形式。

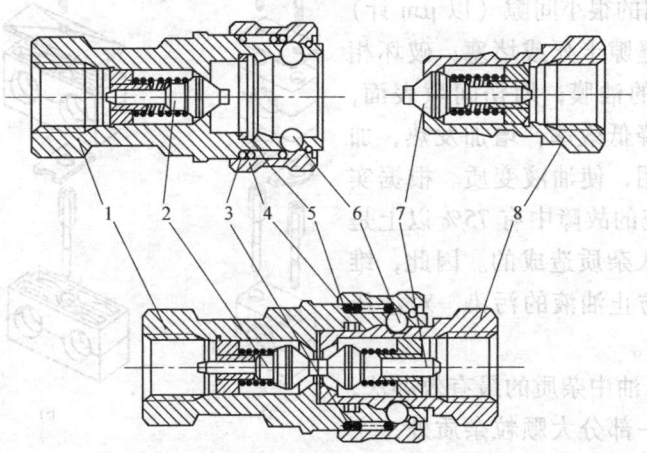

图 5-7 两端开闭式快换接头
1—外套接头体　2、7—单向阀阀芯　3—弹簧　4—滑套
5—O 形密封圈　6—滚珠　8—内塞接头体

（2）回转接头　一般管路连接的接头，都不能有相对转动。而回转接头连接在系统运行中允许有相对转动，且能保持系统压力和良好的密封性。

图 5-8 所示为滚珠轴承型回转接头，其由外套接头体 1 和环形组合密封件 3 回绕在由枢轴 4、滚珠 5、轴承支架 6 和接头体 7 组成的滚珠轴承接头体上。

当接头体 7、枢轴 4 相对固定，外套接头体 1、轴承支架 6 共同回转时，轴向窜动量由滚球 5 处的轴向间隙确定，以此来保证关键零件——环形组合密封件 3 的轴向端及径向处的良好密封。低压、小通径回转接头，回转速度可达 1500r/min。

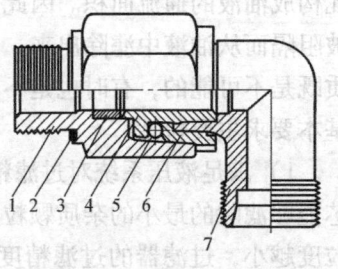

图 5-8 滚珠轴承型回转接头
1—外套接头体　2—密封圈
3—环形组合密封件
4—枢轴　5—滚珠
6—轴承支架　7—接头体

5.1.3 管夹

管夹是用来支持、固定管道的液压辅件。它可以吸收和减小振动，降低噪声，能防止元件连接处的松动，并有助于系统的整齐布置，对设备检修工作会带来方便。轻型系列、双联系列和重型系列的管夹分别如图 5-9a、b、c 所示。

5.2　过滤器

5.2.1　过滤器的功用和主要参数

1. 过滤器的作用

液压传动系统中的液压油不可避免地含有各种杂质，杂质混入液压油后，随着液压油的循环作用,进入液压元件内部,严重妨碍液压系统的正常工作。如:使液压元件中相对运动部件之间的很小间隙(以 μm 计)以及节流小孔和缝隙卡死或堵塞;破坏相对运动部件之间的油膜;划伤间隙表面,增大内部泄漏,降低效率;增加发热,加剧油液的化学作用,使油液变质。根据实际统计,液压系统的故障中有 75% 以上是由于液压油中混入杂质造成的。因此,维护油液的清洁,防止油液的污染,对液压系统是十分重要的。

清除混入液压油中杂质的最有效办法,除利用油箱沉淀一部分大颗粒杂质外,主要是利用各种过滤器来滤除。因此,过滤器作为液压系统中必不可少的辅助元件,具有十分重要的地位。

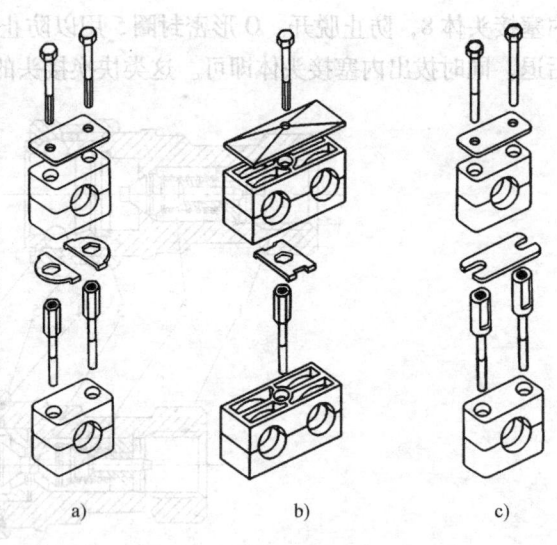

图 5-9 管夹
a) 轻型系列 b) 双联系列 c) 重型系列

2. 对过滤器的要求

过滤器主要由滤芯(或滤网)和壳体(或骨架)组成,由滤芯上的无数微小间隙或小孔构成油液的通流面积。因此,当混入油液中的杂质的尺寸大于这些微小间隙或小孔时,会被阻隔而从油液中滤除出来。由于不同的液压系统有着不同的要求,而要完全滤除混入的杂质既是不可能的,有时也是不必苛求的。因此,对过滤器的要求,应根据具体情况来定,其基本要求主要包括:

1) 满足液压系统对过滤精度的要求。过滤器的过滤精度,是指油液通过过滤器时,滤芯能够滤除的最小的杂质颗粒度的大小,以其直径 d 的公称尺寸(以 μm 为单位)表示。颗粒度越小,过滤器的过滤精度越高。一般将过滤器分为四类:粗滤($d \geqslant 100\mu m$)、普通滤($10\mu m \leqslant d < 100\mu m$)、精滤($5\mu m \leqslant d < 10\mu m$)、特精滤($1\mu m \leqslant d < 5\mu m$)。不同的液压系统,对过滤器过滤精度的要求见表 5-1 所示。

表 5-1 过滤器过滤精度

系统类别	润滑系统	传 动 系 统			伺服系统	特殊系统要求
压力/MPa	0~2.5	≤7	>7	≥35	≤21	≤35
颗粒度/μm	≤100	≤25	≤25	≤5	≤5	≤1

2) 满足液压系统对过滤能力的要求。过滤器的过滤能力,是指在一定压差下,允许通过过滤器的最大流量,一般用过滤器的有效过滤面积(滤芯上能通过油液的总面积)来表示。对过滤器过滤能力的要求,应结合过滤器在系统中的安装位置来考虑。如安装在液压泵吸油管路上的过滤器,其过滤能力应为液压泵流量的两倍以上。

3) 过滤器材料应具有一定的机械强度,保证在一定的工作压力下不会因液压力的作用而受到破坏。

4) 在一定的工作温度下,应能保持性能稳定,有足够的耐久性。

5) 有良好的抗腐蚀能力。

6) 结构尽量简单，尺寸紧凑。
7) 便于清洗维护，便于更换滤芯。
8) 价格便宜。

5.2.2 过滤器的种类与典型结构

过滤器按过滤精度分为粗、普通、精、特精四类，其图形符号如图 5-10 所示。

图 5-10 过滤器的图形符号

过滤器按其滤芯材料的过滤机制来分，有表面型过滤器、深度型过滤器和吸附型过滤器三种。

1. 表面型过滤器

表面型过滤器的整个过滤作用是由一个几何面来实现的。滤下的污染杂质被截留在滤芯元件靠油液上游的一面。在这里，滤芯材料具有均匀的标定小孔，可以滤除比小孔尺寸大的杂质。由于污染杂质积聚在滤芯表面上，因此它很容易被阻塞住。网式滤芯、线隙式滤芯属于这种类型。

(1) 网式过滤器（图 5-11） 液流流经此过滤器时，由滤网（金属网）上的小孔起过滤作用。网式过滤器一般装在液压系统的吸油管路上，用来滤除混入油液中的较大颗粒的杂质（粒径为 0.13~0.4mm），保护液压泵免遭损坏，过滤精度与网孔大小有关。压力损失不超过 0.004MPa，结构简单，通流能力强，清洗方便，但过滤精度低。

(2) 线隙式过滤器（图 5-12） 线隙式过滤器的滤芯由绕在芯架上的一层金属线组成，依靠线间微小间隙来挡住油液中杂质的通过，压力损失为 0.03~0.06MPa。线隙式过滤器结构简单，通油能力强，过滤精度比网式过滤器高。其缺点是滤芯材料强度低，不易清洗，一般用于低压（<2.5MPa）回路或辅助油路，当用在液压泵吸油管上时，它的流量规格宜选得比液压泵大。

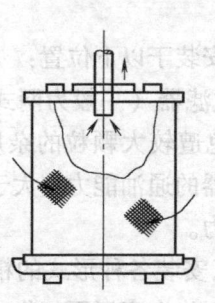
图 5-11 网式过滤器

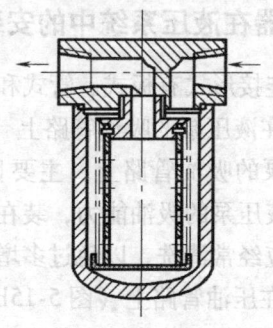
图 5-12 线隙式过滤器

2. 深度型过滤器

深度型过滤器的滤芯材料为多孔可透性材料，内部具有曲折迂回的通道。大于表面孔径的杂质直接被截留在外表面，较小的污染杂质进入滤材内部，撞到通道壁上，由于吸附作用而得到滤除。滤材内部曲折的通道也有利于污染杂质的沉积。纸芯、毛毡、烧结金属、陶瓷和各种纤维制品等属于这种类型。

(1) 纸质过滤器（图 5-13） 滤芯为多层酚醛树脂处理过的微孔滤纸，由微孔滤除混入油液中的杂质。纸质过滤器的过滤精度高（0.005~0.03mm），为了增大过滤面积，纸芯常制成折叠形，因此可使表面积很大的滤纸装入比较小的容器中，结构紧凑，重量轻，通油能力强。它的工作压力可以达到38MPa，压力损失为0.01~0.04MPa。其缺点是不能清洗，因此需要经常更换滤芯。

(2) 烧结式过滤器（图5-14） 滤芯为颗粒状青铜粉等金属粉末压制烧结而成，利用颗粒之间的微孔滤去混入油液中的杂质。烧结式过滤器的压力损失一般为0.03~0.2MPa，过滤精度较高。它的主要特点是：强度高，承受热应力和冲击性能好，能在较高温度下工作（青铜粉末可达180℃，低碳钢粉末可达400℃，镍铬粉末可达900℃）；有良好的抗腐蚀性，性能稳定，制造简单，再生性好。其主要缺点是：易堵塞，堵塞后很难清洗，在使用中烧结颗粒容易脱落。

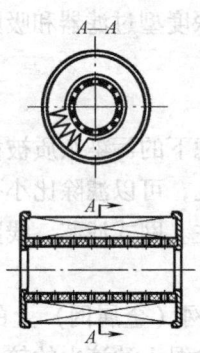

图5-13　纸质过滤器

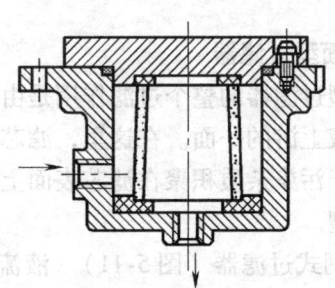

图5-14　烧结式过滤器

3. 吸附型过滤器

吸附型过滤器的滤芯材料把油液中的有关杂质吸附在其表面上。

磁性过滤器依靠永久磁铁，利用磁化原理来滤除混入油液中的铁屑。磁性过滤器用来滤除混入油液中的能磁化的杂质效果很好，特别适用于经常加工铸件的机床液压系统。此种过滤器常与其他种类的过滤器配合使用。

5.2.3　过滤器在液压系统中的安装位置

过滤器的连接形式有板式、管式和法兰式三种，可以安装于以下位置：

(1) 安装在液压泵的吸油管路上（图5-15a） 将粗过滤器（一般为网式或线隙式过滤器）装在液压泵的吸油管路上，主要目的是保护液压泵免遭较大颗粒的杂质的直接伤害。为了不至影响液压泵的吸油能力，装在吸油管路上的过滤器的通油能力应大于液压泵流量的两倍。过滤器应经常清洗，以免过多增加液压泵的吸油阻力。

(2) 安装在压油管路上（图5-15b） 在压油管上可以安装各种形式的精过滤器，用来保护除液压泵以外的其他液压元件。这样安装的过滤器，因为在高压下工作，因此有以下几点要求：过滤器要有一定的强度，过滤器的最大压降不能超过0.35MPa；过滤器要装在溢流阀之后或者与一安全阀并联（图5-15b），有时还装有堵塞状态发信装置。安全阀的开启压力应略低于过滤器的最大允许压差。

(3) 安装在回油路上（图5-15c） 安装在回油管路的精过滤器可以保证流回油箱的油液是清洁的。它既不会在主油路造成压降，又不承受系统的工作压力。因此，回油管路用的过滤器的强度可以较低，体积和重量也可以小一些。为了防备堵塞，要并联一个溢流阀或单向阀（溢流阀或单向阀的开启压力应略低于过滤器的最大允许压降）和堵塞状态发信装置。

(4) 安装在辅助泵的输油路上 在一些闭式液压系统的辅助油路上，辅助液压泵工作压力不高，一般只有 0.5~0.6MPa，因此可将精过滤器装在辅助液压泵的输油管上，从而保证杂质不会进入主油路的各液压元件中。

(5) 安装在支流管路上（图 5-15d） 对开式系统，当液压泵的流量较大时，如果仍然采用压油管或回油管过滤，过滤器的体积将需要很大，为了避免这种情况，可将过滤器安装在只有 20%~30% 左右的泵流量通过的支流管路上，如图 5-15d 所示的溢流阀或旁路调速的节流阀之后。这样也能起到滤除混入油液中的杂质的作用，不过在重要的液压元件（如伺服阀）之前要装辅助的精过滤器。

(6) 单独过滤（图 5-15e） 在一些大型液压系统中，可采用单独过滤系统液压油的办法，即用单独的液压泵和过滤器来滤除混入油液中的杂质。这种方法对滤除油液中的全部杂质很有利，但需要增加一套液压泵和过滤器。

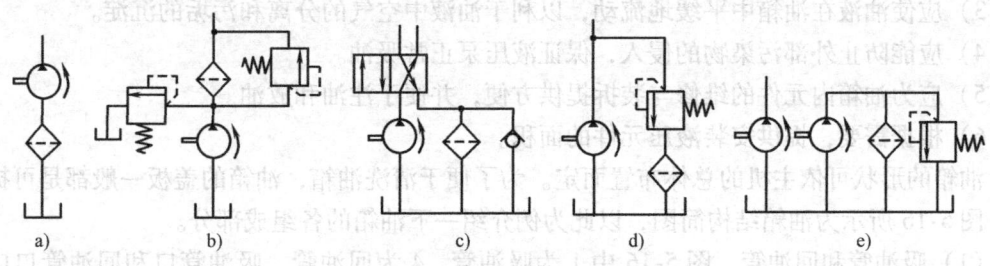

图 5-15 过滤器的安装位置

5.3 油箱

5.3.1 油箱的作用和容积

1. 油箱的作用

油箱的作用主要是储存油液，此外还起着散热、分离油液中的气体及沉淀污染物等作用。油箱的设计与选用将直接影响液压系统工作的可靠性，尤其对液压泵的寿命有重要的影响。因此，合理选用油箱是液压系统设计过程中的一个重要问题。

液压系统中的油箱可分为开式和闭式两种。开式油箱中的油液液面与大气相通，而闭式油箱中的油液液面与大气隔绝。其中，开式油箱的应用较为广泛，它又有整体式和分离式两种。整体式油箱是利用主机的内腔作为油箱（如压铸机、注塑机等），结构紧凑，各处漏油易于回收，但维修不便、散热条件不好，且会使主机产生热变形。分离式油箱是指单独设置一个油箱，与主机分开，这样减少了油箱发热和减轻了液压源振动对主机工作精度的影响。

2. 油箱的容积

液压系统中的各种能量的损失，主要是节流损失、容积损失和机械损失，都转化成为热能。此热能除一部分通过液压元件和管路的外壁向空气散发外，大部分将使油温升高。油温升至某一温度后，系统达到热平衡，系统即保持一定的温度不再上升，此时的温度称为热平衡温度。事实上，在开式液压系统中主要用来散热的是油箱的四壁，因此合理地选择油箱的容积可以降低液压系统的热平衡温度，使介质能在正常的温度下工作。

另外,油箱的容积,即油面高度为油箱高度80%时的油箱有效容积,必须保证在设备停止运转时,液压系统的油液在自重作用下能全部返回油箱。为了更好地沉积杂质和分离空气,油箱的有效容积一般取为液压泵每分钟排出的油液的体积的2~7倍,当系统为低压系统时取2~4倍,当系统为中高压系统时取5~7倍,对于行走机械一般取2倍。

5.3.2 油箱的基本要求与主要组成部分

液压泵过早损坏的部位都是在泵的吸入段。控制好流回油箱的回流、泵从油箱吸油的流动及油液在油箱内的流动,可以显著减少空气的混入和气蚀的发生。因此,对于油箱的设计应给予足够的重视。对油箱的要求如下:

1) 能储存足够的油液,以满足液压系统正常工作的需要。
2) 应有较大的表面积,能散发工作时产生的热量。
3) 应使油液在油箱中平缓地流动,以利于油液中空气的分离和污垢的沉淀。
4) 应能防止外部污染物的侵入,保证液压泵正常吸油。
5) 应为油箱内元件的维修与装拆提供方便,并便于注油和放油。
6) 根据需要,提供安装液压元件的面积。

油箱的形状可依主机的总体布置而定。为了便于清洗油箱,油箱的盖板一般都是可拆开的。图5-16所示为油箱结构简图,以此为例介绍一下油箱的各组成部分。

(1) 吸油管和回油管 图5-16中1为吸油管,4为回油管,吸油管口和回油管口应尽量远离。吸油口2要装设有足够通流能力的过滤器,其底面距箱底要有一定的距离,以便四面进油,过滤器的通油能力应大于泵流量的2倍。回油管口距箱底的距离应不小于管径的3倍,管端为45°斜口,以增大出油口截面积,减慢出口处油流速度。此外,应使回油管斜切口面对箱壁,以利油液散热。当回油管排回的油量很大时,宜使它出口处高出油面,向一个带孔或不带孔的斜槽(倾角为5°~15°)排油,使油流散开,一方面减慢流速,另一方面排走油液中空气。要保证过滤器与回油管管端在油面最低时仍应没在油中,防止吸油时吸入空气或回油冲入油箱时搅动油面而混入气泡。系统中的泄漏油管应尽量单独接入油箱。其中,各类控制阀的泄漏油管端部应在油面之上,以免产生背压;液压泵和液压马达的外泄漏油管应引入油面之下,以免吸入空气。

(2) 隔板 油箱内部吸油区和回油区要用图示的隔板7和9分开,以增大油液循环的路程,减少油液的循环速度,便于分离回油带来的空气和污物,提高散热效果。隔板的高度一般为液面高度的3/4,以利于杂质沉淀和循环导热。若油箱较大,还可采用上、下两块隔板的结构。

(3) 放油塞 油箱的底板应做成适当的斜度,并在最低位置装放油塞8。油箱的底面斜度可做成如图5-16所示的双斜面,也可做成向回油侧倾斜的单斜面,放油孔开在回油侧的最低处。为了便于清洗,中间隔板下部应开有缺口,使吸油侧的油液沉淀物可以经此缺口至回油侧,然后可由放油口放出。

(4) 空气过滤器 空气过滤器是液压系统必备的辅

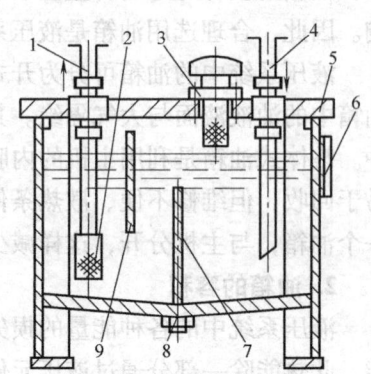

图5-16 油箱结构简图
1—吸油管 2—吸油口 3—空气过滤器
4—回油管 5—上盖 6—液位计
7,9—隔板 8—放油塞

件,其结构由空气过滤和加油过滤两部分组成,直接安装在油箱盖板上,既可以滤除液压系统工作时由空气中带入油箱内的灰尘,又可以滤除加油过程中带入的颗粒杂物,从而简化了油箱的结构,有利于油液的净化。空气过滤器3设在回油管一侧的上盖5上,有加油和通气的作用。对于有一定预压要求的压力油箱,可使用预压式空气过滤器。这种空气过滤器的作用是在设定的压力范围内只允许空气单向进入,因此在油面下降时吸入的空气在油面上升时无法排出就形成了预压。空气过滤器的过流能力一般为液压泵流量的两倍,其过滤精度应与液压系统中最细的过滤器的精度相同。

(5) 液位液温显示与控制装置 液位计多利用连通器原理显示油箱内液面的位置,在观察窗口往往还同时设有温度计显示油液温度。液位计的安装位置和量程范围应该能够显示出最高和最低允许液面的位置,其中液温显示只有在油箱内液面高于最低允许液面,即温度计头部完全浸入油液时才为准确读数。在一些对液位传感器和液温有严格要求的场合,需要采用液位传感器和温度传感器配合进出油阀门以及热交换器构成液位和液温的控制闭环,详细的控制过程可参见自动控制原理相关教程,在此不再赘述。

(6) 油箱清洗盖 一般油箱可以通过拆卸上盖进行清洗,但对大容量的油箱,多采用在油箱侧壁设清洗口的方法。清洗窗口平时用侧板密封,清洗时再取下。油箱清洗盖要保证人手及工具从该窗口伸入至油箱内部后,能彻底清除有关污染;根据需要还可在该清洗盖上安置注油口或液位计等附件。

(7) 油箱壁 分离式油箱一般用2.5~4mm厚的钢板焊成。油箱壁越薄,散热越快。为了易于散热和便于对油箱进行搬移及维护保养,箱底离地至少应在150mm以上。大尺寸油箱要加焊角板、筋条,以增加刚性。当液压泵及其驱动电动机和其他液压件都要装在油箱上时,油箱顶盖要相应地加厚。应防止油箱内壁的腐蚀,新油箱经喷丸、酸洗和表面清洗后,内壁可涂一层与工作液相容的耐油油漆。

5.4 热交换器

液压系统工作时,各种能量损失转化为热量。一部分热量通过油箱和各部分装置的表面散发到周围空间外,大部分导致油液温度升高。液压系统的油温一般希望保持在30~50℃范围内,最高不超过65℃;当环境温度低时,油温最低应不低于15℃。对某些液压装置(如行走机械等),由于受结构限制,油箱容积较小不能充分散热来控制油温的升高。此外,有的液压装置还要求能够自动控制油液温度。对以上这些场合,则必须采取强制冷却的方法,通过冷却器来限制油液温升,使之符合液压系统工作要求。相反,液压系统工作前,如果油液温度低于15℃,将因油液粘度较大,不利于液压泵的吸入和起动。有时需设置加热器,通过外界加热的方法来提高油液温度。

综上所述,冷却器和加热器的作用在于控制液压系统油液温度处于正常工作范围内(15~65℃),保证液压系统工作可靠。冷却器和加热器总称为热交换器,它们的图形符号如图5-17所示。

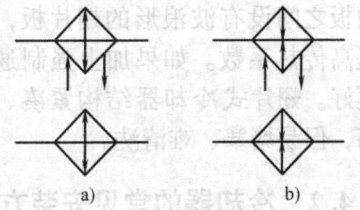

图5-17 冷却器和加热器的图形符号
a) 冷却器 b) 加热器

5.4.1 对冷却器的要求和种类

1. 对冷却器的基本要求

冷却器除通过管道散热面积直接吸收油液中的热量外，还使油液流动出现湍流，通过破坏边界层来增加油液的传热系数。对冷却器的基本要求是：在保证散热面积足够大、散热效率高和压力损失小等前提下，要求结构紧凑、坚固、体积小、重量轻，最好有自动控制油温装置，以保证油温控制的准确性。

2. 冷却器的种类与典型安装方式

根据冷却介质的不同，冷却器分为水冷式、风冷式。

（1）水冷式冷却器

1）蛇管式冷却器。对液压油进行冷却时，最简单的方法是安放蛇管式冷却器。如图 5-18 所示，它直接装在油箱内，蛇形管内通以冷却水，用以带走油液中的热量。蛇管式冷却器制造简单、装设方便，但冷却依靠自然对流，因而效率低，耗水量大，运转费用高。

2）多管式冷却器。多管式冷却器也称列管或排管式冷却器。图 5-19 所示为多管式冷却器的结构。油液从进油口 5 流入，从出油口 3 流出；而冷却水从进水口 7 流入，通过多根水管后由出水口 1 流出。冷却器内设置了隔板 4，在水管外部流动的油液的行进路线因隔板 4 的上下布置变得迂回曲折，从而增强了热交换效果。这种冷却器的冷却效果较好。

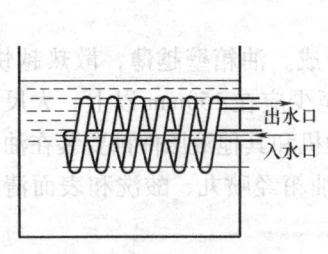

图 5-18 蛇管式冷却器

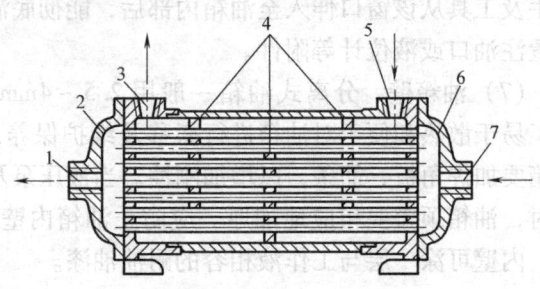

图 5-19 多管式冷却器的结构
1—出水口 2—端盖 3—出油口 4—隔板
5—进油口 6—端盖 7—进水口

（2）风冷式冷却器　风冷式冷却器使用于缺水或不便用水冷却的设备，如行走机械。冷却方式除采用风扇强制吹风冷却外，多采用自然通风冷却。自然通风冷却的冷却器有管式、板式、翅片式等形式。一般管式和板式冷却器，因传热系数小、冷却效果较差而很少采用。

图 5-20 所示为翅片式风冷却器，每两层通油板之间设有波浪形的翅片板，因此可以大大提高传热系数。如果加上强制通风，冷却效果更好。翅片式冷却器结构紧凑、体积小、强度高，但易堵塞、难清洗。

5.4.2 冷却器的常见安装方式

由于液压系统的工作情况不同，冷却器在

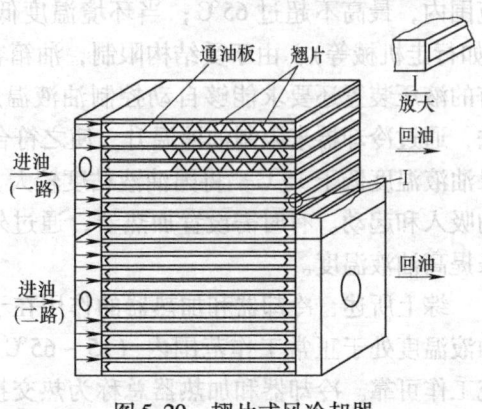

图 5-20 翅片式风冷却器

系统中的安装位置可以有以下几种情况。

1. 回油路冷却

图 5-21 所示为冷却器安装在回油路的情况，除了对已经发热的主系统回油进行冷却外，考虑到溢流阀 2 溢出的油液带有大量的热量，因此将溢流阀并联在冷却油路上。油路中的安全阀 4 用来保护冷却器。当油液不需要冷却时，可将截止阀 5 打开，使冷却器短路，油液经截止阀直接回油箱。

2. 独立式冷却

有些液压装置，为了避免回油总管中油液的压力脉动对冷却器（特别是板式冷却器）的破坏，或为了提高功率利用率、改善冷却性能，常采用图 5-22 所示的独立式冷却回路，即单设一台供冷却回路用的液压泵供给冷却器。为了增强冷却效果，应将此泵的吸油管口靠近主系统的回油管或溢流阀的回油管，使热油尽快得到冷却。

3. 自动调节油温冷却

图 5-23 所示为自动调节油温冷却回路。当油温超过规定的温度时，测温头 1 发出电信号，水用电磁二通阀 2 得电，接通冷却水，冷却器开始工作；当油液温度降低后，测温头又自动切断水用电磁二通阀的电路，关闭冷却水，冷却器停止工作。

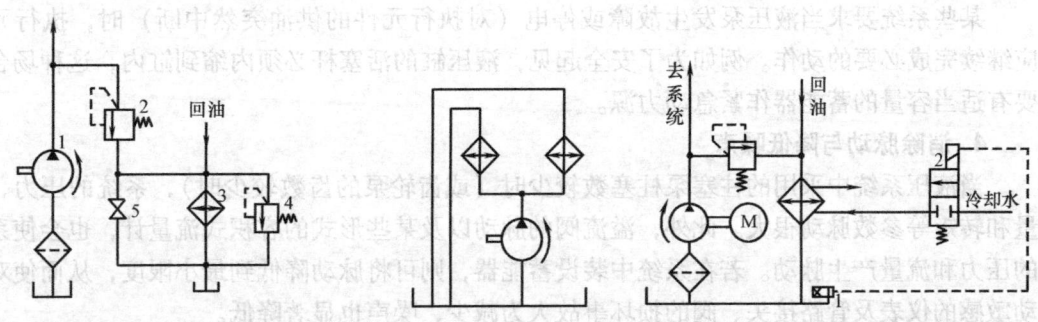

图 5-21 冷却器安装在回油路的情况　图 5-22 独立式冷却回路　图 5-23 自动调节油温冷却回路

5.4.3 加热器

加热器的作用在于低温起动时，将油液温度升高到适当的值（15℃）。具体的加热方法包括蒸汽加热和电加热。加热器多安装在油箱内，但也有管道加热器。

电加热因为结构简单，使用方便，能按需要自动调节温度，因而得到广泛的应用。如图 5-24 所示，电加热器 1 用法兰安装在油箱 2 壁上，发热部分全部浸在油液内。电加热器应安装在箱内油液流动处，以利于热量的交换。同时，单个电加热器的功率容量也不能太大，一般不超过 $3W/cm^2$，以免其周围油液因局部过度受热而变质。在电路上应设置连锁保护装置，当油液没有完全包围加热元件，或没有足够的油液进行循环时，加热器应不能工作。

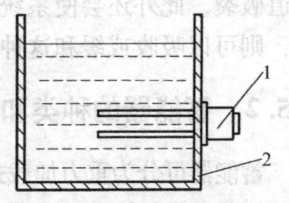

图 5-24 电加热器
1—电加热器　2—油箱

电加热器多安装在油箱的横侧，加热部分应全部浸入油中，严防因油的蒸发，油液面降低使加热部分露出油面。

5.5 蓄能器

5.5.1 蓄能器的工作原理与功用

蓄能器是液压系统中的一种能量储存装置。其主要作用如下：

1. 作辅助动力源

某些液压系统的执行元件是间歇动作的，其总的工作时间很短；有些液压系统中的执行元件虽然不是间歇动作，但在一个工作循环内或一次行程内速度差别很大。这种系统装设蓄能器后，就可采用一个功率很小的泵，从而减小主传动功率，使整个液压系统尺寸小、重量轻、价格便宜。

2. 补偿泄漏和保持恒压用

对于执行元件长时间不动，而要保持恒定压力的系统，可用蓄能器来补偿泄漏，从而使压力恒定。

3. 作紧急动力源

某些系统要求当液压泵发生故障或停电（对执行元件的供油突然中断）时，执行元件应继续完成必要的动作。例如为了安全起见，液压缸的活塞杆必须内缩到缸内，这种场合需要有适当容量的蓄能器作紧急动力源。

4. 消除脉动与降低噪声

当液压系统中采用的柱塞泵柱塞数较少时（或齿轮泵的齿数较少时），系统的压力、流量和转矩等参数脉动很大。此外，溢流阀的脉动以及某些形式的容积式流量计，也会使系统的压力和流量产生脉动。若在系统中装设蓄能器，则可将脉动降低到最小限度，从而使对振动敏感的仪表及管路接头、阀的损坏事故大为减少，噪声也显著降低。

5. 吸收液压冲击

由于换向阀突然换向、液压泵突然停车、执行元件的运动突然停止，甚至人为的要执行元件紧急制动等原因，都会使管路内液体流动发生急剧变化，而产生冲击压力（油击）。虽然系统中设有安全阀，但其反应较慢，因而避免不了压力的瞬时增高，其值可能高达正常压力几倍以上。这种冲击压力往往引起系统中的仪表、元件和密封装置发生故障甚至损坏或者管道破裂，此外还会使系统产生强烈的振动。若在控制阀或液压缸等冲击源之前装设蓄能器，则可以吸收或缓和这种液压冲击。

5.5.2 蓄能器的种类和性能

蓄能器可分为重力加载式、弹簧加载式和气体加载式三大类，但应用最广泛的是气体加载式蓄能器。按气体和油液隔离方式的不同，气体加载式蓄能器又可分为活塞式和囊式蓄能器。

气体加载式蓄能器的工作原理，是建立在波意耳定律（即 $p_0 V_0^n = p_1 V_1^n = p_2 V_2^n = C$）的基础上的。在使用时首先向蓄能器充以预定压力的氮气，当蓄能器入口压力大于气体压力时，油液经油孔进入蓄能器，压缩其气囊（隔膜或活塞），气腔和油腔压力始终相等，从而使气囊（隔膜或活塞）处于浮动平衡状态。当油液压力低于气体压力时，在气体压力作用下，油液排出。

1. 活塞式蓄能器

活塞式蓄能器结构如图5-25所示，其利用活塞把油液和气体分开。

活塞式蓄能器的优点是：结构简单，寿命长。其缺点是：由于活塞惯性大、有密封摩擦阻力等原因，反应灵敏性差，不适于作吸收脉动和液压冲击用，缸孔与活塞配合面的加工精度要求较高，密封困难，压缩空气将活塞推到最低位置后，由于上腔气压大于活塞下部的油压，所以活塞上部的空气容易经过活塞周围的配合间隙泄漏到活塞下部的油液中去。

2. 囊式蓄能器

囊式蓄能器（图5-26）有一个均质无缝壳体2，其形状为两端成球形的圆柱体。壳体的上端有个容纳充气阀1的开口，由合成橡胶制成的完全封闭的梨形气囊3模压在气门嘴上，形成一个密闭的空间。气囊经壳体的下端开口塞进去，并借助于压紧螺母11固定于壳体的上部。阀体总成5用一对装在壳体开口内侧的半圆卡箍10卡住阀体本身的台肩，装在壳体的下部。O形密封圈9与垫片8接触，然后在壳体外面用圆螺母7拧紧固定。用这样的结构能确保安全，要想拆开蓄能器，必须拧下螺母，把阀体推到壳体内，气囊内有压力时是不能做到这点的，即当蓄能器里充有压缩气体时不可能拆卸蓄能器。阀体总成包括一个受弹簧力作用的提升阀4（其作用是防止油液全部排出时，气囊膨胀出容器之外）。这种蓄能器的另一个安全设计特点是，壳体的开口在低于设计的爆破压力时胀大，使O形密封圈被挤掉，油压能安全地解除。

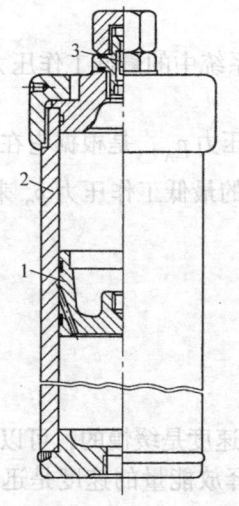

图5-25 活塞式蓄能器
1—活塞 2—缸筒 3—充气阀

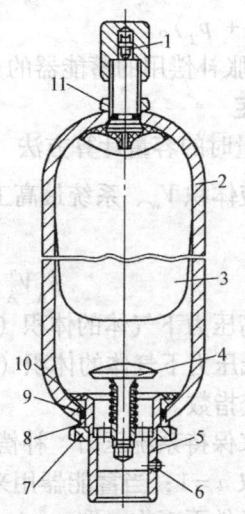

图5-26 囊式蓄能器
1—充气阀 2—壳体 3—气囊 4—提升阀 5—阀体总成 6—螺塞
7—圆螺母 8—垫片 9—O形密封圈 10—半圆卡箍 11—压紧螺母

这种蓄能器的优点是气腔与油腔之间密封可靠，两者之间不可能有泄漏，气囊惯性小，反应灵敏，结构紧凑，尺寸小，重量轻，容易维护。

5.5.3 蓄能器的计算与使用

选择蓄能器容量的方法视其使用情况有所不同。下面以囊式蓄能器为例，来说明其压力及容量的计算方法。

1. 压力的确定

蓄能器压力技术参数主要有充气压力 p_0、蓄能器最高工作压力 p_2 和最低工作压力 p_1。

（1）蓄能器最低工作压力 p_1 的确定　蓄能器的最低工作压力 p_1 应能满足执行机构最大负载工作时所需压力。可按下式计算

$$p_1 \geqslant p_{i\max} + \Delta p_{\max} \tag{5-3}$$

式中　$p_{i\max}$——执行机构所需最大工作压力（MPa）；

$\Delta p_{\max}$——蓄能器到最远的执行机构的最大压力损失之和（MPa）。

（2）蓄能器最高压力 p_2 的确定　蓄能器的最高压力 p_2 的确定，既要考虑到蓄能器寿命，又要考虑到能适当增加有效排油量，系统压力不至于过高，且相对稳定。常用的经验公式为

$$p_2 = (1.18 \sim 1.25) p_1 \tag{5-4}$$

（3）蓄能器的充气压力 p_0 的确定

1）用于蓄能的蓄能器（包括用作辅助动力源、泄漏补偿及紧急动力源等）的充气压力的确定，首先应考虑使蓄能器容积小，而单位容积的蓄能器的储能量最大，然后考虑气囊寿命，尽量延长其使用期。对于囊式蓄能器，目前常用的经验公式是

$$p_0 \approx (0.8 \sim 0.85) p_1 \tag{5-5}$$

2）用于吸收液压冲击的蓄能器，其充气压力等于蓄能器设置点的工作压力（即蓄能器最低工作压力）。

3）用于消除液压泵脉动、降低噪声用的蓄能器，其充气压力一般为蓄能器最低工作压力或取为 $0.3(p_1 + p_2)$。

4）作为热膨胀补偿用的蓄能器的充气压力，应等于液压系统中的最低工作压力。

2. 容量的确定

（1）储存能量时的容量计算方法　蓄能器容量 V_A 和充气压力 p_A，是根据它在工作中将要输送出去的油液体积 V_w、系统最高工作压力 p_1 和所要维持的最低工作压力 p_2 来确定的。由气体定律可知

$$p_A V_A^n = p_1 V_1^n = p_2 V_2^n = 常数 \tag{5-6}$$

式中　V_1——最高压力下气体的体积（L）；

V_2——最低压力下气体的体积（L）；

n——多变指数。

当蓄能器用来保持系统压力、补偿泄漏时，它释放能量的速度是缓慢的，可以认为气体在等温下工作，取 $n=1$；当蓄能器用来大量供应油液时，它释放能量的速度是迅速的，可认为气体在绝热条件下工作，取 $n=1.4$。

很明显，$V_w = V_2 - V_1$，因此，由式（5-6）得

$$V_A = \left(\frac{p_2}{p_A}\right)^{\frac{1}{n}} V_2 = \left(\frac{p_2}{p_A}\right)^{\frac{1}{n}} (V_w + V_1) = \left(\frac{p_2}{p_A}\right)^{\frac{1}{n}} \left[V_w + \left(\frac{p_A}{p_1}\right)^{\frac{1}{n}} V_A\right] \tag{5-7}$$

整理后得

$$V_A = \frac{V_w \left(\dfrac{p_2}{p_A}\right)^{\frac{1}{n}}}{1 - \left(\dfrac{p_2}{p_1}\right)^{\frac{1}{n}}} \tag{5-8}$$

故有

$$V_w = V_A p_A^{\frac{1}{n}} \left[\left(\frac{1}{p_2}\right)^{\frac{1}{n}} - \left(\frac{1}{p_1}\right)^{\frac{1}{n}} \right] \tag{5-9}$$

p_A 值在理论上可与 p_2 值相等，但由于系统中有泄漏，为了保证系统压力为 p_2 时蓄能器还有可能补偿泄漏，应使 $p_A > p_2$，一般取 $p_2 = (0.8 \sim 0.85) p_A$。

(2) 吸收液压冲击时蓄能器容量的计算　从理论上虽可推导出适用于完全液压冲击的容量计算公式，但在实际应用中常采用下述经验计算公式

$$V_A = \frac{0.004 q p_2 (0.0164 L - t)}{p_2 - p_1} \tag{5-10}$$

式中　V_A——蓄能器容量（L）；
　　　L——产生冲击波的管道长度（m）；
　　　q——阀口关闭前管内流量（L/min）；
　　　t——阀口从开到关闭的持续时间（s）；
　　　p_1——阀口关闭前的工作压力（MPa）；
　　　p_2——系统允许的最大冲击压力，一般可取 $p_2 = 1.5 p_1$（MPa）。

(3) 吸收液压泵脉动压力时蓄能器容量的计算　一般采用以下经验公式进行计算

$$V_A = \frac{V i}{0.6 K} \tag{5-11}$$

式中　V——液压泵每转排量（L/r）；
　　　i——排量变化率 $\Delta V/V$，ΔV 是超过平均排量的过剩排出量（L）；
　　　K——液压泵的压力脉动率，$K = \Delta p / p_P$，Δp 是压力脉动单侧振幅。

使用时，若系统工作压力为 p，则取蓄能器充气压力 $p_A = 0.6 p$。

3. 使用和安装

蓄能器在液压回路中的安放位置随其功用而不同：吸收液压冲击或压力脉动时宜放在冲击源或脉动源近旁，补油保压时宜放在尽可能接近有关的执行元件处。

使用蓄能器时须注意如下几点：

1) 充气式蓄能器应使用惰性气体（一般为氮气），允许工作压力视蓄能器结构形式而定，例如，囊式为 3.5~32MPa。

2) 不同的蓄能器各有其适用的工作范围，例如，囊式蓄能器的气囊强度不高，不能承受很大的压力波动，且只能在 -20~70℃ 的温度范围内工作。

3) 囊式蓄能器原则上应垂直安装（油口向下），只有在空间位置受限制时才允许倾斜或水平安装。

4) 装在管路上的蓄能器必须用支板或支架固定。

5) 蓄能器与管路系统之间应安装截止阀，供充气、检修时使用。蓄能器与液压泵之间应安装单向阀，以防止液压泵停车时蓄能器内储存的压力油液倒流。

5.6　密封装置

密封装置的作用是用来防止压力工作介质的泄漏和阻止外界灰尘、污垢和异物的侵入，是解决液压系统泄漏问题的最关键、最有效的手段。液压系统如果密封不良，可能出现不允许的内、外泄漏。内泄漏会迅速降低容积效率，泄漏严重时，会导致工作压力达不到要求

值；外泄漏会导致工作介质的浪费，污染环境，还可能使空气进入吸油腔，影响液压泵的工作性能和液压执行元件运动的平稳性（爬行）。污染异物侵入系统中，会加剧运动副的磨损，会增加系统中的内、外泄漏。若密封过度，虽可防止泄漏，但会造成密封部分的剧烈磨损，缩短密封件的使用寿命，增大液压元件内的运动摩擦阻力，降低系统的机械效率。因此，合理地选用和设计密封装置在液压系统的设计中十分重要。

5.6.1 对密封装置的要求

1）在工作压力和一定的温度范围内，应具有良好的密封性能，并随着压力的增加能自动提高密封性能。
2）密封装置和运动件之间的摩擦力要小，摩擦因数要稳定。
3）抗腐蚀能力强，不易老化，工作寿命长，耐磨性好，磨损后在一定程度上能自动补偿。
4）结构简单，使用、维护方便，价格低廉。

5.6.2 密封装置的类型和特点

密封装置分为静密封和动密封两大类，图 5-27 所示为密封装置详细分类。

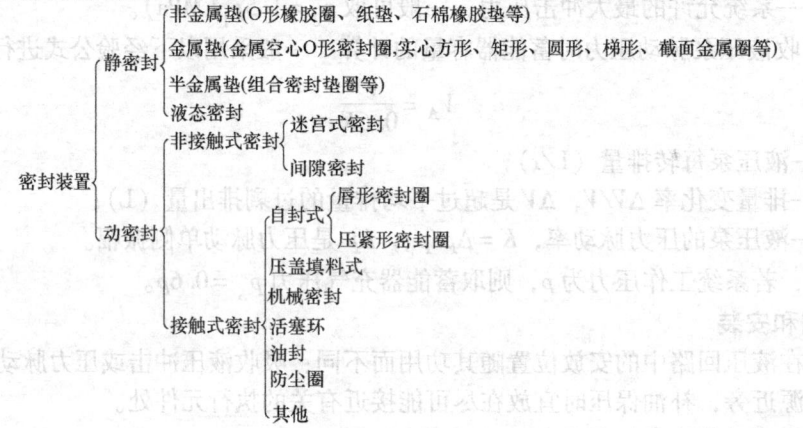

图 5-27　密封装置分类

密封按其工作原理分可分为非接触式密封和接触式密封。前者主要指间隙密封，后者指密封装置密封。

1. 间隙密封

间隙密封是靠相对运动件配合面之间的微小间隙来进行密封的，常用于柱塞、活塞或阀的圆柱配合副中，一般在阀芯的外表面开有几条等距离的均压槽，它的主要作用是使径向压力分布均匀，减少液压卡紧力，同时使阀芯在孔中对中性好，以减小间隙的方法来减少泄漏。同时槽所形成的阻力，对减少泄漏也有一定的作用。均压槽一般宽 0.3~0.5mm，深 0.5~1.0mm。圆柱面配合间隙与直径大小有关，对于阀芯与阀孔一般取 0.005~0.017mm。这种密封的优点是摩擦力小，缺点是磨损后不能自动补偿。

2. O 形密封圈

O 形密封圈一般用耐油橡胶制成，其横截面呈圆形，具有良好的密封性能，内外侧和端面都能起密封作用，结构紧凑，运动件的摩擦阻力小，制造容易，装拆方便，成本低，且高低压均可以用，所以在液压系统中应用广泛。

图 5-28 所示为 O 形密封圈的结构和工作情况。图 5-28a 所示为其外形，图 5-28b 所示为装入密封沟槽的情况，δ_1、δ_2 为 O 形密封圈装配后的预压缩量，通常用压缩率 W 表示，

即 $W=[(d_0-h)/d_0]\times100\%$，对于固定密封、往复运动密封和回转运动密封，应分别达到 15%～20%、10%～20% 和 5%～10%，才能取得满意的密封效果。当油液工作压力超过 10MPa 时，O 形密封圈在往复运动中容易被油液压力挤入间隙而提早损坏，如图 5-28c 所示。为此要在它的侧面安放 1.2～1.5mm 厚的聚四氟乙烯挡圈，单向受力时在受力侧的对面安放一个挡圈，如图 5-28d 所示；双向受力时则在两侧各放一个，如图 5-28e 所示。

O 形密封圈的安装沟槽除矩形外，也有 V 形、燕尾形、半圆形及三角形等，实际应用时可查阅有关手册及国家标准。

3. 唇形密封圈

唇形密封圈根据截面的形状可分为 Y 形、V 形、U 形及 L 形等，其工作原理如图 5-29 所示。液压力将密封圈的两唇边 h_1 压向形成间隙的两个零件的表面。这种密封作用的特点是能随着工作压力的变化自动调整密封性能，压力越高则唇边被压得越紧，密封性越好；当压力降低时唇边压紧程度也随之降低，从而减小了摩擦阻力和功率消耗，除此之外，还能自动补偿唇边的磨损，保持密封性能不降低。安装唇形密封圈时应使其唇边开口面对压力油，使两唇张开，分别贴紧在机件的表面上。

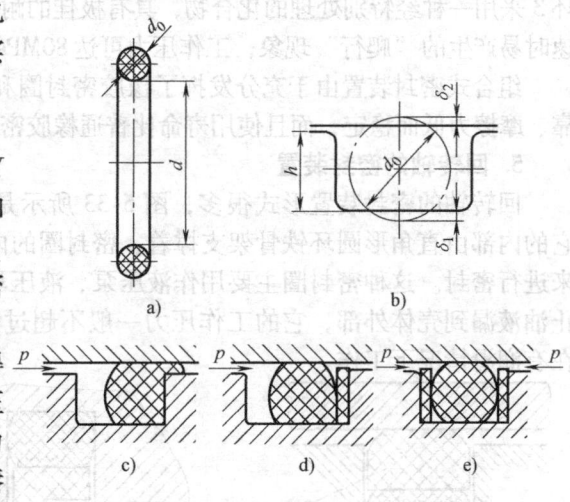

图 5-28 O 形密封圈的结构和工作情况

目前，液压缸中普遍使用图 5-30 所示的小 Y 形密封圈作为活塞杆和活塞的密封。其中图 5-30a 所示为轴用密封圈，图 5-30b 所示为孔用密封圈。这种小 Y 形密封圈的特点是截面宽度和高度的比值大，增加了底部支承宽度，可以避免摩擦力造成密封圈的翻转和扭曲。

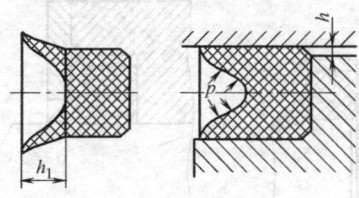

图 5-29 唇形密封圈的工作原理

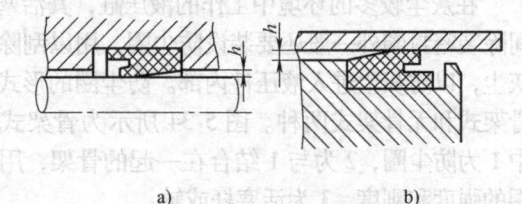

图 5-30 小 Y 形密封圈
a) 轴用密封圈 b) 孔用密封圈

V 形密封圈如图 5-31 所示，它由多层涂胶织物压制而成，通常由压环、密封环和支承环三个圈叠在一起使用，此时已能保证良好的密封性，当压力更高时，可以增加中间密封环的数量，这种密封圈在安装时要预压紧，所以摩擦阻力较大。

4. 组合式密封装置

随着液压技术的应用日益广泛，系统对密封的要求越来越高，普通的密封圈单独使用已不能很好地满足密封性能的要求，特别是使用寿命和可靠性方面的要求。因此，出现了由包括橡胶密封圈在内的两个以上元件组成的组合式密封装置。

图 5-32a 所示为由 O 形密封圈与截面为矩形的聚四氟乙烯塑料滑环组成的组合密封装置。其中，滑环 2 紧贴密封面，O 形密

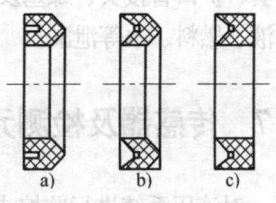

图 5-31 V 形密封圈
a) 支承环 b) 密封环 c) 压环

封圈 1 为滑环提供弹性预压力，在介质压力等于零时构成密封，由于密封间隙靠滑环，而不是 O 形密封圈，因此摩擦阻力小而且稳定，可以用于 40MPa 的高压；往复运动密封时，速度可达 15m/s；往复摆动与螺旋运动密封时，速度可达 5m/s。矩形滑环组合密封的缺点是抗侧倾能力稍差，在高低压交变的场合下工作容易漏油。图 5-32b 所示为由支撑环 3 和 O 形密封圈 1 组成的轴用组合密封，由于支撑环 3 与被密封件之间为线密封，其工作原理类似于唇边密封。支撑环 3 采用一种经特别处理的化合物，具有极佳的耐磨性、低摩擦和保形性，不存在橡胶密封低速时易产生的"爬行"现象，工作压力可达 80MPa。

组合式密封装置由于充分发挥了橡胶密封圈和滑环（支撑环）的长处，因此不仅工作可靠、摩擦力低而稳定，而且使用寿命比普通橡胶密封提高近百倍，在工程上的应用日益广泛。

5. 回转轴的密封装置

回转轴的密封装置形式很多，图 5-33 所示是一种由耐油橡胶制成的回转轴用密封圈，它的内部由直角形圆环铁骨架支撑着，密封圈的内边围着一条螺旋弹簧，把内边收紧在轴上来进行密封。这种密封圈主要用作液压泵、液压马达和回转式液压缸的伸出轴的密封，以防止油液漏到壳体外部，它的工作压力一般不超过 0.1MPa，最大允许线速度为 4~8m/s，须在有润滑情况下工作。

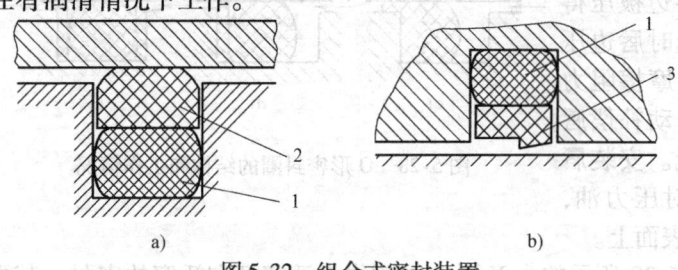
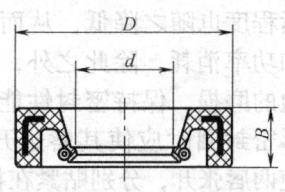

图 5-32 组合式密封装置
1—O 形密封圈　2—滑环　3—支撑环

图 5-33 回转轴用密封圈

6. 防尘圈

在灰尘较多的环境中工作的液压缸，其活塞杆与缸盖之间除装密封圈外一般还要装设防尘圈，用以刮除活塞杆上的灰尘，以防灰尘进入液压件内部。防尘圈的形式很多，分为骨架式和无骨架式两种。图 5-34 所示为骨架式防尘圈，图中 1 为防尘圈，2 为与 1 结合在一起的骨架，用以增强防尘圈的强度和刚度，3 为活塞杆或轴。

7. 组合密封垫圈

组合密封垫圈是将高硬度耐油橡胶与钢质外圈通过加温、硫化，压合组成为一体的一种适用于油类工作介质的密封垫圈，它适用于以油、水为介质的管路系统中，供焊接、卡套、扩口管接头、螺塞及机械装置的压力系统密封，以防油液、燃料、水等泄漏。

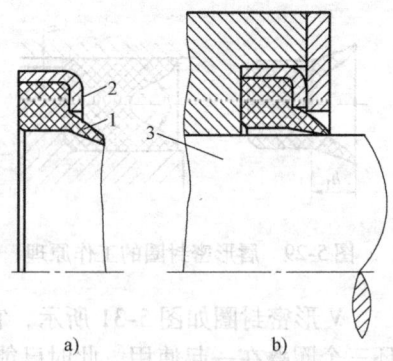

图 5-34 骨架式防尘圈
1—防尘圈　2—骨架　3—活塞杆或轴

5.7　传感器及检测元件

对液压系统进行监控或实时控制时，需要对液压系统中的一些参量进行检测。经常要测量的有压力、流量、转矩、转速、位移、温度及时间等。检测元件分为检测仪表和传感器及二次仪表两类。控制系统领域内的传感器是用来测量系统的输出量,并产生一个与之成比例的信号(即反馈信号)的装置。下面仅对液压系统中液压参数的检测仪表及传感器的结构原理及应用加以简单的介绍。

5.7.1 压力的测量

在液压系统中,常用的压力检测元件有压力表和压力传感器。

1. 压力表

测量油压最常用的是弹簧管式压力表(图5-35),它是利用被测量的油压使弹簧管变形,并通过机械传动使压力表的指针指向某一读数。压力表的测量上限分别有0.6MPa、1MPa、1.6MPa、2.5MPa、4MPa、6MPa、10MPa、16MPa、25MPa、40MPa 等。

压力表的精度等级表示该压力表的最大允许测量误差 Δ_{max} 占测量上限 p_{max} 的百分数,用 k 表示,即

$$k = \frac{\Delta_{max}}{p_{max}} \times 100\% \tag{5-12}$$

一般测量时可选用精度等级为1.5 的压力表。

在选择压力表时,应注意在测量稳压时,测量的最高压力不应超过压力表测量上限的2/3,在测量波动压力时,不得超过压力表测量上限的1/2,测量的最低压力都不应低于压力表上限的1/3,如超过上述范围使用,将降低压力表的测量精度。因此,为了保证测量精度,往往需要根据测量范围的大小选用几个压力表。

压力表一般可用外径为5mm、内径为1.5~2mm 的油管和系统相连接。当需要用一个压力表测量不同点的油压时,可用多测点压力表开关。测量完毕应使压力表处于卸荷状态。

当被测油压到达某一数值后需要发出控制信号时,可采用电接点式压力表,如图5-36所示。电接点式压力表是在普通压力表的基础上附加一套电接点装置而构成的。电接点式压力表既可以指示系统压力,又可以配以相应的磁芯(磁助式)等元件,对被测(控)的压力系统实现发信(报警)和自动控制。

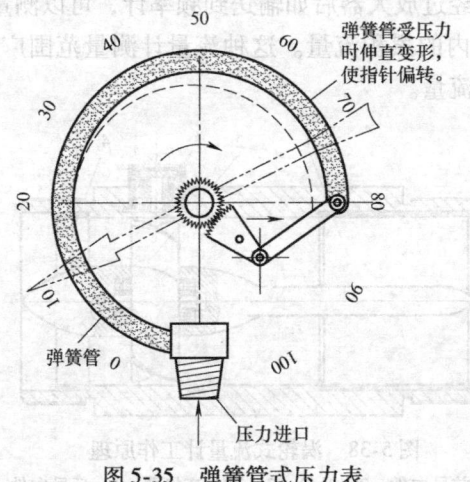

图 5-35 弹簧管式压力表

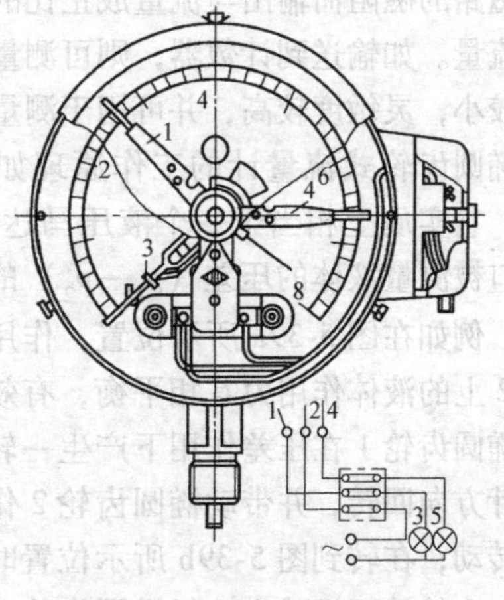

图 5-36 电接点式压力表
1、4—静触点 2—动触点 3—绿灯 5—红灯

2. 压力传感器

将压力信号转换为电信号输出的传感器称为压力传感器。压力传感器一般由弹性敏感元件和位移敏感元件（或应变计）组成。弹性敏感元件的作用是使被测压力作用于某个面积上并转换为位移或应变，然后由位移敏感元件或应变计转换为与压力成一定关系的电信号。有时把这两种元件的功能集于一体。常见的压力传感器有电阻应变片压力传感器、半导体应变片压力传感器、扩散硅压力传感器及压电压力传感器等，但应用最为广泛的是压阻式压力传感器，它具有较低的价格和较高的精度以及较好的线性特性。

5.7.2 流量的测量

测量流量的最简便的方法是直接用体积法或重量法测量，但这种方法只适用于小流量的测量。如在系统中采用流量计测量流量就可以直接读出流量数值。常用的流量计有浮子式、涡轮式和椭圆齿轮式等。

浮子式流量计的工作原理如图 5-37 所示。在一竖直安装的锥管内放有一浮子，浮子的密度大于被测液体的密度。当流量计未工作时，浮子因自重落于下方，当有液流从下端往上流动经过浮子和管壁之间的环形缝隙时，产生一压降，浮子下面液体的压力大于浮子上面液体的压力，因此浮子被抬起，流经管内的液体流量越大，则浮子被抬起越高。

为了保证浮子在管内对中，不致偏心或偏斜而影响测量精度，可使用导向钢丝（图 5-37a），或在浮子上开斜槽（图 5-37b），使浮子在液流作用下产生旋转。

涡轮式流量传感器的工作原理如图 5-38 所示。在流管中装有前导向件 1、叶轮 2、磁电变换器 3 和后导向件 4 等。叶轮经过仔细平衡，装在轴承内，惯性和摩擦力都很小，在液流作用下叶轮不断旋转，转速正比于被测的流量。叶轮旋转时，周期地改变磁电变换

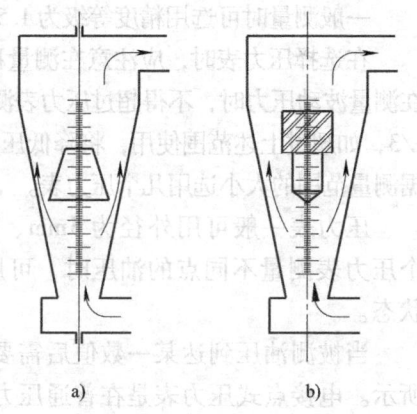

图 5-37 浮子式流量计的工作原理

器中磁路的磁阻而输出与流量成正比的脉冲信号，经过放大器后如输送到频率计，可以测量瞬时流量。如输送到计数器，则可测量某一段时间内的累积流量。这种流量计测量范围广，误差较小，灵敏度较高，并可用于测量脉冲液流的流量。

椭圆齿轮式流量计的工作原理如图 5-39 所示，它实质上相当于一个液压马达，在进、出油口被测量液体的压差 ($p_1 - p_2$) 的作用下工作。例如在图 5-39a 所示位置，作用在椭圆齿轮 2 上的液体作用力互相平衡，有效转矩为零，椭圆齿轮 1 在压差作用下产生一转矩，作顺时针方向回转，并带动椭圆齿轮 2 作逆时针方向转动；在转到图 5-39b 所示位置时，椭圆齿轮 1 上的转矩已减少，但椭圆齿轮 2 这时也已产生了转矩。在转到图 5-39c 所示的位置

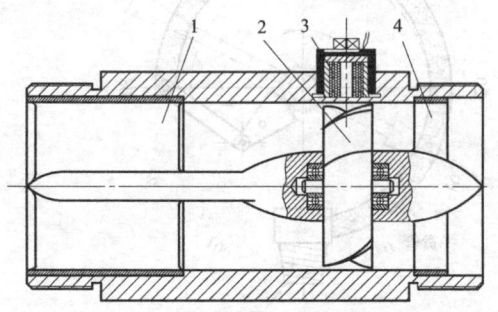

图 5-38 涡轮式流量计工作原理
1—前导向件　2—叶轮　3—磁电变换器　4—后导向件

时,椭圆齿轮1上的转矩已为零,但椭圆齿轮2上的转矩已增至最大。因此,在每一位置上两个齿轮产生的转矩总和基本上是一定的,在两个齿轮连续运转的过程中,就不断地利用油腔a和b从进油口充油而向出油口排油。椭圆齿轮每一转,油腔a和b各充油两次、排油两次,因此它的转数正比于通过的液体总流量。齿轮的转轴可以经过减速器传动记录流量的计数器,或者带动测速发电机,供电给电动计数器,直接显示出液体的总流量。

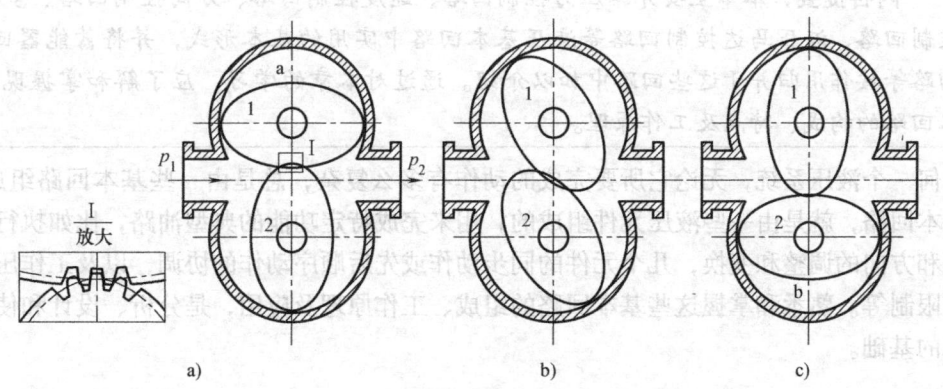

图 5-39 椭圆齿轮式流量计的工作原理
1、2—椭圆齿轮

椭圆齿轮式流量计一般用作测量某一定时间内的液体总流量,由于它是属于容积式测量法,并且在它的输出轴上载荷很小,被测液体在流量计前后的压差也很小,所以容积效率很高,测量误差较小,一般测量精度为±0.5%,同时测量范围也较大。

习 题

5.1 过滤器分为哪些种类?安装时要注意什么?
5.2 根据哪些原则选用过滤器?
5.3 液压油箱的主要作用是什么?举例说明油箱的典型结构及各部分的作用。
5.4 蓄能器在液压系统中的主要作用是什么?

第 6 章 基本液压回路

> **内容提要**：本章主要介绍压力控制回路、速度控制回路、方向控制回路、多执行元件控制回路、液压马达控制回路等液压基本回路中实用的基本形式，并将蓄能器回路、马达回路等按作用归并到这些回路中加以介绍。通过对本章的学习，应了解和掌握现有液压基本回路的构成、特点及工作原理。

任何一个液压系统，无论它所要完成的动作有多么复杂，总是由一些基本回路组成的。所谓基本回路，就是由一些液压元件组成的，用来完成特定功能的典型油路，比如执行元件的速度和方向的调整和变换，几个元件的同步动作或先后顺序动作的协调，以及工作压力的调整和限制等。熟悉和掌握这些基本回路的组成、工作原理及应用，是分析、设计和使用液压系统的基础。

6.1 压力控制回路

压力控制回路是利用压力控制阀来控制系统整体或某一部分的压力，以满足液压执行元件对力或转矩要求的回路。这类回路包括调压、减压、增压和卸荷等多种回路。

6.1.1 调压回路

调压回路的功用是使液压系统整体或某一部分的压力保持恒定或不超过某个数值。在定量泵系统中，液压泵的供油压力可以通过溢流阀来调节。在变量泵系统中，用安全阀来限定系统的最高压力，以防止系统过载。当系统需要两种以上压力时，则可采用多级调压回路。

1. 单级调压回路和远程调压回路

图 6-1 所示为最基本的调压限压回路。系统工作过程中溢流阀常开溢流，溢流阀的调定压力必须比执行元件的最高工作压力和管路上各种压力损失之和大 5%～10%。为了便于调压和观察，溢流阀旁一般要就近安装压力表。此种回路有溢流损失和节流损失，效率低，调定值略有波动，多应用于中小功率的场合。

图 6-2 所示为由先导式溢流阀和远程调压阀构成的远程调压回路。将远程调压阀 2 接在先导式主溢流阀 1 的遥控口上，泵的压力可由远程调压阀 2 远程控制。主溢流阀 1 一般调至系统安全压力值，远程调压阀 2 的调整压力应小于主溢流阀 1 的调整压力，否则远程调压阀 2 不起作用。

2. 多级调压回路

图 6-3 所示为应用于压力机的二级调压回路。液压缸 1 的活塞下降为工作行程，其压力由高压溢流阀 4 调节；活塞上升为非工作行程，其压力由低压溢流阀 3 调节，且只需克服运动部件自身的重量和摩擦阻力即可。溢流阀 3、4 的规格都必须按液压泵最大供油量来选择。

如图 6-4 所示，将先导式溢流阀 1 的遥控口，借助三位四通换向阀，与两个调定压力不

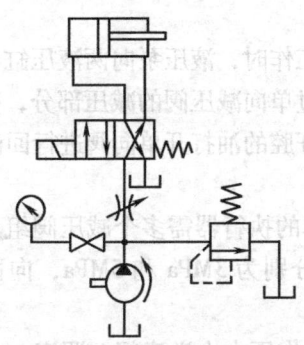
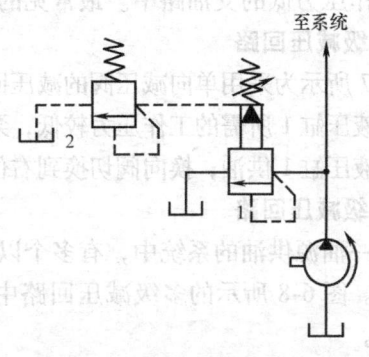

图 6-1　最基本的调压限压回路

图 6-2　由先导式溢流阀和远程
调压阀构成的远程调压回路
1—主溢流阀　2—远程调压阀

同（并均小于溢流阀 1 的调压值）的远程调压阀连接、切换，则可组成三级调压回路。当两个电磁铁均不得电时，系统压力由溢流阀 1 调定；当 1YA 得电时，系统压力由溢流阀 2 调定；当 2YA 得电时系统压力由溢流阀 3 调定。

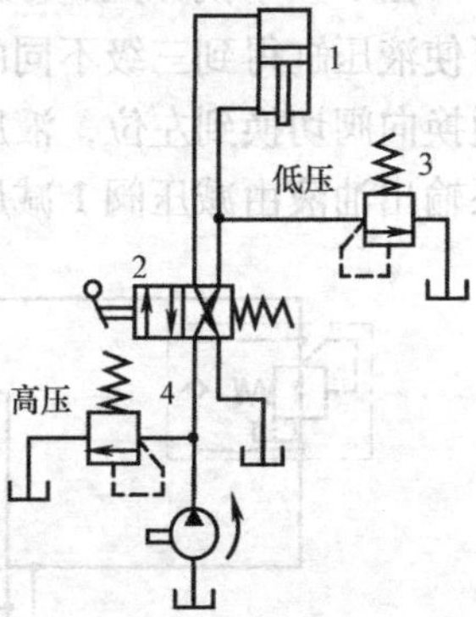

3. 比例无级调压回路

如图 6-5 所示，调节先导式比例溢流阀的输入电流，即可实现系统压力的无级调节，这样不但回路结构简单，压力切换平稳，而且便于实现远距离控制或程控。

4. 压力限定回路

图 6-6 所示为采用变量泵的调压回路。当用非限压式变量泵时，系统的最高压力由安全阀来限定。当采用限压式变量泵时，系统最高压力由泵调节，其数值为泵近于无流量输出时的压力。

图 6-3　应用于压力机的二级
调压回路
1—液压缸　2—换向阀
3—低压溢流阀　4—高压溢流阀

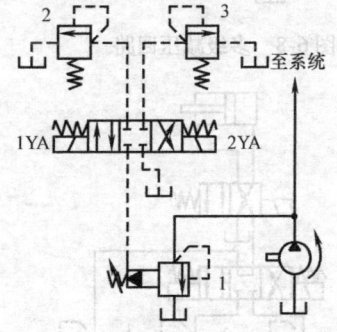
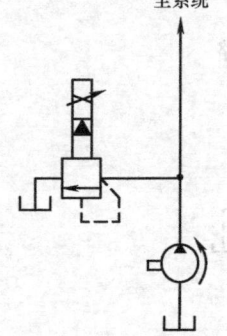
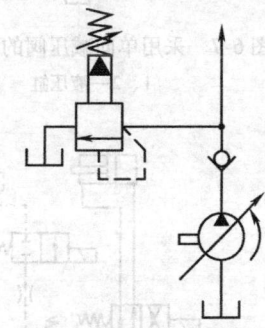

图 6-4　三级调压回路
1—先导式溢流阀　2、3—溢流阀

图 6-5　先导阀无级调
压回路

图 6-6　采用变量泵的
限压回路

6.1.2　减压回路

减压回路的功用是使系统中的某一部分油路具有较低的稳定压力。减压回路通常用于比主油路工作压力低的支油路中。最常见的减压回路为采用定值减压阀与主油路相连。

1. 单级减压回路

图 6-7 所示为采用单向减压阀的减压回路。换向阀左位工作时，液压泵向两液压缸同时供油。由于液压缸 1 所需的工作压力较低，泵输出的压力油通过单向减压阀的减压部分，变成所需低压向液压缸 1 供油；换向阀切换到右位后，液压缸 1 无杆腔的油打开单向阀进行回油。

2. 多级减压回路

在同一油源供油的系统中，有多个以不同工作压力工作的执行器需多个减压阀组成多级减压回路。图 6-8 所示的多级减压回路中，减压阀调定值分别为 3MPa 和 5MPa，向两个液压缸供油。

图 6-9 所示为二级减压回路。此回路中主油路的最大工作压力由溢流阀 1 调定。分支油路的最大工作压力由减压阀 2 调定，此压力比主油路压力要小，二位二通换向阀接通后，则由远程调压阀 3 调定，此压力更低。

图 6-10 所示为三级减压回路。回路中三个减压阀并联，由三位四通换向阀进行转换，可使液压缸得到三级不同的压力。在图示位置时，液压泵输出油液经减压阀 3 减压；三位四通换向阀切换到左位，液压泵输出油液由减压阀 2 减压；三位四通换向阀切换到右位，液压泵输出油液由减压阀 1 减压。

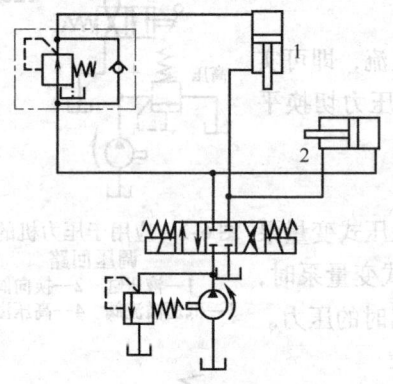

图 6-7 采用单向减压阀的减压回路
1、2—液压缸

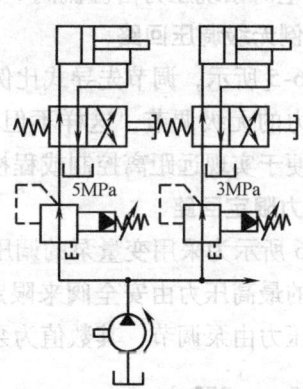

图 6-8 多级减压回路

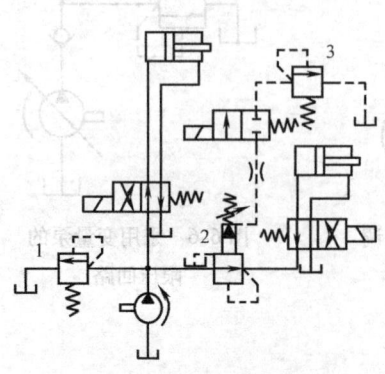

图 6-9 二级减压回路
1—溢流阀 2—减压阀 3—远程调压阀

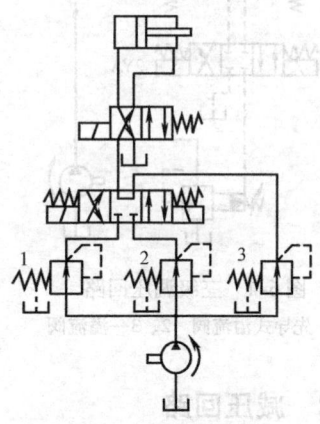

图 6-10 三级减压回路
1、2、3—减压阀

3. 无级减压回路

图 6-11a 所示为最常见的采用二通比例减压阀的比例减压回路，其控制压力下降时响应较慢。图 6-11b 所示为采用了带单向阀的比例减压阀的比例减压回路。液压泵同时向液压缸 I 和 II 供油。液压缸 II 下行时通过单向减压阀可获取多种低于系统压力的压力，而回程时液压缸 II 上腔的回油从减压阀主阀中间部位的单向阀回油箱。

应当强调的是，普通压力阀在升压、降压、卸荷等过程中仅能够控制某一点或几个点（通常一阀一点）的压力，而且这些工作点的变换通常都是阶跃变化的形式，因此会造成系统的压力波动乃至冲击，执行元件运动品质也随之下降。但是，比例液压阀可以依据电流实现无级调压，也就是说，可以实现任何形状的压力-时间（行程）曲线，而且升压、降压过程平稳、迅速，从而大大提高了系统主机设备的性能和运动精度，同时又使系统大大简化。

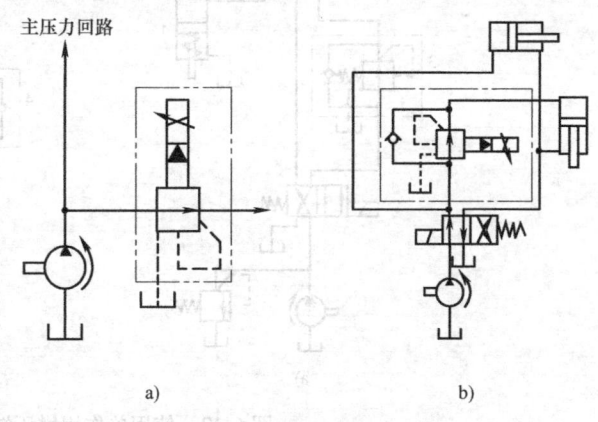

图 6-11　比例减压回路
a）采用二通比例减压阀　b）采用单向比例减压阀

6.1.3　增压回路

在液压系统中当某一支路的工作压力需要高于主油路时，可以采用增压回路。增压功能是通过增压缸来实现的。增压回路的优点是节省能源、可靠性高、噪声小。

1. 单作用增压缸的增压回路

图 6-12 所示为使用单作用增压缸的增压回路，它只适用于液压缸需要很大的单向作用力和小行程的场合。图 6-12a 所示回路中增压缸 2 的泄漏油在回程时由高位油箱来补充，回路中接入单向减压阀 3，是为了调节增压器输出压力 p_2。图 6-12b 所示的增压回路可使液压缸 1 工作行程加长，活塞向右运动只有遇到负载时，单向顺序阀 4 由于系统压力升高而开启，压力油进入增压缸 2 才起作用。液压缸 1 活塞向左返回时，液压缸无杆腔的回油由于单向节流阀 5 的背压作用而首先进入增压缸 2 的上腔，使增压缸复位，为下一行程作准备。多余的回油经液控单向阀 6 和单向节流阀 5 的节流部分回油箱。液控单向阀 6 的作用是在增压时隔开高低压油路。

2. 双作用增压缸的增压回路

图 6-13 所示为采用双作用增压缸的增压回路。能够连续输出高压油。在图示位置，液压泵输出的压力油经电磁换向阀 5 和单向阀 1 进入增压缸的大活塞左端腔、左端小活塞腔，大活塞右端油腔通油箱，右端小活塞腔增压后的高压油经单向阀 4 输出，此时单向阀 2、3 被关闭。当增压缸活塞移到右端时，电磁换向阀得电换向，增压缸活塞向左移动，左端小活塞左腔输出的高压油经单向阀 3 输出。这样，增压缸的活塞不断往复运动，两端便交替输出高压油，从而实现了连续增压。

图 6-14 所示为使输出力增大的增力回路。它通过大、小液压缸的联动来加快活塞的运

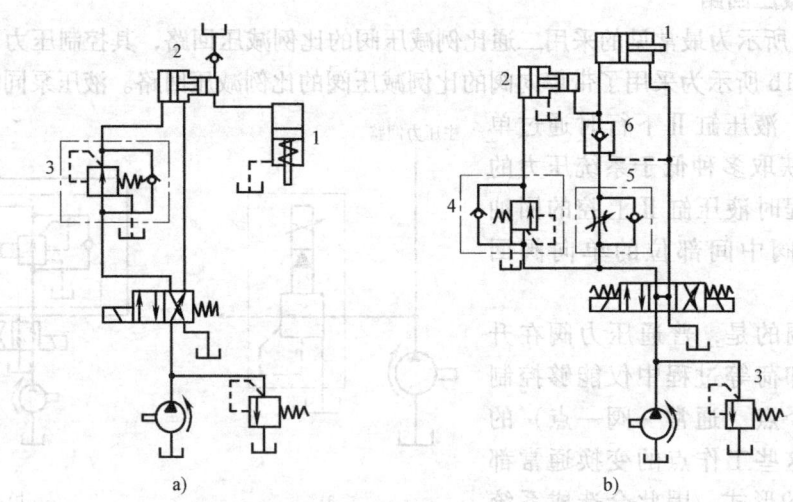

图 6-12 使用单作用增压缸的增压回路
a) 带补液油箱 b) 带液控单向阀
1—液压缸 2—增压缸 3—单向减压阀 4—单向顺序阀 5—单向节流阀 6—液控单向阀

动速度并给出很大的夹紧力。当活塞向右前进时，顺序阀关闭，压力油仅进入小液压缸 1，实现快速送进。大液压缸 2 经单向阀从油箱吸油。活塞杆接触工件后回路压力上升，顺序阀开启，压力油进入大缸，若压力上升到溢流阀的设定压力，则产生很大的夹紧力。夹紧力等于大、小两个液压缸推力之和。回程时两液压缸都经换向阀回油。

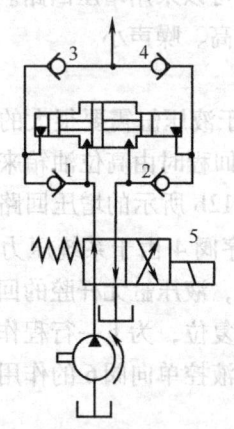

图 6-13 采用双作用增压缸的增压回路
1、2、3、4—单向阀 5—电磁换向阀

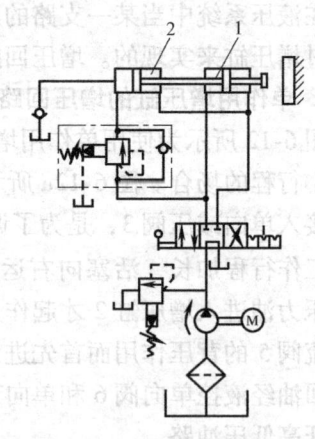

图 6-14 使输出力增大的增力回路
1—小液压缸 2—大液压缸

6.1.4 卸荷回路

在液压泵不停止转动时，使其输出的流量在压力很低的情况下流回油箱，以减少功率损耗，降低系统发热，延长液压泵和电动机的寿命，这种卸荷方式称为压力卸荷。液压泵仍维持原来的高压，而在流量很小的情况下运转，则功率损失可很小，这种卸荷方式称为流量卸荷。

1. 执行元件不需要保压的卸荷回路

（1）采用三位换向阀的卸荷回路　图 6-15 所示为采用三位换向阀的卸荷回路。用三位四通换向阀中位 M 型（或 H、K 型）滑阀机能来实现泵的卸荷。

（2）采用先导式溢流阀进行卸荷的回路　图 6-16 所示为采用先导式溢流阀的卸荷回路。先导式溢流阀的遥控口与二位二通电磁换向阀连接，二位二通电磁阀得电时，溢流阀遥控口直接接油箱，此时液压泵输出的油液以很低的压力经溢流阀回油箱，实现液压泵的卸荷。

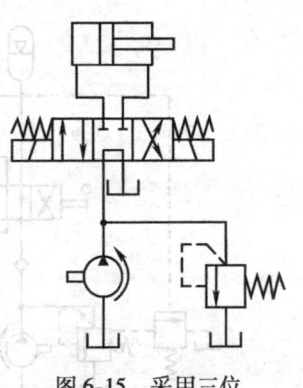

图 6-15　采用三位换向阀的卸荷回路

（3）采用压力继电器的卸荷回路　图 6-17 所示为采用压力继电器使泵停机而实现卸荷的回路，此回路也是蓄能器保压的卸荷回路。当系统压力达到压力继电器调定的压力时，压力继电器发出信号，使液压泵停机，蓄能器保压，保压时间取决于蓄能器的容量，当蓄能器压力降低到设定值时，液压泵恢复运行，从而构成有效的卸荷回路。但是，该回路对电动机频繁起动、停止的场合来说并不适宜，而适宜于停机时间较长的场合。

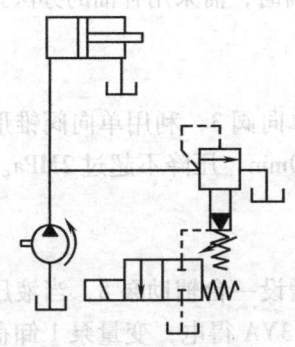

图 6-16　采用先导式溢流阀的卸荷回路

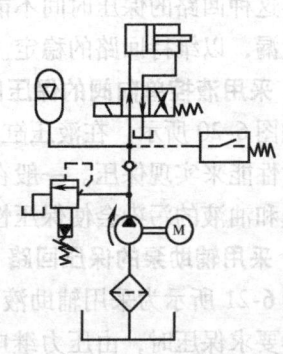

图 6-17　采用压力继电器的卸荷回路

2. 执行元件需要保压的卸荷回路

（1）用蓄能器保压的卸荷回路　图 6-18 所示为用蓄能器保压的卸荷回路。在图示位置上，液压泵向蓄能器和液压缸供油，当系统压力达到卸荷阀（顺序阀）的调定值时，卸荷阀动作，使溢流阀的遥控口接通油箱，则液压泵卸荷。此后由蓄能器来保持液压缸的压力，保压时间取决于系统的泄漏、蓄能器的容量等。当压力降低到一定数值时，卸荷阀关闭，液压泵就继续向蓄能器和系统供油。这种回路适用于液压缸的活塞较长时间作用在物件上的系统。

（2）用限压式变量泵保压的卸荷回路　图 6-19 所示为用限压式变量泵保压的卸荷回路，该回路当系统压力大于调定值时，压力补偿装置使泵输出流量近似为零而卸荷，但是系统仍由液压泵保压。此回路可以不用溢流阀，但为了防止压力补偿装置失灵和换向阀转换过程中的压力冲击，加一个安全阀为好。

这种卸荷回路的卸荷效果取决于液压泵的效率，若液压泵的效率较低，则卸荷时的功率损耗较大。

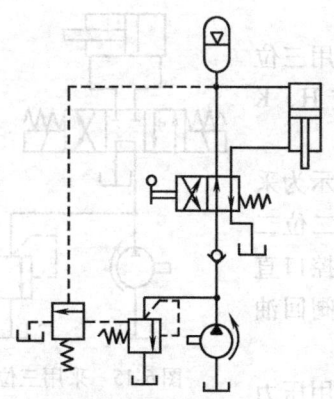
图 6-18 用蓄能器保压的卸荷回路

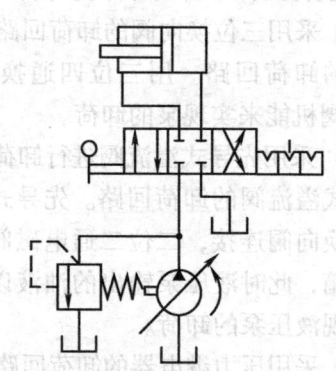
图 6-19 用限压式变量泵保压的卸荷回路

6.1.5 保压回路

在执行元件停止运动，而油液需要保持一定的压力时，需要用到保压回路。保压性能要求不高时，可采用密封性较好的液控单向阀保压，这种方法简单、经济，但是阀类元件的泄漏使得这种回路的保压时间不能维持太久。保压性能要求较高时，需采用补油的办法弥补回路的泄漏，以维持回路的稳定。

1. 采用液控单向阀的保压回路

如图 6-20 所示，在液压缸无杆腔油路上接入一个液控单向阀 3，利用单向阀锥形阀座的密封性能来实现保压。一般在 20MPa 的工作压力下保压 10min，压降不超过 2MPa。阀座的磨损和油液的污染会使保压性能下降。

2. 采用辅助泵的保压回路

图 6-21 所示为采用辅助液压泵的保压回路，在回路中增设一台辅助泵 8，当液压缸加压完毕要求保压时，由压力继电器 5 发信号，使 1YA 失电，3YA 得电，变量泵 1 卸荷，辅助泵 8 向封闭的高压腔供油，维持系统压力稳定。由于辅助液压泵只需补充系统的泄漏，可选用小流量高压泵，功率损耗小。该回路的压力稳定性取决于辅助泵 8 出口处的溢流阀 7 的性能。

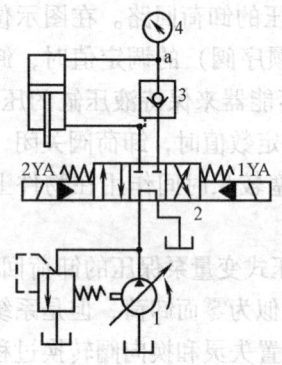

图 6-20 液控单向阀保压回路
1—变量泵 2—换向阀 3—液控单向阀 4—电接点式压力表

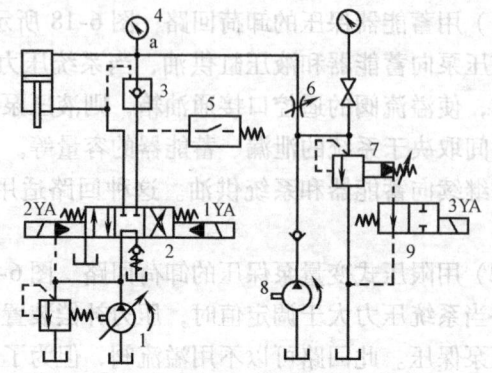

图 6-21 辅助泵保压回路
1—变量泵 2、9—换向阀 3—液控单向阀 4—电接点压力表
5—压力继电器 6—节流阀 7—溢流阀 8—辅助泵

3. 自动补油保压

在图 6-20 所示回路中，a 点处接有电接点式压力表，由电接点式压力表设定压力波动范围。换向阀 2 的电磁铁 1YA 得电，活塞下降加压，当压力上升到电接点压力表的上限触点调定压力时，上限触点接通，1YA 失电，液压泵卸荷，系统保压；当压力下降到电接点式压力表的下限触点调定压力时，下限触点接通，1YA 得电，变量泵又向液压缸供油，使压力回升。这种回路能自动地向封闭的高压腔中补充高压油，保压时间长，压力波动不超过 1~2MPa。它利用了液控单向阀具有一定保压性能的长处，又避开了直接启动液压泵保压消耗功率的缺点。

6.1.6 平衡回路

为防止立式液压缸和垂直运动的工作部件因自重而自行下滑，或在下行运动中由于自重而造成失控、失速的不稳定运动，常采用平衡回路。

图 6-22 所示为采用单向顺序阀的平衡回路。单向顺序阀 4 的调定压力 p 应调到足以平衡移动部件的自重 W。若液压缸回油腔的有效面积为 A，则 p 的理论值（忽略摩擦力）为 $p = W/A$。为了安全起见，单向顺序阀的压力调定值应稍大于此值。

这种平衡回路，由于顺序阀的泄漏，当液压缸停留在某一位置后，活塞还会缓慢下降。因此，通常采用平衡阀代替单向顺序阀组成平衡回路（图 6-23），由于平衡阀密封性很好，可以防止活塞因泄漏而下降，并且液压缸向下运动时的速度受平衡阀控制口压力的控制。

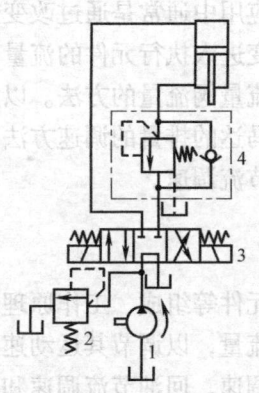

图 6-22 采用单向顺序阀的平衡回路
1—液压泵 2—溢流阀 3—换向阀 4—单向顺序阀

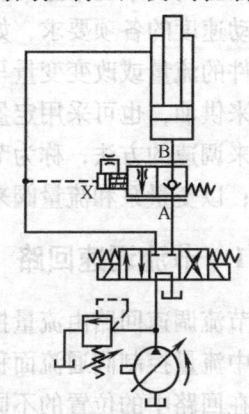

图 6-23 采用平衡阀的平衡回路

6.1.7 卸压回路

液压系统在保压过程中，由于油液的可压缩性和机械部分产生的弹性变形，因而储存了相当的能量，若立即换向，则会产生压力冲击。所以，对容量大的液压缸和高压系统，应在保压与换向之间采取卸压措施。

图 6-24 所示为卸压回路。图 6-24a 所示为采用节流阀的卸压回路，当加压（保压）结束后，使换向阀 2 失电，同时将换向阀 1 切换至中位，缸上腔高压油经节流阀卸压。泵短期卸荷后再使换向阀 1 换接至左位，并使换向阀 2 得电，左位接入，活塞向上快速回程。图 6-24b 所示为采用节流阀与液控单向阀的卸压回路，当换向阀 1 处于中位、换向阀 2 右位接入

时，液控单向阀 3 打开，液压缸左腔高压油经节流阀卸压；然后将换向阀 1 切换到右位，同时使换向阀 2 电磁铁得电，活塞便快速退回。

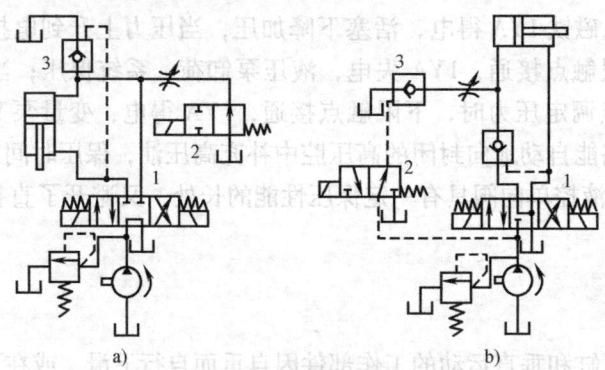

图 6-24 卸压回路
a) 采用节流阀的卸压回路 b) 采用节流阀与液控单向阀的卸压回路

当液压系统工作循环不频繁时，也可用手动截止阀卸压。

6.2 速度控制回路

液压传动系统中除必须满足主机对力或转矩的要求外，还需通过速度控制回路来满足对其运动速度的各项要求，如调速、限速、减速等。在实际应用中通常是通过改变进入液压执行元件的流量或改变变量马达排量的方法来调速。为了改变进入执行元件的流量，可采用变量泵来供油，也可采用定量泵和流量控制阀，以改变通过流量阀流量的方法。以定量泵和流量阀来调速的方法，称为节流调速；以改变变量泵或变量马达的排量的调速方法，称为容积调速；以变量泵和流量阀来实现调速的方法，则称为容积节流调速。

6.2.1 节流调速回路

节流调速回路由流量控制阀、溢流阀、定量泵和执行元件等组成，工作原理是通过改变回路中流量控制阀通流面积的大小来控制进入执行元件的流量，以调节其运动速度。根据流量阀在回路中的位置的不同，节流调速回路分为进油节流调速、回油节流调速和旁路节流调速三种。前两种由于工作回路中的供油压力不随负载变化而变化又被称为定压式节流调速回路，而后一种则是供油压力随负载变化而变化的变压式节流调速回路。

1. 进油节流调速回路

这种调速回路是将节流阀串联在定量泵和液压缸之间，如图 6-25 所示。液压泵输出的部分油液经节流阀进入液压缸工作腔，推动活塞运动，液压泵多余的油液经溢流阀排回油箱，这是回路能够正常工作的必要条件。由于溢流阀的溢流，液压泵的出口压力 p_P 就是溢流阀的调整压力，并基本保持恒定。通过调节节流阀的通流面积，从而调节通过节流阀的流量，最终调节液压缸的运动速度。

（1）速度-负载特性 液压缸活塞稳定运动时，活塞受力平衡方程为

$$p_1 A_1 - p_2 A_2 = F \tag{6-1}$$

式中 A_1、A_2——液压缸无杆腔、有杆腔的有效作用面积（m^2）；

p_1、p_2——液压缸进、回油腔压力（Pa）；

F——液压缸的输出力，即外负载（N）。

当不计管路压力损失时，$p_2 = 0$，则

$$p_1 = \frac{F}{A_1} \tag{6-2}$$

因为液压泵的供油压力 p_P 为一定值（即溢流阀的调定压力），故节流阀两端压差为

$$\Delta p = p_P - p_1 = p_P - \frac{F}{A_1} \tag{6-3}$$

通过节流阀进入液压缸的流量为

$$q_1 = KA\Delta p^m \tag{6-4}$$

式中 K——取决于节流阀阀口和油液特性的液阻系数，在此视为常数；

A——节流阀通流面积；

m——取决于节流阀阀口形状的指数，其值在 0.5~1 之间。

液压缸的工作速度为

$$v = \frac{q_1}{A_1} = \frac{KA}{A_1}\left(p_P - \frac{F}{A_1}\right)^m \tag{6-5}$$

式（6-5）即为进油节流调速回路的速度-负载特性方程。由该式可知，液压缸的运动速度 v 和节流阀通流面积 A 成正比。调节 A 可实现无级调速，这种回路的调速范围较大。当 A 调定后，速度随负载的增大而减小，故这种调速回路的速度-负载特性较软。

若按式（6-5）选用不同的 A 值作 v-F 坐标曲线图，可得一组曲线，该组曲线即为该回路的速度-负载特性曲线，如图 6-26 所示。这组曲线表示液压缸运动速度随负载变化的规律，曲线越陡，说明负载变化对速度的影响越大，即速度刚性越差。由式（6-5）和图 6-26 还可看出，当 A 一定时，重载区域比轻载区域的速度刚性差；在相同负载条件下，A 大时，亦即速度高时速度刚性差，所以这种调速回路适用于低速轻载的场合。

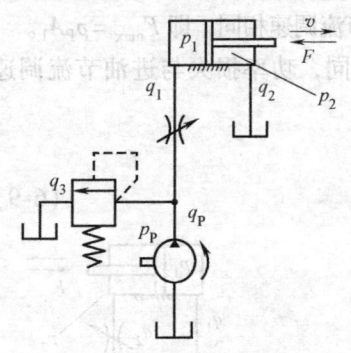

图 6-25 进油节流调速回路

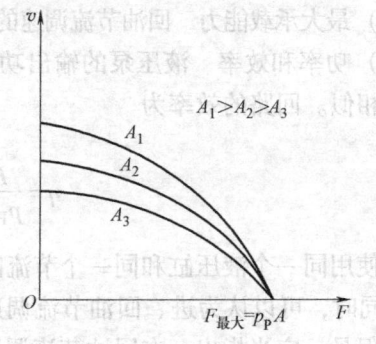

图 6-26 进油节流调速回路的速度-负载特性

(2) 最大承载能力 由式（6-5）可知，无论 A 为何值，当 $F = p_P A_1$ 时，节流阀两端压差 Δp 为零，活塞运动也就停止，此时液压泵输出的流量全部经溢流阀回油箱。所以此 F 值即为该回路的最大承载值，即 $F_{max} = p_P A_1$。

(3) 功率和效率 在节流阀进油节流调速回路中，液压泵的输出功率为 $P_P = p_P q_P =$ 常量；而液压缸的输入功率为 $P_C = p_1 q_1$。

回路功率损失为

$$\Delta P = P_P - P_C = p_P q_P - p_1 q_1$$
$$= (p_1 + \Delta p)(q_1 + q_3) - p_1 q_1 = p_P q_3 + \Delta p q_1 = \Delta P_1 + \Delta P_2 \tag{6-6}$$

式中　ΔP_1——溢流功率损失，（W）；

ΔP_2——节流功率损失，（W）。

执行元件的输入功率与液压泵的输出功率之比定义为回路效率 η，即

$$\eta = \frac{P_C}{P_P} = \frac{p_1 q_1}{p_P q_P} \tag{6-7}$$

由式（6-6）可以看出，系统存在两部分功率损失，故这种调速回路的效率较低。

2. 回油节流调速回路

回油节流调速回路如图 6-27 所示，将节流阀放置在回油路上，来控制从液压缸回油腔流出的流量 q_2，从而实现速度调节。由于进入液压缸的流量 q_1 受到出油路上流量 q_2 的限制，因此调节 q_2，也就调节了进油流量 q_1，定量泵输出的多余油液仍经溢流阀流回油箱，溢流阀调整压力基本保持稳定。

（1）速度-负载特性　类似式（6-5）的推导过程，由液压缸的力平衡方程（$p_2 \neq 0$）和流量阀的流量方程（$\Delta p = p_2$），进而可得液压缸的速度-负载特性方程为

$$v = \frac{q_2}{A_2} = \frac{KA \left(p_P \dfrac{A_1}{A_2} - \dfrac{F}{A_2} \right)^m}{A_2} \tag{6-8}$$

式中符号意义同上。

比较式（6-5）和式（6-8）可以发现，回油节流调速和进油节流调速的速度-负载特性以及速度刚性基本相同，若液压缸两腔有效作用面积相同，那么两种节流调速回路的速度-负载特性和速度刚度就完全一样。因此，对进油节流调速回路的一些分析完全适用于回油节流调速回路。

（2）最大承载能力　回油节流调速的最大承载能力与进油节流调速相同，即 $F_{max} = p_P A_1$。

（3）功率和效率　液压泵的输出功率与进油节流调速相同，功率损失与进油节流调速回路的相似。回路的效率为

$$\eta = \frac{Fv}{p_P q_P} = \frac{\left(p_P - p_2 \dfrac{A_2}{A_1} \right) q_1}{p_P q_P} \tag{6-9}$$

当使用同一个液压缸和同一个节流阀，且负载 F 和速度 v 相同时，可以认为进、回油节流调速回路的效率是相同的。但是，应当指出，在回油节流调速回路中，液压缸工作腔和回油腔的压力都比进油节流调速回路的高，特别是在负载变化大，尤其是当 F 接近于零时，回油腔的背压有可能比液压泵的供油压力还要高，这样会使节流功率损失大大提高，且加大泄漏，因而其效率实际上比进油节流调速回路的要低。

虽然进油路和回油路节流调速的速度-负载特性公式

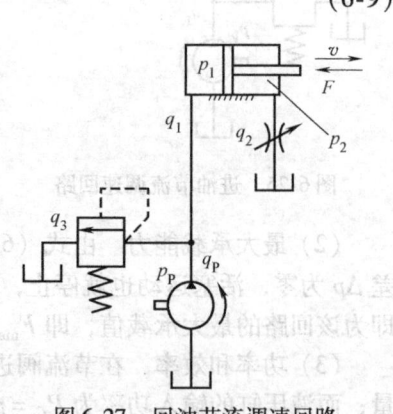

图 6-27　回油节流调速回路

形式相似，功率特性相同，但它们以下几方面的性能有明显差别，在选用时应加以注意。

（1）承受负值负载的能力　所谓负值负载（也称超越负载）就是作用力的方向与执行元件的运动方向相同的负载。回油节流调速的节流阀在液压缸的回油腔能形成一定的背压，能承受一定的负值负载；对于进油节流调速回路，要使其能承受负值负载就必须在执行元件的回油路上加上背压阀。这必然会导致增加功率消耗，增大油液发热量。

（2）运动平稳性　回油节流调速回路由于回油路上存在背压，可以有效地防止空气从回油路吸入，因而低速运动时不易爬行；高速运动时不易颤振，即运动平稳性好。进油节流调速回路在不加背压阀时不具备这种特点。

（3）油液发热对回路的影响　进油节流调速回路中，通过节流阀产生的节流功率损失转变为热量，一部分由元件散发出去，另一部分使油液温度升高，直接进入液压缸，会使液压缸的内外泄漏增加，速度稳定性不好，而回油节流调速回路油液经节流阀温升后，直接回油箱，经冷却后再入系统，对系统泄漏影响较小。

（4）起动性能　回油节流调速回路中若停机时间较长，液压缸与油箱相连的腔体内的油液会泄漏回油箱，重新起动时背压不能立即建立，会引起瞬间工作机构的前冲现象，对于进油节流调速，只要在起动时关小节流阀即可避免起动冲击。

综上所述，进油路、回油路节流调速回路结构简单、价格低廉，但效率较低，只宜用在负载变化不大、低速、小功率场合，如某些机床的进给系统中。

3. 旁路节流调速回路

如图 6-28 所示，节流阀设置在液压泵出口处的旁通油路上，液压泵输出的油液分成两路：工作油液沿主油路进入液压缸，节流后的油液从旁通路排回油箱。回路中溢流阀的作用与前述两种调速回路中的不同，它在调速过程中不打开、不起定压溢流作用，只起过载保护作用，其调定值为最大负载压力的 1.1~1.2 倍。在调速过程中，液压泵的出口压力由负载决定，而且没有溢流损失，因而该回路效率较高，能量利用合理。存在的主要问题是，节流口的流量受载荷变化的影响大，速度稳定性差。

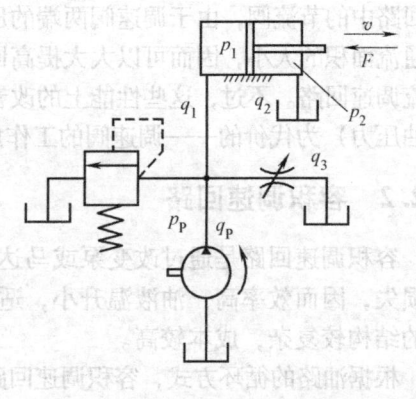

图 6-28　旁路节流调速回路

（1）速度-负载特性　按前面的推导过程，可得到旁路节流调速的速度-负载特性方程。考虑到泵的工作压力随负载而变化，正比于压力的泄漏量也是变量，对速度产生了附加影响，因而泵的流量中要计入泵的泄漏流量 Δq_P，故有

$$q_1 = q_P - q_3 = (q_t - \Delta q_P) - KA\Delta p^m = q_t - K_1 \left(\frac{F}{A_1}\right) - KA\left(\frac{F}{A_1}\right)^m \tag{6-10}$$

式中　q_t——泵的理论流量；
　　　K_1——泵的泄漏系数。

所以液压缸的速度负载-特性方程为

$$v = \frac{q_t - K_1\left(\frac{F}{A_1}\right) - KA\left(\frac{F}{A_1}\right)^m}{A_1} \tag{6-11}$$

根据式 (6-11)，选取不同的 A 值可作出一组速度-负载特性曲线。如图 6-29 所示，由曲线可见，当节流阀通流面积一定而负载增加时，速度显著下降，即特性很软；当节流阀通流面积一定时，负载越大，速度刚度越大；当负载一定时，节流阀通流面积 A 越小，速度刚度越大，因而该回路适用于高速重载的场合。

（2）最大承载能力 由图 6-30 可知，速度-负载特性曲线在横坐标上并不交汇，其最大承载能力随节流阀通流面积 A 增加而减小，即旁路节流调速回路的低速承载能力很差，调速范围也小。

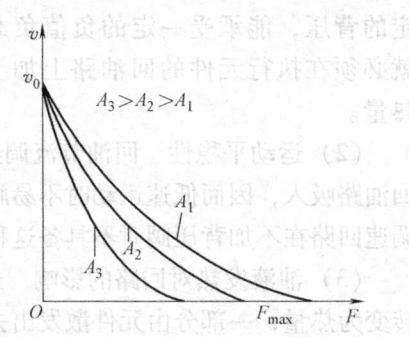

图 6-29 旁路节流调速的速度-负载特性

（3）功率与效率 旁路节流调速回路只有节流损失而无溢流损失，泵的输出压力随负载而变化，即节流损失和输入功率随负载而变化，所以比前两种调速回路效率高。所以旁路节流调速回路只宜用在负载变化不大、对速度稳定性要求不高、高速大负载的场合。

4. 调速阀调速回路

由前一部分的分析可知，三种节流阀的节流调速回路的速度稳定性之所以较差，主要原因是负载变化引起了节流阀两端压差的变化，从而使节流阀的流量发生变化。如果用调速阀代替回路中的节流阀，由于调速阀两端的压差基本不受负载变化的影响，其过流量只取决于节流口通流面积的大小，因而可以大大提高回路的速度刚度，改善速度的稳定性。这就是调速阀的节流调速回路。不过，这些性能上的改善是以加大整个流量控制阀的工作压差（亦即增加泵的供油压力）为代价的——调速阀的工作压差一般最少要 0.5MPa，高压调速阀可达 1MPa。

6.2.2 容积调速回路

容积调速回路是通过改变泵或马达的排量来实现调速的。主要优点是没有节流损失和溢流损失，因而效率高，油液温升小，适用于高速、大功率调速系统；缺点是变量泵和变量马达的结构较复杂，成本较高。

根据油路的循环方式，容积调速回路可以分为开式回路和闭式回路，后者采用较多。在开式回路中，液压泵从油箱吸油，执行元件的回油直接回油箱。这种回路结构简单，油液在油箱中能得到充分冷却，但油箱体积较大，空气和脏物易进入回路。当一个泵供多个执行器同时动作时，因液压油首先向轻负载的执行器流动，导致高负载的执行器动作困难，因此，需要对轻负载的执行器控制阀进行节流。在闭式回路中，执行元件的回油直接与泵的吸油腔相连，结构紧凑，只需很小的补油箱，空气和脏物不易进入回路，但油液的冷却条件差，需附设辅助泵补油、冷却和换油等。补油泵的流量一般为主泵流量的 10%~15%，压力通常为 0.3~1MPa。

液压泵-液压马达容积调速回路可分为：变量泵-定量执行元件容积调速回路、定量泵-变量马达容积调速回路及变量泵-变量马达容积调速回路。

1. 变量泵-定量执行元件容积调速回路

图 6-30 所示为变量泵-定量液压执行元件组成的容积调速回路，其中图 6-30a 所示回路中的执行元件为液压缸；图 6-30b 所示回路中的执行元件为液压马达，且是闭式回路。两图

中的安全阀 2 用以防止系统过载。
图 6-30b 所示回路中，为了补充泵和马达的泄漏，增加了补油泵 4，同时置换部分已发热的油液，降低系统的温升，溢流阀 5 用来调节补油泵的压力。

在图 6-30a 所示回路中，改变变量泵的排量即可调节活塞的运动速度 v。若不考虑液压泵以外的元件和管道的泄漏，这种回路的活塞运动速度为一组平行直线，如图 6-31 所示。由图可见，由于变量泵有泄漏，活塞运动速

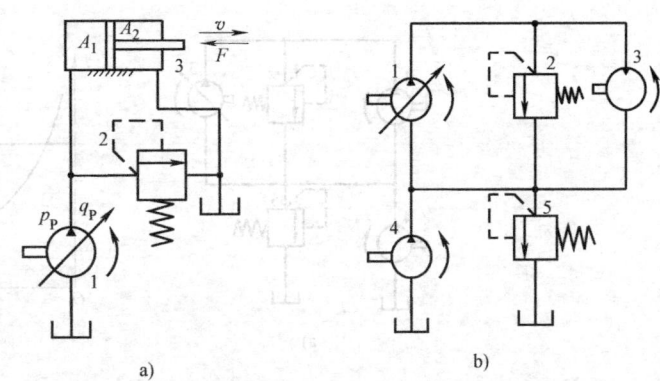

图 6-30　变量泵-定量执行元件容积调速回路
a）变量泵-液压缸　b）变量泵-定量马达
1—变量泵　2—安全阀　3—定量马达　4—补油泵　5—溢流阀

度会随负载 F 的加大而减小。F 增大至某值时，在低速下会出现活塞停止运动的现象（图中 F' 点），这时变量泵的理论流量等于其泄漏量，可见这种回路在低速下的承载能力是很差的。

$$v = \frac{q_P}{A_1} = \frac{q_t - k_1 \dfrac{F}{A_1}}{A_1} \tag{6-12}$$

式中　q_t——变量泵的理论流量（L/min）;
　　　k_1——变量泵的泄漏系数。

将式（6-12）按不同的 q_t 值作图，可得图 6-31a 所示的曲线，图 6-31b 所示的变量泵-定量液压马达的调速回路中，若不计损失，马达的转速 $n_M = q_P/V_M$。因液压马达排量为定值，故调节变量泵的流量 q_P，即可对马达的转速 n_M 进行调节。当负载转矩恒定时，马达的输出转矩 $T = \Delta p_M V_M / 2\pi$ 和回路工作压力 p 都恒定不变，马达的输出功率 $P = \Delta p_M V_M n_M$ 与转速 n_M 成正比，故本回路的调速方式又称为恒转矩调速。该回路的调速特性曲线如图 6-31b 所示。

2. 定量泵-变量马达容积调速回路

图 6-32a 所示为由定量泵和变量马达组成的容积调速回路。定量泵 1 输出流量不变，改变变量马达 2 的排量 V_M 就可以改变液压马达的转速。3 是安全阀，4 是补油泵，5 为调

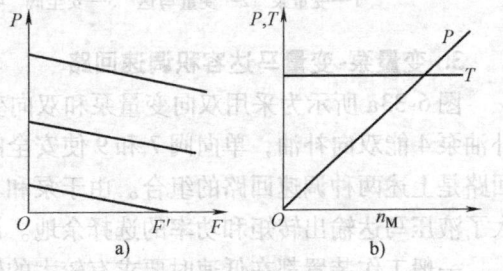

图 6-31　变量泵-定量执行元件调速特性
a）变量泵-缸　b）变量泵-定量马达

节补油压力的溢流阀。在这种调速回路中，由于液压泵的转速和排量均为常值，当负载功率恒定时，马达输出功率 P_M 恒定不变，而马达的输出转矩与 V_M 成正比，输出转速与 V_M 成反比，所以这种回路称为恒功率调速回路。该回路的调速特性曲线如图 6-32b 所示。

当马达排量降到一定程度后，其输出转矩不能驱动负载，故这种回路调速范围很小，且不能用来使马达实现平稳的反向，所以这种回路很少单独使用。

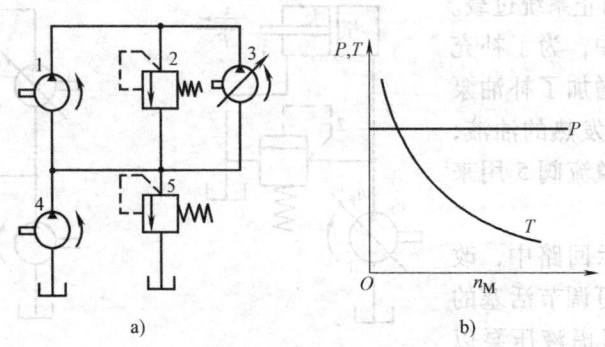

图 6-32 定量泵-变量马达容积调速回路
a) 回路图 b) 调速特性
1—定量泵 2—安全阀 3—变量马达 4—补油泵 5—溢流阀

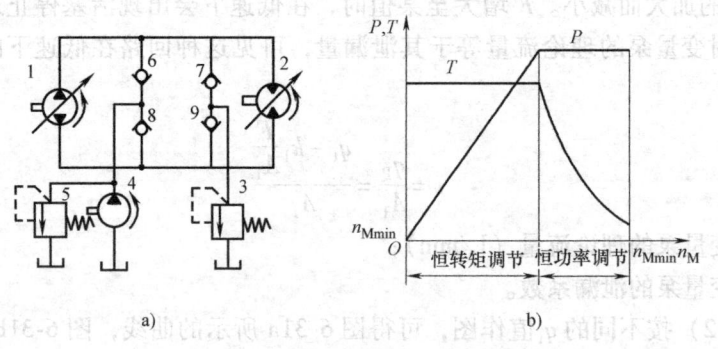

图 6-33 变量泵变量马达容积调速回路
a) 回路图 b) 特性曲线
1—变量泵 2—变量马达 3—安全阀 4—补油泵 5—溢流阀 6、7、8、9—单向阀

3. 变量泵-变量马达容积调速回路

图 6-33a 所示为采用双向变量泵和双向变量马达的容积调速回路。单向阀 6 和 8 用于使补油泵 4 能双向补油，单向阀 7 和 9 使安全阀 3 在两个方向都能起过载保护作用。这种调速回路是上述两种调速回路的组合。由于泵和马达的排量均可改变，故增大了调速范围，并扩大了液压马达输出转矩和功率的选择余地。该回路的调速特性曲线如图 6-33b 所示。

一般工作装置都在低速时要求有较大的转矩，因此，这种系统在低速范围内调速时，先将液压马达的排量调到最大，使马达获得最大输出转矩，由小到大改变泵的排量，直至达到最大值，液压马达转速随之升高，输出功率线性增加，此时液压回路处于恒转矩输出状态；若要进一步加大液压马达转速，则可由大到小改变变量马达的排量，此时输出转矩随之降低，而泵则处于最大功率输出状态不变，这时液压回路处于恒功率输出状态。

6.2.3 增速回路

增速回路又称快速回路，其功用是使液压执行元件获得所需的高速，缩短机械的空程运动时间，从而提高系统的工作效率。下面介绍四种常用的增速回路。

1. 液压缸差动连接回路

图 6-34 所示的回路是利用二位三通电磁换向阀实现液压缸差动连接的回路。当三位四通电磁换向阀 3 和二位三通电磁换向阀 5 左位接入时,液压缸差动连接作快进运动。当二位三通电磁换向阀 5 电磁铁得电时,差动连接即被切断,液压缸回油经过单向调速阀 6 实现工进。三位四通电磁换向阀 3 右位接入后,液压缸快退。这种连接方式,可在不增加液压泵流量的情况下提高执行元件的运动速度。但是,液压泵的流量和有杆腔排出的流量合在一起流过的阀和管路应按合成流量来选择,否则会使压力损失增大,液压泵的供油压力过高,致使液压泵的部分压力油从溢流阀溢回油箱而达不到差动快进的目的。

该回路结构简单,价格低廉,但是只能实现一个方向的增速,而且增速比受液压缸两腔有效面积的限制,增速的同时液压缸的推力减小。

2. 增速缸增速回路

图 6-35 所示为采用增速缸的增速回路。当三位四通换向阀左位接入系统时,压力油经增速缸中柱塞上的通孔进入 B 腔,使活塞快速伸出,速度为 $v = 4q_P/(\pi d^2)$ (d 为柱塞外径),A 腔中所需油液经液控单向阀 3 从辅助油箱吸入。活塞伸出到工作位置时,由于负载加大,压力升高,打开顺序阀 4,高压油进入 A 腔,同时关闭单向阀 3。此时活塞杆 B 在压力油作用下继续外伸,但因有效面积加大,速度变慢而推力加大。

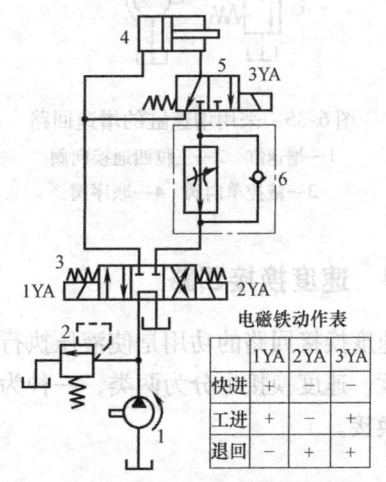

图 6-34 液压缸差动回路
1—液压泵 2—溢流阀 3—三位四通电磁换向阀
4—液压缸 5—二位三通电磁换向阀 6—单向调速阀

该回路功率利用合理,但是也只能实现一个方向的增速,增速比受增速缸的尺寸限制,而且执行元件部分的结构复杂,常应用于液压机的系统中。

3. 蓄能器增速回路

图 6-36 所示为采用蓄能器的快速运动回路,采用蓄能器的目的是可以用流量较小的液压泵。当系统中短期需要大流量时,液压泵 1 和蓄能器 4 共同向液压缸 6 供油;当系统停止工作时,换向阀 5 处在中位,液压泵输出压力油经单向阀 3 向蓄能器供油,蓄能器压力升高后,控制顺序阀 2,使液压泵卸荷。

该回路功率利用合理,但是工作中必须有足够长的时间为蓄能器充压。此回路适用于短期要求大速度的场合。

4. 双泵供油增速回路

图 6-37 所示为采用双泵供油的增速回路,图中 1 为大流量泵,2 为小流量泵,在快速运动时,大流量泵 1 输出的油液经单向阀 4 与小流量泵 2 输出的油液共同向系统供油;工作行程时,系统压力升高,打开顺序阀 3 使大流量泵 1 卸荷,由小流量泵 2 单独向系统供油。系统的工作压力由溢流阀 5 调定。单向阀 4 在系统工进时关闭。

该回路的优点是功率损耗小,系统效率高,因而应用较为普遍。

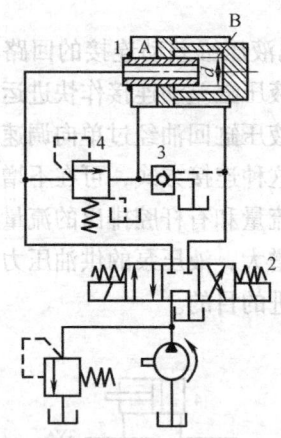

图 6-35　采用增速缸的增速回路
1—增速缸　2—三位四通换向阀
3—液控单向阀　4—顺序阀

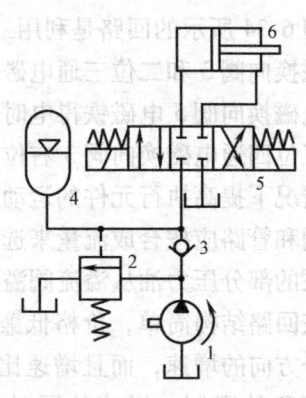

图 6-36　采用蓄能器的增速回路
1—液压泵　2—顺序阀　3—单向阀
4—蓄能器　5—换向阀　6—液压缸

6.2.4　速度换接回路

速度换接回路的功用是使液压执行机构在一个工作循环中从一种运动速度换到另一种运动速度。速度换接也分为两类，一种为快进速度换接到工进速度，另一种为两种工进速度之间的换接。

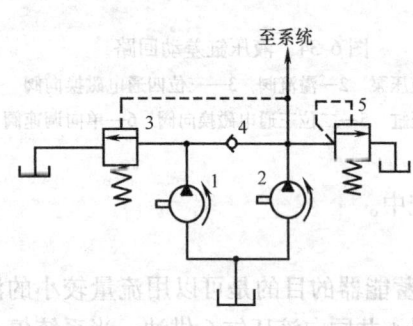

图 6-37　采用双泵供油的增速回路
1—大流量泵　2—小流量泵　3—顺序阀
4—单向阀　5—溢流阀

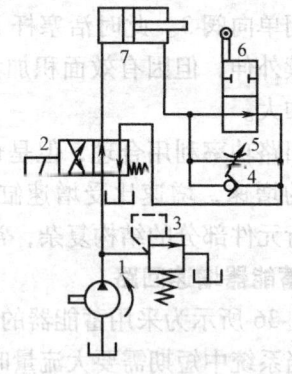

图 6-38　采用行程阀的速度换接回路
1—液压泵　2—换向阀　3—溢流阀　4—单向阀
5—节流阀　6—行程阀　7—液压缸

1. 快进速度和工进速度的换接回路

图 6-38 所示为采用行程阀的速度换接回路，可以实现快进和工进速度的换接。在图示状态下，液压缸 7 快进。当活塞所连接的挡块压下行程阀 6 时，行程阀关闭，液压缸右腔的油液必须通过节流阀 5 才能流回油箱，活塞运动速度转变为工进速度。当换向阀 2 左位接入回路时，压力油经单向阀 4 进入液压缸右腔，活塞快速向左返回。

该回路的快慢速换接过程比较平稳，换接点的位置比较准确，缺点是行程阀的安装位置不能任意布置，管路连接较为复杂。若将行程阀改为电磁阀，安装连接比较方便，但速度换接的平稳性、可靠性以及换向精度都较差。

2. 两种工进速度之间的换接回路

(1) 调速阀并联的速度换接回路　图 6-39 所示为采用两个调速阀的换接回路,可以实现不同工进速度的换接。图 6-39a 所示回路中的两个调速阀并联,由二位三通电磁换向阀 3 实现换接。图示位置输入液压缸 4 的流量由调速阀 1 调节,二位三通电磁换向阀 3 右位接入时,则由调速阀 2 调节,两个调速阀的调节互不影响。但是,一个调速阀工作时另一个调速阀内无油通过,它的减压阀处于最大开口位置,速度换接时大量油液通过该处将使工作部件产生突然前冲现象。因此它不宜用于在工作过程中的速度换接,只可用在速度预选的场合。

(2) 调速阀串联的速度换接回路　图 6-39b 所示为两调速阀串联的速度换接回路。当三位四通电磁换向阀 6 左位接入回路时,因调速阀 2 被二位二通电磁换向阀 5 短接,输入液压缸 4 的流量由调速阀 1 控制。当二位二通电磁换向阀 5 右位接入回路时,由于调速阀 2 的开口面积调得比调速阀 1 的小,所以输入液压缸的流量由调速阀 2 控制。

该回路中调速阀 1 一直处于工作状态,它在速度换接时限制了进入调速阀 2 的流量,因此它的速度换接平稳性较好。但由于油液经过两个调速阀,所以能量损失较大。

6.3　方向控制回路

方向控制回路用来控制液压系统各油路中液流的接通、切断或变向,从而使各执行元件按需要相应地实现起动、停止或换向等一系列动作。高性能的换向回路要求换向迅速、换向位置准确和运动平稳无冲击。

6.3.1　换向回路

换向过程一般可分为三个阶段:执行元件减速制动、短暂停留和反向起动。这一过程是通过换向阀的阀芯与阀体之间的位置变换来实现的,因此不同的换向阀组成的换向回路,其换向性能也不同。

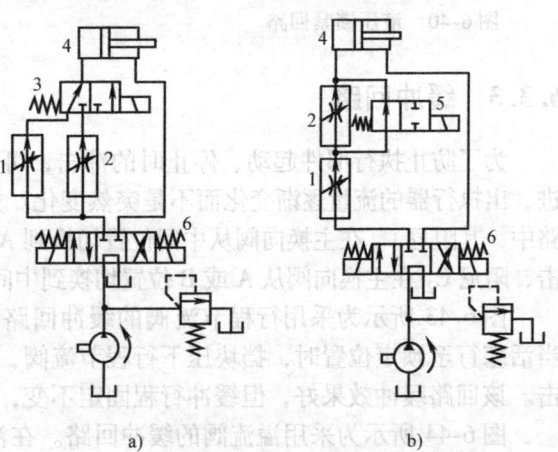

图 6-39　采用两个调速阀的速度换接回路
a) 两个调速阀并联　b) 两个调速阀串联
1、2—调速阀　3—二位三通电磁换向阀　4—液压缸
5—二位二通电磁换向阀　6—三位四通电磁换向阀

6.3.2　锁紧回路

锁紧回路的功用是通过切断执行元件的进油、出油通道来使它停在规定位置上。锁紧回路应能满足可靠、迅速、持久等要求。

三位四通换向阀中位 O 型或 M 型滑阀机能可以使活塞在行程范围内任何位置停止,但由于滑阀的泄漏,能保持停止位置不动的性能(锁紧精度)不高,故常用泄漏小的座阀结构的液控单向阀作为锁紧元件。

图 6-40 所示为液压缸在换向阀处于中位时,被两个液控单向阀双向锁紧,即俗称"液压锁"的回路。换向阀处于中位时,活塞可在行程的任何位置被锁紧,左右不能窜动。锁

紧可靠、持久，经得起负载变化的干扰。液压锁紧回路中所用换向阀，必须采用 Y 型或 H 型中位机能，以保证处于中位时液控换向阀控制腔无压力。

图 6-41 所示为双缸互锁回路。液压缸 1 在液压缸 2 锁住不动时（三位六通换向阀处于中位时）才能运动；液压缸 2 一开始运动，液压缸 1 立即被锁住不动。此回路适用于禁止两液压缸同时动作的场合。

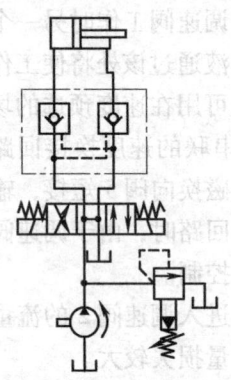

图 6-40 液压锁紧回路

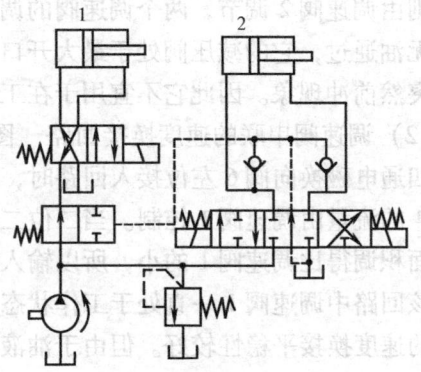

图 6-41 双缸互锁回路

6.3.3 缓冲回路

为了防止执行部件起动、停止时的冲击，可以通过改变换向阀的阀芯切换时间，借以使进、出执行器的流量逐渐变化而不是突然变化。如图 6-42 所示，在采用电液换向阀的缓冲回路中，其阻尼 C_1 在主换向阀从中间位置切换到 A 或 B 位置时起作用，防止执行器起动时的冲击，阻尼 C_2 在主换向阀从 A 或 B 位置切换到中间位置时起作用，防止执行器停止时的冲击。

图 6-43 所示为采用行程节流阀的缓冲回路。在液压缸的一侧油路上接入行程节流阀，当活塞行至预定位置时，挡块压下行程节流阀，使运动部件逐渐减速直至停止，从而避免冲击。该回路缓冲效果好，但缓冲行程固定不变，适用于工况固定的场合。

图 6-44 所示为采用溢流阀的缓冲回路。在液压缸的两油路上设置灵敏的小型直动式溢流阀，当活塞在行程中停止或换向时出现的瞬间高压油流通过溢流阀流向油箱，从而缓和了对系统的冲击。该溢流阀的调定压力需超过最高工作压力的 5%~10%。回路中的单向阀作补油阀用。该回路适用于运动部件质量大、速度快的场合。

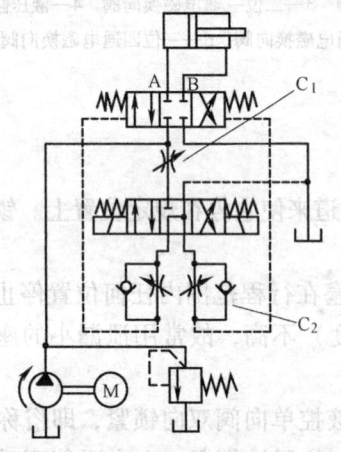

图 6-42 采用电液换向阀的缓冲回路

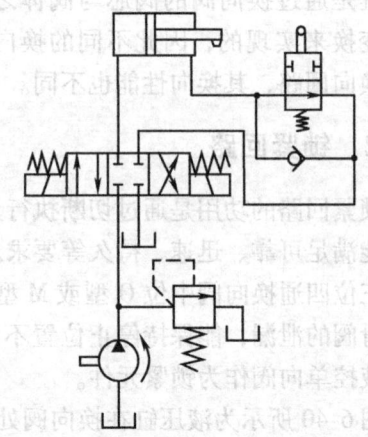

图 6-43 采用行程节流阀的缓冲回路

图 6-45 所示为液压泵卸荷缓冲回路。在溢流阀 1 的遥控油路中，串入阻尼器 2，控制溢流阀阀芯的移动速度，延长溢流阀开启或关闭时间，从而减小从保压到卸荷或从卸荷到升压过程中的液压冲击。

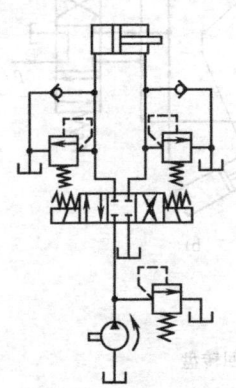

图 6-44 采用溢流阀的缓冲回路

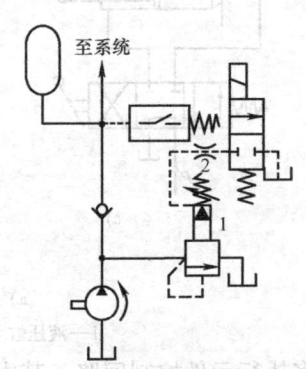

图 6-45 液压泵卸荷缓冲回路

6.3.4 回转回路

工程机械中为提高工作效率和整机机动性，一般都有回转机构。它们多采用液压-机械结合型，以液压为动力。合理设计液压回路对提高机械生产率、改善整机性能、减少发热、降低能耗意义重大。

图 6-46 所示为起重机回转回路。安装在转台（上车）上的液压马达 1 驱动小齿轮 2 旋转，小齿轮和大齿轮 3（与固定的车架 4 固结）啮合转动，从而使起重机上车相对下车旋转。操纵换向阀处于 Ⅰ 位或 Ⅱ 位工作，可使起重机向两个方向旋转。

图 6-47 所示为液压缸回转回路。图 6-47a 所示为液压缸-链条式回转回路，操纵换向阀，通过两只液压缸 1 的直线运动，及链条 2 和链轮 3 的啮合运动，使回转机构向两个方向摆动回转。

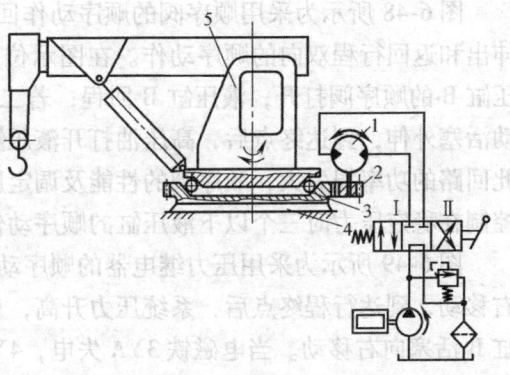

图 6-46 起重机回转回路
1—液压马达 2—小齿轮 3—大齿轮
4—车架 5—上车

图 6-47 b 所示为液压缸倒置式回转回路。它将两个液压缸 1 的缸筒铰接于回转盘 5 上，活塞杆铰接于固定机架 4 上。操纵换向阀即可实现机构向两个方向摆动，回转角度一般小于 360°。因缸体和回转盘一起摆动，所以转矩在运动过程中是变化的。

6.4 多执行元件控制回路

在液压系统中，若由一个油源给多个执行元件提供压力油，则这些执行元件会因压力和流量的彼此影响而在动作上相互牵制，必须采取一些特殊的回路才能实现预定的动作要求。

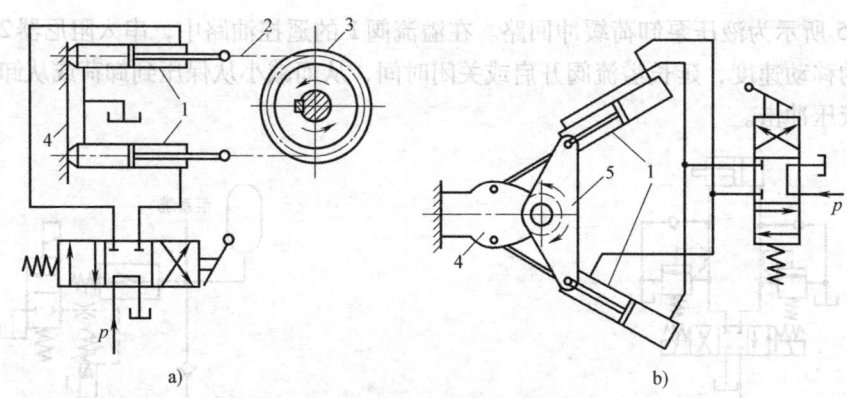

图 6-47 液压缸回转回路
a) 液压缸-链条式 b) 液压缸倒置式
1—液压缸 2—链条 3—链轮 4—机架 5—回转盘

这就是多执行元件控制回路，其中包括顺序动作回路、同步回路和互不干扰回路。

6.4.1 顺序动作回路

顺序动作回路是实现多个执行元件按预定的次序动作的液压回路，按控制方法可分为压力控制、行程控制和时间控制三类。

1. 压力控制顺序动作回路

压力控制顺序动作回路是利用油路中压力的差别，来控制多个液压执行元件先后动作的回路。

图 6-48 所示为采用顺序阀的顺序动作回路。两液压缸通过两组单向顺序阀来实现活塞伸出和返回行程双向的顺序动作。在图示位置，压力油使液压缸 A 回程在到达终点后，液压缸 B 的顺序阀打开，液压缸 B 回程；若二位四通换向阀换向，则液压缸 B 无杆腔进油推动活塞外伸，到达终点后，高压油打开液压缸 A 顺序阀，液压缸 A 活塞外伸完成顺序动作。此回路的功率损失大，顺序阀的性能及调定压力对回路的工作可靠性有重大影响，只适用于控制在稳定压力时三个以下液压缸的顺序动作。

图 6-49 所示为采用压力继电器的顺序动作回路。当电磁铁 1YA 得电后液压缸 A 活塞向右移动，到达行程终点后，系统压力升高，压力继电器 1KP 发出信号，使 3YA 得电，液压缸 B 活塞向右移动。当电磁铁 3YA 失电，4YA 得电，液压缸 B 活塞退回到终点后，系统压

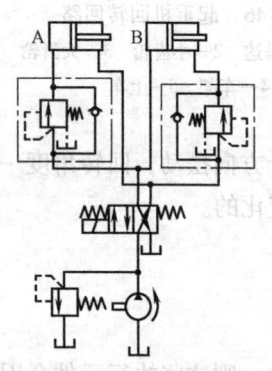

图 6-48 采用顺序阀的顺序动作回路

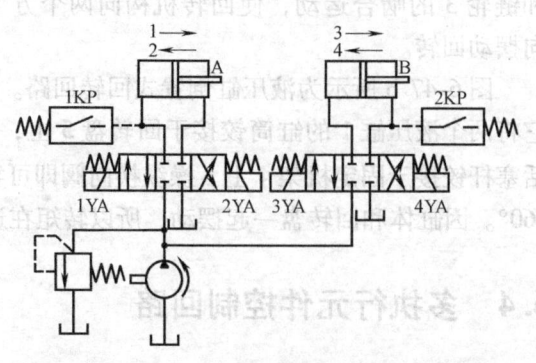

图 6-49 采用压力继电器的顺序动作回路

力又升高，压力继电器2KP发出信号，使2YA得电，液压缸A活塞退回，完成了一个完整的动作循环。为了防止压力继电器发生误动作，压力继电器的调整压力应比先动作的液压缸的最高工作压力高出0.3~0.5MPa，但比溢流阀的调整压力低0.3~0.5MPa。也可采用压力与行程联合控制，在活塞行程终点安装行程开关，只有当压力继电器和行程开关都发出信号才能使电磁铁动作，以提高顺序动作的可靠性。

2. 行程控制顺序回路

行程控制顺序动作回路是利用一个液压缸移动一段规定行程后，由机械或电气元件发出信号，改变油液的流动方向来使下一个液压缸动作的回路。

图6-50所示为采用行程换向阀的顺序动作回路。行程换向阀与液压缸B连接。当与液压缸A连接的电磁换向阀得电切换至左位后，液压缸A活塞先向右移动，直至活塞杆上的撞块压下行程换向阀后，液压缸B活塞开始右移，当电磁换向阀失电复位后，液压缸A活塞先退回，直至撞块脱开行程阀的触头，液压缸B的活塞才退回。这种回路工作可靠，但改变动作顺序比较困难。

图6-51所示为采用行程开关控制的顺序动作回路。其动作顺序是：控制液压缸A的电磁铁1YA得电，换向阀右位接入回路后，液压缸A活塞向右移动，当移至行程终点时，触动行程开关2，使2YA得电，液压缸B活塞向右移动。当移至行程终点触动行程开关3，使1YA失电后，液压缸A活塞向左退回；当退至触动行程开关1时，使2YA失电后，液压缸B活塞向左退回。至此完成了一个自动循环，活塞均退回原位，为下一步循环做好准备。

采用电气行程开关的顺序动作回路，调整行程和改变动作顺序较方便，可以利用电气实现互锁使顺序动作可靠，所以这种回路应用较广。

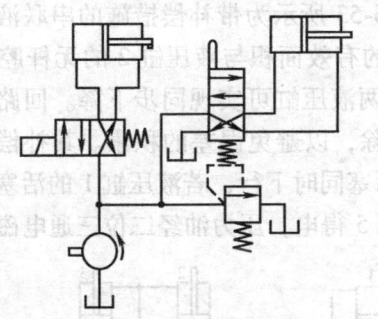

图6-50 采用行程换向阀的顺序阀动作回路

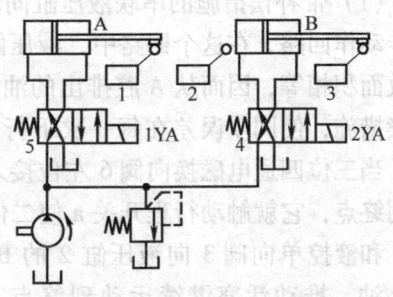

图6-51 采用行程开关的顺序动作回路

6.4.2 同步动作回路

同步动作回路是实现多个元件以相同的位移或相等的速度运动的液压回路。但是，由于各自的负载不同、摩擦阻力的不同、缸径制造上的差异、泄漏的不同以及结构弹性变形的不一致等因素的影响，使这些元件不可能达到理想的同步。同步回路就是为减少或克服这些影响而设置的。

根据控制方式，同步动作回路一般分为机械连接式、容积控制式、流量控制式和伺服控制式四类，在此介绍前三类。

1. 机械连结式同步动作回路

机械连结式同步是用刚性梁或齿轮、齿条等机械零件，使两个液压缸的活塞杆间建立刚性的运动联系,来实现位移的同步,如图 6-52 所示。这种同步方法简单、工作可靠,可实现多缸同步,同步精度取决于构件的刚性。这种回路用于两液压缸负载差别不大的情况,否则易产生卡死现象。

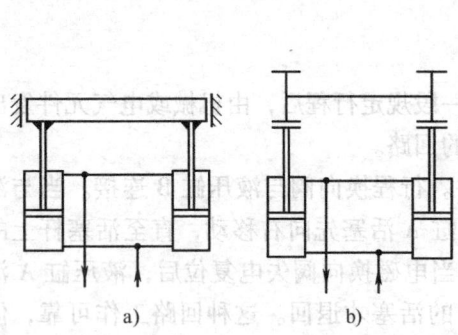
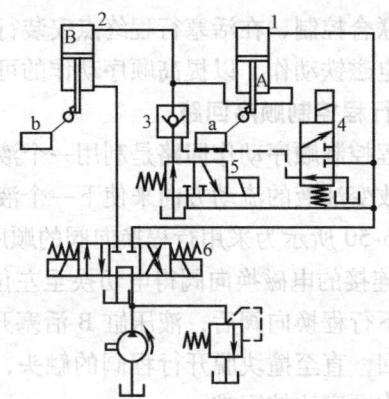

图 6-52 机械连结式同步动作回路
a) 滑枕式 b) 齿轮式

图 6-53 带补偿措施的串联液压缸同步动作回路
1、2—液压缸 3—液控单向阀 4、5—二位三通电磁换向阀
6—三位四通电磁换向阀 a、b—行程开关

2. 容积控制式同步动作回路

容积控制式同步动作回路是指将两相等容积的油液分配到尺寸相同的两液压缸,实现两液压缸位移同步,这种回路可允许较大的偏载,偏载造成的压差不影响流量的改变,只影响油液微量的压缩和泄漏,同步精度高,系统效率也较高。

(1) 带补偿措施的串联液压缸同步动作回路 图 6-53 所示为带补偿措施的串联液压缸同步动作回路,在这个回路中,液压缸 1 的有杆腔 A 的有效面积与液压缸 2 的无杆腔 B 的有效面积相等,因而从 A 腔排出的油液进入 B 腔后,两液压缸可实现同步下降。回路中有补偿措施,使同步误差在每一次下行运动中都得到消除,以避免误差的积累。其补偿原理为:当三位四通电磁换向阀 6 左位接入时,两液压缸活塞同时下行,若液压缸 1 的活塞先运动到终点,它就触动行程开关 a 使二位三通电磁换向阀 5 得电,压力油经二位三通电磁换向阀 5 和液控单向阀 3 向液压缸 2 的 B 腔补油,推动活塞继续运动到终点,误差即被消除。若液压缸 2 先到底,则触动行程开关 b 使二位三通电磁换向阀 4 得电,控制压力油使液控单向阀反向通道打开,使液压缸 1 的 A 腔通过液控单向阀回油,其活塞即可继续运动到终点。这种串联式同步动作回路只适用于负载较小的液压系统。

(2) 用同步缸或同步马达的同步动作回路 图 6-54a 所示为采用同步缸的同步动作回路,同步缸 1 的 A、B 两腔的有效面积相等,且两工作液压

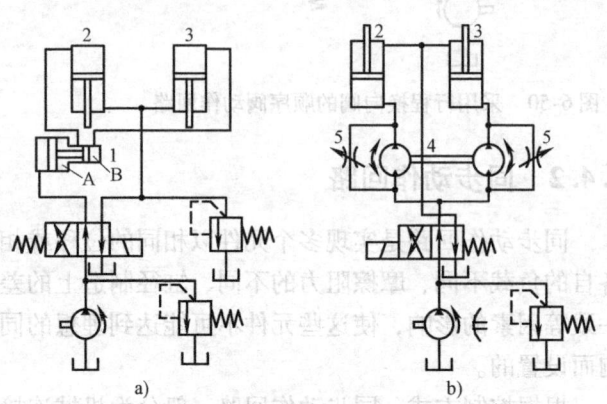

图 6-54 同步缸和同步马达的同步动作回路
a) 同步缸 b) 同步马达
1—同步缸 2、3—液压缸
4—同步马达 5—节流阀

缸的相应有效面积也相等,则液压缸2、3实现同步运动。这种同步动作回路的同步精度取决于液压缸和同步缸的加工精度和密封性,一般可达到1%~2%。由于同步缸一般不宜做得过大,所以这种回路仅适用于小容量的场合。

图6-54b所示为采用同步马达的同步动作回路。两个液压马达4的轴刚性连接,它把等量的油液分别输入两个尺寸相同的液压缸中,使两液压缸同步运动。图中与马达并联的节流阀5用于修正同步误差。影响这种回路同步精度的主要因素有:同步马达由于制造上的误差而引起排量的差别,作用于液压缸活塞上的负载不同引起的泄漏不同以及摩擦阻力不同等,但这种回路的同步精度比节流控制式的要高。

3. 流量控制式同步动作回路

流量控制式同步动作回路是通过流量控制阀控制进入或流出两液压缸的流量,使液压缸活塞运动速度相等,实现速度同步的。

(1) 节流阀同步动作回路 图6-55a为节流阀同步动作回路。在两液压缸的回油路上分别串入单向节流阀,调节节流阀的开口大小可达到近似的速度同步。节流阀同步动作回路结构简单、成本低,同步精度受油温和负载的影响较大。为改善其同步精度,可采用带温度补偿的调速阀来代替节流阀,如图6-55b所示。如果一个液压缸的油路上采用比例调速阀,同步精度还可提高。

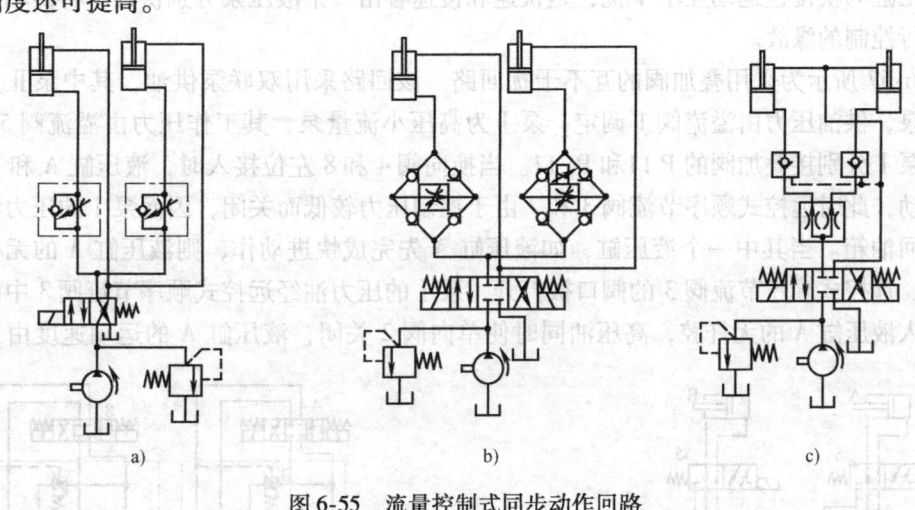

图6-55 流量控制式同步动作回路
a) 节流阀同步回路 b) 调速阀同步回路 c) 分流集流阀同步回路

(2) 分流集流阀同步动作回路 图6-55c所示为分流集流阀同步回路。回路中的液控单向阀起锁紧作用,以防止活塞停止时因液压缸偏载而通过分流集流阀内的节流孔窜油。当换向阀切换至左位时,压力油经分流集流阀分成两股等量的油液进入两只液压缸,使两个活塞同步上升;当换向阀切换至右位时,分流集流阀起集流作用,控制两只液压缸的活塞同步下降。

分流集流阀只能实现速度同步。若液压缸经常到达行程终点,则可经阀内节流孔窜油,消除累积误差。分流集流阀对负载变化的适应性强,即使在完全偏载时仍能保证同步,但系统效率降低。为了得到较高的同步精度,选用时要保持一定的压降(0.8~1MPa),故不宜用于低压系统。分流集流阀的流量范围较窄,当流量低于阀的公称流量过多时,分流精度显著降低。但这种回路结构简单、使用维修方便,一般同步误差在1%~3%以内。

6.4.3 互不干扰回路

多执行元件互不干扰回路是为防止液压系统中的几个液压执行元件因速度快慢的不同而在动作上相互干扰的液压油路。

图 6-56 所示为双泵供油互不干扰回路。图中的液压缸 A 和 B 各自要完成"快进—工进—快退"的自动工作循环。在图示状态下各液压缸原位停止。当二位五通电磁换向阀 5、6 的电磁铁均得电时,各液压缸均由双泵中的大流量泵 2 供油并作差动快进。这时如某一个液压缸,例如液压缸 A 先完成快进动作,由挡块和行程开关使二位五通电磁换向阀 7 的电磁铁得电,二位五通电磁换向阀 6 的电磁铁失电,此时大流量泵进入液压缸 A 的油路被切断,而双泵中的高压小流量泵 1 经调速阀 9、二位五通电磁换向阀 7、单向阀 8、二位五通电磁换向阀 6 进入液压缸 A 左腔,而液压缸右腔油经二位五通电磁换向阀 6、7 回油箱,液压缸 A 的速度由调速阀 9 调节。但此时液压缸 B 仍作快进运动,互不影响。当各液压缸都转为工进后,它们全由小流量泵 1 供油。此后,若液压缸 A 又率先完成工进,行程开关使二位五通电磁换向阀 7 和 6 的电磁铁均得电,液压缸 A 即由大流量泵 2 供油快退,当电磁铁均失电时,各液压缸都停止运动,并被锁在所在的位置上。由此可见,这种回路之所以能够防止多液压缸的快慢速运动互不干扰,是快速和慢速各由一个液压泵分别供油,再由相应的电磁铁进行控制的缘故。

图 6-57 所示为采用叠加阀的互不干扰回路。该回路采用双联泵供油,其中泵 Ⅱ 为低压大流量泵,供油压力由溢流阀 1 调定,泵 Ⅰ 为高压小流量泵,其工作压力由溢流阀 5 调定,泵 Ⅱ 和泵 Ⅰ 分别接叠加阀的 P 口和 P_1 口。当换向阀 4 和 8 左位接入时,液压缸 A 和 B 快速向左运动,此时远控式顺序节流阀 3 和 7 由于控制压力较低而关闭,因而泵 Ⅰ 的压力油经溢流阀 5 回油箱。当其中一个液压缸,如液压缸 A 先完成快进动作,则液压缸 A 的无杆腔压力升高,远控式顺序节流阀 3 的阀口被打开,泵 Ⅰ 的压力油经远控式顺序节流阀 3 中的节流口而进入液压缸 A 的无杆腔,高压油同时使单向阀 2 关闭,液压缸 A 的运动速度由远控式

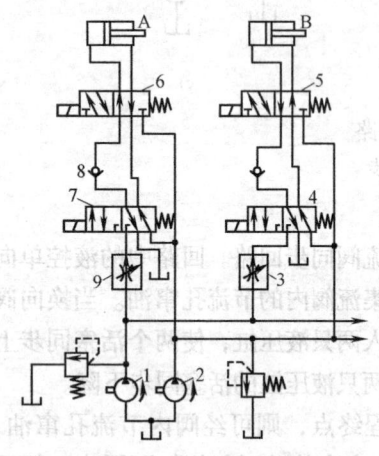

图 6-56 双泵供油互不干扰回路
A、B—液压缸 1—小流量泵 2—大流量泵 3、9—调速阀 8—单向阀
4、5、6、7—二位五通电磁换向阀

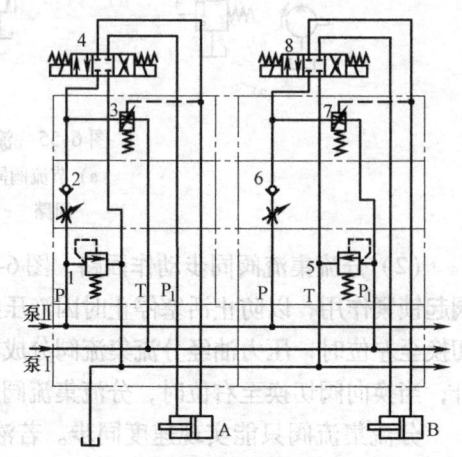

图 6-57 采用叠加阀的互不干扰回路
A、B—液压缸 1、5—溢流阀 2、6—单向阀
3、7—远控式顺序节流阀 4、8—换向阀

顺序节流阀 3 中的节流口的开度所决定（节流口大小按工进速度进行调整）。此时液压缸 B 仍由泵Ⅱ供油进行快进，两缸动作互不干扰。当液压缸 A 率先完成工进动作后，换向阀 4 的右位接通，由泵Ⅱ的油液使液压缸 A 退回。若换向阀 4 和 8 的电磁铁均失电，则液压缸停止运动。由此可见，该回路中顺序节流阀的开启取决于液压缸工作腔的压力。这种回路广泛应用于组合机床的液压系统中。

6.5 液压马达控制回路

6.5.1 液压马达串、并联回路

在行走机械中，常直接用液压马达来驱动车轮，这时可利用液压马达串、并联的不同特性适应行走机械的不同工况。

图 6-58 所示为液压马达的串、并联回路。当电磁阀 1 的电磁铁失电时，无论电磁阀 2 的左右电磁铁哪个得电，两液压马达都并联，这时，行走机械有较大的牵引力，即液压马达输出的转矩大，但速度低；当电磁阀 1 的电磁铁得电，电磁阀 2 左右电磁铁任何一个得电时，两液压马达都串联，这时行走机械速度高，但牵引力小。

6.5.2 液压马达制动回路

当工作部件停止工作时，由于液压马达的旋转惯性（该惯性较液压缸的惯性大得多），液压马达还要继续旋转。为使液压马达迅速停转，需要采用制动回路。常用的方法有液压制动和机械制动。

1. 液压制动回路

图 6-59 所示回路中，在液压马达的回油路上安装了背压阀（溢流阀），可使液压马达制动。当手动阀处于左位时，液压马达出口接通油箱，液压泵向液压马达供油（最高供油压力由溢流阀限定），液压马达运转。当手动阀处于右位时，液压泵卸荷，液压马达的回油因背压阀的作用而压力升高，对液压马达起制动作用，使液压马达迅速停转。当手动阀处于中位时，液压泵卸荷，液压马达进出口通油箱，处于浮动状态。

2. 机械制动回路

图 6-60 所示为液压马达的机械制动回路。当电磁换向阀 3 的左位或右位起作用时，液压泵 1 的压力油进入液压马达 7 的左腔或右腔，同时制动液压缸 5 中的活塞在压力油的作用下缩回，使制动器 6 松开，于是液压马达便正常旋转。当电磁换向阀 3 处于中位时，液压泵卸荷，制动液压缸的活塞在弹簧力的作用下，将液压缸内油液经单向节流阀 4 排回油箱，制动器 6 压下，液压马

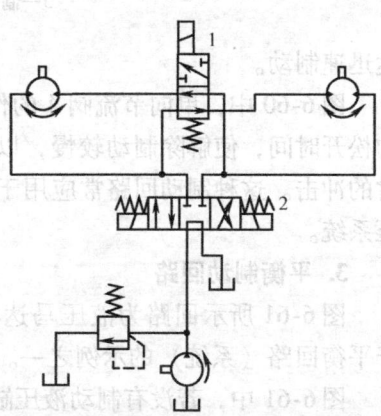

图 6-58 液压马达的串、并联回路

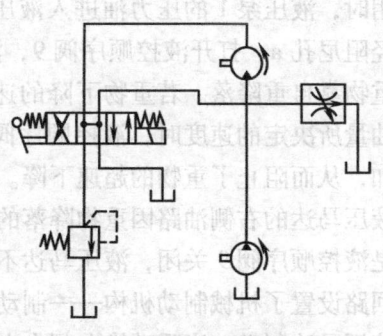

图 6-59 采用背压阀（溢流阀）的制动回路

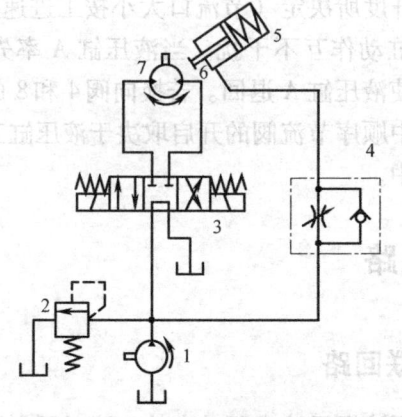

图 6-60 液压马达的机械制动回路
1—液压泵 2—溢流阀 3—电磁换向阀 4—单向节流阀
5—制动液压缸 6—制动器 7—液压马达

达迅速制动。

图 6-60 中，单向节流阀 4 的作用是控制制动器 6 的松开时间，使解除制动较慢，以避免液压马达起动时的冲击。这种制动回路常应用于起重运输机械的液压系统。

3. 平衡制动回路

图 6-61 所示回路为液压马达机械制动回路应用于平衡回路（系统）的示例之一。

图 6-61 中，若没有制动液压缸 7 的作用，当手动换向阀 3 左位起作用时，液压泵 1 的压力油经单向阀 5 进入液压马达 6 的左腔，液压马达顺时针方向旋转，进行提升重物的作业。当手动换向阀 3 右位机能起作用时，液压泵 1 的压力油进入液压马达的右腔。同时经阻尼孔 a，打开液控顺序阀 9，液压马达反向转动。重物靠自重降落。若重物下降的速度超过液压泵 1 供

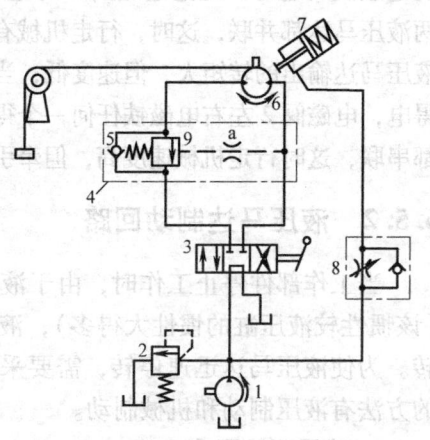

图 6-61 平衡制动回路
1—液压泵 2—溢流阀 3—手动换向阀 4—平衡阀 5—单向阀 6—液压马达 7—制动液压缸 8—单向节流阀 9—液控顺序阀

油量所决定的速度时，液控顺序阀 9 的控制压力降低，阀口关小，使液压马达回油阻力增加，从而阻止了重物的超速下降。当手动换向阀 3 处于中位（图示位置）时，液压泵卸荷。液压马达的右侧油路因重物降落的抽吸作用，使压力低于液控顺序阀 9 弹簧的调定压力，于是液控顺序阀 9 关闭，液压马达不能回油，使重物悬挂在空中。为防止发生溜车现象，图示回路设置了机械制动机构——制动液压缸 7。当换向阀处于中位时，制动液压缸 7 泄油，将液压马达制动；当手动换向阀在左位或右位时，制动液压缸 7 进油，制动解除，液压马达即可自由旋转。图中阻尼孔 a 是为减小油压的波动，使液控顺序阀 9 开启平缓而设置的。

这种平衡制动回路适用于功率较大、负载变化较大而又要求下降速度平稳、易控制和锁紧时间要求较长的起重机构，如起重机起升、变幅系统及各种绞车系统等。

4. 缓冲（过载）补油回路

在液压系统执行元件的进、回油路均被封闭的情况下，如果某油路的一端因液压冲击而过载溢流，或由于负载压力导致泄漏时，其另一端（低压端）势必造成一定程度的真空。液压系统在负压下很容易吸入空气或从油中析出空气，空气进入油液又会引起噪声、振动和爬行等一系列问题，因此必须采取补油措施。在工程机械的液压系统中，通常将缓冲（防过载）和补油同时考虑，并设专用的过载补油阀。图6-62所示为三种不同形式的缓冲补油回路。

如图6-62a所示，将一对过载阀以相反的方向连接在液压马达（或液压缸）两边的油路上，当液压马达（液压缸）制动或换向时，因惯性作用使一边油路过载而另一边低压，油路中势必造成某种程度的真空。此时，相应的过载阀立即打开，高压油向低压油道溢出，起到了缓冲补油作用。这种回路结构简单、反应灵敏，广泛应用于各类工程机械。

图6-62b所示为由四个单向阀和一个过载阀组成的桥式缓冲补油回路。当右边油路过载、左边油路产生负压（真空）时，右边油路的高压油将通过单向阀2、过载阀5溢回油箱；而左边油路则可通过补油单向阀4从油箱补油。若是左边油路过载，右边油路产生负压，根据同样道理，也能获得缓冲补油。这种回路缓冲和补油都比较充分，结构也比较简单，但因两边油道共用一个过载阀，故适用于液压马达两边油路过载压力调定值相同的场合，例如液压起重机回转机构的液压回路等。

图6-62c所示为采用两个过载阀和两个补油单向阀的缓冲补油回路。其中右边油路由过载阀3防止过载，由单向阀2实现补油；左边油路则由过载阀4防止过载，由单向阀1补油。这种回路的特点是两边油路的过载压力可分别调整，适应性较好，应用比较普遍。

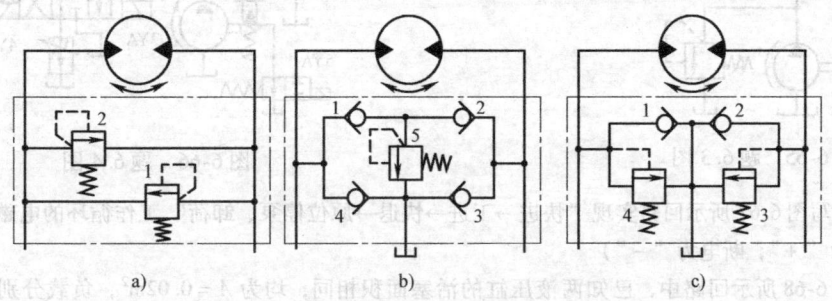

图6-62 三种不同形式的缓冲补油回路

习 题

6.1 图6-63所示的双向差动回路中，A_1、A_2和A_3分别表示液压缸左、右腔及柱塞缸的有效作用面积。q_P为液压泵输出流量。如$A_1 > A_2$，$A_2 + A_3 > A_1$，试确定活塞向左和向右移动时的速度表达式。

6.2 图6-64所示的系统中，液压缸两腔有效作用面积$A_1 = 2A_2$。液压泵和阀的额定流量均为q。在额定流量下，通过各换向阀的压力损失相同，均为$\Delta p = 0.2 \text{MPa}$。液压缸空载快速前进时，忽略摩擦力及管道压力损失。试填写该系统实现"快进（系统最高可能达到的速度）→工进→快退→停止"工作循环的电磁铁动作顺序表，并计算：

（1）空载差动快进时，液压泵的工作压力为多少？

（2）当活塞杆的直径较小时，若液压泵无足够的高压，差动缸的推力连本身的摩擦力和元件的阻力都不能克服，因而不能使活塞运动。试分析差动连接的液压缸在这种情况下活塞两腔的压力是否相等。

6.3 图6-65所示回路中，若活塞往返运动中受到的阻力F大小相等，方向与运动方向相反，试比较

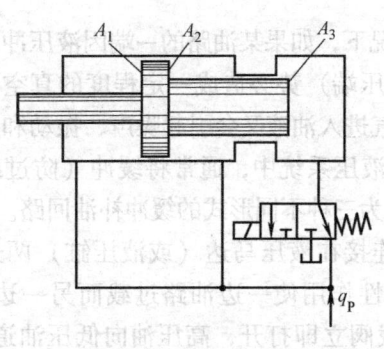

图 6-63　题 6.1 图

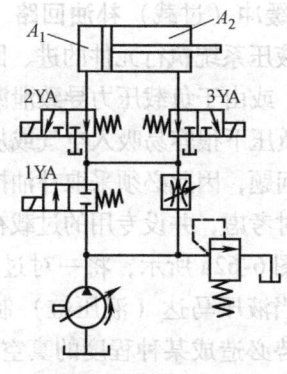

图 6-64　题 6.2 图

活塞向左和向右的速度。

6.4 填写图 6-66 所示回路实现"快进→Ⅰ工进→Ⅱ工进→快退→原位停、泵卸荷"工作循环的电磁铁动作顺序表。（通电为"+"，断电为"-"，Ⅰ工进速度大于Ⅱ工进速度）

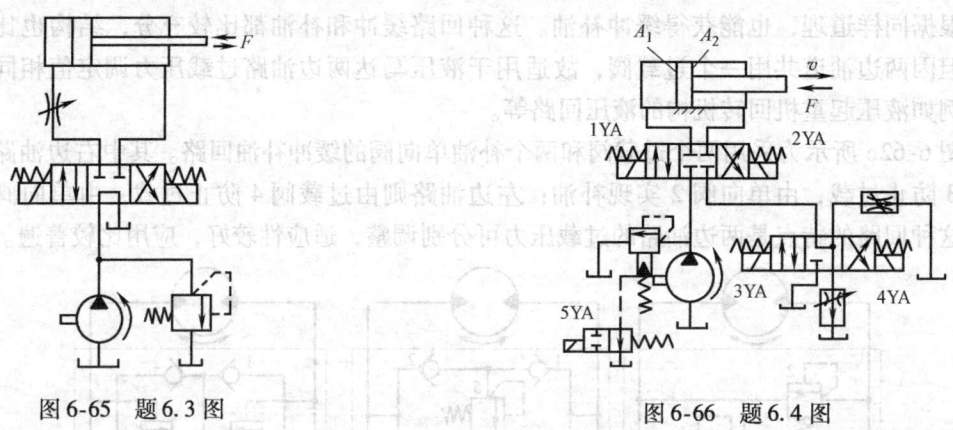

图 6-65　题 6.3 图　　　　　　　　图 6-66　题 6.4 图

6.5 填写图 6-67 所示回路实现"快进→工进→快退→原位停泵、卸荷"工作循环的电磁铁动作顺序表。（通电为"+"，断电为"-"）

6.6 图 6-68 所示回路中，已知两液压缸的活塞面积相同，均为 $A = 0.02 m^2$，负载分别为 $F_1 = 8 \times 10^3 N$，$F_2 = 4 \times 10^3 N$。设溢流阀的调整压力 $p_y = 4.5 MPa$，试分析减压阀调整压力值分别为 1MPa、2MPa 和 4MPa 时，两液压缸的动作情况。

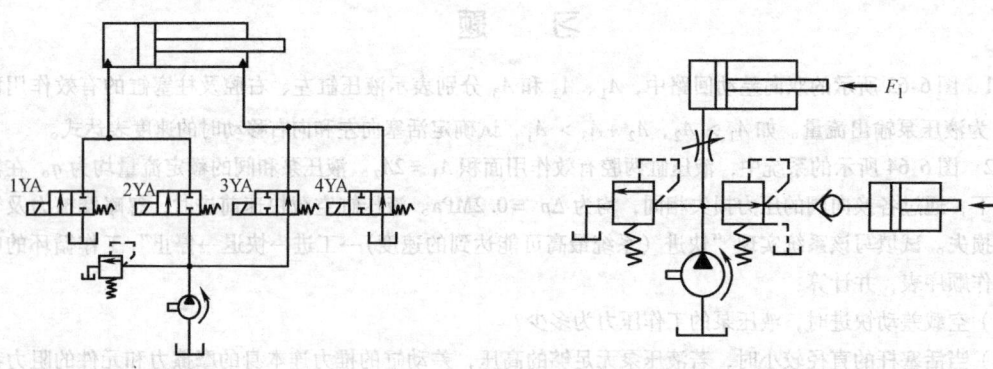

图 6-67　题 6.5 图　　　　　　　　图 6-68　题 6.6 图

6.7 图6-69所示系统中，$A_1=80\text{cm}^2$，$A_2=40\text{cm}^2$，立式液压缸活塞与运动部件自重$F_G=6000\text{N}$，活塞在运动时的摩擦阻力$F_f=2000\text{N}$，向下进时工作负载$R=24000\text{N}$。系统停止工作时，应保证活塞不因自重而下滑。试求：

(1) 顺序阀的最小调定压力为多少？
(2) 溢流阀的最小调定压力为多少？

6.8 如图6-70所示的液压回路，原设计是要求夹紧缸Ⅰ把工件夹紧后，进给缸Ⅱ才能动作，并且要求夹紧缸Ⅰ的速度能够调节。实际试车后发现该方案达不到预想目的，试分析其原因并提出改进方案。

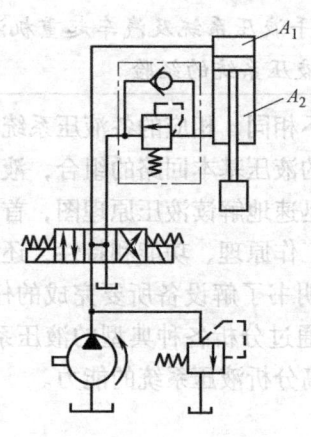

图6-69 题6.7图

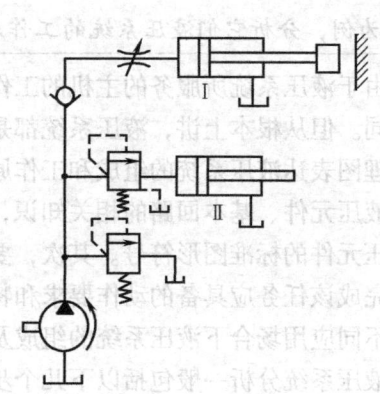

图6-70 题6.8图

第7章 典型液压系统分析

> **内容提要**：对于液压设备的分析研究和合理的使用维护，阅读液压原理图是十分重要的。本章以组合机床液压系统、液压机液压系统、工业机械手液压系统及汽车起重机液压系统为例，分析它们液压系统的工作原理和特点，积累分析液压系统的经验。

由于液压系统所服务的主机的工作循环、动作特点等各不相同，相应的各液压系统也不尽相同。但从根本上讲，液压系统都是由基本液压元件组成的液压基本回路的组合，液压系统原理图表达液压系统的组成和工作原理。要做到正确而又迅速地解读液压原理图，首先要具备液压元件、基本回路的相关知识，熟悉各种液压元件的工作原理、功能和特性，还要熟悉液压元件的标准图形符号。其次，要通过阅读设备使用说明书了解设备所要完成的任务，以及完成该任务应具备的动作要求和特性。另外要多实践，通过分析各种典型的液压系统，了解不同应用场合下液压系统的组成及工作特点，培养和提高分析液压系统的能力。

液压系统分析一般包括以下几个步骤：

1）了解设备的功用及对液压系统动作和性能的要求。

2）初步分析液压系统图，并按执行元件数将其分解为若干个子系统。

3）对每个子系统进行分析，分析组成子系统的基本回路及各液压元件的作用，按执行元件的工作循环分析实现每步动作的进油和回油路线。

4）根据设备对液压系统中各子系统之间的顺序、同步、互锁、防干扰或联动等要求，分析它们之间的联系，弄懂整个液压系统的工作原理。

5）归纳出设备液压系统的特点和使设备正常工作的要领，加深对整个液压系统的理解。

7.1 组合机床液压系统

7.1.1 概述

组合机床由具有一定功能的通用部件（如各类切削动力头、滑台、回转工作台底座及立柱等）和少量专用部件（如变速箱等）组合而成的高效专用机床。组合机床的床身结构有卧式和立式两种形式，如图7-1所示。它能完成钻、镗、铣、铰等工序和工作台的转位、定位、夹紧、输送等辅助动作，在制造业中得到了广泛的应用。一般国内组合机床的主轴旋转运动采用结构简单的机械传动方式，而完成进给运动的滑台、工件的定位夹紧、回转工作台的分度让刀、随行夹具或零件的输送转位以及各种辅助装置的移动等多采用液压传动。

液压动力滑台是组合机床上用来完成直线运动的通用部件。滑台上可以配置各种工艺用途的切削头（例如动力箱和主轴箱、钻削头、铣削头等），完成刀具的快进、快退和进给时的速度换接，液压系统的工作压力不超过6.3MPa。

第7章 典型液压系统分析

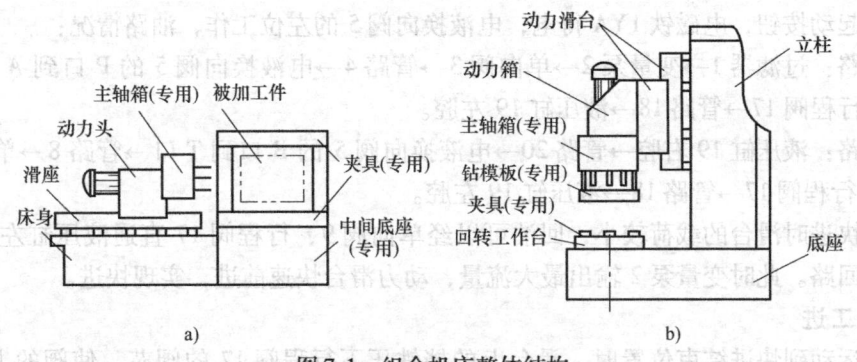

图 7-1 组合机床整体结构
a) 卧式结构 b) 立式结构

7.1.2 YT4543 型组合机床动力滑台液压系统的原理

YT4543 型组合机床动力滑台工作台面的尺寸为 450mm×800mm，进给速度范围为 6.6~660mm/min，最大快进速度为 7.3m/min，最大进给力为 44100N。YT4543 型组合机床动力滑台液压系统采用限压式变量叶片泵供油，用电液换向阀换向，用行程控制的机动换向阀实现快进速度与工作进给时速度的换接，用电磁换向阀实现两种工作进给（以下简称工进）速度的转换，用调速阀构成的节流调速回路保持速度的稳定。该系统可以实现多种不同的工作循环，其中比较典型的工作循环是：快进→Ⅰ工进→Ⅱ工进→死挡铁停留→快退→停止。完成这一动作循环的动力滑台液压系统原理图如图 7-2 所示。

7.1.3 工作过程分析

如图 7-2 所示，该系统中只有一个执行元件，即单杆双作用液压缸 19，液压缸的固定方式为活塞杆固定，当缸筒向左移动时，动力滑台带动刀具左移接近工件，并依次实现快进、Ⅰ工进和Ⅱ工进，缸筒向右移动时，驱动滑台快速退回。为保证进给的精度，采用了死挡铁停留来限位。

实现工作循环的工作原理如下：

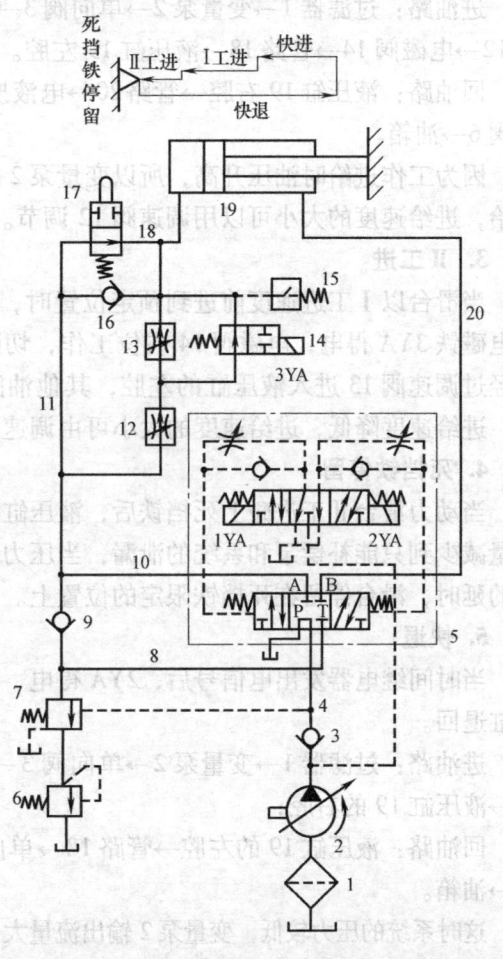

图 7-2 YT4543 型组合机床动力滑台液压系统原理图
1—过滤器 2—变量泵 3、9、16—单向阀
4、8、10、11、18、20—管路 5—电液换向阀
6—背压阀 7—顺序阀 12、13—调速阀 14—电磁阀 15—压力继电器 17—行程阀 19—液压缸

1. 快进

按下起动按钮，电磁铁 1YA 得电，电液换向阀 5 的左位工作，油路情况：

进油路：过滤器 1→变量泵 2→单向阀 3→管路 4→电液换向阀 5 的 P 口到 A 口→管路 10、11→行程阀 17→管路 18→液压缸 19 左腔。

回油路：液压缸 19 右腔→管路 20→电液换向阀 5 的 B 口到 T 口→管路 8→单向阀 9→管路 11→行程阀 17→管路 18→液压缸 19 左腔。

因为快进时滑台的载荷较小，回油可以经单向阀 9、行程阀 17 直通液压缸左腔，形成差动连接回路。此时变量泵 2 输出最大流量，动力滑台快速前进，实现快进。

2. Ⅰ工进

滑台运动到快进结束位置时，滑台上的挡铁压下行程阀 17 的阀芯，使阀的上位工作，管路 11 和 18 断开，而电磁阀 14 的电磁铁处于失电状态，油液必须经调速阀 12 进入液压缸左腔，与此同时，系统压力升高，将顺序阀 7 打开，并关闭单向阀 9，液压缸右腔的油液经顺序阀 7 和背压阀 6 回到油箱。

进油路：过滤器 1→变量泵 2→单向阀 3→电液换向阀 5 的 P 口到 A 口→管路 10→调速阀 12→电磁阀 14→管路 18→液压缸 19 左腔。

回油路：液压缸 19 右腔→管路 20→电液换向阀 5 的 B 口到 T 口→管路 8→顺序阀 7→背压阀 6→油箱。

因为工作进给时油压升高，所以变量泵 2 的流量自动减小，动力滑台向前作第一次工作进给，进给速度的大小可以用调速阀 12 调节。

3. Ⅱ工进

当滑台以Ⅰ工进速度前进到预定位置时，滑台的行程挡铁压下行程开关，使电磁阀 14 的电磁铁 3YA 得电，电磁阀 14 右位工作，切断了该阀所在的油路，经调速阀 12 的油液必须经过调速阀 13 进入液压缸的左腔，其他油路不变。由于调速阀 13 的开口量小于调速阀 12，进给速度降低，进给速度的大小可由调速阀 13 进行调节。

4. 死挡铁停留

当动力滑台Ⅱ工进碰上死挡铁后，液压缸停止运动，系统的压力升至最大值，液压泵的流量减少到只能补偿泵和系统的泄漏，当压力达到压力继电器 15 的调定值时，经时间继电器的延时，滑台停留在死挡铁限定的位置上。

5. 快退

当时间继电器发出电信号后，2YA 得电，1YA、3YA 失电，电液换向阀 5 右位工作，液压缸退回。

进油路：过滤器 1→变量泵 2→单向阀 3→管路 4→电液换向阀 5 的 P 口到 B 口→管路 20→液压缸 19 的右腔；

回油路：液压缸 19 的左腔→管路 18→单向阀 16→管路 11→电液换向阀 5 的 A 口到 T 口→油箱。

这时系统的压力较低，变量泵 2 输出流量大，油液进入液压缸的有杆腔，滑台快速退回。

6. 原位停止

当动力滑台退回到原始位置时，挡块压下原位行程开关，这时电磁铁 1YA、2YA、3YA 均失电，电液换向阀 5 处于中位，液压缸 19 两腔封闭，动力滑台停止运动。变量泵 2 通过电液换向阀5中位实现卸荷。

上述工作循环时，电磁铁和行程阀的动作顺序见表7-1。

表7-1 YT4543型组合机床动力滑台液压系统电磁铁和行程阀的动作顺序表

动作 \ 元件	1YA	2YA	3YA	压力继电器	行程阀17
快进（差动）	+	—	—	—	接通
Ⅰ工进	+	—	—	—	切断
Ⅱ工进	+	—	+	—	切断
死挡铁停留	+	—	+	+	切断
快退	—	+	—	—	切断→接通
原位停止	—	—	—	—	接通

7.1.4　YT4543型组合机床动力滑台液压系统的特点

通过以上分析可以看出，为了实现自动工作循环，该液压系统应用了下列一些基本回路：

（1）调速回路　采用了由限压式变量泵和调速阀的进油节流调速回路，回油经过背压阀。

（2）快速运动回路　应用限压式变量泵在低压时输出的流量大的特点，并采用差动连接来实现快速前进。

（3）换向回路　应用电液换向阀实现换向，工作平稳、可靠，并由压力继电器与时间继电器发出的电信号控制换向信号。

（4）快速运动与工作进给的换接回路　采用行程阀实现速度的换接，换接性能较好。同时利用换向后系统中的压力升高使液控顺序阀接通，系统由快速运动的差动连接转换为使回油排回油箱。

（5）两种工作进给的换接回路　采用了两个调速阀串联的回路。

7.2　液压机的液压系统

7.2.1　概述

液压机是利用液体静压力进行校直、压装、冷冲压、冷挤压和弯曲等工艺的压力加工机械，也是最早应用液压传动的机械之一。

液压机有多种型号规格，其压制力从几十吨至几万吨。用乳化液作为介质的液压机，称为水压机，产生的压制力很大，多用于重型机械厂和造船厂等。用矿物型液压油作为介质的液压机称为油压机，产生的压制力较水压机小，多用于工业生产部门。为了获得较大的压制力，而又不使压力机的体积过于庞大，液压机的工作压力一般采用10~40MPa的高压，甚至80~150MPa的超高压。执行元件一般是液压缸，并根据加压工艺要求，采用较低的速度进行加压及停止保压等措施，而在空行程时要快速运动，因此，液压机的加压行程与空行程有很大的速度差异。

液压机的机身有多种结构，如单柱式、双柱式、四柱式、颚式、架式等，其中应用最为广泛的是三梁四柱式液压机，其总体结构如图7-3所示。其由横梁、滑块、工作台、支承立柱以及液压系统构成。液压机由安装在中空横梁内的液压缸驱动滑块上下运动，实现压制过程，顶出机构由置于工作台下的顶出液压缸驱动。

液压机的液压系统目前主要有电液控制系统和插装阀集成系统两大类，系统需满足的要求是：具有高速充液功能，点动、手动和半自动操作功能，工作压力、压制速度和行程范围调节功能。以 YA32-315 型液压机为例，其工作循环如图7-4 所示。

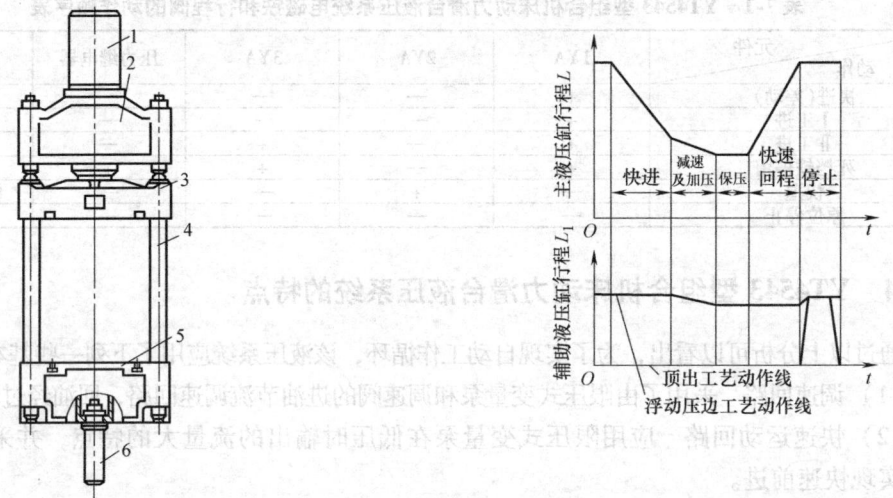

图7-3　三梁四柱式压力机的总体结构
1—主液压缸　2—横梁　3—滑块
4—立柱　5—平台　6—顶出液压缸

图7-4　YA32-315 型液压机工作循环图

7.2.2　YA32-315 型液压机液压系统的原理

图7-5 所示为 YA32-315 型液压机液压系统原理图，该系统由主液压泵1（恒功率变量

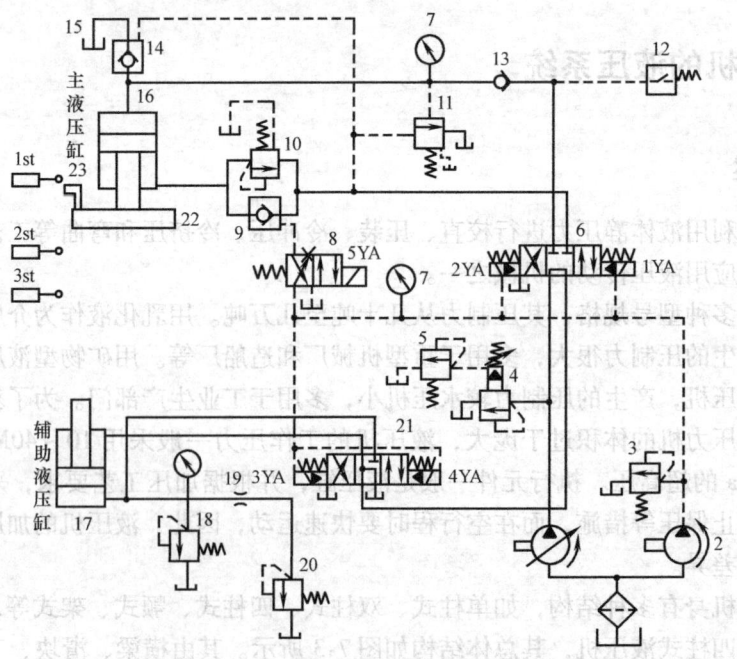

图7-5　YA32-315 型液压机液压原理图
1—主液压泵　2—辅助液压泵　3、4—溢流阀　5—远程调压阀　6、21—电液换向阀　7—压力表　8—电磁换向阀　9—液控单向阀　10—顺序阀　11—卸荷阀（带阻尼孔）　12—压力继电器
13—单向阀　14—充液阀　15—副油箱　16—主液压缸　17—顶出液压缸　18—安全溢流阀
19—节流孔　20—背压溢流阀　22—滑块　23—活动挡块

柱塞泵）供油，以适应低压快速行程和高压慢速行程的要求。YA32-315 型液压机主液压缸的最大压制力为 3150kN，系统的最大工作压力由溢流阀 4 的远程调压阀 5 调节。

7.2.3　YA32-315 型液压机工作过程分析

YA32-315 型液压机主液压缸的工作循环要求为"快进→减速接近工件及加压→保压延时→泄压→快速回程及保持活塞停留在行程的任意位置"等基本动作，顶出液压缸的动作循环一般是"活塞上升→停止→向下退回"。

1. 主液压缸工作过程

（1）起动　按动起动按钮，电磁铁全部处于失电状态，主液压泵输出的油液以低压经电液换向阀流回油箱，主液压泵空载起动。

（2）滑块快速下行　电磁铁 1YA 和 5YA 得电，辅助液压泵 2 的压力油使电液换向阀 6 换向，使液控单向阀 9 打开。油路情况：

进油路：主液压泵 1→电液换向阀 6 右位→单向阀 13→主液压缸 16 上腔。与此同时，辅助液压泵 2→电磁换向阀 8 右位→液控单向阀 9 控制腔。

回油路：主液压缸 16 下腔→液控单向阀 9→电液换向阀 6 右位→电液换向阀 21 中位→油箱。

此时，活动横梁处于无支承状态，依靠自重快速下行。由于滑块的快速下行，使主液压缸 16 上腔形成负压，而使充液阀 14 在大气压的作用下打开，副油箱 15 向主液压缸 16 上腔自动充液，保证其上腔充满油液。

（3）慢速加压　当活动横梁快速下行至触碰到行程开关 2st 时，2st 发出信号，使电磁铁 5YA 失电，这时液控单向阀 9 关闭，主液压缸 16 下腔油液只能经过顺序阀 10 回到油箱，回油建立背压，活动横梁不能继续依靠自重下行，而只能在上腔油压的作用下慢速下行，同时，充液阀 14 在上腔油压作用下关闭。当横梁接触到工件后，阻力增大，上腔开始加压。

（4）保压延时　当压力上升到压力继电器 12 的调定值时，继电器动作，使电磁铁 1YA 失电，电液换向阀 6 复位，主液压泵 1 经电液换向阀 6 和电液换向阀 21 卸荷，而主液压缸上腔在单向阀 13、充液阀 14 以及活塞密封装置的作用下，处于封闭状态，压力继电器 12 动作的同时向时间继电器发出信号，使时间继电器开始延时，实现"保压延时"。

（5）主液压缸释压、快速返回　保压一段时间后，时间继电器发出信号，使 2YA 得电，电液换向阀 6 左位接入系统为主液压缸回程做好准备。

由于在上面几个过程中，主液压缸上腔处于高压力状态，卸荷阀 11 接通，主液压泵 1 的压力油通过卸荷阀 11 流回油箱，同时油压作用于充液阀 14 的控制油口，充液阀 14 使液压缸上腔与副油箱相通释放压力，待油压降至较低压力时，卸荷阀 11 复位，主液压泵 1 输出的油液全部进入主液压缸的下腔，主液压缸活塞上移，带动横梁回程，而主液压缸 16 上腔油液通过充液阀 14 流回副油箱。

进油路：过滤器→主液压泵 1→电液换向阀 6 左位→液控单向阀 9→主液压缸 16 下腔。
回油路：主液压缸 16 上腔→充液阀 14→副油箱 15。

（6）原位停止　当主液压缸 16 滑块上升到触动行程开关 1st 时，电磁铁 2YA 失电，电液换向阀 6 中位工作，使主液压缸 16 下腔封闭，主液压缸停止不动。

2. 一般顶出工艺要求的顶出液压缸工作过程

(1) 顶出液压缸上升　在行程开关1st发出信号使2YA失电的同时也使3YA得电，使电液换向阀21处于左位，主液压泵1输出的油经电液换向阀6和21进入顶出液压缸17下腔，顶出液压缸上行完成顶出工作。

进油路：主液压泵1→电液换向阀6中位→电液换向阀21左位→顶出液压缸17下腔。

回油路：顶出液压缸17上腔→电液换向阀21左位→油箱。

(2) 顶出液压缸下降　在顶出液压缸顶出工件后，按相应按钮使电磁铁3YA失电，4YA得电，电液换向阀21换至右位，顶出液压缸活塞下降退回。

进油路：主液压泵1→电液换向阀6中位→电液换向阀21右位→顶出液压缸17上腔。

回油路：顶出液压缸17下腔→电液换向阀21右位→油箱。

3. 浮动压边工艺要求的顶出液压缸运动

进行薄板拉伸压边时，要求顶出液压缸17在主液压缸16加压前，顶出液压缸17活塞需先上升到一定位置停留，在主液压缸1加压时，顶出液压缸17既要保持一定压力，又能随主液压缸16滑块的下压而下降。

(1) 浮动压边下行　在主液压缸16滑块下压时，顶出液压缸17活塞随之被迫下行。此时电液换向阀21处于中位，顶出液压缸下腔油液经节流孔19和背压阀20流回油箱，使顶出液压缸下腔保持所需的压边压力，此压力由背压阀20调定。顶出液压缸上腔经电液换向阀21中位从油箱补油。溢流阀18为顶出液压缸下腔的安全阀。

(2) 上行顶出　上行顶出与一般顶出工艺要求的顶出液压缸上行控制相同。

YA32-315型液压机的电磁铁动作顺序见表7-2。

表7-2　YA32-315液压机的电磁铁动作顺序表

工况		1YA	2YA	3YA	4YA	5YA
主液压缸	快速下行	+	−	−	−	+
	慢速下行、加压	+	−	−	−	−
	保压	−	−	−	−	−
	泄压、快速回程	−	+	−	−	−
	停止	−	−	−	−	−
顶出液压缸	上行顶出	−	−	+	−	−
	下行退回	−	−	−	+	−
	浮动压边下行	−	+	−	−	−

7.2.4　YA32-315型液压机液压系统的特点

1) 利用主液压缸活塞、滑块自重的作用实现快速下行，并利用充液阀和副油箱对主液压缸充液，从而减小了液压泵的规格，简化了油路结构。

2) 采用恒功率变量泵，可以根据系统不同工况自动调整供油量，从而可以免除溢流功率损失，节省能量。

3) 采用单向阀13保压及由卸荷阀11和充液阀14组成的卸压回路，结构简单，减小了由保压转换为快速回程时的液压冲击。

7.3 工业机械手的液压系统

7.3.1 概述

机械手是模仿人的手部动作，按给定程序要求的轨迹实现自动抓取、搬运和操作的自动化装置，特别适合在高温、高压、易燃、易爆、多粉尘、放射性等恶劣环境中使用，或者在笨重、单调、频繁的操作中代替人进行作业。机械手的应用范围极其广泛。工业机械手一般具有手臂升降、伸缩、回转和手腕回转四个自由度。执行机构由手部、手腕、手臂伸缩机构、手臂升降机构、手臂回转机构和回转定位装置等部分组成。工业机械手的结构简图如图7-6所示。

7.3.2 JS01型工业机械手液压系统的原理

JS01型工业机械手采用圆柱坐标式、全液压驱动，除手臂回转和手腕回转机构采用摆动液压缸驱动外，其余部分均采用单杆活塞式液压缸驱动。该机械手完成的动作循环为：插定位销→手臂前伸→手指张开→手指夹紧抓料→手臂上升→手臂缩回→手腕回转180°→拔定位销→手臂回转95°→插定位销→手臂前伸→手臂中停（此时主机夹头下降夹料）→手指松开（此时主机夹头夹料上升）→手指闭合→手臂缩回→手臂下降→手腕回转复位→拔定位销→手臂回转复位→待料。

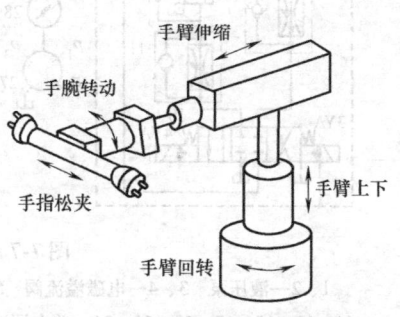

图7-6 工业机械手结构简图

图7-7所示为JS01型工业机械手液压原理图。系统采用双联液压泵作为液压油源，液压泵的额定压力为6.3MPa。液压泵1和2的工作压力p_1、p_2的设定，以及待料期间液压泵卸荷的控制分别由电磁溢流阀3和4实现。减压阀8用于设定定位缸与控制回路压力p_3（1.5～1.8MPa），压力p_1、p_2及p_3可通过压力表开关27上安装的压力表28显示。单向阀5和6分别用于保护液压泵1和2，单向阀7用于隔离液压泵1与执行器31～34回路的联系。

手臂升降缸29和手臂伸缩缸30为带缓冲的单杆液压缸，手臂伸缩缸30为活塞杆固定，手臂升降缸29垂直放置，由平衡阀12防止因自重下滑。

手指夹紧缸32活塞杆固定，液控单向阀21用于手指夹紧工件后的锁紧，以保证牢固夹紧工件而不受系统压力波动的影响。定位缸34为单作用液压缸，拔销退回时由缸内有杆腔弹簧作用，压力继电器26用于定位后发信。

7.3.3 JS01型工业机械手工作过程分析

液压系统各执行器的动作均由电控系统控制相应的电磁换向阀或电液换向阀相应的电磁铁，实现按程序依次动作。表7-3为JS01工业机械手电磁铁动作顺序表，通过该表容易分析和了解液压系统在各工况下的油液流动路线。

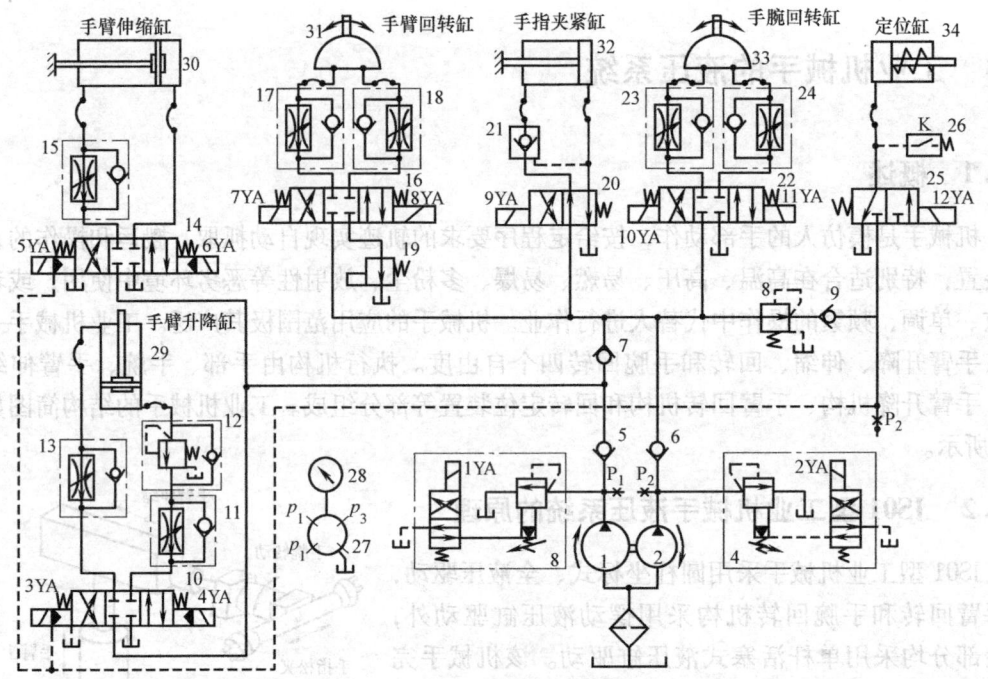

图 7-7 JS01 型工业机械手液压原理图

1、2—液压泵 3、4—电磁溢流阀 5、6、7、9—单向阀 8—减压阀 10、14—三位四通电液换向阀
11、13、15、17、18、23、24—单向调速阀 12—平衡阀 16、22—三位四通电磁换向阀 19—行程节流阀
20—二位四通电磁换向阀 21—液控单向阀 25—二位三通电磁换向阀 26—压力继电器 27—压力表开关
28—压力表 29—手臂升降缸 30—手臂伸缩缸 31—手臂回转缸 32—手指夹紧缸 33—手腕回转缸 34—定位缸

表 7-3 JS01 工业机械手液压系统电磁铁动作顺序表

电磁铁 动作	1YA	2YA	3YA	4YA	5YA	6YA	7YA	8YA	9YA	10YA	11YA	12YA	K26
插定位销	+	-	-	-	-	-	-	-	-	-	-	+	+
手臂前伸	-	-	-	-	-	+	-	-	-	-	-	+	+
手指张开	+	-	-	-	-	-	-	-	+	-	-	+	+
手指抓料	-	-	-	-	-	-	-	-	-	-	-	+	+
手臂上升	-	-	+	-	-	-	-	-	-	-	-	+	+
手臂缩回	-	-	-	-	-	-	+	-	-	-	-	+	+
手腕正转	+	-	-	-	-	-	-	-	-	-	+	+	+
拔定位销	+	-	-	-	-	-	-	-	-	-	-	-	-
手臂回转	-	-	-	-	-	-	+	-	-	-	-	-	-
插定位销	+	-	-	-	-	-	-	-	-	-	-	+	+
手臂前伸	-	-	-	-	-	+	-	-	-	-	-	+	+
手臂中停	-	-	-	-	-	-	-	-	-	-	-	+	+
手指张开	+	-	-	-	-	-	-	-	+	-	-	+	+
手指闭合	+	-	-	-	-	-	-	-	-	-	-	+	+
手臂缩回	-	-	-	-	-	-	+	-	-	-	-	+	+
手臂下降	-	-	-	+	-	-	-	-	-	-	-	+	+

(续)

电磁铁 动作	1YA	2YA	3YA	4YA	5YA	6YA	7YA	8YA	9YA	10YA	11YA	12YA	K26
手腕反转	+	-	-	-	-	-	-	-	-	-	+	+	+
拔定位销	+	-	-	-	-	-	-	-	-	-	-	-	-
手臂反转	+	-	-	-	-	-	-	+	-	-	-	-	-
待料卸载	+	+	-	-	-	-	-	-	-	-	-	-	-

1. 插定位销

按下液压泵起动按钮，电磁铁 1YA、2YA 得电，液压泵 1、2 处于卸荷状态，此时机械手待料。

当棒料到达待上料位置时，2YA 失电，12YA 得电，插销动作，使手臂底座初始位置准确。

进油路：液压泵 2→单向阀 6→减压阀 8→行程节流阀 9→二位三通电磁换向阀 25（右）→定位缸无杆腔。

2. 手臂前伸

插销定位后，液压泵 2 油压升高，使继电器 K26 发信，电磁铁 1YA 失电、5YA 得电，液压泵 1 和 2 同时向手臂伸缩缸无杆腔供油，使手臂伸出。

进油路：液压泵 1→单向阀 5→三位四通电液换向阀 14（左）→手臂伸缩缸无杆腔。
液压泵 2→单向阀 6→单向阀 7→

回油路：手臂伸缩缸有杆腔→单向调速阀 15→三位四通电液换向阀 14（左）→油箱。

3. 手指张开

手臂前伸至适当位置，行程开关发信，电磁铁 1YA、9YA 得电，液压泵 1 卸荷，液压泵 2 向手指夹紧缸无杆腔供油，手指张开。

进油路：液压泵 2→单向阀 6→二位四通电磁换向阀 20（左）→手指夹紧缸无杆腔。

回油路：手指夹紧缸 32→液控单向阀 21→二位四通电磁换向阀 20（左）→油箱。

4. 手指抓料

手指张开后，时间继电器延时。待棒料由送料机构送入手指区域时，时间继电器发信使 9YA 失电，液压泵 2 向手指夹紧缸 32 有杆腔供油，使手指夹紧棒料。

进油路：液压泵 2→单向阀 6→二位四通电磁换向阀 20 右位→液控单向阀 21→手指夹紧缸有杆腔。

回油路：手指夹紧缸 32 无杆腔→二位四通电磁换向阀 20 右位→油箱。

5. 手臂上升

当手指抓料后，手臂上升。此时，1YA 失电、3YA 得电，液压泵 1 和 2 同时向手臂升降缸供油。

进油路：液压泵 1→单向阀 5→三位四通电液换向阀 10 左位→单向调速阀 11 的单
液压泵 2→单向阀 6→单向阀 7→　　向阀→平衡阀 12 的单向阀→手臂升降缸 29 无杆腔。

回油路：手臂升降缸 29 有杆腔→单向调速阀 13→三位四通电液换向阀 10（左）→油箱。

6. 手臂缩回

手臂上升到达预定位置时，碰到行程开关，使3YA失电，6YA得电，三位四通电液换向阀14右位工作，压力油经单向调速阀15进入伸缩缸有杆腔。

进油路：液压泵1→单向阀5→三位四通电液换向阀14右位→单向调速阀15的单向
液压泵2→单向阀6→单向阀7 阀→手臂伸缩缸30有杆腔。

回油路：手臂伸缩缸30无杆腔→三位四通电液换向阀14右位→油箱。

7. 手腕正转180°

当手臂碰到行程开关时，6YA失电，1YA、10YA得电，三位四通电液换向阀14复位，液压泵2单独向手腕回转缸供油。

进油路：液压泵2→单向阀6→三位四通电磁换向阀22左位→单向调速阀24的单向阀→手腕回转缸右腔。

回油路：手腕回转缸33左腔→单向调速阀23的调速阀→三位四通电磁换向阀22左位→油箱。

8. 拔定位销

当手腕回转到位后，碰到行程开关，使10YA、12YA失电，电磁换向阀22、25复位，定位缸在弹簧作用下回位，拔出定位销。

回油路：定位缸24无杆腔→二位三通电磁换向阀25左位→油箱。

9. 手臂正转95°

定位油路压力降低后，压力继电器发出信号，7YA得电，使手臂回转缸动作，手臂左回转95°。

进油路：液压泵2→单向阀6→三位四通电磁换向阀16左位→单向调速阀18的单向阀→手臂回转缸右腔。

回油路：手臂回转缸31左腔→单向调速阀17的调速阀→电磁换向阀16左位→行程节流阀19→油箱。

10. 插定位销

手臂回转至行程终点时，行程开关动作，7YA失电，12YA得电，定位缸动作插销。

进油路：液压泵2→单向阀6→减压阀8→单向阀9→二位三通电磁换向阀25（右）→定位缸无杆腔。

11. 手臂前伸

动作及油路同本小节2。

12. 手臂中停（此时主机夹头下降夹料）

当手臂前伸碰到行程开关后，5YA失电使伸缩缸停止动作，确保手臂将棒料送到准确位置。

手臂中停目的是等待接料，主机夹头夹紧棒料，夹紧后时间继电器向手指控制阀发信号。

13. 手指张开（此时主机夹头夹料上升）

接到主机夹头夹紧信号后，1YA、9YA得电，手指张开，液压回路连通情况如本小节3

所述。此过程由时间继电器提供延时控制信号。

14. 手指夹紧

接到时间继电器信号后，9YA 失电，手指夹紧，液压回路如本小节 4 所述。

15. 手臂缩回

手指闭合后，1YA 失电，液压泵 1 和 2 合流，液压回路连通情况如本小节 6 所述。

16. 手臂下降

当手臂缩回，碰到行程开关后，6YA 失电，4YA 得电。液压油液进入升降缸的有杆腔。

进油路：液压泵 1→单向阀 5→三位四通电液换向阀 10 右位→单向调速阀 13 的单向
液压泵 2→单向阀 6→单向阀 7→ 向阀→手臂升降缸 29 有杆腔。

回油路：手臂升降缸 29 无杆腔→平衡阀 12→单向调速阀 11 的调速阀→三位四通电液换向阀 10 右位→油箱。

17. 手腕反转

手腕反转，当升降导套挡铁碰到行程开关时，4YA 失电，1YA、11YA 得电。液压泵 2 压力油经单向调速阀 23 进入手腕回转缸的另一腔，使手腕反转 180°。

进油路：液压泵 2→单向阀 6→三位四通电磁换向阀 22 右位→单向调速阀 24 的单向阀→手腕回转缸 33 左腔。

回油路：手腕回转缸 33 右腔→单向调速阀 24 的调速阀→三位四通电磁换向阀 22 右位→油箱。

18. 拔定位销

手腕反转碰到行程开关后，电磁铁 11YA、12YA 失电。动作及油路连接与前述 8 相同。

19. 手臂回转复位

定位销拔出后，压力继电器发信号，8YA 得电，三位四通电磁换向阀 16 右位工作，压力油进入手臂回转缸 31 的另一腔，手臂反转 95°。

进油路：液压泵 2→单向阀 6→三位四通电磁换向阀 16 右位→单向调速阀 17 的单向阀→手臂回转缸 31 左腔。

回油路：手臂回转缸 31 右腔→单向调速阀 18 的调速阀→三位四通电磁换向阀 16 右位→行程节流阀 19→油箱。

20. 待料，液压泵卸荷

手臂反转到位后，起动行程开关，电磁铁 8YA 失电，2YA 得电。液压泵 1 和 2 均处于卸荷状态，机械手的动作循环结束，等待下一个循环。

7.3.4 JS01 型工业机械手液压系统的特点

1）采用双泵供油形式，手臂升降及伸缩动作由双泵供油，手臂回转、手腕回转、手指张合及定位等动作，只由小流量泵（液压泵 2）供油，大流量泵（液压泵 1）卸荷，系统功率利用比较合理。

2）手臂的伸缩和升降、手臂和手腕的回转分别采用单向调速阀实现回油节流调速，各执行机构的速度无级调节，以保证运动平稳。

3）手臂伸出、手腕回转由死挡铁定位以保证精度。端点到达前发信号切断油路，滑行缓冲；手臂缩回和手臂上升由行程开关适时发信。提前切断油路滑行缓冲并定位。此外，手臂伸缩缸和手臂升降缸采用了电液换向阀换向，调节了换向时间，也增强了缓冲效果。由于手臂的回转部分质量较大，转速较高，运动惯性矩较大，系统的手臂回转缸除采用单向调速阀回油节流调速外，还在回油路上安装有行程节流阀19进行减速缓冲，最后由定位缸插销定位，满足定位精度要求。

4）为使手指夹紧缸夹紧工件后不受系统压力波动的影响，采用了液控单向阀21的锁紧回路，保证牢固地夹紧工件。

5）为支承平衡手臂运动部件的自重，采用了平衡阀12的平衡回路。

7.4 汽车起重机的液压系统

7.4.1 概述

汽车起重机是装在普通汽车底盘或特制汽车底盘上的一种起重机，其行驶驾驶室与起重操纵室分开设置。这种起重机的优点是机动性好、转移迅速。缺点是工作时必须支腿，不能负荷行驶，也不适合在松软或泥泞的场地上工作。

如图7-8所示，汽车起重机主要包括卷扬系统、伸缩系统、变幅系统、回转系统、支腿系统、底盘系统等，在起重作业时有时为了保证受力稳定可以伸出支腿保持车体平衡。

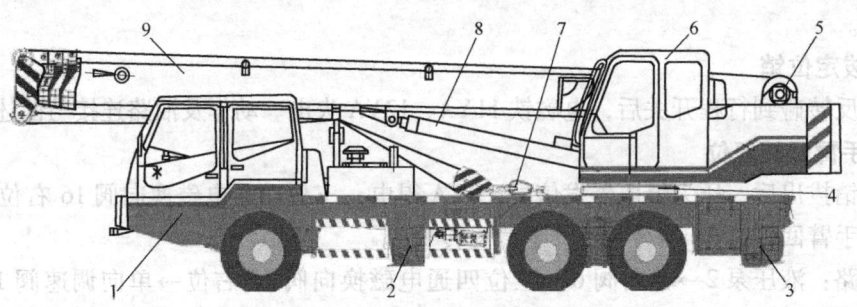

图7-8 QY12型汽车起重机外形图
1—汽车底盘 2—前支腿 3—后支腿 4—回转机构 5—卷扬机构 6—起重操作室
7—吊钩 8—变幅机构 9—伸缩机构

卷扬系统是起重机最主要的机构，它是由液压马达、减速机卷筒、钢丝绳、滑轮组和吊钩组成的。液压马达的旋转运动，通过减速机卷筒-钢丝绳-滑轮组机构变为吊钩的垂直上下直线运动。为使重物停止在空中某一位置或控制重物的下降速度，在起升机构中必须设置制动器等控制装置。

变幅系统由变幅缸、平衡阀等组成，用以改变起重机吊臂的幅度、扩大起重机的作业范围。

回转系统是指使起重机的一部分（一般指上车部分或回转部分）相对于另一部分（一般指下车部分或非回转部分）作相对的旋转运动的系统。起重机有了回转运动，便可从线、面作业范围扩大为一定空间的作业范围。它是由液压马达经减速机将动力传递到小齿轮上，小齿轮驱动固定在车架上的大齿圈带动整个上车部分回转。

伸缩系统是由伸缩缸、平衡阀等组成的，以调节起重臂长度来改变起重机工作幅度和起升高度。

支腿系统是由前后支腿伸缩缸、前后支腿升降缸及液压锁等组成的,用以将汽车起重机支起呈工作状态。为了保证整机的稳定性,防止发生侧翻事故,支腿垂直液压缸油路必须是性能良好的锁紧回路。

底盘系统主要负责行驶,汽车式起重机底盘系统一般是由通用车辆底盘改装而成的。下面以QY12型汽车起重机为例对其液压系统进行分析。

7.4.2 QY12型汽车起重机液压系统的原理

图7-9所示为QY12汽车起重机液压系统原理图,该系统的动力元件为双联齿轮泵,整机分上车液压系统和下车液压系统两个部分。

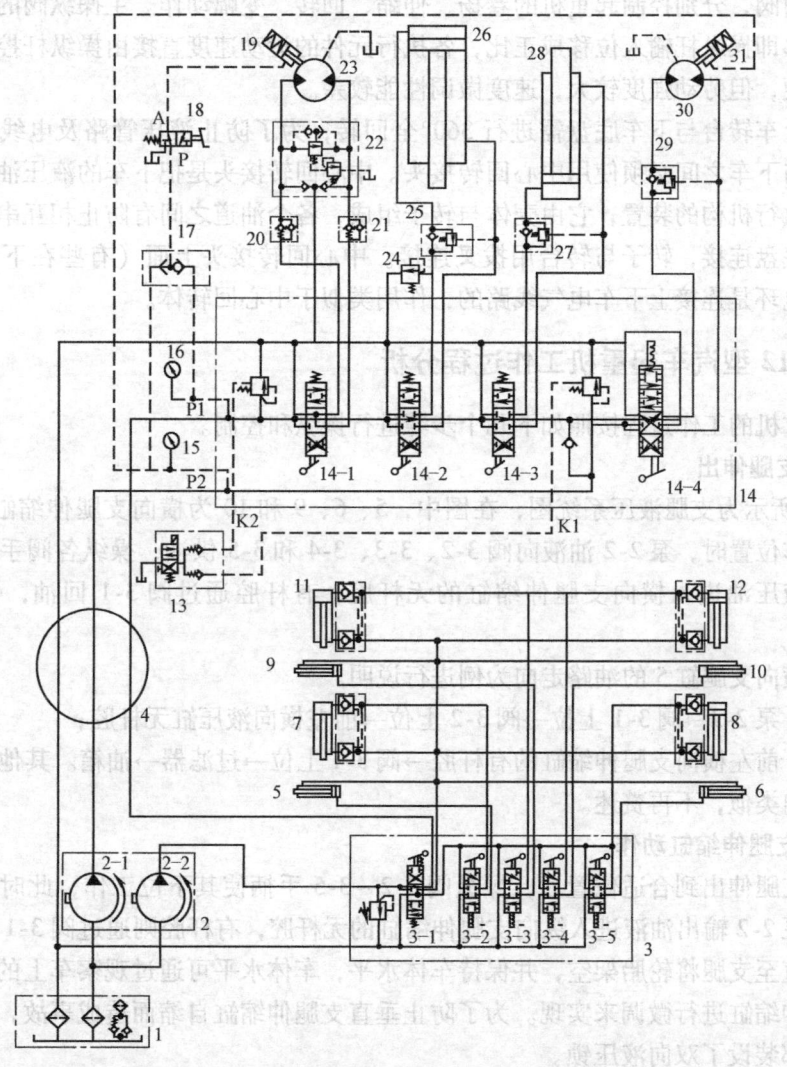

图7-9 QY12型汽车起重机液压系统原理图

1—油箱 2—双联齿轮泵 3—下车多路阀 4—中心回转接头 5、6、9、10—横向支腿伸缩缸 7、8、11、12—纵向支腿伸缩缸 13—卸荷阀块 14—上车多路阀 15、16—压力表 17—梭阀 18—脚踏阀 19、31—制动缸 20、21—背压阀 22—回转缓冲阀组 23—回转马达 24—二次溢流阀 25、27、29—平衡阀 26—伸缩缸 28—变幅缸 30—卷扬马达

1. 下车液压系统

下车液压系统由齿轮泵 2-2 提供压力油，采用手动多路换向阀控制水平支腿和垂直支腿的运动方向，车架两侧均可操作，用户可根据实际情况进行选择。图 7-8 中下车多路阀 3 中，紧邻液压泵出油口的第一片阀为上下车油路选择阀，该阀处于中位（图示位置）时，右侧液压泵向上车供油，当该阀处于上位工作时，可通过控制相应的多路换向阀控制各支腿伸出；而处于下位工作时，可通过控制相应的多路换向阀控制各支腿回缩。四条水平支腿或垂直支腿既可以单独伸缩也可以同时伸缩。四条垂直支腿液压缸上装有双向液压锁，用于防止在起重作业时垂直支腿液压缸活塞杆回缩或在行车时活塞杆自动伸出。

2. 上车液压系统

上车液压系统的油液由位于下车的双联齿轮泵经过中心回转接头提供，利用四联手动操纵的多路换向阀，分别控制起重机的卷扬、伸缩、回转、变幅动作。主操纵阀的阀芯开口面积与阀芯位移即操纵杆输入位移成正比，各执行元件的运动速度直接由操纵杆控制，结构简单、操纵方便，但劳动强度较大，速度微调性能较差。

起重机上车转台与下车底盘需进行 360°全回转，为了防止液压管路及电线的扭转、缠绕，在上车与下车之间必须使用中心回转接头。中心回转接头是把下车的液压油和电气系统输送到上车执行机构的装置，它由壳体与转子组成，各个油道之间有防止相互串油的密封装置。壳体与底盘连接，转子与转台用拨叉连接。中心回转接头上面（有些在下面）安装有导电环，导电环是连接上下车电气线路的，作用类似于中心回转体。

7.4.3 QY12 型汽车起重机工作过程分析

汽车起重机的工作过程按照如下几个步骤进行操纵和控制。

1. 横向支腿伸出

图 7-10 所示为支腿液压系统图，在图中，5、6、9 和 10 为横向支腿伸缩缸，当阀 3-1 上位处于工作位置时，泵 2-2 油液向阀 3-2、3-3、3-4 和 3-5 供油，操纵各阀手柄，使阀的上位工作，液压油进入横向支腿伸缩缸的无杆腔，有杆腔通过阀 3-1 回油，使支腿横向伸出。

以前左横向支腿缸 5 的油路走向为例进行说明。

进油路：泵 2-2→阀 3-1 上位→阀 3-2 上位→前左横向液压缸无杆腔；

回油路：前左横向支腿伸缩缸的有杆腔→阀 3-1 上位→过滤器→油箱。其他横向支腿伸缩缸油路走向类似，不再赘述。

2. 纵向支腿伸缩缸动作

当横向支腿伸出到合适位置后，操纵阀 3-2～3-5 手柄使其下位工作，此时横向支腿伸缩缸闭锁，泵 2-2 输出油液进入纵向支腿伸缩缸的无杆腔，有杆腔则通过阀 3-1 回油，支腿纵向伸出，直至支腿将轮胎架空，并保持车体水平，车体水平可通过观察车上的水平仪，并对纵向支腿伸缩缸进行微调来实现。为了防止垂直支腿伸缩缸自缩而造成事故，每个垂直支腿伸缩缸上都装设了双向液压锁。

以前左纵向支腿伸缩缸 7 的油路走向为例进行说明。

进油路：泵 2-2→阀 3-1 上位→阀 3-2 的下位→双向液压锁→纵向支腿伸缩缸 7 无杆腔。

回油路：纵向支腿伸缩缸 7 的有杆腔→双向液压锁→阀 3-1 的上位→过滤器→油箱。

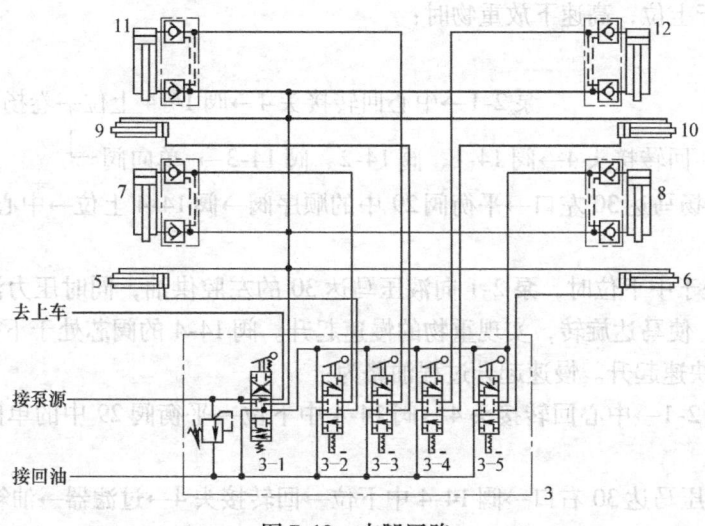

图 7-10 支腿回路

其他纵向液压缸油路走向类似,不再赘述。

3. 起升作业

起升机构要求所吊重物可升降或在空中停留,速度平稳,变速方便,冲击小,起动转矩和制动力大。起升回路如图 7-11 所示。

QY12 型汽车起重机的起升机构由液压马达、减速机、制动器、卷筒、钢丝绳、起重钩等组成。其制动器为常闭摩擦片干式制动器,它的控制由制动缸 31 实现,并可在起重过程中任何位置实现重物停稳不下滑。在起升机构液压回路中装有平衡阀 29,用以控制重物下降的速度。起升作业时,阀 14-4 五个工作位置(上位、中上位、中位、中下位、下位)从上至下分别实现:

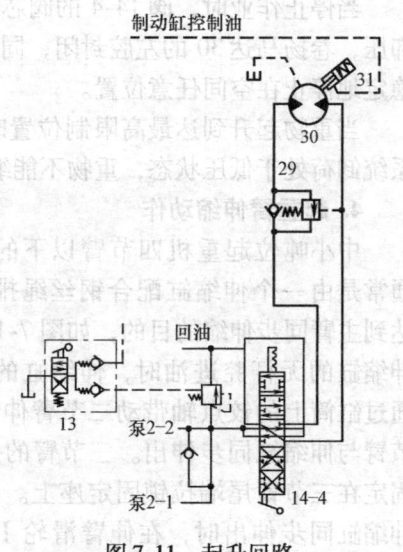

图 7-11 起升回路

阀芯在中上位时,泵 2-2 的油通过阀 14-4 回油箱,泵 2-1 单独向卷扬马达 30 右腔供油,压力油直接进入制动缸 31 解除制动,同时压力油打开平衡阀 29,使马达旋转,实现重物下降。阀芯在上位,且没有其他动作时,泵 2-2 的压力油通过单向阀与泵 2-1 合流,使重物高速下降。而如果在卷扬动作的同时,其他三个机构中任何一个机构需要动作,即使阀 14-4 处于上位,但由于阀 14-1(或 14-2、14-3)处于工作位,泵 2-2 不能与泵 2-1 形成合流,因此可以使卷扬动作与其他三个动作中的任何一个动作同时进行。

阀 14-4 处于中上位,低速下放重物时:

进油路:泵 2-1→中心回转接头 4→阀 14-4 中上位→卷扬马达 30 右侧油口。

回油路:卷扬马达 30 左侧油口→平衡阀 29 中的顺序阀→阀 14-4 中上位→中心回转接头 4→过滤器→油箱 1。

阀 14-4 处于上位，高速下放重物时：

进油路：
　　　　　　　　　　　　泵 2-1→中心回转接头 4→阀 14-4 上位→卷扬马达 30 右口。

泵 2-2→阀 3-1→回转接头 4→阀 14-1、阀 14-2、阀 14-3→ 单向阀

回油路：卷扬马达 30 左口→平衡阀 29 中的顺序阀→阀 14-4 上位→中心回转接头 4→过滤器→油箱 1。

14-4 阀芯处于中下位时，泵 2-1 向液压马达 30 的左腔供油，同时压力油直接进入制动缸 31 解除制动，使马达旋转，实现重物的慢速起升。阀 14-4 的阀芯处于下位时泵 2-2 与泵 2-1 合流，实现快速起升。慢速起升过程油路为：

进油路：泵 2-1→中心回转接头 4→阀 14-4 中下位→平衡阀 29 中的单向阀→液压马达 30 左口。

回油路：液压马达 30 右口→阀 14-4 中下位→回转接头 4→过滤器→油箱 1。

阀 14-4 处于下位，高速起升重物时：

进油路：
　　　　　　　　　　　　泵 2-1→中心回转接头 4→阀 14-4 下位→平

泵 2-2→阀 3-1→中心回转接头 4→阀 14-1、阀 14-2、阀 14-3→单向阀

衡阀 29 中的单向阀→卷扬马达 30 左口。

回油路：卷扬马达 30 右口→阀 14-4 下位→中心回转接头 4→过滤器→油箱 1。

当停止作业时，阀 14-4 的阀芯处于中位，卷扬马达 30 的右腔接油箱，使平衡阀控制油卸压，卷扬马达 30 的左腔封闭，同时，液压泵经阀中位卸荷，制动缸回位，从而保证重物稳定地停止在空间任意位置。

当重物起升到达最高限制位置时，卸荷阀块 13 动作，使溢流阀的远程控制口接油箱，系统卸荷处于低压状态，重物不能继续上升。

4. 起重臂伸缩动作

中小吨位起重机四节臂以下的伸缩系统，通常是由一个伸缩缸配合钢丝绳排和滑轮组，达到主臂同步伸缩的目的，如图 7-12 所示。当伸缩缸的无杆腔进油时，伸缩缸的缸筒前伸。通过缸筒上的铰点轴带动二节臂伸出，实现二节臂与伸缩缸同步伸出。三节臂的伸臂绳一端固定在三节臂尾端拉锁固定座上。当二节臂与伸缩缸同步伸出时，在伸臂滑轮Ⅰ的作用下，三节臂出臂的长度与二节臂出臂长度相同，从而实现二、三节臂同步伸出。

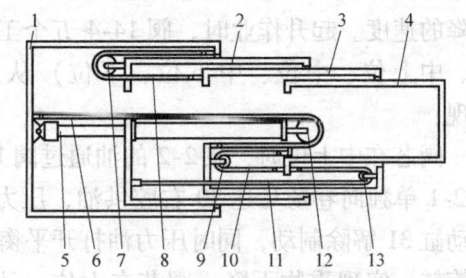

图 7-12　四节臂单缸绳排同步伸缩系统原理图
1—一节臂　2—二节臂　3—三节臂　4—四节臂
5—伸缩缸　6—三节臂伸臂绳　7—缩臂滑轮Ⅰ
8—三节臂缩臂绳　9—缩臂滑轮Ⅱ　10—四节臂缩臂绳
11—四节臂伸臂绳　12—伸臂滑轮Ⅰ　13—伸臂滑轮Ⅱ

四节臂伸臂绳的一端固定在四节臂尾端铰接轴上，通过三节臂头部的伸臂滑轮Ⅱ，将绳子的另一端固定在二节臂的尾部。在二、三节臂同步伸出的同时，在伸臂滑轮Ⅱ的作用下，四节臂出臂的长度与三节臂的出臂长度相同，即实现三、四节臂同步伸出，从而实现二、三、四节臂同步伸出。

伸缩回路如图 7-13 所示，当阀 3-1 处于中位时，通过阀 14-2 即可实现伸缩臂的运动。行走时，应将伸缩臂缩回。伸缩臂缩回时，因液压力与负载力方向一致，为防止吊臂在重力

作用下自行回缩,在伸缩缸的下腔回油路上设置了平衡阀 25,以保证回缩运动的可靠性。溢流阀 24 作为限压阀,用以限制伸缩系统伸缩臂外伸时系统的最大压力。伸缩臂动作由泵 2-2 供油,当阀 14-2 处于上位时,伸缩臂外伸,油路走向为:

进油路:泵 2-2→阀 3-1 中位→中心回转接头 4→阀 14-2 上位→平衡阀 25 的单向阀→伸缩缸 26 上腔。

回油路:伸缩缸 26 有杆腔→阀 14-2 上位→中心回转接头 4→油箱 1。

缩臂时油路为:

进油路:泵 2-2→阀 3-1 中位→中心回转接头 4→阀 14-2 下位→伸缩缸 26 下腔。

回油路:伸缩缸 26 下腔→平衡阀 25 中的顺序阀→阀 14-2 下位→中心回转接头 4→油箱 1。

5. 变幅动作

变幅机构由吊臂、转台与一个双作用液压缸所构成,起重机要求变幅机构能带载变幅且动作平稳。本机采用单杆活塞缸作为执行元件,其要求以及油路与起重臂伸缩油路相似,在此不作详细分析。

6. 回转动作

回转机构由液压马达、减速机、回转支承等组成。回转机构由齿轮泵供给压力油,通过对阀 14-1 的控制可以实现回转马达的正、反方向回转。回转油路如图 7-14 所示。制动缸 19 为常闭式摩擦制动,当泵 2-1 或泵 2-2 处于工作状态时,压力油通过梭阀 17 进入制动缸 19

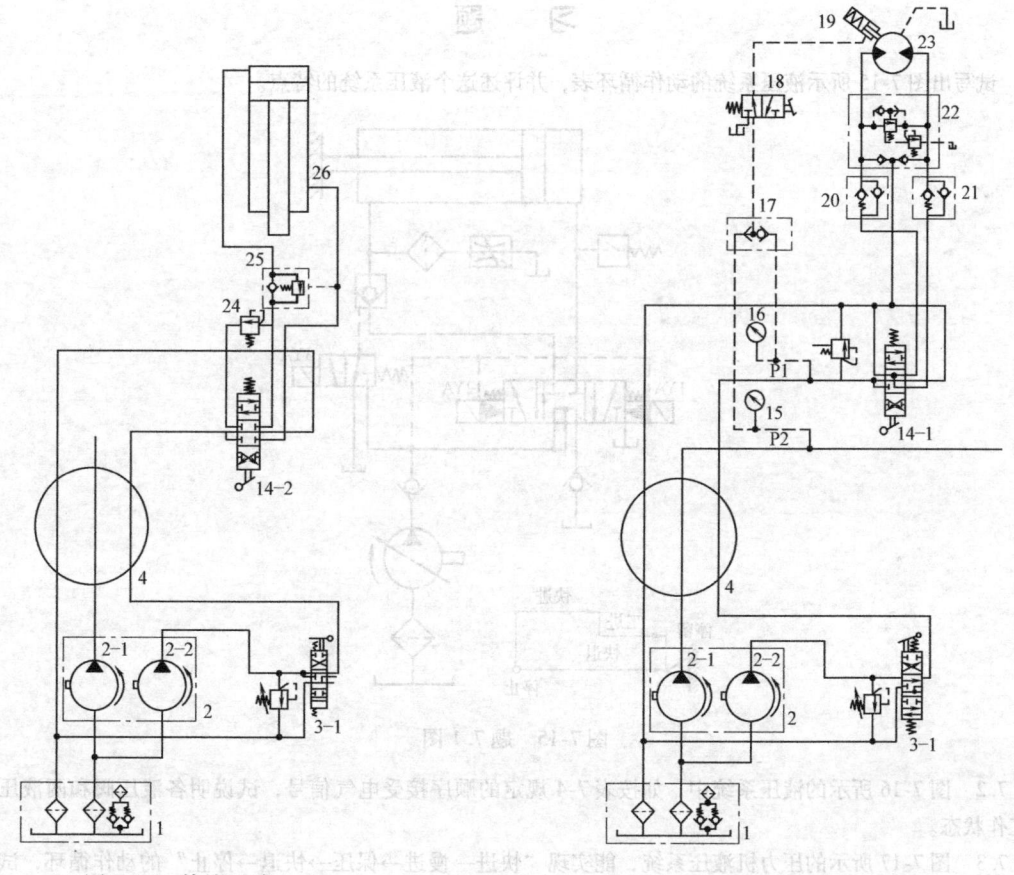

图 7-13 伸缩回路　　　　　　　　　　图 7-14 回转油路

控制腔，自动解除制动。而在回转工作过程中，驾驶员可通过脚踏阀 18，使制动缸卸压，对回转进行制动。回转缓冲阀组 22 的作用是限制回转系统最大工作压力，同时可以消除马达起动和制动、减速和加速时的液压冲击，提高回转的平稳性。当任一腔压力过高时，通过差动式溢流阀实现向另一腔的卸压，当任一腔出现真空时，可通过单向阀进行补油。背压阀 20 和 21 为回油背压阀，左右回转时油路结构相同。以左转为例，其油路为：

进油路：泵 2-2→阀 3-1→回转接头 4→阀 14-1 下位→背压阀 21→回转马达 23 右腔。

回油路：回转马达 23 左腔→背压阀 20→14-1 下位→中心回转接头 4→油箱 1。

7.4.4 QY12 型汽车起重机液压系统的特点

1）采用双联齿轮泵，起升机构与其他动作分别由两个齿轮泵供油，使工作装置可以分别控制，也可复合动作。对经常使用且对整机效率有显著影响的卷扬系统，在其他机构不动作时，可选择双泵供油以提高起升机构的速度。

2）利用手动换向阀调速，并利用其中位机能进行泵的卸荷，减少了功率损失。

3）在有超越负载的回路中，加设了平衡阀，有效地防止了动作失控。回路中增加了背压阀，保证了运转的平稳性。

4）系统具有保护装置，如回转制动阀、远程卸荷阀等，以防止在起升过程中因操作不及时造成设备损坏。

习　题

7.1　试写出图 7-15 所示液压系统的动作循环表，并评述这个液压系统的特点。

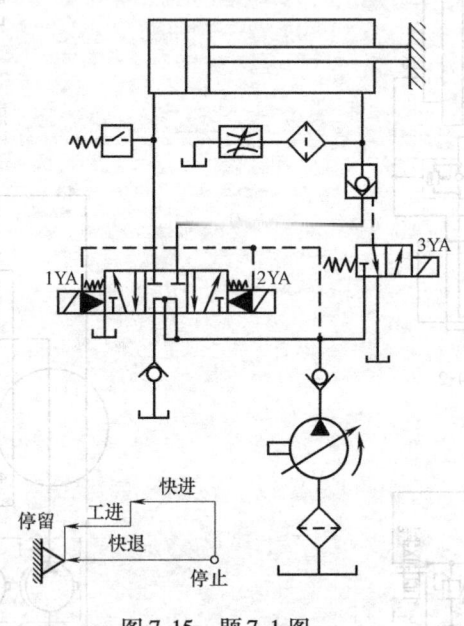

图 7-15　题 7.1 图

7.2　图 7-16 所示的液压系统中，如按表 7-4 规定的顺序接受电气信号，试说明各液压阀和两液压缸的工作状态。

7.3　图 7-17 所示的压力机液压系统，能实现"快进→慢进→保压→快退→停止"的动作循环，试分析此系统图，并写出包括油路流动情况的动作循环表。

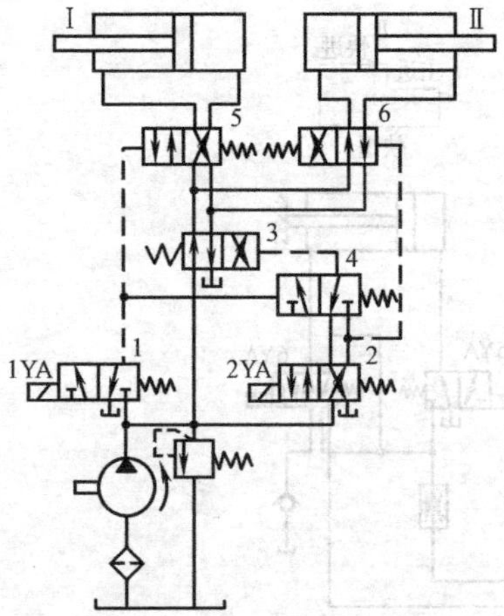

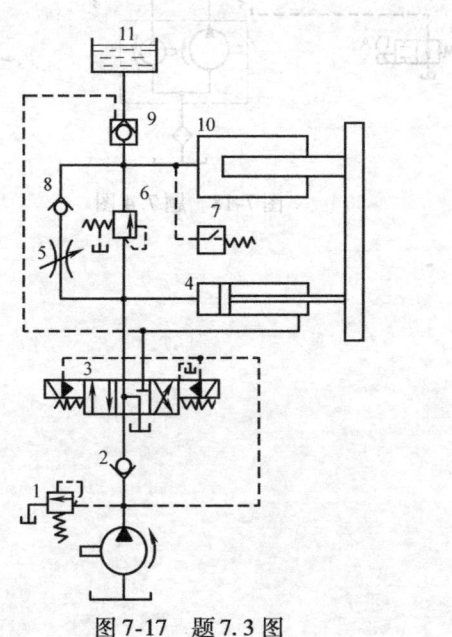

图 7-16 题 7.2 图

表 7-4 题 7.2 表

电磁铁 动作顺序	1YA	2YA
1	−	+
2	−	−
3	+	−
4	+	+

图 7-17 题 7.3 图

7.4 分析图 7-18 所示液压系统的工作过程与主要特点,并根据其循环动作表中的提示填写电磁铁动作表。

表 7-5 题 7.4 表

| 动作名称 | 电气元件 | | | | | | | 备 注 |
	1YA	2YA	3YA	4YA	5YA	6YA	KT	
定位夹紧								1) Ⅰ、Ⅱ两个回路各自进行规定循环动作,互不约束 2) 4YA、6YA 中任一个得电时,或 1YA 得电,4YA、6YA 均失电时,1YA 才失电
快进								
工进卸荷(低)								
快退								
松开拔销								
原位卸荷(低)								

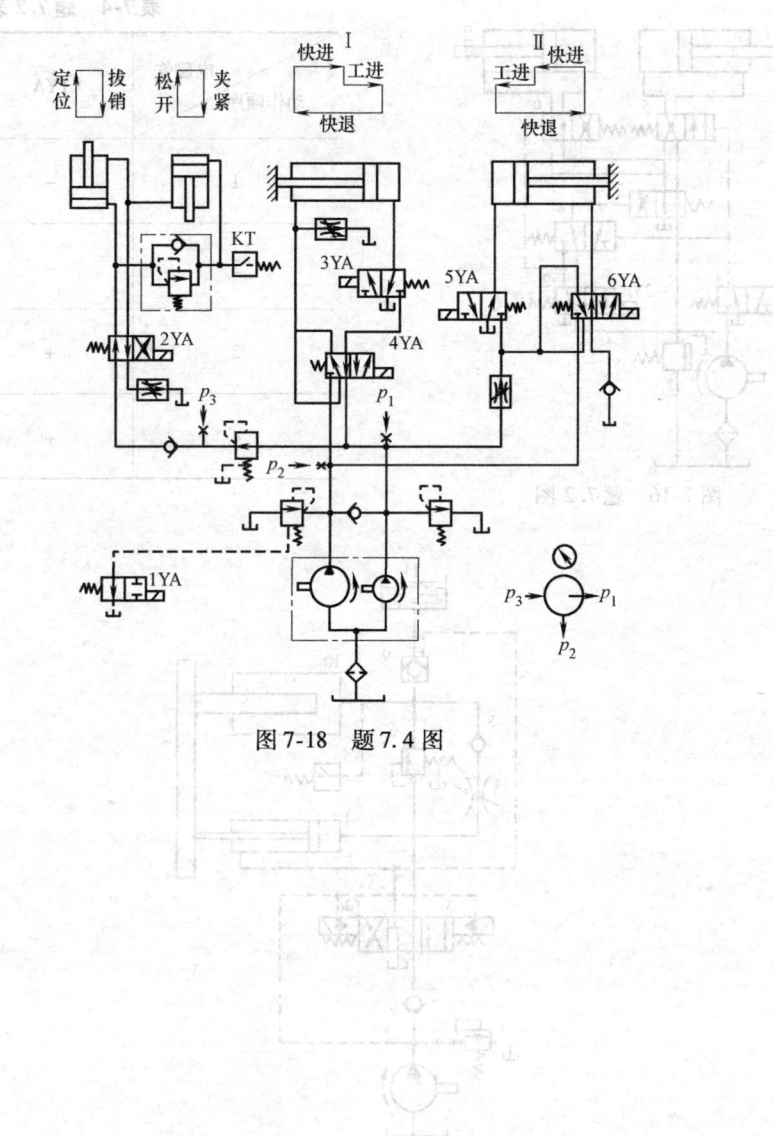

图 7-18 题 7.4 图

第8章 液压系统的设计

> **内容提要**：本章介绍设计液压系统的基本步骤和方法。通过对本章内容的学习，要求初步掌握液压系统设计的内容、基本步骤和方法，能够完成简单液压系统的设计。

液压系统（液压传动系统的简称）是机械设备的一个重要组成部分，它的设计必须与主机设计同步进行。经过对主机的工作循环、性能要求、动作特点等进行充分的分析，首先确定液压传动系统的整体方案，并在完成分析液压系统原理的基础上进行液压系统的详细设计。液压系统设计在满足工作性能要求、工作可靠性要求的前提下，力求使系统结构简单、成本低、效率高、操作维护方便、使用寿命长。液压系统设计从设计步骤和内容上大致分为以下几个部分：

1）明确设计要求、进行工况分析。
2）确定液压系统的主要性能参数。
3）拟订液压系统图。
4）计算和选择液压元件。
5）验算液压系统性能。

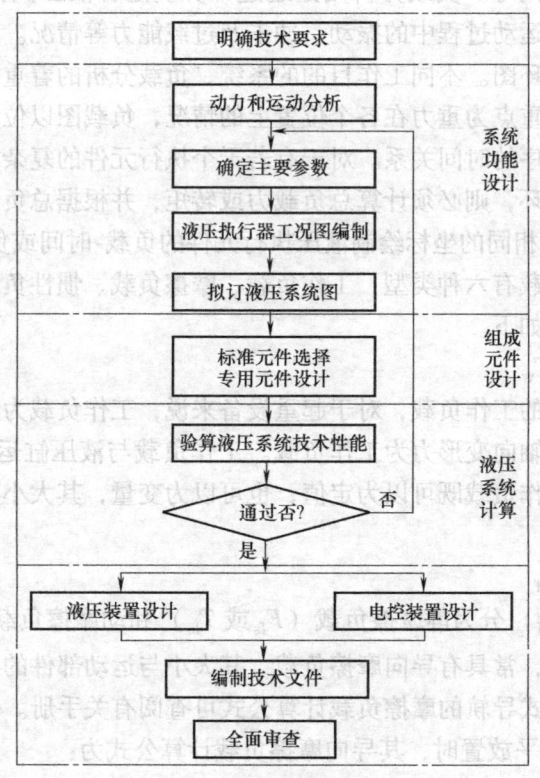

图 8-1　液压系统设计流程

6) 绘制工作图，编写技术文件。

液压系统的设计流程可用图 8-1 进行说明。

8.1 液压系统的设计要求与工况分析

8.1.1 液压系统的设计要求

液压系统的设计要求是系统设计的主要依据。液压系统设计要求体现在对动作和性能的要求以及对环境的要求，主要体现在以下方面：

1) 主机的用途、总体布局与结构、主要技术参数。
2) 负载大小及性质、运动方式、工作循环、速度要求及互锁关系。
3) 安装空间的大小、外廓尺寸与质量限制等。
4) 自动化程度、效率与温升、振动与噪声、安全性与可靠性等要求。
5) 经济性与成本等方面的要求。

8.1.2 工况分析

根据系统设计要求选择液压执行元件的形式，进行工况分析。工况分析主要是对每个执行元件在工作过程中的运动情况和负载的变化规律进行分析研究。

运动分析是研究工作机构按照设计要求应完成的运动规律，包括工作循环、运动速度、加速度、行程及循环时间等。负载分析则是通过计算确定各液压执行元件的负载大小和方向，并分析各执行元件运动过程中的振动、冲击及过载能力等情况。对于负载变化规律复杂的系统必须画出负载循环图。不同工作目的的系统，负载分析的着重点不同。例如，对于工程机械的作业机构，着重点为重力在各个位置上的情况，负载图以位置为变量；机床工作台的着重点为负载与各工序的时间关系。对于有若干个执行元件的复杂液压系统，如需同时或分别完成不同的工作循环，则必须计算总负载力或转矩，并根据总负载及其经历的工作时间（或位移、角位移），按相同的坐标绘制液压执行元件的负载-时间或负载-位移图。

液压执行元件的负载有六种类型：工作负载、摩擦负载、惯性负载、重力负载、密封负载和背压负载，现简述如下。

1. 工作负载 F_w、T_w

不同的机器有不同的工作负载，对于起重设备来说，工作负载为起吊重物的重量；对液压机来说，压制工件的轴向变形力为工作负载。工作负载与液压缸运动方向相反时为正值，方向相同时为负值。工作负载既可以为定值，也可以为变量，其大小及性质要根据具体情况加以分析。

2. 摩擦负载 F_f、T_f

摩擦负载（F_f 或 T_f）分为静摩擦负载（F_{fs} 或 T_{fs}）和动摩擦负载（F_{fd} 或 T_{fd}）。由液压缸作为执行元件的系统，常具有导向摩擦负载，其大小与运动部件的导轨形式、放置方式及运动状态有关。各种形式导轨的摩擦负载计算公式可查阅有关手册。例如，机床上常用平导轨和 V 形导轨，当其水平放置时，其导向摩擦负载计算公式为：

平导轨

$$F_{\mathrm{f}}=f(G+F_{\mathrm{N}}) \tag{8-1}$$

V 形导轨

$$F_{\mathrm{f}}=f\frac{G+F_{\mathrm{N}}}{\sin\dfrac{\alpha}{2}} \tag{8-2}$$

式中　G——运动部件的重力；

　　　F_{N}——垂直于导轨的工作负载；

　　　α——V 形导轨的夹角，一般 $\alpha=90°$；

　　　f——摩擦因数，其值可查《机床设计手册》。

对于液压马达作为执行元件的系统，摩擦负载的计算公式为

$$T_{\mathrm{f}}=fF_{\mathrm{N}}'R \tag{8-3}$$

式中　F_{N}'——作用于轴颈处的总径向力；

　　　f——摩擦因数，通常静摩擦系统取 0.1~0.2，动摩擦系统取 0.05~0.12。

3. 惯性负载 F_{a}、T_{a}

惯性负载是运动部件在起动加速或制动减速时的惯性力或惯性转矩，液压缸的惯性力按下式计算

$$F_{\mathrm{a}}=ma=\frac{G}{g}\frac{\Delta v}{\Delta t} \tag{8-4}$$

式中　g——重力加速度（m/s^2）；

　　　m——运动部件的质量（kg）；

　　　Δt——起动、制动或速度转换时间（s）；

　　　Δv——Δt 时间内的速度变化值（m/s）。

液压马达的惯性转矩按下式计算

$$T_{\mathrm{i}}=J\varepsilon \tag{8-5}$$

式中　J——旋转部件的转动惯量（kg·m^2）；

　　　ε——旋转部件的角加速度（rad/s^2）。

4. 重力负载 F_{G}、T_{G}

垂直放置和倾斜放置的工作部件的重量称为重力负载，活塞或缸筒向上运动时为正负载，向下运动时为负负载。水平放置工作部件时，重力负载为零。

5. 密封负载

有密封装置的零件，运动过程中产生的密封摩擦力，其值与密封装置的类型、液压缸的制造质量和工作压力有关，一般将其考虑在液压缸的机械效率之内。

6. 背压负载 F_{b}、T_{b}

背压负载是指执行元件出口处因管路或液压阀形成的流动阻力对液压缸驱动力的影响。一般根据系统的复杂程度在初步设计时进行估算，并在系统详细设计后进行验算确定。

综合上述负载形式，液压缸执行元件在各工作阶段的负载可按表 8-1 中的公式进行计算。

表 8-1　液压执行元件负载计算公式

工况 \ 计算公式	液压缸负载 F/N	液压马达负载 $T/N\cdot m$
空载起动	$\pm F_w + F_{fs}$	$\pm T_w + T_{fs}$
加速	$\pm F_w + F_a + F_{fd}$	$\pm T_w + T_a + T_{fs}$
恒速	$\pm F_w + F_{fd}$	$\pm T_w + T_{fd}$
减速制动	$\pm F_w - F_a + F_{fd}$	$\pm T_w - T_a + T_{fd}$

根据计算和分析，即可绘制执行元件的速度图和负载图。图 8-2 所示为某机床主液压缸的速度图和负载图。

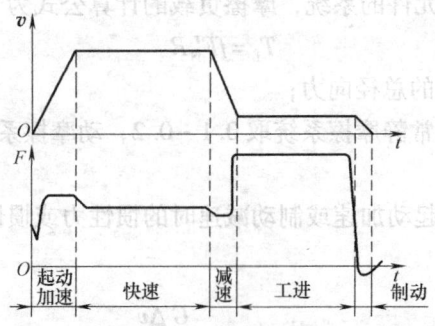

图 8-2　某机床主液压缸的速度图和负载图

8.2　液压系统原理图设计

液压系统原理图是表示液压系统的组成和工作原理的重要技术文件。拟订液压系统原理图是设计液压系统的第一步，它对系统的性能及设计方案的合理性、经济性具有决定性的影响。

一般的方法是选择一种与本系统类似的成熟系统作为基础，对它进行适应性调整或改进，使其成为具有继承性的新系统。如果没有可以借鉴的系统，可参阅有关手册或参考书中有关的基本回路加以综合完善，以构成自己所设计系统的原理图。

8.2.1　系统类型、回路形式的确定

根据液压系统的使用环境选择开式系统或闭式系统。采用节流调速和容积节流调速的系统、有较大空间放置油箱且不需另设散热装置的系统、要求结构尽可能简单的系统等宜采用开式系统形式，而采用容积调速的系统、对工作稳定性和效率有较高要求的系统、行走机械上的系统等宜采用闭式系统形式。

液压基本回路是决定主机动作和性能的基础，是组成系统的骨架。根据主机的工作特点、负载性质和性能要求，首先确定对主机性能起决定性影响的主要回路，然后再考虑辅助回路。例如对于机床液压系统，调速和速度换接回路是主要回路；对于压力机液压系统，调压回路是主要回路；有垂直运动部件的系统要考虑平衡回路；惯性负载较大的系统要考虑缓冲制动回路；对于具有多个执行元件的系统，则要考虑顺序动作、同步或互锁等。

选定基本回路后，配以辅助性回路，如锁紧回路、过滤回路、冷却回路、控制回路、润滑回路、测压回路等，就可以组成一个完整的液压系统。合成液压系统时应特别注意以下几点：

1) 防止回路间可能存在的相互干扰。
2) 系统应力求简单，并将作用相同或相近的回路合并，避免存在多余回路。
3) 系统要安全可靠，要有安全、连锁等回路，力求控制回路可靠；组成系统的元件要尽量少，并应尽量采用标准元件。
4) 组成系统时还要考虑节省能源、提高效率、减少发热、防止液压冲击及测压点分布合理等。

对可靠性要求高又不允许工作中停机的系统，应采用冗余设计方法，即在系统中设置一些备用的元件和回路，以替换故障元件和回路，保证系统持续可靠运转。

最重要的是实现给定任务有多种多样的系统方案，因此必须进行方案论证，对多个方案从结构、技术、成本、操作及维护等方面进行反复对比，最后组成一个结构完整、技术先进合理、性能优良的液压系统原理图。

8.2.2 液压系统参数的确定及主要元件的选型计算

1. 执行元件参数的确定

(1) 初选执行元件的工作压力　工作压力是确定执行元件结构参数的主要依据。它的大小影响执行元件的尺寸和成本，乃至整个系统的性能，工作压力选得高，执行元件和系统的结构就会紧凑，但对元件的强度、刚度及密封要求高，且要采用较高压力的液压泵。反之，如果工作压力选得低，就会增大执行元件及整个系统的尺寸，使结构变得庞大，所以应根据实际情况选取适当的工作压力。执行元件的工作压力可以根据负载选取，见表8-2。

表8-2　按负载选取执行元件的工作压力

负载/kN	<10	10~20	20~30	30~50	>50
工作压力/MPa	0.8~1.2	1.5~2.5	3.0~4.0	4.0~5.0	≥5.0

(2) 执行元件的主要结构参数的确定　以液压缸为例，需要确定的主要结构尺寸是指液压缸的内径 D 和活塞杆的直径 d，计算和确定 D 和 d 的一般方法见液压缸部分。

对有低速运动要求的系统，还需对液压缸有效工作面积进行验算，即应保证

$$A = \frac{q_{\min}}{v_{\min}} \tag{8-6}$$

式中　A——液压缸工作腔的有效工作面积（m^2）；

$q_{\min}$——控制执行元件速度的流量阀最小稳定流量，可从液压阀产品样本上查得（m^3/s）；

$v_{\min}$——液压缸要求达到的最低工作速度（m/s）。

验算结果若不能满足式 (8-6)，则说明按所设计的结构尺寸和方案达不到所需要的最低速度要求，必须修改设计。

(3) 复算执行元件的工作压力　当液压缸的主要尺寸 D、d 计算出来以后，要按系列标准圆整，经过圆整的标准值与计算值之间一般都存在一定的偏差，因此，有必要根据圆整值对工作压力进行一次复算。还必须看到，在按上述方法确定工作压力的过程中，没有计算回

油路的背压,因此所确定的工作压力只是执行元件为了克服机械总负载所需要的那部分压力,在结构参数 D、d 确定之后,选取适当的背压估算值,即可求出执行元件工作腔的压力。

(4) 执行元件的工况图　各执行元件的主要参数确定之后,不但可以复算执行元件在工作循环各阶段内的工作压力,还可求出需要输入的流量和功率,这时就可以作出系统中各执行元件在其工作过程中的工况图,即执行元件在一个工作循环中的压力、流量及功率对时间或位移的变化曲线图。将系统中各执行元件的工况图加以合并,便得到整个系统的工况图,为后续设计步骤中选择元件、选择回路或修正设计提供合理的依据。

2. 液压动力元件的选取

首先根据设计要求和系统工况确定液压泵的类型,然后根据最大供油流量和系统工作压力来选择液压泵的规格。

(1) 液压泵的最高供油压力为

$$p_P \geq p + \sum \Delta p_L \tag{8-7}$$

式中　p——执行元件的最高工作压力(MPa);

Δp_L——进油路上总的压力损失(MPa),初算时可凭经验进行估计,对简单系统取 $\sum \Delta p_L = 0.2 \sim 0.5$ MPa,对复杂系统取 $\sum \Delta p_L = 0.5 \sim 1.5$ MPa。

(2) 液压泵的最大供油量为

$$q_P \geq k \sum q_{\max} \tag{8-8}$$

式中　k——系统的泄漏修正系数,一般取 $k = 1.1 \sim 1.3$,大流量取小值,小流量取大值;

$\sum q_{\max}$——同时动作的各执行元件所需流量之和的最大值。

如果液压泵的供油量是按工进工况选取的,则其供油量应考虑溢流阀的最小流量。

(3) 选择液压泵的规格型号　液压泵的规格型号按计算值在产品样本中选取,为了使液压泵工作安全可靠,液压泵应有一定的压力储备量,通常选择液压泵的额定压力高于工作压力 25%~60%。液压泵的额定流量应与工作流量 q_P 相当,以免造成过大的功率损失。

(4) 选择驱动液压泵的电动机　驱动液压泵的原动机(电动机或发动机)根据驱动功率和液压泵的转速要求进行选取。在整个工作循环中,液压泵的压力和流量在较多时间内均达到最大工作值时,驱动液压泵的电动机功率为

$$P = \frac{p_P q_P}{\eta_P} \tag{8-9}$$

式中　η_P——液压泵的总效率,数值可见产品样本。

限压式变量叶片泵的驱动功率,可按泵的实际压力-流量特性曲线拐点处的功率来计算。

在工作循环中,泵的压力和流量变化较大时,可分别计算出工作循环中各个阶段所需的驱动功率,然后求其均方根值即可。

在选择电动机时,应将求得的功率值与各工作阶段的最大功率值比较,若最大功率在电动机短时超载 25% 的范围内,则按平均功率选择电动机;否则应按最大功率选择电动机。

3. 阀类元件的选取

各类液压阀的规格型号按液压系统原理图和系统工况从产品样本中选取。液压阀的额定压力和额定流量应与其工作压力和最大通流量相接近,必要时,可允许其最大通流量超过额

定流量的 20%。在选择时，还应注意：

1) 溢流阀按液压泵的最大流量来选取。
2) 流量阀还需考虑最小稳定流量，以满足低速稳定性要求。
3) 以单杆液压缸作为执行元件的系统，选择液压缸速比后，要注意有杆腔进油时，无杆腔的回油流量更大，应据此来选择相关阀件。

4. 选择液压辅助元件

选择过滤器、蓄能器和液压油箱的容量，确定管路的连接形式，对重要的管道进行内径和壁厚的验算。

8.3 液压系统技术性能验算

在完成液压系统初步设计后，需对系统的主要性能进行验算，以进行改进和完善。

8.3.1 液压系统压力损失的验算

根据初步选定的液压元件及管路绘出液压装配草图，按工程流体力学中的相关公式计算液压管路的沿程压力损失 Δp_λ 和局部压力损失 Δp_ζ，根据液压系统的工作循环，对各工作过程的进、回油路进行总的压力损失 Δp 的计算

$$\Delta p = \sum \Delta p_\lambda + \sum \Delta p_\zeta \tag{8-10}$$

实际上在系统的具体管道布置没有明确之前，沿程损失和局部损失无法计算。为了尽早地评估系统的主要性能，避免后面的设计工作出现大的反复，在系统方案初步确定之后，通常用各类液压阀的局部压力损失对回路的压力损失进行估算，因为液压系统的管路长度一般较小，局部损失在系统整个压力损失中占很大的比重。各种阀类元件和典型局部元件的局部压力损失可从产品样本中查出，当造成局部损失的液压元件的实际流量不是其公称（额定）流量时，它的实际压力损失 Δp_ζ 与额定压力损失 $\Delta p_{\zeta n}$ 间有如下的近似关系

$$\Delta p_\zeta = \Delta p_{\zeta n} \left(\frac{q}{q_n}\right)^2 \tag{8-11}$$

验算压力损失的目的之一是正确确定系统的调整压力，即系统溢流阀的调整压力，以便指导系统的调试。计算出液压系统的总压力损失后，将此验算值与前述设计过程中初步选取的油路压力损失经验值相比较，若相差较大，则应对原设计进行相应的修改，必要时需重新调整有关阀类元件的规格和管道尺寸等，以降低系统的压力损失。

8.3.2 系统发热温升的验算

液压系统工作时，存在压力损失、容积损失和机械损失，这些损耗能量的大部分转化为热能，使油温升高。液压系统温升可导致发生液压油粘度下降、油液变质、机器零件变形等现象，从而影响系统的正常工作，因此，液压系统的温升控制至关重要。

液压系统的温升验算利用热平衡原理进行，单位时间内进入系统的热量为液压泵的输入功率与执行元件的输出功率之差，即

$$H_i = P_i - P_o = P_i(1 - \eta_s) \tag{8-12}$$

式中 H_i——单位时间内进入系统的热量（W）；

P_i——液压泵的输入功率（W）；

P_o——液压执行元件的输出功率（W）；

η_s——液压系统的总效率，其值为液压泵、管路和执行元件效率的乘积。

一般情况下，液压系统的工作循环分为多个阶段，可根据各阶段的发热量求出平均发热量，即

$$H_i = \frac{1}{T} \sum_{i=1}^{n} (P_{ii} - P_{oi}) t_i \tag{8-13}$$

式中 P_{ii}——第 i 个工作阶段系统的输入功率（W）；

p_{oi}——第 i 个工作阶段系统的输出功率（W）；

T——工作循环周期（s）；

t_i——第 i 个工作阶段的持续时间（s）；

n——总的工作阶段数。

液压系统的所有元件表面均有散热作用，但液压系统在工作中产生的热量绝大部分是通过油箱散发的，油箱的散发热量 H' 可按下式计算

$$H' = KA\Delta t \tag{8-14}$$

式中 A——油箱的散热面积（m^2）；

Δt——液压系统的温升（℃）；

K——油箱的散热系数，当通风条件良好时 $K = 15 \sim 17.5 \text{W}/(m^2 \cdot ℃)$，当通风条件很差时 $K = 8 \sim 9 \text{W}/(m^2 \cdot ℃)$，用风扇冷却时 $K = 20 \sim 25 \text{W}/(m^2 \cdot ℃)$，用水冷却时 $K = 110 \sim 170 \text{W}/(m^2 \cdot ℃)$。

当液压系统中依靠油箱散热达到热平衡时，系统的温升为

$$\Delta t = \frac{H}{KA} \tag{8-15}$$

在按式（8-15）算出的温升值超过允许数值时，液压系统必须采取风冷或水冷的强制冷却措施或修改液压系统的设计。当油箱三边的尺寸比例在 1:1:1～1:2:3 之间，油面高度是油箱高度的 80% 时，散热面积 A 可用下式计算

$$A = 0.065 \sqrt[3]{V^2} \tag{8-16}$$

式中 V——液压油箱的有效容积（L）。

若取 $K = 15 \text{ W}/(m^2 \cdot ℃)$（通风良好时），则有

$$\Delta t = \frac{H}{\sqrt[3]{V^2}} \times 10^3 \tag{8-17}$$

按式（8-15）和式（8-17）计算出的温升应小于表 8-3 中各类机械的允许油温。

表 8-3 各种机械允许油温

液压设备名称	正常工作油温/℃	最高允许油温/℃	油及油箱的温升/℃
普通机床	30～50	55～70	≤30～35
数控机床	30～50	55～70	≤25
工程机械、矿山机械	50～80	70～90	≤35～40

对于有特殊要求的系统，除进行上述验算项目外，还应根据要求进行冲击消振和动态性

能的验算。当所设计的系统与已经过实践验证的实际系统结构与环境相似时，可免去验算环节。

8.4 施工图设计与技术文件编制

初步设计的液压系统经过验算和修改后，需要绘制正式的施工图并编制技术文件。

8.4.1 施工图的设计

液压系统的设计与施工往往由不同的工作部门完成，因此，向制造方提供清晰详细的液压系统的设计图样是非常重要的。液压系统的施工图一般包括液压系统原理图、液压系统装配图、需要自行加工的非标准液压元件的装配图及零件图等。

1. 液压系统原理图

液压系统原理图是利用图形符号绘制的液压系统图，图中所有标准元件应按国家标准规定的图形符号绘制，特殊情况下可用半结构图表示。绘制液压系统原理图的要求如下：

1) 液压原理图应按系统起始停车状态绘出，若按某一工作状态绘制出时，必须加以说明。

2) 按液压图形符号标准绘出原理图，序号栏中应标明液压元件的名称、规格、型号和调整值。

3) 在执行元件的上方应绘出动作循环示意图。复杂的系统，按各执行元件的动作程序绘制动作循环图和电磁铁、压力继电器、行程开关的动作顺序表。

2. 液压系统装配图

液压系统原理图确定后，即可根据所选择的液压元件以及整机结构形式进行液压系统装配图的设计。但在液压装配图设计过程中，需对系统中主要液压装置的结构形式、液压元件的连接方式、管路配置形式等作出选择。

液压装置可以设计成集中式和分散式两种形式。集中式结构是指将液压系统的动力源、控制阀组等独立设置于主机之外，组成液压泵站。分散式结构是指将液压系统的动力源、控制阀组等分别安装在设备的适当位置。

液压控制阀的安装和连接也有几种不同的配置形式。管式配置是指采用螺纹接口形式的液压阀，直接用相应的液压管接头连接；板式配置是指将板式元件及其底板固定在安装支架上，用液压管路接入液压系统；集成式配置是指采用标准的或自行设计的安装块将液压阀集成在一起形成液压系统；而叠加阀配置则是指选用同一规格的叠加式液压阀叠加构成液压回路。

液压管路的设计主要是进行液压管路形式、管径、接头形式和密封元件的选择。在具有相对运动的关节部位，一定要采用柔性液压管路，并根据系统的压力等级和流量要求参照液压胶管厂家的产品说明进行选择。选择液压管接头和液压密封件是很烦琐的事情，要注意型号种类不能缺少，并在数量上适当增加，以防止在管路较长和安装不便的地方在现场增加接头数量。

在对液压系统中各类装置的结构和安装方式进行设计后，即可将液压系统的结构以主机机体为基础进行整套液压系统的总体装配图绘制，液压装置图应明确系统中各类液压装置的安装位置和安装方式、液压管路的规格和走向、液压管接头规格、管路固定架的形式和位置等。

3. 液压装置的零部件图

对于在液压系统图中不能直接表达清楚的液压装置，必须提供详细的液压部件和零件设计图样，包括液压泵站、液压油箱、集成块及安装连接支架等。

8.4.2 技术文件的编制

液压技术文件是除液压系统整套设计图样外有关液压系统的说明文件，不同的行业有相关的具体要求。一般包括：

1）液压系统设计计算说明书，提供液压系统的设计依据及设计计算结果，以供相关部门审核。

2）液压系统零部件目录表及标准件、通用件、外购件目录表等，供生产准备部门进行备料和采购。

3）液压系统使用及维护技术说明书。

液压系统的制造过程分为元件加工过程和安装调试过程，液压系统的加工主要依据液压系统施工图进行，设计方需进行全过程的生产跟踪，以便随时纠正设计时的不妥之处以及处理现场突发事件。重要的大型液压系统还需要监理人员对整个生产过程进行监督。

8.5 液压系统设计实例

8.5.1 设计要求

设计机床液压系统，该机床共有 16 根主轴，用以加工 14 个 $\phi 13.9$mm 的孔和两个 $\phi 8.5$mm 的孔，动力滑台实现的工作循环为"快进→工进→快退→原位停止"。

机床工作部件总重量 $G=9800$N；快进、快退速度 $v_1=v_3=7$m/min，快进行程长度 $l_1=100$mm，工进行程长度 $l_2=50$mm，往复运动的加速、减速时间不超过 0.2min；动力滑台采用平导轨，其静摩擦因数为 $f_s=0.2$，动摩擦因数 $f_d=0.1$；切削用量：钻 $\phi 13.9$mm 孔时，主轴转速 $n_1=360$r/min，每转进给量 $S_1=0.147$mm/r；钻 $\phi 8.5$mm 孔时，主轴转速 $n_2=550$r/min，每转进给量 $S_2=0.096$mm/r。轴向切削力总和为 30500N。要求完成以下工作内容：

1）确定执行元件（液压缸的主要结构尺寸）。

2）绘制正式液压系统图。

3）选择各类元件及辅件的形式和规格。

4）确定系统的主要参数。

5）进行必要的性能估算（系统发热计算和效率计算）。

8.5.2 设计过程

1. 确定液压缸结构尺寸及工况图

（1）负载图及速度图 根据上述要求及相应参数，进行各种力和速度的计算。

1）切削阻力

$$F_w = 30500\text{N}$$

2) 摩擦阻力：

静摩擦阻力 $F_s = f_s G = 0.2 \times 9800\text{N} = 1960\text{N}$

动摩擦阻力 $F_d = f_d G = 0.1 \times 9800\text{N} = 980\text{N}$

3) 惯性阻力：

$$F_i = \frac{G}{g}\frac{\Delta v}{\Delta t} = \frac{9800}{9.8} \times \frac{7}{60 \times 0.2}\text{N} = 583\text{N}$$

4) 重力阻力：因工作部件是卧式安装，故重力阻力为零。

5) 密封阻力：将密封阻力考虑到液压缸的机械效率中，取液压缸的机械效率 $\eta_{Cm} = 0.9$。

6) 背压阻力：可先不考虑。

根据以上分析，计算出各工况负载见表8-4。

表8-4 液压缸负载的计算

工况	计算公式	液压缸负载 F/N	液压缸驱动力 F_C/N
启动	$F = f_s G$	1960	2180
加速	$F = f_d G + F_i$	1563	1737
快进	$F = f_d G$	980	1090
工进	$F = F_w + f_d G$	31480	35000
快退	$F = f_d G$	980	1090
制动	$F = f_d G - F_i$	397	441

7) 工进速度：工进速度可按加工 $\phi 13.9$ 的切削用量计算，即

$$v_2 = n_1 S_1 = 360/60 \times 0.147\text{mm/s} = 0.882\text{mm/s} = 0.882 \times 10^{-3}\text{m/s}$$

8) 计算快进、工进时间和快退时间：

快进 $t_1 = L_1/v_1 = (100 \times 60)/7000\text{s} = 0.86\text{s}$

工进 $t_2 = L_2/v_2 = 50/0.882\text{s} = 56.6\text{s}$

快退 $t_3 = (L_1 + L_2)/v_1 = (150 \times 60)/7000\text{s} = 1.28\text{s}$

根据上述计算结果，绘制液压缸负载变化和速度变化曲线，如图8-3a、b所示。

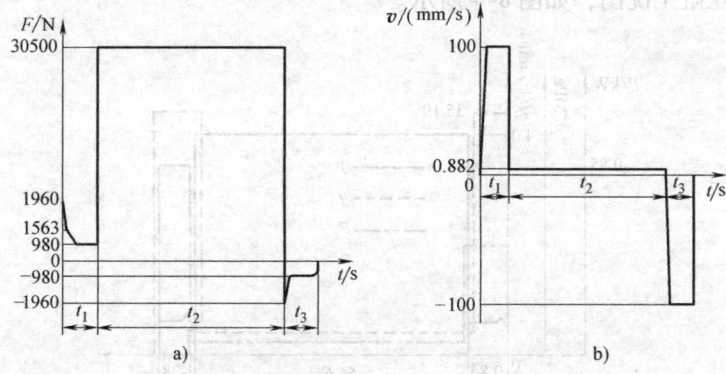

图8-3 液压缸的负载图及速度图

a) 负载变化曲线　b) 速度变化曲线

(2) 确定液压系统参数

1) 初选液压缸工作压力。液压缸的工作压力按工进时的负载力计算，参照机床类设备选择液压缸的工作压力为 4.0MPa。液压缸回油腔设置背压，以防钻通时滑台突然前冲，取背压值为 0.6MPa，为使快进快与退速度相等，选用 $A_1 = 2A_2$（A_1 为无杆端有效作用面积，A_2 为有杆端有效作用面积）的差动液压缸，假定快进、快退的回油压力损失 $\Delta p = 0.7\text{MPa}$。

2) 液压缸结构参数计算

$$A_1 = \frac{F}{\eta_{Cm}\left(p_1 - \frac{p_2}{2}\right)} = \frac{31480}{0.9(4.0 - 0.3) \times 10^6} \times 10^4 \text{cm}^2 = 94.53 \text{cm}^2$$

液压缸直径 $D = \sqrt{\dfrac{4A_1}{\pi}} = \sqrt{\dfrac{4 \times 94.53}{\pi}} \text{cm} = 10.97 \text{cm}$

查液压缸样本，选择标准直径 $D = 110\text{mm}$，速比为 2，活塞杆直径 $d = 80\text{mm}$。

3) 液压缸工作循环中各阶段压力、流量和功率计算。计算液压缸在工作循环中各阶段的压力、流量和功率值见表 8-5。

表 8-5 液压缸工作循环中各阶段的压力、流量和功率计算

工况		推力 F_C/N	回油腔压力 p_2/MPa	进油腔压力 p_1/MPa	输入流量 $q/(\text{L/min})$	输入功率 P/kW	计算公式
快进（差动）	起动	2180	0	0.46			$p_1 = F_C + \Delta p A_2/(A_1 - A_2)$
	加速	1737	0.7	0.97	35.2		$q = (A_1 - A_2)v_1$
	恒速	1090	0.7	0.84		0.53	$P = p_1 q$
工进		35000	0.6	4.0	0.5	0.033	$p_1 = (F_C + p_2 A_2)/A_1$ $q = A_1 v_2$ $P = p_1 q$
快退	起动	2180	0	0.46			$p_1 = F_C/A_2 + 2p_2$
	加速	1737	0.7	1.78			$q = A_2 v_3$
	快退	1090	0.7	1.64	31.29	0.85	$P = p_1 q$

4) 绘制液压缸工况图，如图 8-4 所示。

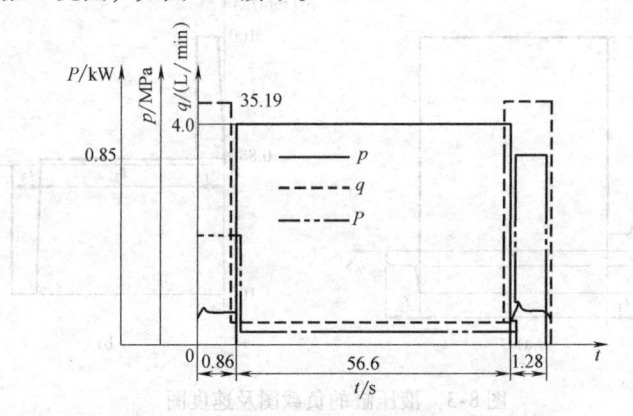

图 8-4 液压缸工况图

2. 拟订液压系统图

（1）选择液压回路

1）调速方式：由工况图知，该系统交替要求油源提供低压大流量和高压小流量，最大流量与最小流量之比 $q_{max}/q_{min} = 35.2/0.5 \approx 70$，因此可选用双联泵形式，考虑到工作效率，选择双联叶片泵。从整个系统来看，功率小，工作负载变化小，在工进时可选用进油路节流调速，为防止钻通孔时的前冲现象，在回油路上加背压阀。

2）速度换接方式：因钻孔工序对位置精度要求不高，滑台从快进到工进时速度变化较大，宜选用行程调速阀或电磁换向阀进行速度换接，以减小液压冲击。

3）快速回路与工进转快退控制方式的选择：为使快进与快退速度相等，选用差动回路作快速回路。

几个基本回路形式如图 8-5 所示。

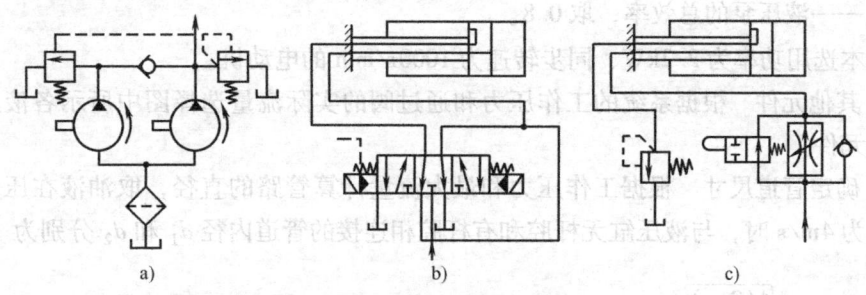

图 8-5 几个基本回路形式
a）泵源 b）换向回路 c）速度换接

（2）液压系统图 在所选基本回路的基础上，进行系统组合组成图 8-6 所示的液压系统图。系统图组合时充分考虑了油路的合理性及安全因素，如为防止动力滑台工进时回油路串通，在液压缸差动连接的进回油路汇交点的两侧加装单向阀 6 和远控顺序阀 7。加装单向阀 11 和背压阀 8 以防止停车时，液压缸工作腔的油液向油箱泄漏。

3. 选择液压元件

（1）选择液压泵 液压缸的最大工作压力为 4.0MPa，取进油管路压力损失 $\Delta p = 0.8$MPa，高压小泵的调整压力一般比系统最大工作压力大 0.5MPa，所以高压泵的工作压力 $p_P = (4.0 + 0.8 + 0.5)$MPa $= 5.3$MPa。

由于大泵是在快速运动时工作，而由负载曲线可知液压缸快退时的工作压力比快进时大，以此作为大泵的计算依据，取进油管压力损失 $\Delta p' = 0.4$MPa，则快退时大泵的工作压力 $p_P =$

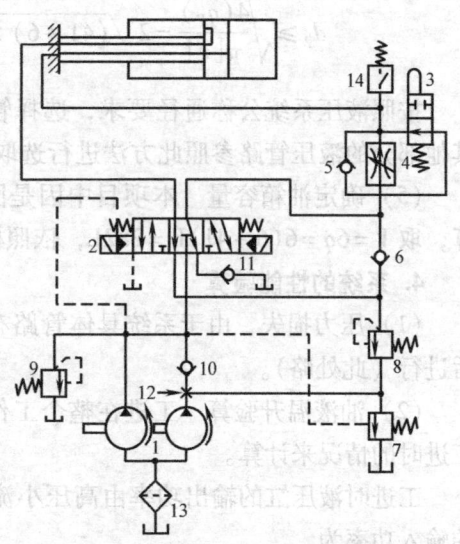

图 8-6 液压回路的综合和整理
1—双联叶片泵 2—换向阀 3—行程阀
4—调速阀 5、6、10、11—单向阀
7—远控顺序阀 8—背压阀 9—溢流阀
12—压力表开关 13—过滤器 14—压力继电器

$(1.64 + 0.4)\text{MPa} = 2.04\text{MPa}$。

液压缸工作时最大流量为 35.2L/min,考虑回路的容积效率(按 0.9 计算),液压泵提供的总流量应为:$q_\text{P} = 1.1 \times 35.2\text{L/min} = 38.72\text{L/min}$。

由于溢流阀稳定工作时的最小溢流量为 3L/min,故小泵流量应大于 3.5L/min。

根据以上计算,查样本,选用 PV2R12 型双联叶片泵,工作转速选 1000r/min,选择大泵排量为 41ml/r,小泵排量为 6ml/r,理论流量分别为 41L/min 和 6L/min,系统安全阀的调整压力为 6.3MPa。

(2) 选择电动机 由 P-t 图可知,最大功率出现在快退工况,其数值用下式计算

$$P = \frac{p_\text{P}(q_1 + q_2)}{60\eta_\text{P}} = \frac{2.04 \times (41 + 6)}{60 \times 0.8}\text{kW} = 1.99\text{kW}$$

式中 η_P——液压泵的总效率,取 0.8。

查样本选用功率为 2.2kW、同步转速为 1000r/min 的电动机。

(3) 其他元件 根据系统的工作压力和通过阀的实际流量选择图中所示各液压控制元件和辅助元件。

(4) 确定管道尺寸 根据工作压力和最大流量计算管路的直径,取油液在压力管路中允许流速为 4m/s 时,与液压缸无杆腔和有杆腔相连接的管道内径 d_1 和 d_2 分别为

$$d_1 \geq \sqrt{\frac{4(2q_\text{P})}{\pi[v]}} = 2\sqrt{2 \times (41 + 6) \times 10^6/(\pi \times 4 \times 10^3 \times 60)}\text{mm} = 22.33\text{mm}$$

$$d_2 \geq \sqrt{\frac{4(q_\text{P})}{\pi[v]}} = 2\sqrt{(41 + 6) \times 10^6/(\pi \times 4 \times 10^3 \times 60)}\text{mm} = 15.79\text{mm}$$

按照液压系统公称通径要求,选择管道内径为 20mm、外径为 28mm 的冷拔无缝钢管。其他部分的液压管路参照此方法进行选取。

(5) 确定油箱容量 本项目中因是固定设备,油箱容量可按经验公式 $V = (5 \sim 7)q$ 估算,取 $V = 6q = 6(6 + 41)\text{L} = 282\text{L}$,依照标准选择公称容积为 250L。

4. 系统的性能验算

(1) 压力损失 由于系统具体管路布置尚未确定,此环节应在各管路长度和结构确定后进行(此处略)。

(2) 油液温升验算 工进在整个工作循环中占有主要比例,所以系统发热和温升可用工进时的情况来计算。

工进时液压缸的输出功率由高压小流量泵提供,取液压泵的总效率为 0.75,则液压泵的输入功率为

$$P_\text{P1i} = \frac{p_\text{P1}q_\text{P1}}{\eta_\text{P}} = \frac{4.0 \times 10^6 \times 6 \times 10^{-3}}{0.75 \times 60}\text{W} = 532.8\text{W}$$

工进时低压大流量泵通过卸荷阀卸荷,设卸荷压力为 0.3MPa(阀的公称流量为 63L/min),其输入功率为

$$P_{P2i} = \frac{p_{P2}q_{P2}}{\eta_{P2}} = \frac{3 \times 10^5 \times (\frac{41}{63})^2 \times 41 \times 10^{-3}}{0.75 \times 60} W = 18.8 W$$

液压缸的输出功率为

$$P_{Co} = F_w v = \frac{30500 \times 0.882}{10^3} W = 26.9 W$$

系统总的功率损失（发热功率）为

$$H_i = P_{P1i} + P_{P2i} - P_{Co} = [(532.8 + 18.8) - 26.9] W = 524.7 W$$

系统的温升为

$$\Delta t = \frac{H_i}{\sqrt[3]{V^2}} = \frac{524.7}{\sqrt[3]{250^2}} ℃ = 13.2 ℃$$

与表 8-2 中的经验数据对比，温升在允许范围内。

（3）绘制液压系统施工图与编制技术文件　略。

习　题

8.1　图 8-7 所示液压系统中，液压缸的直径 $D = 70mm$，活塞杆直径 $d = 45mm$，工作负载 $F = 16000N$，液压缸的效率 $\eta = 0.95$，不计惯性力和导轨摩擦力。快速运动时速度 $v_1 = 7m/min$，工作进给速度 $v_2 = 0.053m/min$，系统总的压力损失为折合到进油管路 $\sum \Delta p_i = 5 \times 10^5 Pa$。试完成：

（1）液压系统实现"快进-工进-快退-原位停止"工作循环时各电磁铁、行程阀和压力继电器的动作顺序表。

（2）计算并选择系统所需要的元件，并在图上标明各元件的型号。

8.2　试按照图 8-8 所示的压力机液压系统，对其系统主要工作参数进行计算。已知：

1) 工作循环为"快速下降→压制工作→快速退回→原位停止（或再快速下降）"。
2) 液压缸无杆腔有效面积 $A_1 = 1000 cm^2$，有杆腔有效面积 $A_2 = 500 cm^2$，移动部件自重 $F_G = 5kN$。
3) 快速下降时的外负载力 $F_{L1} = 10kN$，速度 $v_1 = 6m/min$。
4) 压制工件时的外负载力 $F_{L2} = 500kN$，速度 $v_2 = 0.2m/min$。
5) 快速回程时的外负载力 $F_{L3} = 10kN$，速度 $v_3 = 12m/min$。

若管路压力损失、泄漏损失、液压缸的密封摩擦力以及惯性力等均忽略不计，则：

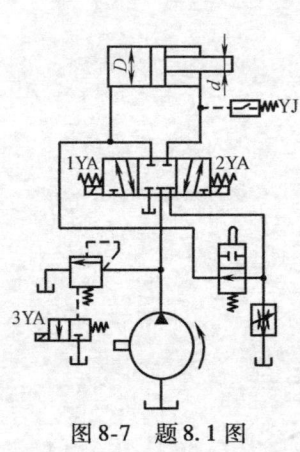

图 8-7　题 8.1 图　　　　图 8-8　题 8.2 图

(1) 求液压泵的最大工作压力及流量。

(2) 阀 3、4、6 各起什么作用？它们的调整压力各为多少？

8.3 设计一卧式钻孔组合机床液压系统。该机床完成的工作循环是"快进→工进→快退→停止"。机床的钻削阻力为 30kN，工作部件重量为 9800N，快进、快退速度均为 0.117m/s，工进速度为 0.833×10^{-2} m/s，快进行程为 100mm，工进行程为 50mm，动力滑台采用平导轨，其静、动摩擦因数分别取 0.2 和 0.1，往复运动的加速、减速时间要求不大于 0.2s。

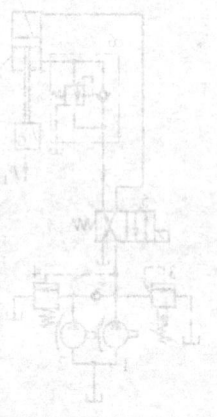

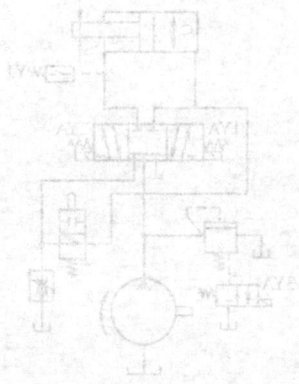

第9章 电液伺服与比例控制

> **内容提要**：本章对电液伺服与电液比例控制进行介绍。通过对本章内容的学习，要求掌握典型电液伺服阀与比例阀的结构、工作原理及性能指标。

9.1 电液伺服阀

现代化工业设施的特点是高、大、精、尖，特别是自动化程度高，因此必须采用电子和液压这些先进技术。如何将电子和液压两门技术结合起来，以满足自动控制的更高要求，成为当代应用技术的重大课题之一。

电液伺服阀是目前比较理想的电子-液压"接口"设备。它能将微弱的电控信号转换成机械位移量，再将机械位移量转换成相应的液压信号，并经放大，输出与电控信号成"比例"的液压功率。电液伺服阀具有控制精度高、响应速度快、体积小以及能适应连续信号控制和脉冲信号控制等优点。充分发挥了电气信号的传递速度快、线路连接方便、适于远距离控制、易于测量、易于比较和校正等优点，同时又具备液压动力的输出力大、惯性小、反应快的优点，这两者的结合使电液伺服阀成为一种控制灵活、精度高、快速性好、输出功率大的控制元件。电液伺服阀目前已经广泛应用于航天、航空、航海等军事装备和工业交通各个领域。

9.1.1 伺服控制原理

图 9-1 所示为用普通换向阀组成的简单液压系统，液压缸拖动的负载，由行程开关限制其位置。当液压缸拖动负载向右运动碰到行程开关时，电磁换向阀恢复到中间位置，此时液压泵输出的压力油经换向阀排回油箱，液压缸即停止运动。但是，由于运动部件的惯性，液压缸和负载会产生一定的超程，不能准确地停止在所需的位置上。同时，换向阀的开口量是定值，无法随意调整进入液压缸的流量，因此液压缸的运动速度不能随意控制。所以采用换向阀组成的系统，不可能使执行机构获得精确的定位和运动速度。

如图 9-2 所示，若将上述系统中的换向阀与液压缸做成一体，活塞杆固定并由液压缸筒拖动负载，则

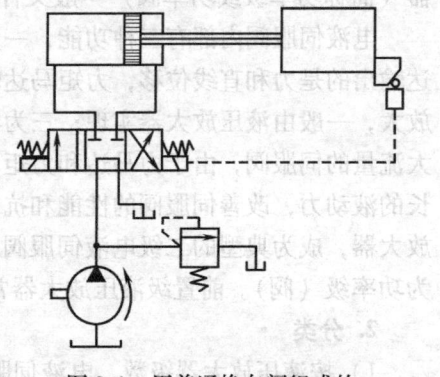

图 9-1 用普通换向阀组成的简单液压系统

可使执行机构拖动负载根据指令信号的要求，以所需的速度运动并停止在所需的位置上。

当滑阀处于图 9-2a 所示的零位时，阀口 A、B 均被堵死，执行机构处于静止位置。如

图 9-2b 所示，若将阀芯向右移动 ΔS 距离，阀口 A、B 便有 ΔS 的开度，此时液压泵提供的油经阀口 B 进入液压缸无杆腔，液压缸有杆腔内的油经阀口 A 排回油箱。于是液压缸缸筒拖动负载移动直至行程达到 ΔS 值后，阀口 A、B 被阀芯重新堵死为止，滑阀恢复到零位，负载即可停止在新的控制位置上。如图 9-2c 所示，当阀芯向左移动 ΔS 距离后，液压泵提供的油经阀口 A 进入液压缸有杆腔，液压缸无杆腔内的油经阀口 B 排回油箱，则使液压缸缸筒拖动负载向左移动达到 ΔS 行程后，滑阀回到零位，负载即可停止在另一控制位置上。此外，通过改变阀口在圆周方向上的开口长度或液压参数，即可做成具有不同流量增益的阀芯，以便根据执行机构的运动速度要求而选用。

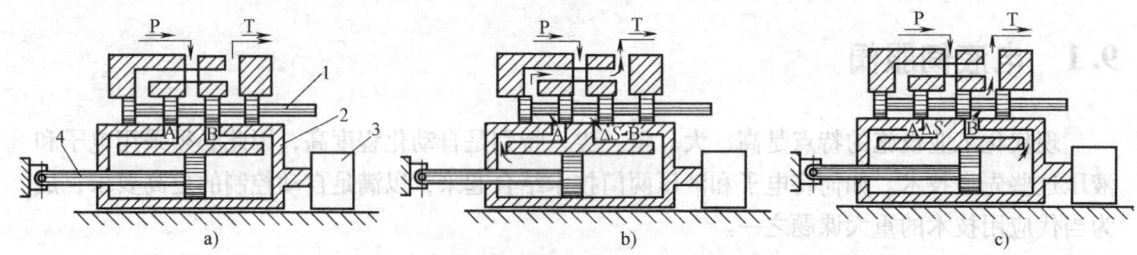

图 9-2 液压伺服系统的基本原理
1—滑阀阀芯 2—液压缸 3—负载 4—活塞杆

由此可见，上述液压系统的特点在于执行机构拖动负载能跟随滑阀的位移量准确地定位，并可适当选择滑阀的流量增益来满足负载运动速度的要求，这种系统就称为液压随动系统或液压伺服系统。

9.1.2 电液伺服阀的组成和分类

1. 组成

电液伺服阀的类型和结构形式很多，但主要都是由电-机械转换器、前置级液压放大器、液压功率放大器和反馈机构组成的。而前置级液压放大器（简称前置级）和液压功率放大器（简称功率级或功率阀）一般又合称为液压放大器。

电液伺服阀内部有三种功能，一为电-机械位移转换，由力马达或力矩马达实现（力马达输出的是力和直线位移，力矩马达输出的是力矩和角位移）；二为机械位移-液压转换和放大，一般由液压放大器实现；三为液压功率输出，一般由滑阀实现。然而对于高性能或较大流量的伺服阀，由于力马达和力矩马达的功率较小，为了克服滑阀的摩擦力和随流量而增长的液动力，改善伺服阀的性能和抗污染能力，在力马达或力矩马达和滑阀之间均加有液压放大器，成为典型的二级电液伺服阀。第一级液压放大器称为前置级，第二级液压放大器称为功率级（阀）。前置级液压放大器常用的有滑阀、喷嘴挡板阀和射流管阀三种。

2. 分类

1）按液压放大器级数，电液伺服阀可分为单级、两级和三级。

单级电液伺服阀只有一级液压放大器，其优点是结构简单、价格低廉，缺点是使用流量受到限制。过大的流量会产生过大的液动力，因而造成设计推动滑阀的力马达或力矩马达困难。另外，由于力矩马达的定位刚度低，对负载动态变化敏感，使阀的稳定性在很大程度上依赖于负载特性。单级电液伺服阀一般适用于低压（<6.3MPa）、小流量（<4L/min）和

负载变化不大的场合。

两级电液伺服阀有两级液压放大器，第一级可采用滑阀、喷嘴挡板阀、射流管阀或射流元件等，第二级一般均采用滑阀。两级电液伺服阀克服了单级电液伺服阀的缺点，是最常用的形式。

三级电液伺服阀是由一个小流量两级电液伺服阀去控制第三级滑阀（功率级滑阀），功率级与前置级之间有级间负反馈。三级电液伺服阀只用于大流量场合，其流量通常在200L/min以上。

2) 根据输出特性和应用目的的不同，电液伺服阀可以分为流量控制型、压力控制型和压力-流量控制型。

流量控制型电液伺服阀的特点是输出流量与输入电流成正比关系。

压力控制型电液伺服阀的特点是输出负载压力与输入电流成正比。这种类型的电液伺服阀多用在压力控制系统中。

压力-流量控制型电液伺服阀的特点介于上述两种电液伺服阀之间，常用于带共振性负载的场合。

3) 按前置级液压放大器的结构形式，电液伺服阀可分为滑阀式、喷嘴挡板阀式、射流管阀式等。

滑阀放大器作前置级，其优点是功率放大系数大，适合于大流量控制。缺点是滑阀阀芯受力较多、较大，因此要求驱动力大；由于摩擦力大，使分辨率和滞环增大；运动部分重量大，动态响应慢，公差要求严，制造成本高。

喷嘴挡板阀没有摩擦副，灵敏度高，运动部分的惯性小，动态响应快。特别是双喷嘴挡板阀由于结构对称、采用差动方式工作，因此压力灵敏度高，线性度好，温度和压力零漂小，挡板受力小，所需的输入功率小（50~200mW）。其缺点是喷嘴与挡板之间的间隙小（零位间隙为0.025~0.05mm），容易被脏物堵塞，对油液的清洁度要求较高；抗污染能力差，内部泄漏流量较大、效率低、功率损失大，适用于小流量控制。目前，灵敏度高、动态响应快的液压伺服阀多采用喷嘴挡板阀作前置放大级。

射流管式液压伺服阀的最大特点是抗污染能力强、可靠性高、寿命长。电液伺服阀抗污染的能力，一般是由其结构中的最小通流尺寸所决定的，特别是在多级电液伺服阀中，前置级油路中的最小尺寸成为决定性因素。射流管阀的最小通流尺寸为0.2mm，而喷嘴挡板阀为0.025~0.05mm，因此射流管阀抗污染能力强。另外，射流管阀的压力效率和容积效率高，均在70%以上，而喷嘴挡板阀为50%，故射流管式可以产生较大控制压力和流量，从而允许功率阀采用较大的直径和行程。从前置级磨蚀对性能的影响来看，射流管式也比喷嘴挡板式的小，而且射流管阀的磨蚀是对称的，不会引起零漂。因此，射流管式液压伺服阀性能稳定、寿命长。射流管式液压伺服阀的缺点是频率响应低、零位泄漏流量大、受油液粘度变化的影响较显著及低温特性差。射流管放大器对于频率响应不高而可靠性高的液压伺服阀是很合适的。

4) 按反馈方式，电液伺服阀可分为位置反馈式、负载-流量反馈式和负载-压力反馈式三种。

位置反馈式是以功率级的输出位移为反馈信号，使输出位移与输入信号成比例地反馈。位置反馈式又可分为弹簧平衡式、机械反馈式、位置直接反馈式、力反馈式和电气反馈式等。

负载流量反馈式是以伺服阀某一级输出端的流量为反馈信号,使输出的负载流量与输入信号成比例的反馈。

负载压力反馈式是以伺服阀输出端的负载压降为反馈信号,使输出的负载压降与输入信号成比例地反馈。

5) 按力矩马达形式,电液伺服阀可分为动铁式和动圈式;按是否浸在油中,电液伺服阀可分为干式和湿式两种。

干式结构是将输出部件密封起来以防止油液进入衔铁、线圈和磁钢周围的空间,这样可防止油液被污染,保证力矩马达正常工作。湿式结构由于力矩马达在油液中工作,可受到油液的冷却,但油液中的含铁污物会被永久磁铁吸附而积聚在气隙处,产生零位漂移,易影响力矩马达的正常工作,故工程中多采用干式结构。

9.1.3 电-机械转换器

电-机械转换器的功用是将电信号转换成机械运动,在电液伺服阀中主要体现为力矩马达和力马达。

电-机械转换器是利用电磁原理来工作的,它由永久磁铁或励磁线圈产生固定磁场,电控制信号通过控制线圈产生控制磁场,两个磁场相互作用产生与控制信号成比例并能反映控制信号极性的力或力矩,从而使运动部分产生直线位移或角位移。

1. 分类与要求

(1) 分类

1) 根据可动件的运动形式可分为直线位移式和角位移式。前者称力马达,后者称力矩马达。

2) 按可动件的结构形式可分为动铁式和动圈式两种。前者可动件是衔铁,后者可动件是控制线圈。

3) 按固定磁场(极化磁场)产生的方式可分为非励磁式、固定电流励磁式和永磁式三种。

非励磁式没有专门的励磁线圈,控制线圈差动连接,利用零值电流产生极化磁通。永磁式靠永久磁铁产生固定磁通,这种方式结构简单、体积小和重量轻,在液压伺服阀中应用得比较多。利用固定电流励磁可得到比较强的极化磁场,但要有专门的励磁线圈和稳压电源,且结构复杂,体积大。

(2) 要求 作为阀的驱动装置,对电-机械转换器的要求如下:

1) 能够产生足够的作用力和行程,同时体积小、重量轻。

2) 动态性能好、响应速度快。

3) 直线性好、死区小、灵敏度高和滞环小。

4) 在某些使用情况下,还要求它抗振动、抗冲击、不受环境温度和压力等条件的影响。

以上要求可能很难同时满足,可根据具体应用场合加以考虑。例如,对军工应用来说,以响应速度、灵敏度和尺寸大小最为重要;而对一般的工业应用来说,注重有效作用力和行程,而对尺寸要求并不严格。

2. 永磁动铁式力矩马达

永磁动铁式力矩马达在电液伺服阀上应用很多。如图9-3所示，永磁动铁式力矩马达由永久磁铁（磁钢）、导磁体（轭铁）、衔铁（和两个控制线圈）及扭簧支轴等组成。衔铁由扭轴支承在两个导磁体的中间位置，可绕扭轴作微小转动，并与导磁体形成四个工作气隙，控制线圈套在衔铁上。力矩马达的输入量为控制线圈中的信号电流，输出量是衔铁的转角或与衔铁相连的挡板位移。

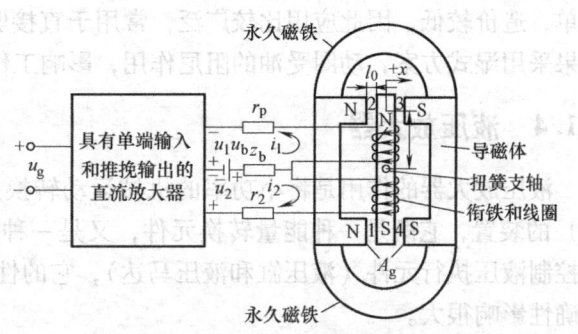

图9-3 永磁动铁式力矩马达工作原理

永久磁铁的初始励磁将导磁体磁化，一个为N极，另一个为S极。无信号电流时，衔铁在上下导磁体的中间位置，由于力矩马达的结构是对称的，永久磁铁在工作气隙中所产生的极化磁通是一样的，使衔铁两端所受的电磁吸力相同，力矩马达无转矩输出。当有信号电流时，控制线圈产生控制磁通，其大小与方向由信号电流决定。如图9-3所示，在气隙1、3中控制磁通与极化磁通方向相同；而在气隙2、4中两种磁通方向相反。因此气隙1、3中的合成磁通大于气隙2、4中的合成磁通，于是在衔铁上产生顺时针方向的电磁力矩，使衔铁绕扭轴顺时针方向转动。当扭轴反转矩、负载转矩与电磁转矩平衡时，衔铁停止转动。如果信号电流反向，则电磁转矩也反向。由上述原理可知，力矩马达产生的电磁转矩，其大小与信号电流大小成比例，其方向由信号电流的方向决定。

动铁式力矩马达单位体积输出力矩较大，故尺寸小、惯量小。但支承衔铁并作扭簧用的弹簧管加工困难，因此力矩马达的结构较复杂，造价较高。早期力矩马达为湿式，现在均为干式。力矩马达一般配用喷嘴挡板阀和射流管式或偏板射流放大器式阀，常用于航空、军用系统及性能要求较高的工业系统中。

3. 动圈式力马达和力矩马达

动圈式力马达有励磁式和永磁式两种。前者尺寸很大，现已很少采用。动圈式力马达是根据载流控制线圈（动圈）在均匀磁场中受力的原理而设计的，按动圈的悬挂和运动方式可分为平动和转动两种形式。在平动场合，可动线圈通常采用片弹簧悬挂并置于工作气隙中，永久磁铁在工作气隙中形成固定磁通，当线圈中有电流通过时线圈就受

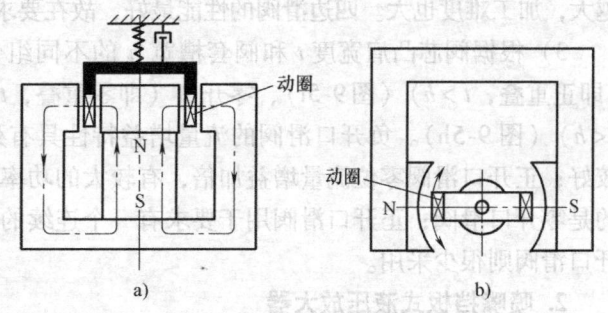

图9-4 动圈式力马达和力矩马达
a) 力马达 b) 力矩马达

到电磁力而运动，线圈运动方向取决于线圈上的电流方向。线圈所受的电磁力克服弹簧力和负载力，使线圈产生一个与控制电流成比例的位移。图9-4a所示即为动圈式力马达。

可动线圈在转动场合，则采用扭力弹簧或轴承加盘圈扭力弹簧悬挂，故称为动圈式力矩马达，如图9-4b所示。

动圈式力马达的线性行程范围大,线性好,滞环小,可动质量小,工作频带较宽,结构简单,造价较低,因此应用比较广泛,常用于直接驱动滑阀放大器的阀芯运动。其缺点是:如果采用湿式方案,动圈受油的阻尼作用,影响工作频宽。

9.1.4 液压放大器

液压放大器的作用是将小功率的机械运动转换并放大为大功率的液压动力(压力和流量)的装置,它既是一种能量转换元件,又是一种功率放大元件。液压放大器直接或间接地控制液压执行元件(液压缸和液压马达),它的性能对电液控制系统的稳定性、快速性和准确性影响很大。

液压控制阀具有三种基本形式和各种组合形式。基本形式的液压控制阀也称单级液压放大器,包括滑阀、喷嘴挡板阀和射流阀。组合形式的液压控制阀也称多级液压放大器,包括喷嘴挡板阀+滑阀、射流阀+滑阀、滑阀+滑阀和喷嘴挡板阀+滑阀+滑阀等,在这些组合中,喷嘴挡板阀和射流阀常用作前置加大级,而滑阀主要用作功率放大级,有时也用作前置放大级。

1. 滑阀式液压放大器

滑阀在电液控制系统中应用最为广泛,滑阀有圆柱形和平板形两类。圆柱形滑阀具有较好的控制性能,应用得最多,工程中所说的滑阀指的都是圆柱形滑阀,下面主要讨论圆柱形滑阀。

根据不同的分类原则可对滑阀进行分类,图9-5所示为常用滑阀的结构示意图。

1)根据液流进出滑阀的通道数,滑阀可分为四通滑阀(图9-5a、b、c)、三通滑阀(图9-5d)和二通滑阀(图9-5e)。四通滑阀有两个负载通道,可控制各种液压缸和液压马达;而三通滑阀和二通滑阀只有一个负载通道,只能控制差动液压缸,不能控制液压马达。

2)根据节流工作边的个数,滑阀可分为四边滑阀(图9-5a、b、c)、双边滑阀(图9-5d)和单边滑阀(图9-5e)。为了保证节流工作边开口的准确性,对于四边滑阀必须保证三个轴向配合尺寸的精度,双边滑阀必须保证一个轴向配合尺寸的精度,而单边滑阀无轴向配合尺寸。因此从结构工艺性看,四边滑阀最复杂,单边滑阀最简单。四边滑阀和双边滑阀的阀芯都可以有两个或两个以上的凸肩,凸肩个数越多阀芯定心性越好,内泄漏越小,但轴向尺寸越大,加工难度也大。四边滑阀的性能最好,故在要求较高的电液控制系统中常用四边滑阀。

3)根据阀芯凸肩宽度 t 和阀套槽宽 h 的不同组合(即开口形式),滑阀可分为负开口(即正重叠,$t>h$)(图9-5f)、零开口(即零重叠,$t=h$)(图9-5g)和正开口(即负重叠,$t<h$)(图9-5h)。负开口滑阀的流量增益特性具有死区;零开口滑阀的流量增益特性线性较好;正开口滑阀零位流量增益加倍,有较大的功率损耗,也存在着非线性。工程上最常用的是零开口滑阀;正开口滑阀用于要求有一个连续的液流,以便使油温维持一定的场合;负开口滑阀则很少采用。

2. 喷嘴挡板式液压放大器

图9-6所示为单喷嘴挡板式液压放大器的工作原理图。它由固定节流孔1、喷嘴2、挡板3及扭轴4等组成。挡板固定在扭轴4上,压力油经固定节流孔1和由喷嘴挡板所组成的可变节流缝隙中排油,负载为差动液压缸,左腔与压力油连通,右腔与固定节流孔到喷嘴之间的容腔连通。

若无外载荷,当活塞处于平衡状态时,活塞两侧受力相等,即 $A_1 p_s = A_2 p_c$。设喷嘴挡板的零位间隙为 x_{f0},当挡板绕扭轴4顺时针方向旋转某一角度,即挡板向左移动某一距离

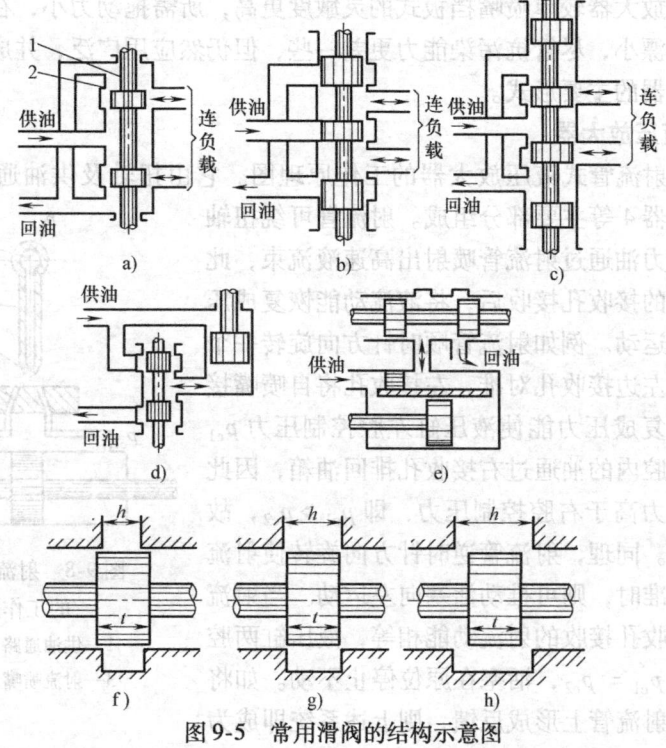

图 9-5 常用滑阀的结构示意图

Δx_f 时,由于喷嘴挡板间隙减小至 $x_f = x_{f0} - \Delta x_f$,使喷嘴挡板间隙上的节流阻力增大,从而使固定节流孔与喷嘴间的控制压力 p_c 升高,活塞右侧面的受力大于左侧面,即 $A_2 p_c > A_1 p_s$,故可推动活塞向左移动。反之,当挡板向右移动使喷嘴挡板的间隙增大至 $x_f = x_{f0} + \Delta x_f$ 时,使控制压力 p_c 降低,活塞右侧面的受力小于左侧面,即 $A_1 p_s > A_2 p_c$,所以活塞向右移动。

图 9-7 所示为双喷嘴挡板式液压放大器的工作原理图,它由一对严格匹配的单喷嘴挡板合并组成,挡板共用。零位时,挡板两侧与两喷嘴端面的间隙相等,即 $x_{f1} = x_{f2}$,因此,液压缸两腔的控制压力相等($p_{c1} = p_{c2}$),故活塞停在原位上。设挡板向左移动使 $x_{f1} < x_{f2}$,从而液压缸左腔的压力 p_{c1} 大于右腔压力 p_{c2},故推动活塞向右运动。同理,当挡板向右移动时可使活塞向左运动。

喷嘴挡板式液压放大器适于小信号工作,常用作两级电液伺服阀的前置级液压放大器。

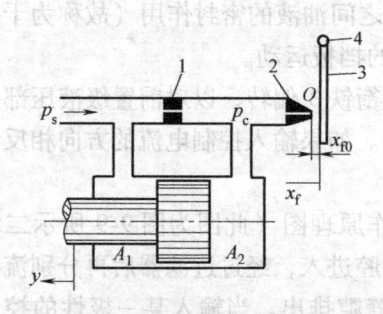

图 9-6 单喷嘴挡板式放大器的工作原理图
1—固定节流孔 2—喷嘴
3—挡板 4—扭轴

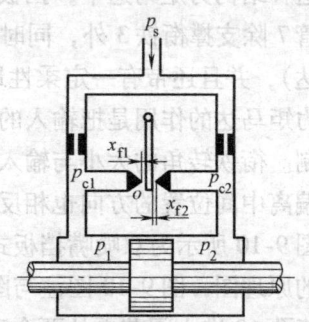

图 9-7 双喷嘴挡板式放大器的工作原理图

双喷嘴挡板式液压放大器较单喷嘴挡板式的灵敏度更高,所需拖动力小,在油压、油温、线性加速度作用下零漂小,尽管抗污染能力更差一些,但仍然应用广泛,并成为我国两级电液伺服阀前置级放大器的主要形式。

3. 射流管式液压放大器

图 9-8 所示为射流管式液压放大器的工作原理图。它由扭轴及供油通路 1、射流管 2、射流喷嘴 3 及接收器 4 等主要部分组成。射流管可绕扭轴转动,射流管中压力油通过射流管喷射出高速液流束,此射流束被接收器中的接收孔接收后,将液流动能恢复成压力能以控制活塞的运动。例如射流管顺时针方向旋转一个角度使射流喷嘴与左边接收孔对准,左接收孔将自喷嘴接收到的液流动能恢复成压力能使液压缸左腔控制压力 p_{c1} 增高,而液压缸右腔内的油通过右接收孔排回油箱,因此液压缸左腔控制压力高于右腔控制压力,即 $p_{c1} > p_{c2}$,故推动活塞向右运动。同理,射流管逆时针方向旋转使射流喷嘴与右接收孔对准时,则可推动活塞向左运动。当射流管在中位时,两接收孔接收的射流动能相等,液压缸两腔控制压力相等,即 $p_{c1} = p_{c2}$,活塞在原位停止不动。如将活塞位移量反馈到射流管上形成反馈,则上述系统即成为闭环系统。

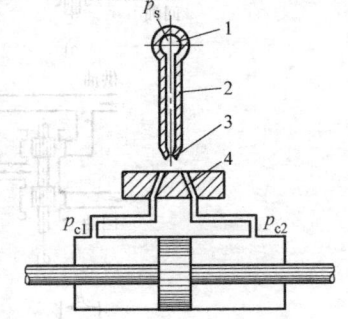

图 9-8 射流管式放大器
的工作原理图
1—供油通路 2—射流管
3—射流喷嘴 4—接收器

射流管式液压放大器根据动量原理工作。射流喷嘴与接收器孔之间的距离大,最小液流通道尺寸为喷嘴挡板式的多倍,不易堵塞,并具有失效对中能力,即万一射流喷嘴完全堵塞,滑阀也会自然归零。抗污染能力强,零件的磨损对性能影响小,所需拖动力小,效率较高。但射流管的引压管刚性差,易振动,运动零件惯量较大,且受油液温度、粘度变化的影响。射流管式放大器常用于电液伺服阀的前置级,尤其适用于两级电液伺服阀的前置级和对抗污染能力有特殊要求的场合。

9.1.5 典型电液伺服阀

双喷嘴挡板式两级电液伺服阀的整体结构如图 9-9 所示,左图为伺服阀第一级的放大图。这种结构力矩马达中,挡板 8 和反馈杆 9 连接在衔铁 3 中央并向下延伸穿过弹簧管。其弹簧管 7 除支撑衔铁 3 外,同时还起到液压与电气部分之间油液的密封作用(故称为干式力矩马达),并且还带有一定柔性地限制着两喷嘴 2 之间的挡板运动。

力矩马达的作用是把输入的电信号转变成力矩,使衔铁 3 偏转,以对前置级液压部分进行控制。衔铁转角的大小与输入的控制电流大小成正比。如果输入控制电流的方向相反,则衔铁偏离中间位置的方向也相反。

图 9-10 所示为双喷嘴挡板式两级电液伺服阀的工作原理图(此图为图 9-9 所示二级伺服阀的原理图,图 9-10 图注与图 9-9 同),压力油从 P 腔进入,经过过滤器后再分别流经两个节流孔 10 进入阀芯再从两个喷嘴 2 与挡板 8 中间的缝隙排出。当输入某一极性的控制电流信号时,衔铁连同挡板一起偏转,例如作逆时针方向偏转,如图 9-10a、b 所示。这时右边喷嘴与挡板间的间隙减小,液流阻力增大,阀芯右端容腔的压力增大;相反,由于左边喷

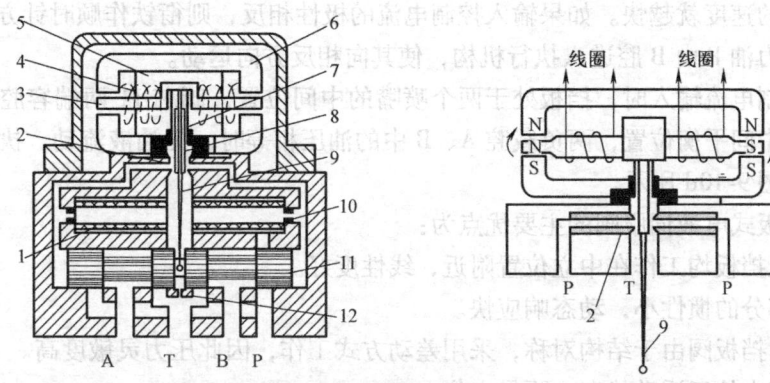

图 9-9 双喷嘴挡板式二级伺服阀的整体结构
1—过滤器 2—喷嘴 3—衔铁 4—线圈 5—永久磁铁 6—线圈导磁体 7—弹簧管
8—挡板 9—反馈杆 10—固定节流孔 11—阀芯 12—回油节流孔

嘴与挡板间的间隙增大，液流阻力减小，阀芯左端容腔的压力降低。在两端压差的作用下，阀芯左移，并带动反馈杆下端的小球左移。反馈杆本身的结构是一弹簧片，弹簧片在电磁力矩、液压力矩及下端跟随阀芯移动后的变形力矩作用下产生弯曲变形，使挡板的偏移量减小，从而使阀芯两端的压差也相应减小，直至挡板恢复到接近于中位时，阀芯移动到所受的液流力与弹簧片反作用力相平衡时为止（图9-10c）。在这里，弹簧片起了反馈的作用（反馈杆下端随阀芯移动所产生的变形力矩反馈到衔铁挡板组件上，使挡板的偏转角减小，直至使挡板恢复到中间位置时，才能使阀芯定位，滑阀输出相应于输入电流的负载流量，这就是力反馈的作用原理）。当四边式阀芯 11 向左偏离中间位置时，左边的阀口被打开，压力油液从 P 腔流向负载腔 A 进入执行机构，同时，执行机构另一端的回油经负载腔 B，再通过节流边及回油腔 T 排回油箱。

输入的控制电流越大，阀芯的位移量也越大，节流边开度就越大，输出的流量就越多，

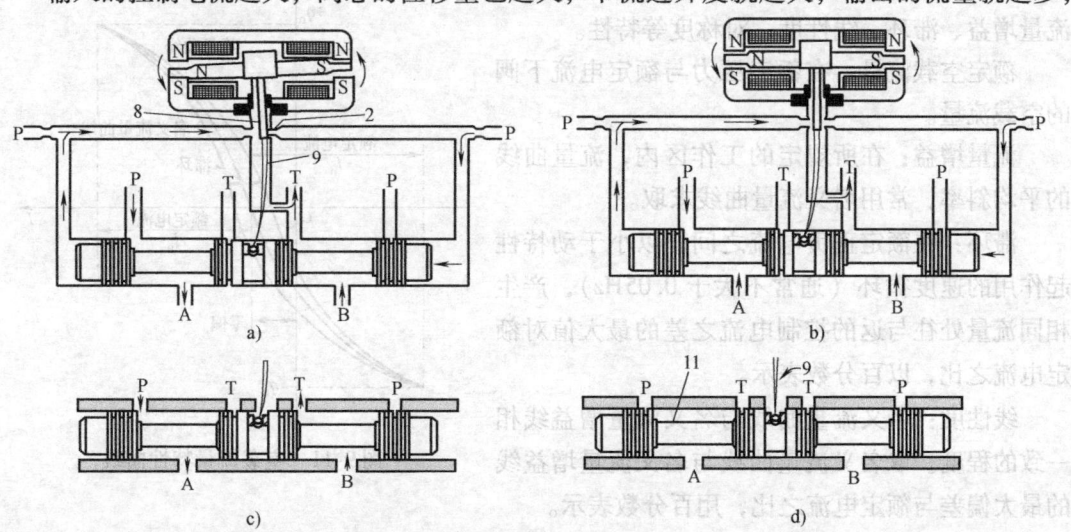

图 9-10 双喷嘴挡板伺服阀的工作
a) 开始运动 b) 进行力反馈 c) 趋于新的力平衡状况（中位） d) 中位

执行机构运动的速度就越快。如果输入控制电流的极性相反，则衔铁作顺时针方向偏转，使阀芯右移，压力油 P 由 B 腔进入执行机构，使其向相反方向运动。

当没有控制电流输入时，挡板处于两个喷嘴的中间位置，阀芯 11 两端容腔中的油压相等，阀芯处于中间平衡位置，两负载腔 A、B 中的油压相等时，无油液流动，执行机构处于停止位置，如图 9-10d 所示。

双喷嘴挡板式电液伺服阀的主要优点为：
1）衔铁及挡板均工作在中立位置附近，线性度好。
2）运动部分的惯性小，动态响应快。
3）双喷嘴挡板阀由于结构对称，采用差动方式工作，因此压力灵敏度高。
4）阀芯基本处于浮动状态，不易卡住。
5）温度和压力零漂小。

其缺点是：
1）喷嘴与挡板之间的间隙小，容易被脏物堵塞，对油液的清洁度要求较高，抗污染能力差。
2）内部泄漏流量较大，功率低，功率损失大。
3）力反馈回路包围力矩马达，阀频带进一步提高受到限制，特别是在大流量阀的情况下。

喷嘴挡板式电液伺服阀适用于航空航天及一般工业用的高精度电液位置伺服系统、速度伺服系统及信号发生装置。

9.1.6 电液伺服阀的性能指标

1. 输入电流-输出流量特性

空载时输出流量和输入信号电流之间的关系，常用空载流量特性曲线来表示（图 9-11）。由这一曲线可得到该阀的额定空载流量、流量增益、滞环、线性度、对称度等特性。

额定空载流量：在额定压力与额定电流下阀的空载流量。

流量增益：在所规定的工作区内，流量曲线的平均斜率，常用名义流量曲线求取。

滞环：在额定正负电流之间，以小于动特性起作用的速度循环（通常不大于 0.05Hz），产生相同流量处往与返的控制电流之差的最大值对额定电流之比，以百分数表示。

线性度：名义流量曲线与名义流量增益线相一致的程度。取名义流量曲线与名义流量增益线的最大偏差与额定电流之比，用百分数表示。

对称度：两个极性流量增益之间相等的程度。取两极性名义流量增益之差与其中最大者之比，用百分数表示。

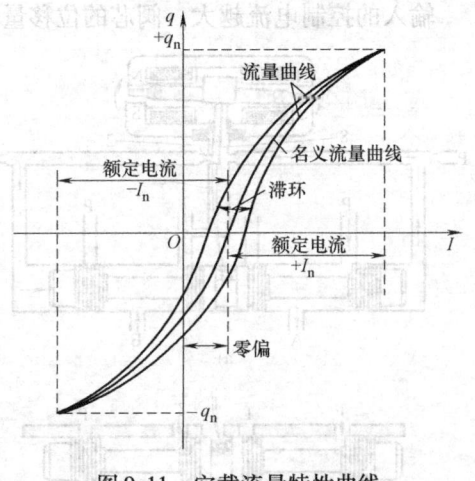

图 9-11 空载流量特性曲线

2. 压力特性

压力特性曲线是输出流量为零（将两个负载口堵死）时，负载压降与输入电流呈环状的函数曲线。负载压力对输入电流的变化率就是压力增益，以 Pa/A 表示。阀的压力增益通常规定为最大负载压降的 ±40% 之间，负载压降对输入电流曲线的平均斜率。压力增益指标为输入 1% 的额定电流时，负载压降应超过 30% 的额定工作压力。压力增益越大，则系统的承载能力越强，系统的刚度越大，误差越小。零位压力增益特性曲线如图 9-12 所示。

3. 负载压力-流量特性

如图 9-13 所示，电液伺服阀的负载压力-流量曲线表示在稳定状态下，输入电流、负载流量和负载压力三者之间的函数关系，负载流量曲线完全描述了伺服阀的静态特性。各曲线是在输入电流为一定值时，给出不同的负载压力情况下检测输出负载流量而得到的。这组曲线主要用来确定电液伺服阀的类型和估计伺服阀的规格，以便与所要求的负载流量和负载压力相匹配。

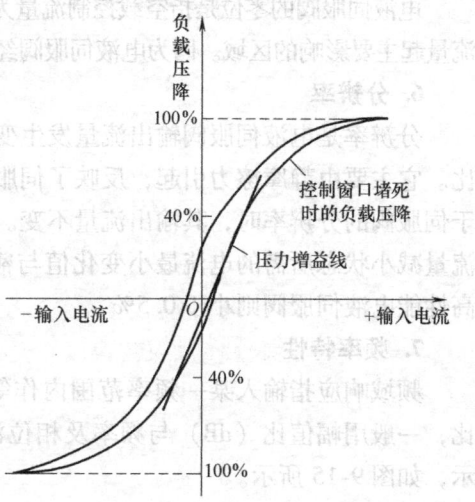

图 9-12 零位压力增益特性曲线

4. 内泄漏特性

内泄漏流量是输出流量为零时，由回油口流出的内部泄漏流量。内泄漏流量随输入电流而变化，阀处于零位时（零位泄漏流量）为最大。内泄漏特性曲线如图 9-14 所示。

阀的最大内泄漏流量应加以限制，以免功率损失过大，通常要求最大内泄漏流量小于额定流量的 10%。对两级电液伺服阀而言，内泄漏流量由先导级的泄漏流量和输出级的泄漏流量组成。零位泄漏流量对新阀可作为滑阀制造质量指标，对旧阀可反映其磨损情况。

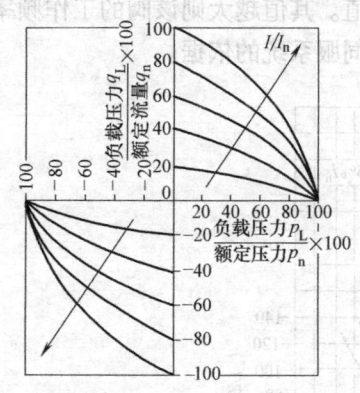

图 9-13 负载压力-流量特性曲线图

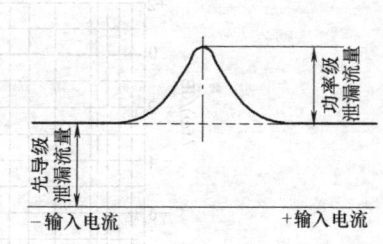

图 9-14 内泄漏特性曲线

5. 零飘与零偏

电液伺服阀由于供油压力的变化和工作油温度的变化而引起的零位（$q_L = p_L = 0$ 的几何位置）变化称为零飘。零飘一般用使其复位所需加的电流值与额定电流值之比来衡量，这一比值越小越好。另外，由于制造、调整、装配的差别，控制线圈中不加电流时，滑阀不一定位于中位。有时必须加一定的电流才能使其恢复中位（零位）。这一现象称为零偏。零偏以使阀恢复零位所需加的电流值与额定电流值之比来衡量。

电液伺服阀的零位是指空载控制流量为零的几何零位（位置）。零位区域是输出级的重叠对流量起主要影响的区域。因为电液伺服阀经常在零位区域工作，所以零位特性特别重要。

6. 分辨率

分辨率是电液伺服阀输出流量发生变化时所需的输入电流最小变化值与额定电流的百分比。它主要由静摩擦力引起，反映了伺服阀对电信号反应的灵敏度，当输入电流的变化值小于伺服阀的分辨率时，其输出流量不变。通常规定分辨率为输出流量的增加状态恢复到输出流量减小状态所需的电流最小变化值与额定电流之比。电液伺服阀的分辨率一般小于1%，高性能电液伺服阀则小于0.5%。

7. 频率特性

频域响应指输入某一频率范围内作等幅变频的正弦电流，空载流量与输入电流的百分比，一般用幅值比（dB）与频率及相位滞后（°）与频率（伯德图）——频率特性曲线表示，如图9-15所示。

幅值比 $L = 20\lg(A_1/A_0)$，A_0 为某一特定频率（输入电流基准频率，一般应低于频宽的5%）下输出流量的幅值，A_1 为频率为 ω 时输出流量的幅值。

相位滞后指某一指定频率下所测得的输入电流和与其相对应的输出流量变化之间的相位差。

阀的频率特性随输入信号幅值、供油压力、温度等条件而变化，因此一般规定 ±25%、±100% 两组输入电流信号试验曲线，而供油压力通常为 7MPa。

幅频宽指幅值比为 −3dB（输出流量为基准频率时输出流量的 70.7%）时的频率区间，相频宽指相位滞后 90°时的频率区间。频宽是电液伺服阀动态响应速度的度量，过低会影响系统的响应速度，过高会将高频振动传递到系统中。由电液伺服阀的频率特性可直接查出幅频和相频宽度，取其中较小的值作为电液伺服阀的频宽值。其值越大则该阀的工作频率范围越大。频率特性也是分析伺服系统动特性以及设计电液伺服系统的依据。

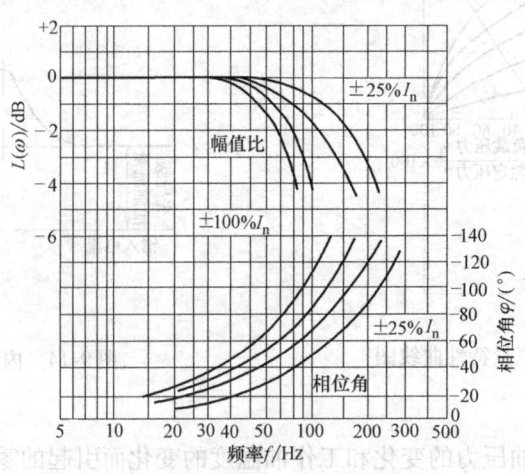

图 9-15 对数频率特性曲线

9.2 电液比例阀

电液比例控制系统是以电液比例阀或电液比例变量泵为主要控制元件的电液控制系统。这种系统按输入信号（电流/电压）的大小和极性，成比例地连续控制液流的压力、流量。从控制功能和系统特性上看，电液比例控制系统与电液伺服控制系统相类似，但它的控制精度和动态响应比电液伺服控制系统低得多（约一个数量级）。电液比例控制系统的最显著优点是抗污染能力强、工作可靠、容易推广应用。特别是在工程实际中电液开关控制满足不了连续控制和控制精度的要求；而高精度、快速响应的电液伺服控制技术复杂，成本较高，因此电液比例控制顺应了工程实际的需要，得以迅速发展。表9-1列出了电液伺服阀、电液比例阀和普通开关阀的性能对比。

表9-1 电液伺服阀、电液比例阀和普通开关阀的性能对比

	电液伺服阀	电液比例阀	普通开关阀
介质过滤精度/μm	5	25	25
阀内压力损失/MPa	7	0.5～2	0.5
滞环(%)	0.1～0.5	1～3	
重复精度(%)	0.5	0.5	
频宽/Hz	50～500	1～50	
线圈功率/W	0.05～5	10～24	10～30
中位死区	无	有	有
价格因子	10	3～5	1

9.2.1 概述

1. 电液比例控制系统的构成

电液比例控制可分为开环控制和闭环控制。开环电液比例控制系统目前应用较为广泛，其框图如图9-16所示。控制器（计算机、PC等）给出的信号通常是电压信号，经驱动器处理放大为输出电流信号 I，将 I 输入电液比例阀的比例电磁铁，电磁铁再将 I 按比例转换成电磁力，通过弹性元件作用在液压阀的阀芯上，使之移动位移 x，从而控制液流的流量、压力和方向，通过执行元件（液压缸、液压马达）使负载获得与输入信号成比例的力 F（转矩 T），速度 v（角速度 ω）或位移。开环控制的精度较低且没有跟踪功能。

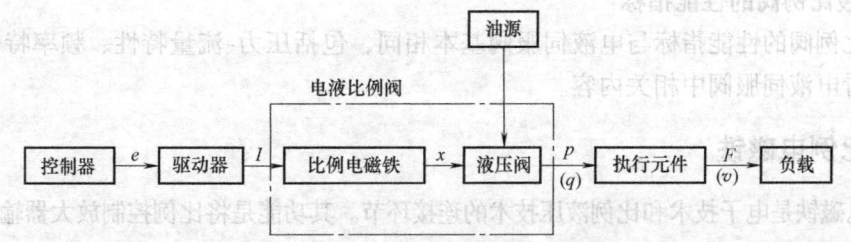

图9-16 开环电液比例控制系统框图

如果系统要求较高的精度且具有跟踪功能，那么就要对于开环系统的输出量进行检测并

反馈到控制器,使之与指令信号进行比较(相减)得到差值($\Delta e = e_i - e_R$)去控制电液比例阀。图 9-17 所示为闭环电液比例控制系统框图。

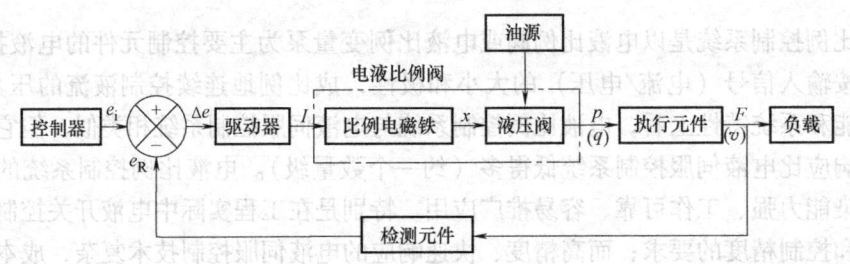

图 9-17　闭环系统电液比例控制系统框图

图 9-16 与图 9-17 中都用电液比例阀作为控制元件,故称为阀控电液比例控制系统,若将两图中的电液比例阀和油源换成电液比例变量泵,则构成泵控电液比例控制系统。

2. 电液比例控制系统的特点

电液比例控制系统是介于电液开关控制系统和电液伺服控制系统之间的一种控制系统,兼有二者之所长,它与电液开关控制系统比较具有以下特点:

1) 能够按比例地控制压力和流量,从而实现对执行元件进行力、速度和位移的连续控制,还能按输入电信号的极性改变液流方向。

2) 能够避免力、速度和方向变换时的冲击现象。

3) 可以降低能耗,有显著的节能效果。

4) 易于与微电子结合,特别是数字式比例元件与计算机(PC)结合,可实现遥控,自控和适应控制。

3. 电液比例控制系统的分类

电液比例控制系统可按不同的分类原则进行分类。

按所用的电液比例控制元件的种类可分为:电液比例压力控制系统、电液比例流量控制系统、电液比例方向控制系统和电液比例变量泵控制系统。

按被控物理量种类可分为:电液比例位置控制系统、电液比例速度控制系统和电液比例力控制系统。

按系统输出信号是否反馈可分为:闭环系统和开环系统。

按对液压执行元件的控制方式可分为:阀控系统和泵控系统。

4. 电液比例阀的性能指标

电液比例阀的性能指标与电液伺服阀基本相同,包括压力-流量特性、频率特性等,具体内容参看电液伺服阀中相关内容。

9.2.2　比例电磁铁

比例电磁铁是电子技术和比例液压技术的连接环节。其功能是将比例控制放大器输出的电流信号转换成力或位移。按实际使用情况,电磁铁可分为力调节型电磁铁和行程调节型电磁铁。

力调节型电磁铁只在较短行程内具有特定的力-电流特性关系,其基本特性是力-行程特性。控制电流不变时,电磁力在其工作行程内保持恒定。如图 9-18 所示,本例的电磁铁有效工作行程约为 1.5mm。由于行程较小，力控制型电磁铁的结构可以很紧凑。正由于其行程小，可用于比例方向阀和比例压力阀的先导级，将电磁力转换为液压力。这种比例电磁铁是一种可调节型直流比例电磁铁，衔铁腔中处于油浴状态。

行程调节型电磁铁在适度长的行程内保持行程/电流的相对线性关系，衔铁的位置由一个闭环回路来控制。只要电磁铁处于允许区域内工作，其衔铁位置就保持不变，而与所受反力无关。使用行程调节型电磁铁，能够直接推动诸如比例方向阀、比例流量阀及比例压力阀的阀芯，并将其控制在任意位置上。电磁阀的行程因规格而不同，一般为 3~5mm。配上电反馈环节后（图 9-19），电磁铁的磁滞环及重复误差均可保持较小。

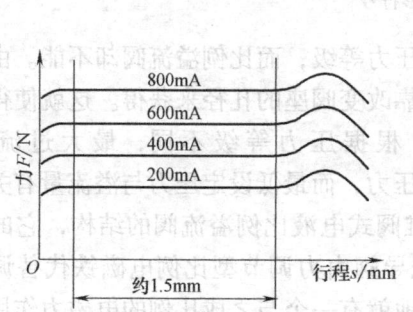

图 9-18　力调节型电磁铁特性曲线

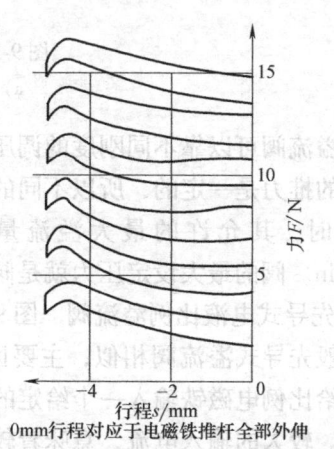

图 9-19　行程调节型电磁铁特性曲线

9.2.3　电液比例压力阀

电液比例压力阀中应用最多的是比例溢流阀和比例减压阀。由于控制功率的大小不同，电液比例压力阀也可分为直动式与先导式。直动式控制的功率较小，通常控制流量为 1~3L/min，低压力等级的最大可达 10L/min。直动式溢流阀可用作小流量系统的安全阀或溢流阀，更主要的是作为先导阀，控制功率放大级主阀，构成先导式的压力阀。比例减压阀除常规产品外，还有三通比例减压阀，常用作比例方向阀的先导级，也用作比例容积控制中的先导压力阀。

1. 比例溢流阀

（1）直动式比例溢流阀　直动式比例溢流阀的结构如图 9-20a 所示。这是一种带位置电反馈的直动式溢流阀，它与手调式直动式溢流阀的工作原理完全一样，区别是用行程控制型的比例电磁铁取代了手动的弹簧力调节组件。

当输入电信号时，电磁铁产生相应的电磁力，通过弹簧座加在调压弹簧和阀芯上，并对弹簧预压缩，此预压缩量决定了溢流压力。而压缩量正比于输入电信号，所以溢流压力也正比于输入电信号，实现对压力的比例控制。弹簧座的实际位置由差动变压器式位移传感器检测，实际值被反馈到输入端与输入值进行比较，当出现误差时就由电控器产生控制信号加以纠正，利用这种原理，可消除电磁铁摩擦的影响，从而减小滞环和提高重复精度。但由于阀芯在闭环之外，阀芯处的液动力、摩擦等因素会影响调压精度。通常由于电控器内电路的特殊设计，当给定信号为零或差动变压器断线时，阀自动回到最低设定压力。图 9-20b 所示为直动式比例溢流阀的图形符号。

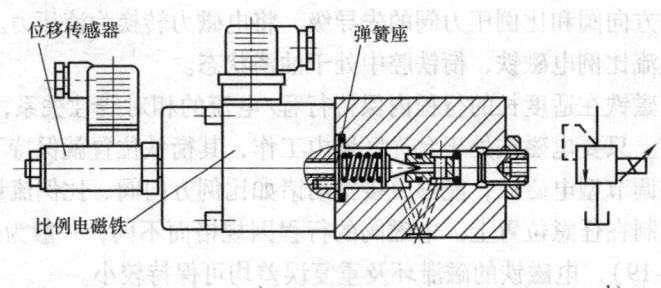

图 9-20　直动式比例溢流阀
a）结构图　b）图形符号

普通溢流阀可以靠不同刚度的调压弹簧来改变压力等级，而比例溢流阀却不能。由于比例电磁铁的推力是一定的，所以不同的压力等级要靠改变阀座的孔径来获得。这就使得不同压力等级时，其允许的最大溢流量也不相同。根据压力等级不同，最大过流量为 $2 \sim 10 \text{L/min}$。阀的最大设定压力就是阀的额定工作压力，而最低设定压力与溢流量有关。

（2）先导式电液比例溢流阀　图 9-21 所示为锥阀式电液比例溢流阀的结构，它的工作原理与一般先导式溢流阀相似，主要区别在于，先导阀由力调节型比例电磁铁代替调压弹簧。如果给比例电磁铁输入一个给定的电流，对应地就有一个与之成比例的电磁力作用在先导锥阀上。较大的输入电流，意味着较大的电磁力，相应产生较大的调节压力。为了防止回油背压波动对控制精度的影响，先导阀的回油需通过单独的泄油通道 Y 流回油箱。

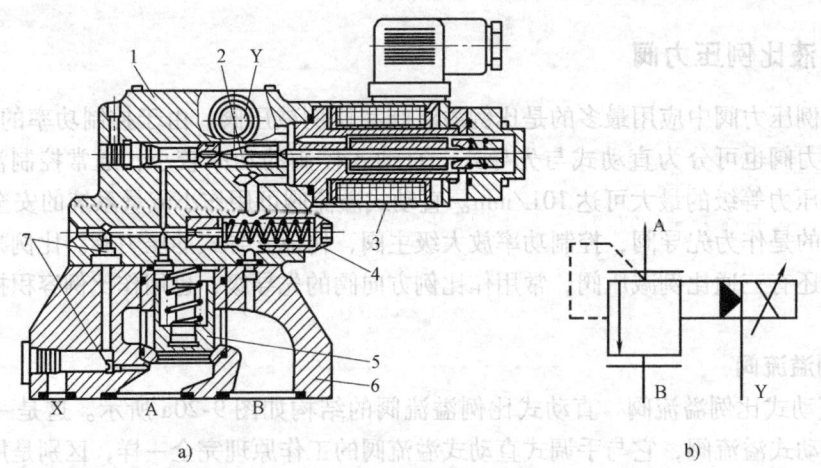

图 9-21　锥阀式电液比例溢流阀
a）结构图　b）图形符号
1—先导阀阀体　2—先导锥阀　3—比例电磁铁　4—安全阀
5—主阀组件　6—主阀阀体　7—阻尼孔

2. 比例减压阀

比例减压阀分为直动式与先导式，直动式比例减压阀又分为二通型比例减压阀和三通型比例减压阀，它们的结构及工作原理与常规减压阀基本相同，不同之处在于比例减压阀利用力控制型比例电磁铁通过电信号控制压力的大小。三通型比例减压阀可以用来控制二次压力油的压力及方向，常使用这种三通比例减压阀作为先导控制元件。它成对使用时，可组合成双向三通比例减压阀。

先导式减压阀与先导式溢流阀的工作原理基本相同，它们的先导级完全一样，不同之处只是主阀级，溢流阀采用常闭式滑阀，而减压阀采用常开式滑阀。

9.2.4 电液比例流量阀

电液比例流量阀相当于用比例电磁铁代替普通流量阀的手动部分，根据作用和结构不同，分为电液比例节流阀和电液比例调速阀两类，应用较多的是后一类。

1. 比例节流阀

比例节流阀也分为直动式和先导式。直动式的只有一级液压放大，先导式多为二级液压放大，也有三级的通径为 63mm 以上的特大流量阀。

直动式比例节流阀是在传统节流阀的基础上，用电-机械转换装置代替手动节流机构而构成的，为了提高调节精度还可加上位置检测装置。

图 9-22 所示为电液比例节流阀的结构，这是一种直接控制式的电液比例节流阀。它利用位移控制型比例电磁铁直接控制节流阀阀芯的位移，从而控制节流口的开度，以实现流量的控制。节流口为节流阀阀芯 2 和阀套 3 在 A 处的缝隙，图中节流口处于正重叠状态。比例电磁铁 5 的输出力通过推杆 4 作用在节流阀阀芯 2 上，与阀芯左端的复位弹簧 1 平衡。对于一个输入控制电流，在电磁力、弹簧力、液动力和摩擦力的共同作用下，节流阀阀芯 2 处于一个相应的平衡位置，对应一定的开度。只要改变输入电流的大小，就可远程、连续控制阀的输出流量。

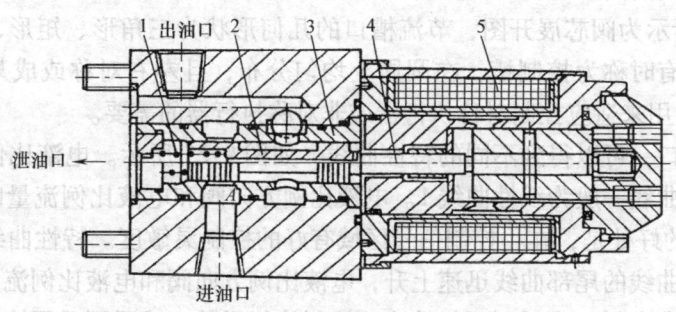

图 9-22 电液比例节流阀结构
1—复位弹簧 2—节流阀阀芯 3—阀套 4—推杆 5—比例电磁铁

2. 电液比例调速阀

电液比例调速阀与普通调速阀的工作原理相同，主要区别是用行程控制型的比例电磁铁取代了手动的节流阀芯位置调节组件。由于电液比例节流阀流量特性随负载变化较大，因此与普通调速阀一样，在节流阀入口利用定差减压阀保证节流阀进出口压差基本恒定，从而保证通过调速阀的流量只受节流阀开口大小的控制。

9.2.5 电液比例方向阀

电液比例方向阀的全称应当是电液比例方向流量阀，因为它不仅按输入电流的极性控制液流的方向，而且还按输入电流的大小控制液流的流量。在压差恒定的条件下，通过它的流量与输入电信号成比例，而流动的方向取决于比例电磁铁是否受到激励。

例如实际使用中，常用二位四通比例方向阀来代替比例节流阀。二位四通比例方向阀有两条通路，因此作比例节流阀使用时，根据过流量的要求，可以只使用其中一个节流口，也可同时使

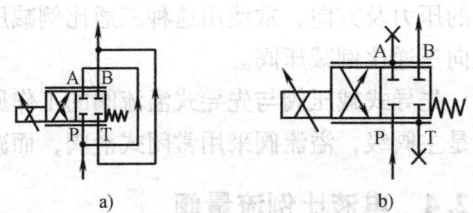

图9-23 用作比例节流阀时的四通比例阀的连接
a) 使用两个通道 b) 使用一个通道

用两个节流口，其连接情况如图9-23所示。二位四通比例方向阀用作比例节流阀时，如要同时利用两个通道，其无信号状态必须是O型的，即四个油口互相独立，如果只利用其中一个通道，则其无信号状态可以有多种形式供选用。

整体式比例方向阀的主阀大多采用三位四通滑阀。

电液比例方向阀具有下列特点：

1）制造精度低，滑阀配合间隙仅和普通换向阀相当，对油液的清洁度要求不是很高。电液比例阀阀芯与阀套的径向间隙为 $3 \sim 4 \mu m$，而电液伺服阀的配合间隙为 $0.5 \mu m$ 左右，因此抗污染能力比电液伺服阀强。

2）为了减小中位泄漏，电液比例阀的阀芯通常具有一定的搭接量。搭接量一般为额定控制电流的 $10\% \sim 15\%$，这使电液比例阀有较大的死区。虽然死区达10%以上，但可在电子放大器中进行补偿，使死区最大限度地减小。

3）电液比例方向阀的阀芯形状是经特别加工和修整的，以适应同时对进、出口实行准确的节流。普通方向阀阀芯的台肩是直角形的，而电液比例方向阀的阀芯则开有多至8个的节流槽。图9-24所示为阀芯展开图，节流槽口的几何形状为三角形、矩形、圆形或它们的组合。这些节流口有时称为控制槽，在圆周上均匀分布，且左右对称或成某一比例（通常比例系数为1/2），用来适应控制对称执行器或非对称执行器的需要。

选择不同的阀口，可以得到不同的特性曲线，如图9-25所示。电液比例压力阀及电液比例流量阀的特性曲线一般为线性曲线1。电液比例方向阀和电液比例流量阀，可以有渐进的特性曲线2。它的好处是，在小控制信号区域有好的控制灵敏度。特性曲线3的精细控制效果更好，在特性曲线的尾部曲线迅速上升，电液比例方向阀和电液比例流量阀可以有这种特性曲线。如果要求在低速或低压下很精确地控制执行元件，或需要采用输出量快速上升模式，则曲线3是最好的选择。

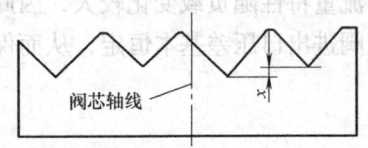

图9-24 阀芯展开图

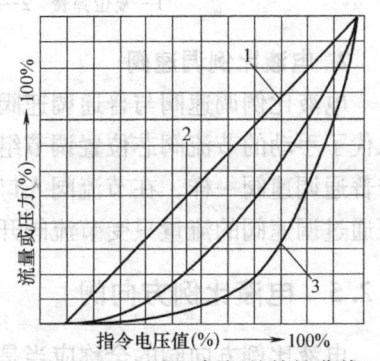

图9-25 电液比例阀的特性曲线

由于电液比例方向阀能对进口和出口同时进行节流控制,当用于控制不同的执行机构时会出现一些新问题。例如,对称的阀芯,即左右两边节流面积相同的阀芯,应用于控制对称执行器(双出杆液压缸和液压马达)时不会产生大的问题,但当应用于单出杆液压缸等非对称执行器时情况就不一样。

参看图 9-26,设单活塞杆液压缸的两侧有效面积比为 2∶1,如果进口和出口两侧的节流面积相等时,则有

$$\frac{q_1}{q_2} = \frac{C_d a_1 \sqrt{\frac{2}{\rho}\Delta p_1}}{C_d a_2 \sqrt{\frac{2}{\rho}\Delta p_2}} = \frac{\sqrt{\Delta p_1}}{\sqrt{\Delta p_2}} = \frac{A_1 v}{A_2 v} = 2:1 \tag{9-1}$$

由上式得

$$\Delta p_1 = 4\Delta p_2 \tag{9-2}$$

其中,C_d 为节流口流量系数,其余各符号的意义如图 9-26 所示。

由式(9-2)可见,当有杆腔的工作背压大于供油压力的 1/4 时,就会无法满足工作要求。适当地设计不对称开口的阀芯,就可以满足不同流量的要求。各种现有产品中多有不对称阀芯供选择(面积比为 2∶1 或其他比例),来适应不同面积比的液压缸的控制要求。

另外需要注意的是,在选择比例阀时,要根据实际使用压差来确定阀的规格。图 9-27所示为通径为 10mm 的直动式电液比例换向阀的特性曲线,图中曲线 1~5 是在不同压差条件下的输入信号与输出流量关系曲线。与一般开关型方向阀一样,比例阀也存在功率域问题,实际使用中必须注意不得逾越。

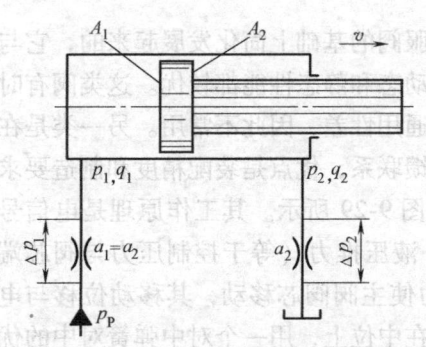

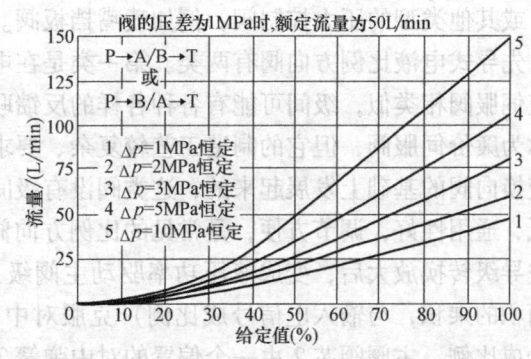

图 9-26 对称阀芯控制非对称执行器　　图 9-27 通径为 10mm 的直动式电液比例方向阀特性曲线

1. 直动式电液比例方向阀

直动式电液比例方向阀由比例电磁铁直接推动阀芯左右移动来工作。二位四通和三位四通直动式比例阀最常见,前者只有一只比例电磁铁,由复位弹簧定位;后者有两只比例电磁铁,由两个对中弹簧定位。由于电磁力的限制,直动式电液比例方向阀只能用在流量较低(50L/min 以下)的场合。

电液比例方向阀有带阀芯位置反馈和不带位置反馈两种。它们的工作原理基本相同,下面以带阀芯位置反馈的电液比例方向阀为例介绍其工作过程。对于三位阀,两个电磁铁同时失电时,在对中弹簧的作用下处于中位;当左边的电磁铁收到信号时,信号使阀芯右移,其

位移量与输入信号成比例。这时允许油液从 P 孔流向 B 孔，从 A 孔流向 T 孔（图 9-28 所示），同时也带动了位移传感器的铁心离开平衡位置。于是，传感器感应出一个位置信号，并反馈到比例放大器。输入信号与实际值（反馈信号）比较，并产生一个差值控制信号，纠正任何实际输出值对给定值的偏差，最后得到准确的位置。由于有阀芯位置反馈，它的控制精度较无位置反馈的要高。为了确保安全，用于这种阀的比例放大器应有内置的安全措施，使一旦断开反馈时，阀芯将自动返回中位。如果另一侧的比例电磁铁得电，则油孔导通的情况正好相反。

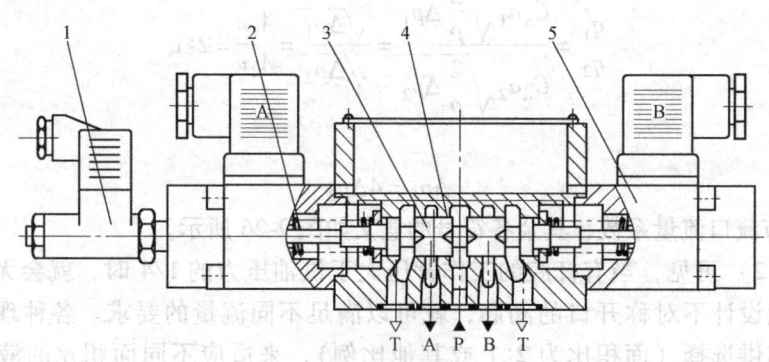

图 9-28 带阀芯位置反馈的直动式电液比例方向阀
1—位移传感器 2—对中弹簧 3—阀芯 4—阀体 5—比例电磁铁

2. 先导式电液比例方向阀

先导式电液比例方向阀主要用于大流量（50L/min 以上）场合。较常用的是二级阀，也有三级阀，三级阀主要用于特大流量的场合。先导级通常是一个小型的直动式三通比例减压阀，或其他类型的压力控制阀，例如喷嘴挡板阀。

先导式电液比例方向阀有两类。第一类是在电液伺服阀的基础上简化发展起来的，它与电液伺服阀相类似，级间可能有各种各样的反馈联系，动态和静态性能都较优。这类阀有时又称为廉价伺服阀，但它的制造工艺较复杂、要求高且通用性差，因此不常用。另一类是在电液换向阀的基础上发展起来的，这类阀没有级间的反馈联系，优点是装配精度和制造要求较低，通用性好，调节方便，是常见的比例方向阀，如图 9-29 所示。其工作原理是电信号经先导级转换放大后，变成液压功率驱动主阀级工作。液压推力（等于控制压力与阀芯端面面积的乘积，与输入电信号成比例）克服对中弹簧力使主阀阀芯移动，其移动位移与电信号成比例。主阀阀芯 2 由一个偏置的对中弹簧 3 保持在中位上，用一个对中弹簧对中的优点是避免了两个弹簧对中时，由于弹簧参数不尽相同或发生变化而引起阀芯偏离中位的可能性。

3. 电液比例方向阀的压力补偿

前面所介绍的电液比例方向阀，只能起节流阀作用，通过阀的流量将随压差的变化而改变。在恒压系统中，负载压力上升，流量减小；负载压力下降，流量就会增大。只有当负载压力波动不大或几乎不波动时，节流阀才能起流量控制器的作用。为了使通过比例方向阀的流量不受负载变化的影响，可以在电液比例方向阀的入口使用压力补偿阀，压力补偿阀可保证电液比例方向阀进出口压差基本保持恒定，因此通过比例方向阀的流量只受阀口开口大小（即输入电信号大小）的控制。压力补偿阀有二通压力补偿阀（图

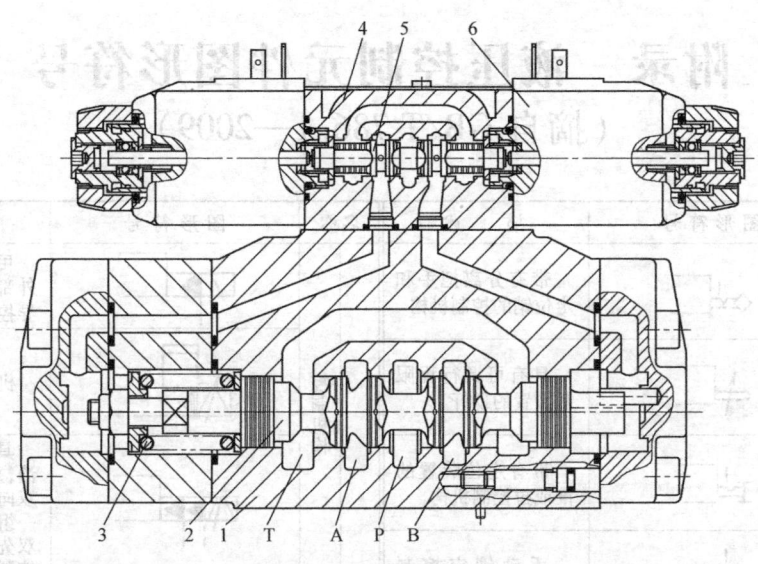

图 9-29 先导式电液比例方向阀

1—主阀阀体 2—主阀阀芯 3—对中弹簧 4—先导阀阀体 5—先导控制阀阀芯 6—比例电磁铁

9-30）和三通压力补偿阀（图 9-31）两种，它们的工作原理与二通型调速阀和三通型调速阀相同，在此不再赘述。

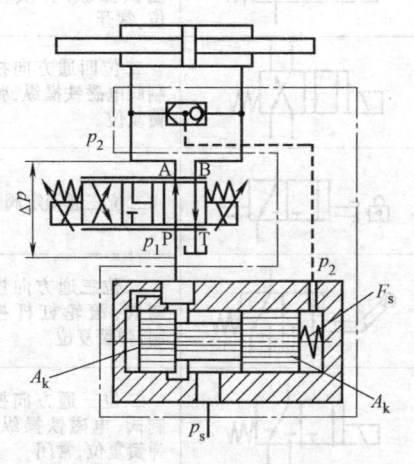

图 9-30 二通压力补偿阀

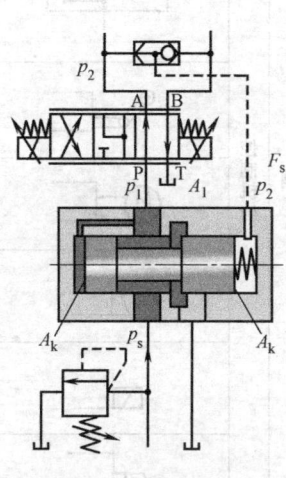

图 9-31 三通压力补偿阀

习 题

9.1 电液伺服阀、电液比例阀与普通液压阀比较分别有什么特点？
9.2 电液伺服阀有哪些主要的性能指标？
9.3 两种类型的比例电磁铁有哪些主要特点？
9.4 电液比例方向阀有什么特点？
9.5 为什么采用对称型阀芯的比例换向阀不能控制非对称型的液压缸？
9.6 简述电液比例方向阀的两种压力补偿形式及其特点。

附录　液压控制元件图形符号
（摘自 GB/T 786.1—2009）

名称	图形符号	描述	名称	图形符号	描述
阀 控制机构		带有分离把手和定位销的控制机构	阀 控制机构		电气操纵的带有外部供油的液压先导控制机构
		具有可调行程限制位置的顶杆			机械反馈
		带有定位装置的推或拉控制机构			具有外部先导供油，双比例电磁铁，双向操作，集成在同一组件，连续工作的双先导装置的液压控制机构
		手动锁定控制机构			二位二通方向控制阀，两通，两位，推压控制机构，弹簧复位，常闭
		具有5个锁定位置的调节控制机构			二位二通方向控制阀，两通，两位，电磁铁操纵，弹簧复位，常开
		用作单方向行程操纵的滚轮杠杆			二位四通方向控制阀电磁铁操纵，弹簧复位
		使用步进电动机的控制机构	方向控制阀		二位三通锁定阀
		单作用电磁铁，动作指向阀芯			二位三通方向控制阀，滚轮杠杆控制，弹簧复位
		单作用电磁铁，动作背离阀芯			二位三通方向控制阀，电磁铁操纵，弹簧复位，常闭
		双作用电气控制机构，动作指向或背离阀芯			二位三通方向控制阀，单电磁铁操纵，弹簧复位，定位销式手动定位
		单作用电磁铁，动作指向阀芯，连续控制			二位四通方向控制阀，单电磁铁操纵，弹簧复位，定位销式手动定位
		单作用电磁铁，动作背离阀芯，连续控制			二位四通方向控制阀，双电磁铁操纵，定位销式（脉冲阀）
		双作用电气控制机构，动作指向或背离阀芯，连续控制			
		电气操纵的气动先导控制机构			

附录 液压控制元件图形符号 239

（续）

名称	图形符号	描述	名称	图形符号	描述
方向控制阀	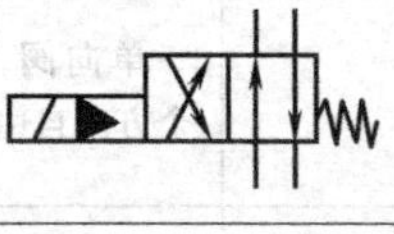	二位四通方向控制阀,电磁铁操纵液压先导控制,弹簧复位	压力控制阀		溢流阀,直动式,开启压力由弹簧调节
		三位四通方向控制阀,电磁铁操纵先导级和液压操作主阀,主阀及先导级弹簧对中,外部先导供油和先导回油			顺序阀,手动调节设定值
		三位四通方向控制阀,弹簧对中,双电磁铁直接操纵,不同中位机能的类别			顺序阀,带有旁通阀
					二通减压阀,直动式,外泄型
					二通减压阀,先导式,外泄型
		二位四通方向控制阀,液压控制,弹簧复位			防气蚀溢流阀,用来保护两条供给管道
		三位四通方向控制阀,液压控制,弹簧对中			蓄能器充液阀,带有固定开关压差
		二位五通方向控制阀,踏板控制			
		三位五通方向控制阀,定位销式,各位置杠杆控制			
		二位三通液压电磁换向座阀,带行程开关			电磁溢流阀,先导式,电器操纵预设定压力
		二位三通液压电磁换向座阀			

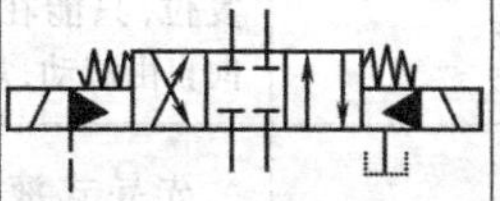

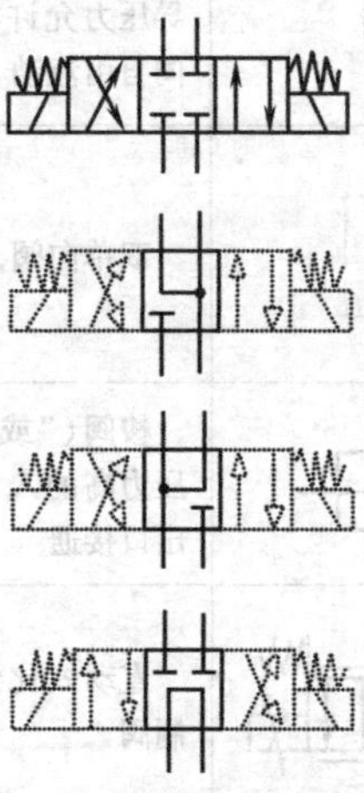

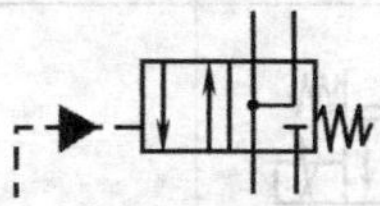

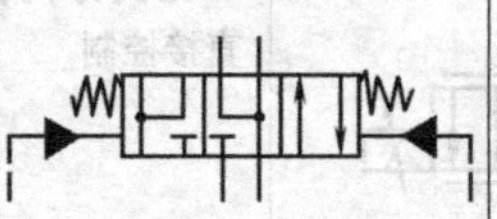

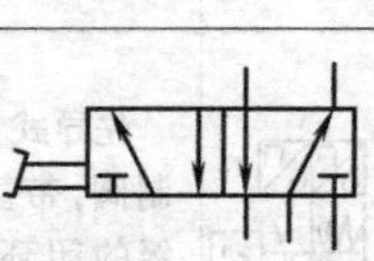

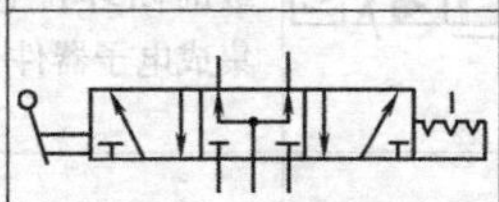

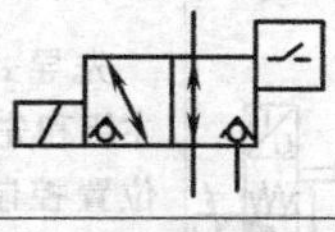

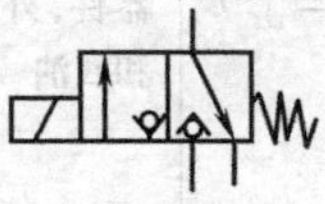

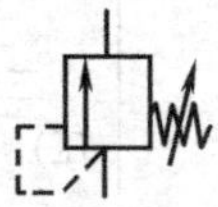

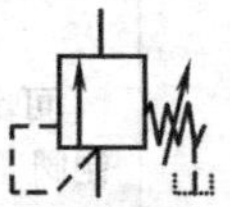

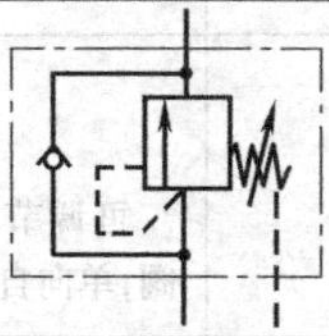

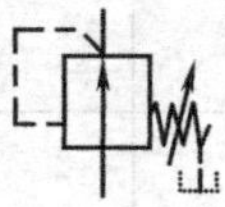

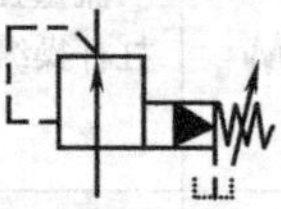

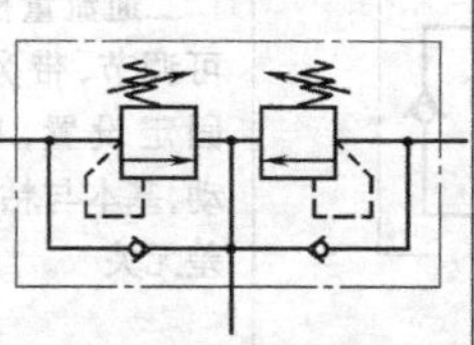

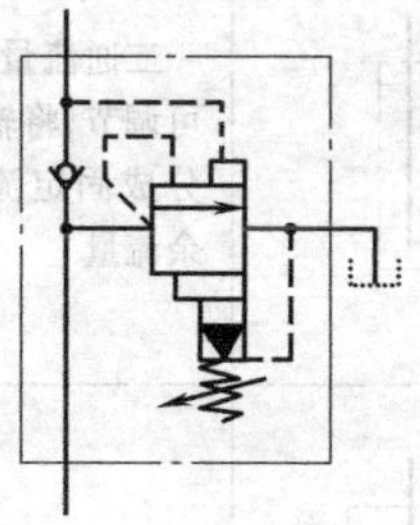

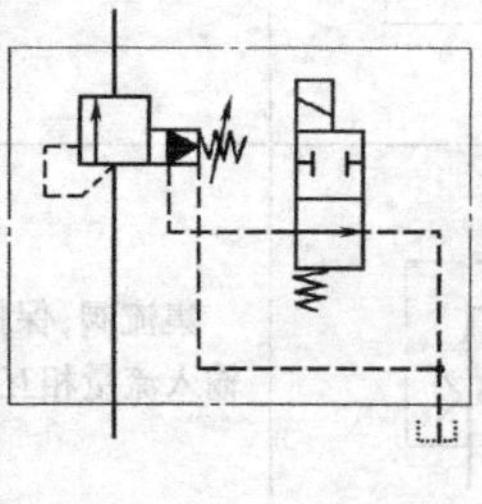

(续)

名称	图形符号	描述	名称	图形符号	描述
阀 流量控制阀		三通减压阀(液压)	阀 单向阀和梭阀		单向阀,只能在一个方向自由流动
		可调节流量控制阀			单向阀,带有弹簧复位,只能在一个方向自由流动,常闭
		可调节流量控制阀,单向自由流动			先导式液控单向阀,带有复位弹簧,先导压力允许在两个方向自由流动
		流量控制阀,滚轮杠杆操纵,弹簧复位			双单向阀,先导型
		二通流量控制阀,可调节,带旁通阀,固定设置,单向流动,基本与粘度和压差无关			梭阀("或"逻辑),压力高的入口自动与出口接通
			阀 比例方向控制阀		直动式比例方向控制阀
		三通流量控制阀,可调节,将输入流量分成固定流量和剩余流量			比例方向控制阀,直接控制
		分流器,将输入流量分成两路输出			先导式比例方向控制阀,带主级和先导级的闭环位置控制,集成电子器件
		集流阀,保持两路输入流量相互恒定			先导式伺服阀,带主级和先导级的闭环位置控制,集成电子器件,外部先导供油和回油

附录 液压控制元件图形符号 241

(续)

名称	图形符号	描述	名称	图形符号	描述
比例方向控制阀	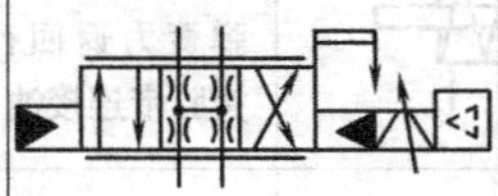	先导式伺服阀,先导级双线圈电气控制机构,双向连续控制,阀芯位置机械反馈到先导装置,集成电子器件	比例流量控制阀		比例流量控制阀,直控式
		电液线性执行器,带由步进电动机驱动的伺服阀和液压缸位置机械反馈			比例流量控制阀,直控式,带电磁铁位置闭环控制和集成式电子放大器
阀		伺服阀,内置电反馈和集成电子器件,带预设动力故障位置			比例流量控制阀,先导式,带主级和先导级的位置控制和电子放大器
		比例溢流阀,直控式,通过电磁铁控制弹簧工作长度来控制液压电磁换向座阀			流量控制阀,用双线圈比例电磁铁控制,节流孔可变,特性不受粘度变化的影响
		比例溢流阀,直控式,电磁力直接作用在阀芯上,集成电子器件	阀		压力控制和方向控制插装阀插件,座阀结构,面积比1:1
比例压力控制阀		比例溢流阀,直控式,带电磁铁位置闭环控制,集成电子器件			压力控制和方向控制插装阀插件,座阀结构,常开,面积比1:1
		比例溢流阀,先导控制,带电磁铁位置反馈	二通盖板式插装阀		方向控制插装阀插件,带节流端的座阀结构,面积比≤0.7
		三通比例减压阀,带电磁铁闭环位置控制和集成式电子放大器			方向控制插装阀插件,带节流端的座阀结构,面积比>0.7
		比例溢流阀,先导式,带电子放大器和附加先导级,以实现手动压力调节或最高压力溢流功能			方向控制插装阀插件,座阀结构,面积比≤0.7
					方向控制插装阀插件,座阀结构,面积比>0.7

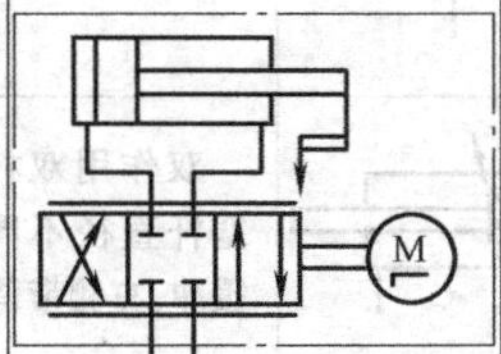

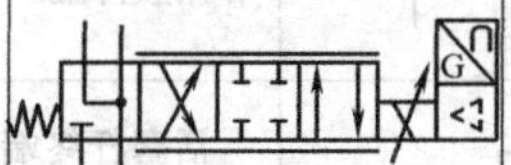

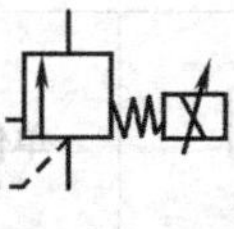

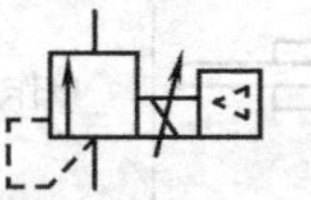

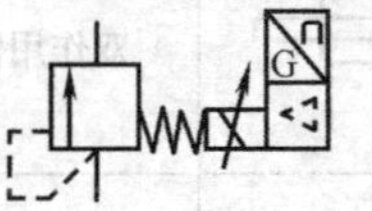

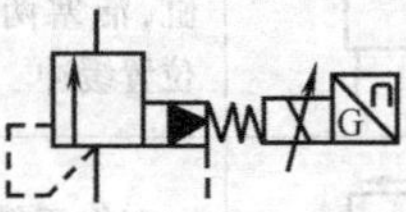

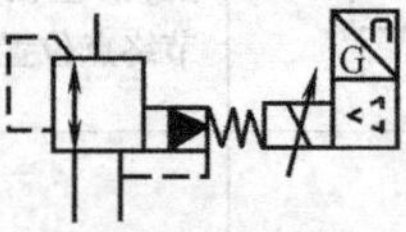

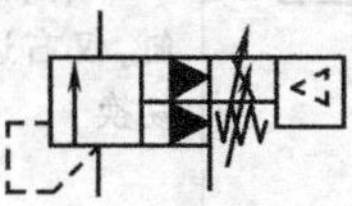

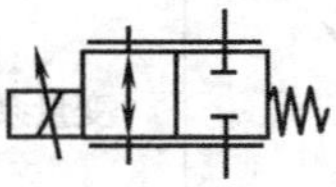

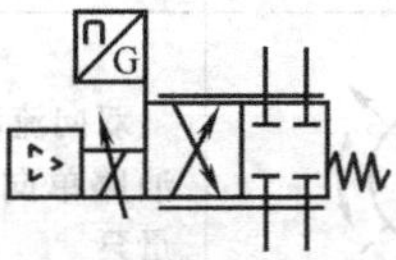

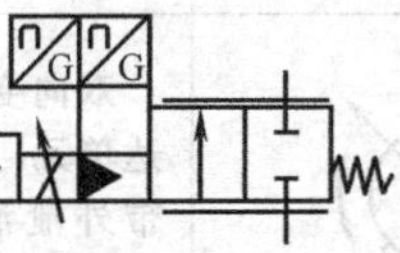

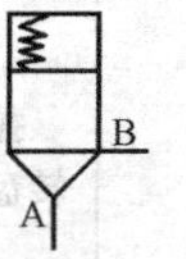

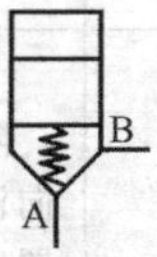

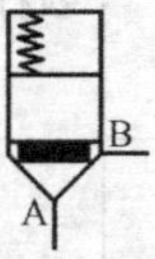

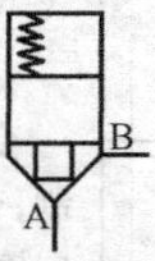

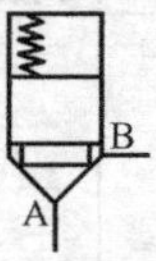

(续)

名称	图形符号	描述	名称	图形符号	描述
泵和马达		变量泵	缸		单作用单杠缸,靠弹簧力返回行程,弹簧腔带连接油口
		双向流动,带外泄油路单向旋转的变量泵			单作用单杆缸
		双向变量泵或马达单元,双向流动,带外泄油路,双向旋转			双作用双杆缸,活塞杆直径不同,双向缓冲,右侧带调节
		单向旋转的定量泵或马达			带行程限制器的双作用膜片缸
		操纵杆控制,限制转盘角度的泵			活塞杆终端带缓冲的单作用膜片缸,排气口不连接
		限制摆动角度,双向流动的摆动执行器或旋转驱动			单作用缸,柱塞缸
		单作用的半摆动执行器或旋转驱动			单作用伸缩缸
		变量泵,先导控制,带压力补偿,单向旋转,带外泄油路			双作用伸缩缸
					双作用带状无杆缸,活塞两端带终点位置缓冲
					双作用缆绳式无杆缸,活塞两端带可调节终点位置缓冲
					双作用磁性元杆缸,仅右边终端位置切换

(续)

名称	图形符号	描述	名称	图形符号	描述
缸		行程两端定位的双作用缸	连接和管接头		带两个单向阀的快换接头,连接状态
缸		双杆双作用缸,左终点带内部限位开关,内部机械控制,右终点有外部限位开关,由活塞杆触发	电气装置		可调节的机械电子压力继电器
缸		单作用压力介质转换器,将气体压力转换为等值的液体压力,反之亦然	电气装置		输出开关信号,可电子调节的压力转换器
缸		单作用增压器,将气体压力 p_1 转换为更高的液体压力 p_2	电气装置		模拟信号输出压力传感器
连接和管接头		软管总成	测量仪和指示器		光学指示器
连接和管接头		三通旋转接头	测量仪和指示器		数字式指示器
连接和管接头		不带单向阀的快换接头,断开状态	测量仪和指示器		声音指示器
连接和管接头		带单向阀的快换接头,断开状态	测量仪和指示器		压力测量单元(压力表)
连接和管接头		带两个单向阀的快换接头,断开状态	测量仪和指示器		压差计
连接和管接头		不带单向阀的快换接头,连接状态	测量仪和指示器		温度计
连接和管接头		带一个单向阀的快换接头,连接状态			

(续)

名称	图形符号	描述	名称	图形符号	描述
测量仪和指示器		可调电气常闭触点温度计(接点温度计)	过滤器与分离器		带压力表的过滤器
		液位指示器			带旁路节流的过滤器
		模拟量输出,数字式电气液位监控器			带旁路单向阀的过滤器
		流量指示器			离心式分离器
		流量计	蓄能器		隔膜式充气蓄能器(隔膜式蓄能器)
		数字式流量计			囊隔式充气蓄能器(囊式蓄能器)
		转速仪			活塞式充气蓄能器(活塞式蓄能器)
		转矩仪			气瓶
过滤器与分离器		过滤器			
		油箱通气过滤器			带下游气瓶的活塞式蓄能器
		带附属磁性滤芯的过滤器			
		带光学阻塞指示器的过滤器	润滑点		润滑点

参 考 文 献

[1] 王长江. 中国液压气动行业当前态势及对策 [J]. 液压气动与密封, 2012 (1)：4-8.
[2] 许仰曾. 我国液压工业与技术的发展现状与展望的战略思考 [J]. 液压气动与密封, 2010 (8)：1-5.
[3] 路甬祥. 对流体传动与控制技术的系统哲学思考 [J]. 液压气动与密封, 2005 (5)：4-6.
[4] 黄人豪. 关于中国工业液压和控制技术的发展的一些思考和建议 [J]. 液压气动与密封, 2009 (1)：5-8.
[5] 何存兴. 液压元件 [M]. 北京：机械工业出版社. 1982.
[6] 左健民. 液压与气压传动 [M]. 4版. 北京：机械工业出版社. 2007.
[7] 彭熙伟. 流体传动与控制基础 [M]. 北京：机械工业出版社. 2005.
[8] 吴根茂, 等. 新编实用电液比例技术 [M]. 杭州：浙江大学出版社. 2006.
[9] 刘顺安. 液压传动与气压传动 [M]. 长春：吉林科学技术出版社. 1999.
[10] 王春行. 液压伺服控制系统 [M]. 北京：机械工业出版社. 1993.
[11] 雷天觉. 新编液压工程手册 [M]. 北京：北京理工大学出版社. 1999.
[12] 吴晓明, 高殿荣. 液压变量泵（马达）变量调节原理与应用 [M]. 北京：机械工业出版社. 2012.
[13] 全国液压气动标准技术委员会. GB/T 14039—2002 液压传动 油液固体颗粒污染度等级代号 [S]. 北京：中国标准出版社, 2004.
[14] 全国液压气动标准化技术委员会. GB/T 786.1—2009 流体传动系统及元件图形符号和回路图 第1部分：用于常规用途和数据处理的图形符号 [S]. 北京：中国标准出版社, 2009.
[15] 中国石油化工集团公司. GB/T 7631.2—2003 润滑剂、工业用油相关产品（L类）的分类 第2部分：H组（液压系统）[S]. 北京：中国标准出版社, 2003.